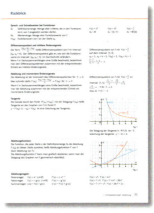

Auf den **Rückblick-Seiten** sind alle zentralen Inhalte des Kapitels zusammengefasst und an Beispielen veranschaulicht.

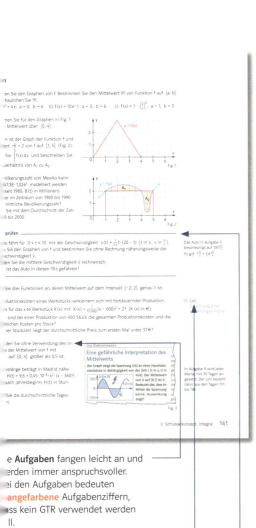

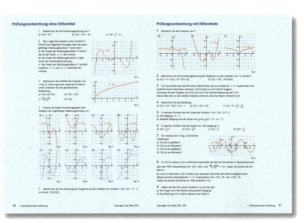

Mit den **Aufgaben zur Prüfungsvorbereitung** am Ende des Kapitels können Sie sich eigenständig auf die nächste Klausur vorbereiten. Die Lösungen zu den Aufgaben finden Sie im Buch. Um zwischen den stärker verständnisorientierten und den rechenintensiveren Aufgaben zu unterscheiden, gibt es Aufgaben, die ohne Hilfsmittel und Aufgaben, die mit Hilfsmitteln gelöst werden sollen.

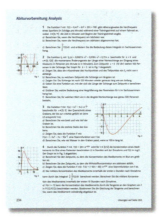

Wenn Sie sich erfolgreich durch das Buch gearbeitet haben, können Sie sich am Ende an Aufgaben zur **Abiturvorbereitung** noch einmal selbst testen. Auch hierzu finden Sie die Lösungen am Ende des Buches.

Lambacher Schweizer
Mathematik für Gymnasien

Analysis Grundkurs

erarbeitet von

Hans Freudigmann

Heidi Buck
Dieter Greulich
Rüdiger Sandmann
Manfred Zinser

Ernst Klett Verlag
Stuttgart · Leipzig

Begleitmaterial:
Zu diesem Buch gibt es ergänzend:
– Lösungsheft (ISBN: 978-3-12-735702-8)

1. Auflage 1 7 6 5 4 3 | 2022 21 20 19 18

Alle Drucke dieser Auflage sind unverändert und können im Unterricht nebeneinander verwendet werden.
Die letzte Zahl bezeichnet das Jahr des Druckes.

Das Werk und seine Teile sind urheberrechtlich geschützt. Jede Nutzung in anderen als den gesetzlich zugelassenen Fällen bedarf der vorherigen schriftlichen Einwilligung des Verlages. Hinweis § 52 a UrhG: Weder das Werk noch seine Teile dürfen ohne eine solche Einwilligung eingescannt und in ein Netzwerk eingestellt werden. Dies gilt auch für Intranets von Schulen und sonstigen Bildungseinrichtungen. Fotomechanische oder andere Wiedergabeverfahren nur mit Genehmigung des Verlages.

Auf verschiedenen Seiten dieses Bandes befinden sich Verweise (Links) auf Internet-Adressen. Haftungshinweis: Trotz sorgfältiger inhaltlicher Kontrolle wird die Haftung für die Inhalte der externen Seiten ausgeschlossen. Für den Inhalt dieser externen Seiten sind ausschließlich die Betreiber verantwortlich. Sollten Sie daher auf kostenpflichtige, illegale oder anstößige Inhalte treffen, so bedauern wir dies ausdrücklich und bitten Sie, uns umgehend per E-Mail davon in Kenntnis zu setzen, damit beim Nachdruck der Verweis gelöscht wird.

© Ernst Klett Verlag GmbH, Stuttgart 2012. Alle Rechte vorbehalten. www.klett.de

Autorinnen und Autoren: Manfred Baum, Martin Bellstedt, Dr. Dieter Brandt, Heidi Buck, Prof. Rolf Dürr, Prof. Hans Freudigmann, Dieter Greulich, Dr. Frieder Haug, Thomas Jörgens, Thorsten Jürgensen-Engl, Dr. Wolfgang Riemer, Rüdiger Sandmann, Reinhard Schmitt-Hartmann, Heike Spielmanns, Dr. Peter Zimmermann, Prof. Manfred Zinser

Redaktion: Dagmar Faller, Heike Thümmler
Mediengestaltung: Simone Glauner

Umschlaggestaltung: SoldanKommunikation, Stuttgart
Umschlagfotos: Getty Images (Nacivet), München; plainpicture GmbH & Co. KG (Wildcard), Hamburg
Illustrationen: Uwe Alfer, Waldbreitbach
Satz: Imprint, Zusmarshausen
Reproduktion: Meyle + Müller Medienmanagement, Pforzheim
Druck: PASSAVIA Druckservice GmbH & Co. KG, Passau

Printed in Germany
ISBN 978-3-12-735700-4

Inhaltsverzeichnis

I Schlüsselkonzept: Ableitung

1. Funktionen — 8
2. Differenzenquotient – Mittlere Änderungsrate — 12
3. Ableitung – Momentane Änderungsrate — 15
4. Ableitung berechnen — 19
5. Die Ableitungsfunktion — 22
6. Ableitungsregeln — 25

Wiederholen – Vertiefen – Vernetzen — 29
Exkursion Einkommensteuer — 31
Rückblick — 33
Prüfungsvorbereitung ohne Hilfsmittel — 34
Prüfungsvorbereitung mit Hilfsmitteln — 35

II Extrem- und Wendepunkte

1. Nullstellen — 38
2. Monotonie — 41
3. Hoch- und Tiefpunkte, erstes Kriterium — 44
4. Die Bedeutung der zweiten Ableitung — 47
5. Hoch- und Tiefpunkte, zweites Kriterium — 50
6. Kriterien für Wendepunkte — 54
7. Extremwerte – lokal und global — 58

Wiederholen – Vertiefen – Vernetzen — 61
Rückblick — 63
Prüfungsvorbereitung ohne Hilfsmittel — 64
Prüfungsvorbereitung mit Hilfsmitteln — 65

III Untersuchung ganzrationaler Funktionen

1. Ganzrationale Funktionen – Linearfaktorzerlegung — 68
2. Ganzrationale Funktionen und ihr Verhalten für $x \to +\infty$ bzw. $x \to -\infty$ — 71
3. Symmetrie, Skizzieren von Graphen — 73
4. Beispiel einer vollständigen Funktionsuntersuchung — 76
5. Probleme lösen im Umfeld der Tangente — 79
6. Mathematische Fachbegriffe in Sachzusammenhängen — 82

Wiederholen – Vertiefen – Vernetzen — 85
Exkursion Näherungsweise Berechnung von Nullstellen — 87
Rückblick — 89
Prüfungsvorbereitung ohne Hilfsmittel — 90
Prüfungsvorbereitung mit Hilfsmitteln — 91

Inhaltsverzeichnis

IV Alte und neue Funktionen und ihre Ableitungen

1 Die natürliche Exponentialfunktion und ihre Ableitung	94
2 Exponentialgleichungen und natürlicher Logarithmus	97
3 Neue Funktionen aus alten Funktionen: Produkt, Quotient, Verkettung	100
4 Kettenregel	102
5 Produktregel	106
6 Quotientenregel	109
Wiederholen – Vertiefen – Vernetzen	111
Rückblick	113
Prüfungsvorbereitung ohne Hilfsmittel	114
Prüfungsvorbereitung mit Hilfsmitteln	115

V Schlüsselkonzept: Integral

1 Rekonstruieren einer Größe	118
2 Das Integral	121
3 Der Hauptsatz der Differential- und Integralrechnung	125
4 Bestimmung von Stammfunktionen	129
5 Integralfunktionen	133
6 Integral und Flächeninhalt	137
7 Mittelwerte von Funktionen	140
8 Numerische Integration	142
Wiederholen – Vertiefen – Vernetzen	145
Rückblick	147
Prüfungsvorbereitung ohne Hilfsmittel	148
Prüfungsvorbereitung mit Hilfsmitteln	149

VI Exponentialfunktionen und zusammengesetzte Funktionen

1 Funktionenscharen	152
2 Exponentialfunktionen und exponentielles Wachstum	157
3 Zusammengesetzte Funktionen untersuchen	161
4 Zusammengesetzte Funktionen im Sachzusammenhang	165
5 Extremwertprobleme lösen	168
Wiederholen – Vertiefen – Vernetzen	171
Exkursion „Lich läuft optimal"	173
Rückblick	175
Prüfungsvorbereitung ohne Hilfsmittel	176
Prüfungsvorbereitung mit Hilfsmitteln	177

VII Trigonometrische Funktionen

1	Trigonometrische Funktionen – Bogenmaß	180
2	Die Ableitung der Sinus- und Kosinusfunktion	183
3	Eigenschaften von trigonometrische Funktionen	185
4	Funktionsanpassung bei trigonometrische Funktionen	188
	Wiederholen – Vertiefen – Vernetzen	191
	Rückblick	193
	Prüfungsvorbereitung ohne Hilfsmittel	194
	Prüfungsvorbereitung mit Hilfsmitteln	195

VIII Folgen und Grenzwerte

1	Folgen	198
2	Eigenschaften von Folgen	201
3	Grenzwert einer Folge	203
4	Grenzwertsätze	207
5	Grenzwerte von Funktionen	209
	Wiederholen – Vertiefen – Vernetzen	213
	Exkursion in die Theorie Eine übergeordnete Beweismethode: Die vollständige Induktion	215
	Rückblick	217
	Prüfungsvorbereitung ohne Hilfsmittel	218
	Prüfungsvorbereitung mit Hilfsmitteln	219

Check-in	220
Beispiele zum Nacharbeiten	230
Abituraufgaben	234
Lösungen der Aufgaben in Zeit zu überprüfen, Zeit zu wiederholen, der Aufgaben zur Prüfungsvorbereitung ohne Hilfsmittel/mit Hilfsmitteln	237
Lösungen der Check-in-Aufgaben	260
Lösungen zu den Aufgaben zur Abiturvorbereitung	263
Register	266
Text- und Bildquellen	268

Schlüsselkonzept: Ableitung

Von der Kurve zur Geraden

Das kennen Sie schon
- Graphen von Funktionen
- Eigenschaften von Funktionen

☑ Check-in:
Zur Überprüfung, ob Sie die inhaltlichen Voraussetzungen beherrschen, siehe Seite 220.

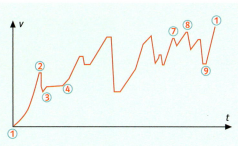

An welche Stellen in der Streckenskizze gehören die Wegmarken 3–9? Wie kann man am Graphen ablesen, wo und wie stark gebremst bzw. beschleunigt wurde?

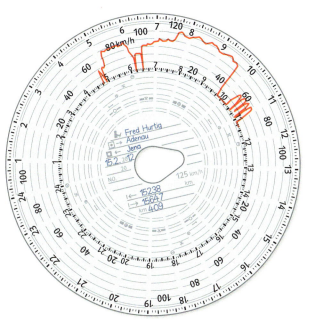

Busfahrten müssen mithilfe eines Fahrtenschreibers auf eine Tachoscheibe aufgezeichnet werden. Was können Sie aus der Aufzeichnung über die Busfahrt erfahren?

In diesem Kapitel

- wird der Begriff Ableitung eingeführt.
- wird die Steigung eines Graphen zeichnerisch bestimmt.
- wird die Ableitung in Sachzusammenhängen als momentane Änderungsrate interpretiert.

1 Funktionen

„Oh, du hast ebenfalls 69 € bezahlt. Dann bist du wohl auch von Osnabrück hierher gefahren." Kommentieren Sie.

Bei der mathematischen Beschreibung (Modellierung) einer Situation erhält man oft Zuordnungen zwischen Größen. Dabei wird häufig einem Wert der einen Größe **genau ein** Wert der anderen Größe zugeordnet. So kann zum Beispiel bei einer Radtour der verstrichenen Zeit t der zurückgelegte Weg s eindeutig zugeordnet werden. Dagegen ist die Zuordnung
Höhe der Sonne über dem Horizont → Tageszeit nicht eindeutig, weil einem Sonnenstand unterschiedliche Tageszeiten zugeordnet werden können.
Eindeutige Zuordnungen nennt man **Funktionen**.

Die Bezeichnung x_0 steht für einen festen, aber nicht konkreten x-Wert.

Bei Funktionen sind folgende Sprech- und Schreibweisen üblich:

f; g; h …	sind Bezeichnungen für Funktionen.
D_f	ist die Menge aller x-Werte, denen durch die Funktion f ein Funktionswert zugeordnet werden kann. Sie heißt **Definitionsmenge** bzw. **Definitionsbereich** der Funktion f.
$f(x_0)$ („f von x_0")	ist der **Funktionswert von f an der Stelle x_0**, also derjenige Wert, der der Zahl x_0 durch die Funktion f zugeordnet wird.
W_f	ist die Menge aller Funktionswerte. Sie heißt **Wertemenge** von f.
$f: x \to 3x^2 + 5$	ist die **Funktionsvorschrift**, welche ausdrückt, dass jedem Wert für x die Summe aus 5 und dem Dreifachen ihres Quadrates zugeordnet wird. Man nennt $3x^2 + 5$ den **Funktionsterm**.
$f(x) = 3x^2 + 5$	ist die **Funktionsgleichung**, mit deren Hilfe man zu jedem Wert für x denjenigen Funktionswert berechnen kann, der zu diesem x gehört. Beispielsweise erhält man für $x = -4$: $f(-4) = 3 \cdot (-4)^2 + 5 = 53$.
Der **Graph von f**	ist die Menge aller Punkte $P(x|y)$, deren Koordinaten die Gleichung $y = f(x)$, hier also $y = 3x^2 + 5$, erfüllen. Da die Zuordnung $x \to y$ eindeutig ist, haben die Graphen von Funktionen mit allen Parallelen zur y-Achse höchstens einen Schnittpunkt.

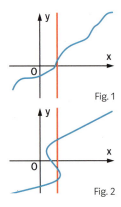

Fig. 1

Fig. 2

Fig. 1 zeigt den Graphen einer Funktion, da jedem x-Wert genau ein y-Wert zugeordnet ist. Die Zuordnung ist also eindeutig.

Fig. 2 zeigt keinen Graphen einer Funktion, da es x-Werte gibt, denen mehrere y-Werte zugeordnet sind. Die Zuordnung ist nicht eindeutig.

> Eine Zuordnung, die jedem Element einer Definitionsmenge **genau ein** Element der Wertemenge zuordnet, nennt man **Funktion**.

Es gibt auch Funktionen, die nicht auf ganz ℝ (nicht für alle reelle Zahlen) definiert sind. Die Gründe dafür sind entweder innermathematisch oder ergeben sich aus einem Sachzusammenhang. Zum Beispiel:

In die Funktion f mit $f(x) = \frac{1}{x}$ darf die Zahl 0 nicht eingesetzt werden. Die Definitionsmenge D_f besteht daher aus allen reellen Zahlen ohne die Zahl 0, und man schreibt: $D_f = \mathbb{R}\setminus\{0\}$.

Die Funktion $h: t \to \frac{5}{4} - 5t^2$ ordnet der Zeit t die Höhe h eines Balles zu, der aus einer Höhe von 1,25 m zu Boden fällt (t in Sekunden, h in Metern).
In diesem Sachzusammenhang sind nur Werte zwischen t = 0 (Beobachtungsbeginn) und t = 0,5 (Ball berührt den Boden) sinnvoll. Deshalb wird die Definitionsmenge auf das entsprechende Intervall eingeschränkt: $D_h = [0; 0{,}5]$.

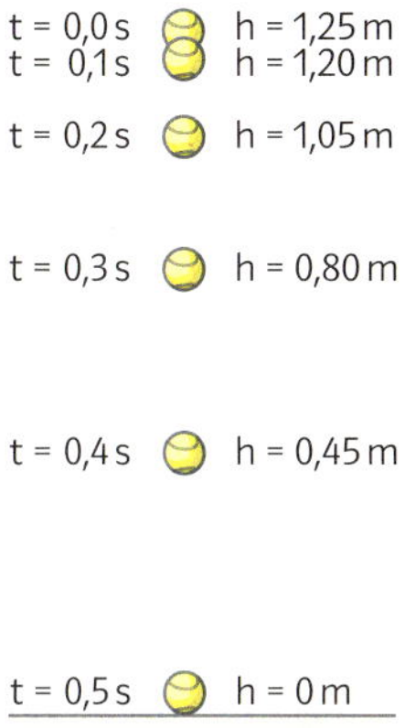

Definitionsmengen werden häufig so angegeben:
- [a; b] für a ≤ x ≤ b (geschlossenes Intervall)
- (a; b) für a < x < b (offenes Intervall)
- [a; b) für a ≤ x < b (halboffenes Intervall)
- [a; ∞) für alle reellen Zahlen größer als a
- ℝ\{a} für alle reellen Zahlen außer der Zahl a
- ℝ⁺ für alle positiven reellen Zahlen

t = 0,0 s	h = 1,25 m
t = 0,1 s	h = 1,20 m
t = 0,2 s	h = 1,05 m
t = 0,3 s	h = 0,80 m
t = 0,4 s	h = 0,45 m
t = 0,5 s	h = 0 m

Fig. 1

Wenn nichts anderes gesagt wird, versteht man unter der Definitionsmenge einer Funktion f immer die maximal mögliche Definitionsmenge.

Beispiel 1 Funktionswert – Definitionsmenge – Punktprobe
Gegeben sind die Funktionen f mit $f(x) = \sqrt{x-1}$ und g mit $g(x) = -\frac{9x}{x-10}$.
a) Bestimmen Sie, falls möglich, die Funktionswerte von f und g an den Stellen x = 10; x = 1 und x = 0.
b) Geben Sie für die Funktionen f und g jeweils die Definitionsmenge an.
c) Überprüfen Sie, ob die Punkte P(37|6) und Q(9|81) auf dem Graphen von f oder g liegen.

▪ Lösung: a) $f(10) = \sqrt{10-1} = \sqrt{9} = 3$; $f(1) = \sqrt{1-1} = \sqrt{0} = 0$
Da f an der Stelle x = 0 nicht definiert ist, lässt sich für diesen x-Wert kein Funktionswert bestimmen.
Da g an der Stelle x = 10 nicht definiert ist, lässt sich für diesen x-Wert kein Funktionswert bestimmen.
$g(1) = -\frac{9}{1-10} = 1$; $g(0) = -\frac{0}{-10} = 0$

b) $D_f = [1; \infty)$. *Der Wert unter der Wurzel darf nicht negativ werden.*
$D_g = \mathbb{R}\setminus\{10\}$. *Der Nenner darf nicht null werden.*

c) Da $f(37) = \sqrt{37-1} = 6$ und $f(9) = \sqrt{9-1} = \sqrt{8} \neq 81$ gilt, liegt der Punkt P(37|6) auf dem Graphen von f, der Punkt Q(9|81) liegt nicht auf dem Graphen.
Da $g(37) = -\frac{333}{27} \approx 12{,}3 \neq 6$ und $g(9) = -\frac{81}{-1} = 81$ gilt, liegt der Punkt P(37|6) nicht auf dem Graphen von g, der Punkt Q(9|81) liegt auf dem Graphen.

*Die Überprüfung, ob ein Punkt auf einem Graphen liegt, wird auch **Punktprobe** genannt.*

Beispiel 2 Definitionsmenge im Sachzusammenhang bestimmen
Ein 12 cm langer Papierstreifen soll in gleich lange Stücke geschnitten werden. Bestimmen Sie für die Funktion *Anzahl der Stücke a → Länge der Stücke l* die Funktionsgleichung und die Definitionsmenge.

▪ Lösung: Funktionsgleichung: $l(a) = \frac{12}{a}$
Da die Anzahl nur positiv und ganzzahlig sein kann, gilt: $D_f = \mathbb{N}\setminus\{0\}$.

Zur Erinnerung:
ℕ: Natürliche Zahlen
ℤ: Ganze Zahlen
ℝ: Reelle Zahlen

Aufgaben

1 Gegeben sind die drei Funktionen f, g und h mit

$f(x) = -\frac{1}{x}$; $\qquad\qquad$ $g(x) = 2x - 3$; $\qquad\qquad$ $h(x) = \sqrt{x+3} - 3$.

a) Bestimmen Sie die Funktionswerte der Funktionen an den Stellen $x = -2$; $x = 0{,}1$ und $x = 78$.
b) Bestimmen Sie die Definitionsmengen D_f, D_g und D_h.
c) Überprüfen Sie, ob die Punkte $P(1|-1)$ und $Q(5{,}5|8)$ auf dem Graphen von f, g oder h liegen.

2 Bearbeiten Sie die Funktionen f, g und h wie die Funktionen f, g und h in Aufgabe 1.
a) $f(x) = -x^3 + 1$ $\qquad$ b) $g(x) = \frac{1}{x+4}$ $\qquad$ c) $h(x) = \frac{1}{x-1}$

3 Bei einem Rechteck mit dem Flächeninhalt $A = 20$ (in m²) werden die beiden Seitenlängen mit a und b bezeichnet (a und b in Metern).
a) Wie lautet die Funktionsgleichung der Funktion $f: a \to b$? Bestimmen Sie Funktionswerte an drei unterschiedlichen Stellen.
b) Geben Sie die Definitionsmenge der Funktion von f aus Teilaufgabe a) an.
c) Zeichnen Sie den Graphen von f.

4 Wahr oder falsch? Begründen Sie.
a) Eine Parallele zur x-Achse kann nicht Graph einer Funktion sein.
b) Eine Parallele zur y-Achse kann nicht Graph einer Funktion sein.
c) Jede Parallele zur x-Achse hat mit dem Graphen einer beliebigen Funktion höchstens einen Punkt gemeinsam.
d) Jede Parallele zur y-Achse hat mit dem Graphen einer beliebigen Funktion höchstens einen Punkt gemeinsam.

Zeit zu überprüfen

5 Gegeben sind die beiden Funktionen f und g mit $f(x) = 0{,}5x^2 - 2$ und $g(x) = \frac{1}{x+3}$.
a) Bestimmen Sie die Definitionsmengen D_f und D_g.
b) Bestimmen Sie die Funktionswerte von f und g an den Stellen 9 und 0,25.
c) Skizzieren Sie die Graphen von f und g mithilfe einer Wertetabelle und notieren Sie die Wertemengen W_f und W_g.

6 Mit einem 1 km langen Zaun soll ein rechteckiges Feld an einem geraden Fluss eingezäunt werden. Der Flächeninhalt A des Feldes (in m²) ist von der gewählten Länge x des Rechtecks (in m) abhängig.
a) Begründen Sie, dass man mit dem Term $A(x) = 500x - \frac{1}{2}x^2$ den Flächeninhalt des Feldes berechnen kann.
b) Berechnen Sie den Flächeninhalt für $x = 200$, $x = 400$ und $x = 600$.
c) Welche Definitionsmenge ist für die Funktion A sinnvoll?

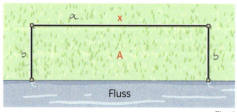
Fig. 1

7 Geben Sie an, ob es sich um eine Funktion handelt. Begründen Sie.
a) Die Schüler werden von 1 bis n durchnummeriert. Jeder Schülernummer wird die Körpergröße des Schülers in cm zugeordnet.
b) Auf einer Bergtour wird jeder Höhe (in Metern) die Wegkilometer zugeordnet.

8 Bei einem schräg geworfenen Ball kann die Flugbahn durch eine Parabel mit
f(x) = −0,1x² + 0,5x + 1,8 beschrieben werden. Hierbei entspricht x (in Metern) der horizontalen Entfernung vom Abwurfpunkt und f(x) (in Metern) der Flughöhe des Balles über dem Boden.
a) In welcher Höhe wurde der Ball abgeworfen?
b) Welche Definitionsmenge ist für die zugehörige Funktion sinnvoll?
c) Bestimmen Sie die maximale Flughöhe des Balles.
d) Bearbeiten Sie die Teilaufgaben b) und c), wenn der Ball von der Höhe h abgeworfen wird.

9 Ein rechtwinkliges Dreieck mit der Hypotenuse 6 cm wird um eine Kathete gedreht. Dabei entsteht ein Kegel.
a) Bestimmen Sie das Volumen des Kegels für r = 0 cm bis r = 6 cm in Schritten von einem halben cm. Wie lautet eine Funktionsgleichung der Funktion V: r → V(r)?
b) Zeichnen Sie den Graphen von V und bestimmen Sie näherungsweise, für welchen Radius r das Volumen des Kegels maximal ist.

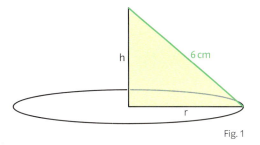

Volumen eines Kegels:
$V = \frac{1}{3}\pi r^2 \cdot h$

Fig. 1

10 a) Eine Konservendose mit dem Radius r und der Höhe h soll ein Volumen von 0,5 Liter fassen. Wie lautet die Funktionsgleichung der Funktion f: r → h?
b) Bestimmen Sie die Höhe der Dose für r = 1 cm bis r = 10 cm in Schritten von einem Zentimeter. Zeichnen Sie den Graphen von f.
c) Berechnen Sie den Flächeninhalt O der Oberfläche der Dose für r = 5 cm. Bestimmen Sie die Funktionsgleichung der Funktion g: r → O, mit der man zu jedem Radius den Oberflächeninhalt O berechnen kann.

Formeln für Zylinder
Volumen:
$V = \pi \cdot r^2 \cdot h$
Oberflächeninhalt:
$O = 2\pi r \cdot (r + h)$

11 Formulieren Sie eine Textaufgabe mit einer Funktion f, die die folgende Definitionsmenge hat:
a) $D_f = [0; 7]$, b) $D_f = [0; \infty)$, c) $D_f = \mathbb{N}$.

12 1998 wurde in Japan die Akashi-Kaikyo-Brücke fertig gestellt. Das Spannseil zwischen den Pfeilern liegt etwa auf einer Parabel.
a) Geben Sie mithilfe der unten stehenden Daten eine Funktionsgleichung einer Funktion f an, deren Graph dem Spannseil zwischen den beiden Pfeilern entspricht.
b) Bestimmen Sie an drei verschiedenen Stellen den Abstand des Seiles zur Fahrbahn.
c) Welche Definitionsmenge ist bei dieser Funktion sinnvoll?

Technische Informationen	
Spannweite zwischen den Pfeilern:	ca. 1991 m
Höhe der Pfeiler über dem Wasser:	283 m
Geringster Abstand zwischen Spannseil und Fahrbahn:	15 m
Höhe der Fahrbahn über dem Wasser:	71 m

2 Differenzenquotient – Mittlere Änderungsrate

Die Tabelle und das Diagramm zeigen die Bevölkerungszahlen in Deutschland für den Zeitraum nach 1960. Welche Vor- und Nachteile haben die beiden Darstellungen? Beschreiben Sie die Bevölkerungsentwicklung in eigenen Worten.

Bei Funktionen sind oft nicht nur die einzelnen Funktionswerte wichtig, sondern deren Entwicklung und Veränderung. Funktionswerte können zum Beispiel ansteigen oder abfallen, und dieser Anstieg bzw. Abfall kann schnell oder langsam erfolgen.

Mit dem **Differenzenquotienten** erhält man ein Maß dafür, wie stark sich Funktionswerte in einem bestimmten Intervall ändern. Dies wird an der folgenden Situation erläutert.

Bei einem Experiment wurde die Temperatur einer Flüssigkeit zu verschiedenen Zeitpunkten gemessen. Die Tabelle und der Graph zeigen die Messergebnisse.

t (in min)	0	10	20	30	35	50	60
T (in °C)	10	5	5	13	20	38	30

Aus der Tabelle kann man ablesen, dass die Temperatur nach 30 Minuten 13 °C betrug. Die mittlere Änderung der Temperatur pro Minute in den darauffolgenden 20 Minuten lässt sich berechnen durch:

$$\frac{T(30+20) - T(30)}{20} = \frac{38-13}{20} = \frac{25}{20} = 1{,}25.$$

Die mittlere Änderungsrate der Temperatur von 30 min bis 50 min beträgt also $1{,}25 \frac{°C}{min}$.

Für eine Funktion f heißt der Term $\frac{f(x_0 + h) - f(x_0)}{h}$ **Differenzenquotient im Intervall** $[x_0; x_0 + h]$, weil man die Differenz der Funktionswerte durch die Differenz der x-Werte teilt.

In Sachzusammenhängen wie oben nennt man den Differenzenquotienten zusammen mit der passenden Einheit **mittlere Änderungsrate**.

Zeichnet man wie in Fig. 1 eine Gerade durch die Punkte $P(30|13)$ und $Q(50|38)$, dann entspricht die Steigung der Geraden dem Wert des Differenzenquotienten. Diese Gerade bezeichnet man als **Sekante**.

Fig. 1

Für $h < 0$ gibt der Differenzenquotient die Änderungsrate auf $[x_0 + h; x_0]$ an.

Definition: Ist die Funktion f auf dem Intervall $[x_0; x_0 + h]$ definiert, dann heißt der Quotient $\frac{f(x_0 + h) - f(x_0)}{h}$ Differenzenquotient von f im Intervall $[x_0; x_0 + h]$.
In Sachzusammenhängen wird der Differenzenquotient zusammen mit der zugehörigen Einheit auch als mittlere Änderungsrate bezeichnet.

Beispiel 1 Bestimmung der mittleren Änderungsrate
Die Abnahme des Luftdrucks p mit zunehmender Höhe kann nach der „barometrischen Höhenformel" $p(H) = 1013 \cdot 0{,}88^H$ (H in km, p in hPa) bestimmt werden.
Bestimmen Sie die mittlere Änderungsrate für die Höhen zwischen 0 km und 5 km.

hPa: Hektopascal

■ Lösung: Differenzenquotient im Intervall [0; 5]:
$\frac{p(5) - p(0)}{5} = \frac{1013 \cdot 0{,}88^5 - 1013 \cdot 0{,}88^0}{5} \approx -95{,}68$.
Die mittlere Änderungsrate beträgt $-95{,}68 \frac{hPa}{km}$. Das heißt, der Luftdruck nimmt im Mittel um etwa 96 hPa pro Kilometer ab.

Beispiel 2 Rechnerische Bestimmung des Differenzenquotienten
Bestimmen Sie für die Funktion f mit $f(x) = x^2$ den Differenzenquotienten im Intervall [7; 9] und [7; 7,5].

■ Lösung: Im Intervall [7; 9] gilt: $\frac{f(9) - f(7)}{9 - 7} = \frac{9^2 - 7^2}{2} = 16$.
Im Intervall [7; 7,5] gilt: $\frac{f(7{,}5) - f(7)}{7{,}5 - 7} = \frac{7{,}5^2 - 7^2}{0{,}5} = 14{,}5$.

Beispiel 3 Geometrische Bestimmung
Bestimmen Sie geometrisch den Differenzenquotienten der Funktion f im Intervall [2; 7], deren Graph in Fig. 1 dargestellt ist.

■ Lösung: Man zeichnet eine Gerade g durch die beiden Punkte $P(2|f(2))$ und $Q(7|f(7))$. Die Steigung von g entspricht dem Differenzenquotienten im Intervall [2; 7].
Differenzenquotient: $\frac{f(7) - f(2)}{5} = \frac{2{,}5}{5} = 0{,}5$.

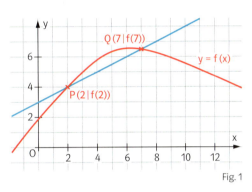

Fig. 1

Aufgaben

1 Gegeben ist die Funktion f mit $f(x) = \frac{1}{x} + 2$. Bestimmen Sie den Differenzenquotienten
a) im Intervall [0,1; 1],
b) im Intervall [2; 12],
c) im Intervall [0,01; 0,02],
d) im Intervall [100; 1000].

2 Die Höhe einer Kressepflanze wurde über mehrere Tage bestimmt.

Zeit t (in Tagen)	1	2	3	4	5	6	7	8	9
Höhe h (in mm)	0	0	0	0	1	2	4	6	7

Wie groß ist die mittlere Änderungsrate der Funktion Zeit t → Höhe h
a) für den gesamten Messzeitraum,
b) für die ersten drei Tage,
c) für die letzten drei Tage,
d) für die mittleren drei Tage?

3 Welche Begriffe beschreiben denselben Sachverhalt?

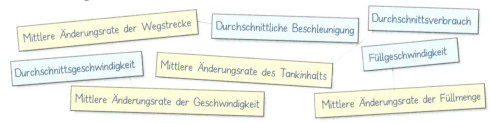

4 Bei einem Messfahrzeug wird während einer Fahrt die zurückgelegte Strecke aufgezeichnet. Fig. 1 zeigt den Graphen der Funktion *Zeit t → Strecke s* (t in min, s in m). Die mittlere Änderungsrate von s in einem Zeitintervall h ist die Durchschnittsgeschwindigkeit des Fahrzeuges in diesem Intervall. Bestimmen Sie näherungsweise die Durchschnittsgeschwindigkeit für das Zeitintervall
a) I = [0; 8],
b) I = [10; 12].

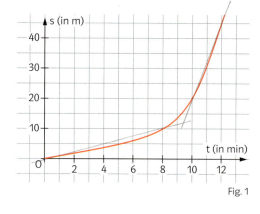

Fig. 1

Zeit zu überprüfen

5 Berechnen Sie zur Funktion f mit $f(x) = \frac{1}{2x}$ den Differenzenquotienten im Intervall [1; 2] und im Intervall [1; 1,5].

6 a) Bestimmen Sie geometrisch den Differenzenquotienten der Funktion f im Intervall [2; 4] und im Intervall [0; 2], deren Graph in Fig. 2 dargestellt ist.
b) Geben Sie ein Intervall an, in dem der Differenzenquotient den Wert 0 hat.

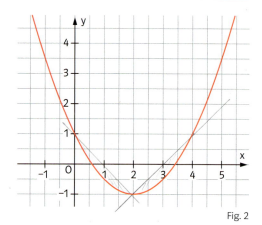

Fig. 2

7 Zeichnen Sie den Graphen der Funktion f mit $f(x) = x^2$ und bestimmen Sie den Differenzenquotienten geometrisch im angegebenen Intervall. Überprüfen Sie Ihr Ergebnis rechnerisch.
a) I = [0; 2] b) I = [−1; 3] c) I = [−1; 1] d) I = [−2; −1]

8 Skizzieren Sie den Graphen einer Funktion f, die folgende Differenzenquotienten hat:
Der Differenzenquotient von f im Intervall [0; 2] beträgt 0,5; der Differenzenquotient von f im Intervall [2; 5] beträgt 1 und der Differenzenquotient von f im Intervall [0; 6] beträgt 0. Vergleichen Sie Ihr Ergebnis mit dem Ihrer Nachbarin oder Ihres Nachbarn.

Zeit zu wiederholen

9 Vereinfachen Sie so weit wie möglich.
a) $(\sqrt{x} - 1) \cdot \sqrt{x} + x$
b) $(\sqrt{a} + 1) \cdot (\sqrt{a} - 1) - (a - 1)$
c) $\frac{a\sqrt{2} + b\sqrt{2}}{\sqrt{2}}$
d) $\frac{x^2 + 2x}{x}$

10 Schreiben Sie als Term und vereinfachen Sie ihn so weit wie möglich.
a) Subtrahieren Sie das Fünffache der Differenz von a und b von dem Dreifachen ihrer Summe.
b) Multiplizieren Sie die Summe von x und y mit sich selbst und subtrahieren Sie davon das Quadrat ihrer Differenz.

3 Ableitung – Momentane Änderungsrate

Beschreiben Sie, wie das Messgerät die Geschwindigkeit ermittelt.

Die mittlere Änderungsrate gibt an, wie stark sich eine Größe in einem bestimmten Intervall ändert, und kann mit dem Differenzenquotienten berechnet werden.
In dieser Lerneinheit wird erklärt, was unter der momentanen Änderungsrate zu verstehen ist und wie man diese berechnet.
Bei einer Autofahrt wird gemessen, welche Strecke s das Auto zum Zeitpunkt t zurückgelegt hat. Die Funktion $t \to s$ ordnet der Zeit t die zurückgelegte Wegstrecke s zu.
In diesem Sachzusammenhang berechnet man mit der mittleren Änderungsrate die Durchschnittsgeschwindigkeit des Autos in einem bestimmten Zeitraum wie sie z. B. der Bordcomputer anzeigt.
Der Tachometer des Autos zeigt aber nicht eine Durchschnittsgeschwindigkeit in einem bestimmten Zeitraum, sondern die momentane Geschwindigkeit zu jedem Zeitpunkt an.

Die Durchschnittsgeschwindigkeit ist die mittlere Änderungsrate des Weges.
Die momentane Geschwindigkeit ist die momentane Änderungsrate des Weges.

Wie man diese momentane Geschwindigkeit zu einem Zeitpunkt bestimmt, wird nun gezeigt.
Für ein Auto, das eine schiefe Ebene hinunterrollt, ordnet die Funktion s mit $s(t) = 0{,}3 \cdot t^2$ jedem Zeitpunkt t den zurückgelegten Weg s zu (Zeit t in Sekunden, Weg s in Metern).

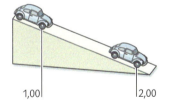 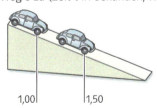 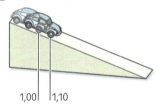

Fig. 1

Gesucht wird die momentane Geschwindigkeit zum Zeitpunkt $t = 1$. Dazu betrachtet man immer kleiner werdende Messintervalle, sowohl kurz vor als auch kurz nach $t = 1$, und berechnet für diese Intervalle die Durchschnittsgeschwindigkeit $\left(\text{in } \frac{m}{s}\right)$ mithilfe des Differenzenquotienten.

h	$s(1+h) - s(1)$	$\frac{s(1+h) - s(1)}{h}$	h	$s(1+h) - s(1)$	$\frac{s(1+h) - s(1)}{h}$
−1	−0,3	0,3	1	0,9	0,9
−0,5	−0,225	0,45	0,5	0,375	0,75
−0,1	−0,057	0,57	0,1	0,063	0,63
−0,05	−0,02925	0,585	0,05	0,03075	0,615
−0,01	−0,00597	0,597	0,01	0,00603	0,603
…	…	…	…	…	…

Aufgrund der jeweils letzten Spalte kann man vermuten, dass sich der Differenzenquotient sowohl für positives als auch für negatives h dem **Grenzwert** 0,6 nähert.
Dieser Grenzwert wird **Ableitung der Funktion s an der Stelle $t = 1$** genannt.

Hierfür schreibt man:

Für $h \to 0$ gilt: $\frac{s(1+h) - s(1)}{h} \to 0{,}6$ (lies: Für h gegen 0 geht $\frac{s(1+h) - s(1)}{h}$ gegen 0,6) oder

$\lim\limits_{h \to 0} \frac{s(1+h) - s(1)}{h} = 0{,}6$ (lies: Limes h gegen 0 $\frac{s(1+h) - s(1)}{h}$ ist gleich 0,6).

Für das Auto bedeutet dies: Die momentane Geschwindigkeit des Autos zum Zeitpunkt $t = 1s$ beträgt $0{,}6 \frac{m}{s}$.

> **Definition:** Wenn der Differenzenquotient $\frac{f(u+h) - f(u)}{h}$ einer Funktion f an der Stelle u für $h \to 0$ einen Grenzwert besitzt, dann heißt dieser **Ableitung von f an der Stelle u**.
> Man schreibt dafür **f′(u)** und sagt „f Strich an der Stelle u".
> Wenn f einen Sachzusammenhang beschreibt, dann wird die Ableitung zusammen mit der zugehörigen Einheit als **momentane Änderungsrate** bezeichnet.

Betrachtet man für immer kleinere Intervalllängen h die zugehörigen Sekanten, so stellt man fest, dass diese sich immer besser an den Graphen von s anschmiegen (Fig. 1).

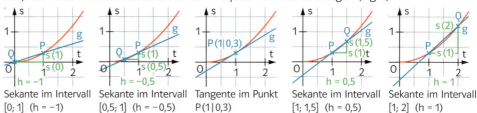

Sekante im Intervall [0; 1] (h = −1) | Sekante im Intervall [0,5; 1] (h = −0,5) | Tangente im Punkt P(1|0,3) | Sekante im Intervall [1; 1,5] (h = 0,5) | Sekante im Intervall [1; 2] (h = 1)

Fig. 1

Die Gerade mit der Steigung 0,6 durch den Punkt $P(1|0{,}3)$ nennt man **Tangente** des Graphen von s in P.

> **Definition:** Die Gerade durch den Punkt $P(u|f(u))$ mit der Steigung $f'(u)$ nennt man **Tangente** des Graphen von f in u. Man sagt: „Der Graph von f hat an der Stelle u die Steigung $f'(u)$."

Mithilfe einer Tangente lässt sich die Ableitung einer Funktion f an einer Stelle u näherungsweise geometrisch bestimmen: Man zeichnet nach Augenmaß eine Gerade so durch den Punkt $P(u|f(u))$, dass sie sich möglichst gut an den Graphen von f anschmiegt. Anschließend bestimmt man die Steigung dieser Geraden. Sie entspricht näherungsweise der Steigung des Graphen von f im Punkt P und damit der Ableitung von f an der Stelle u.

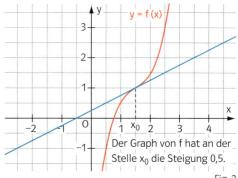

Der Graph von f hat an der Stelle x_0 die Steigung 0,5.

Fig. 2

Wird im Folgenden nichts anderes angegeben, so werden nur Funktionen betrachtet, die differenzierbar sind.

Besitzt eine Funktion an einer Stelle u eine Ableitung, so bezeichnet man die Funktion als **differenzierbar an der Stelle u**. Funktionen, die an jeder Stelle ihrer Definitionsmenge differenzierbar sind, werden **differenzierbar** genannt.

Beispiel   Bestimmung der Ableitung
Bestimmen Sie näherungsweise die Ableitung der Funktion f mit $f(x) = \frac{1}{x}$ an der Stelle $u = 1$
a) mithilfe des Differenzenquotienten für kleine Werte von h,
b) geometrisch mithilfe der Steigung der Tangente im Punkt $P(1|f(1))$.

■ Lösung: a) Als Differenzenquotient erhält man für $h = 0{,}1$: $\frac{f(1+0{,}1) - f(1)}{0{,}1} \approx -0{,}91$;
für $h = 0{,}001$: $\frac{f(1+0{,}001) - f(1)}{0{,}001} \approx -0{,}999$.

Die Ableitung von f an der Stelle $u = 1$ ist näherungsweise $f'(1) = -1$.

b) *Die Steigung der nach Augenmaß eingezeichneten Tangente an den Graphen von f im Punkt (1|1) ist −1. Dies entspricht der Steigung des Graphen von f in P und damit der Ableitung an der Stelle $u = 1$.*

Die Ableitung von f an der Stelle $u = 1$ ist näherungsweise $f'(1) = -1$.

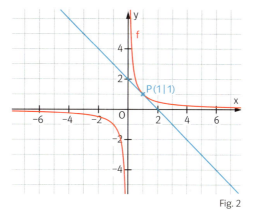

Mithilfe des GTR erhält man für die Ableitung von f an der Stelle $x_0 = 1$ näherungsweise $f'(1) = -1$.

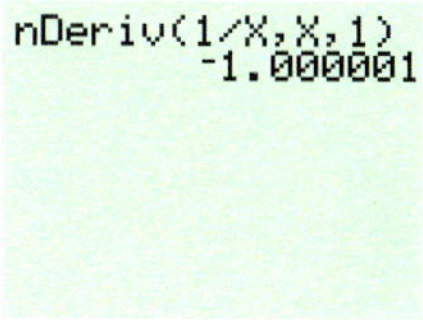

Fig. 1
Der GTR gibt einen Näherungswert für die Ableitung an, indem er für h eine sehr kleine Zahl einsetzt.

Fig. 2

Aufgaben

1   Bestimmen Sie näherungsweise die Ableitung der Funktion f an der Stelle $x_0 = 2$ mithilfe des Differenzenquotienten für kleine Werte von h.
a) $f(x) = x^2$
b) $f(x) = \frac{2}{x}$
c) $f(x) = 2x^2 - 3$
d) $f(x) = x^4$
e) $f(x) = x^3$
f) $f(x) = 4x - x^2$
g) $f(x) = \sqrt{x}$
h) $f(x) = 5$

2   a) Bestimmen Sie näherungsweise die Ableitung der Funktion f an der Stelle $x_0 = -1$ mithilfe des Differenzenquotienten für kleine Werte von h.
A) $f(x) = x^2 + 1$
B) $f(x) = x^3$
C) $f(x) = 0{,}5 \cdot x^2$
D) $f(x) = -x^3$
b) Zeichnen Sie den Graphen von f und die Gerade mit der in Teilaufgabe a) berechneten Steigung durch den Punkt $P(x_0|f(x_0))$. Überprüfen Sie, ob die Steigung der Geraden mit der Steigung von f im Punkt P übereinstimmt.

3   Ein Körper bewegt sich so, dass er in der Zeit t den Weg $s(t) = 4t^2$ (s in m; t in s) zurücklegt.
Bestimmen Sie näherungsweise die momentane Änderungsrate von s(t) zu den Zeiten $t_0 = 1$ und $t_1 = 5$.
Welche Bedeutung hat die momentane Änderungsrate von s(t)?

4   a) In welchen der Punkte A, B, C und D in Fig. 3 ist die Steigung des Graphen positiv?
b) Ordnen Sie die Punkte A bis D entsprechend der dazugehörigen Steigungen. Beginnen Sie mit der kleinsten Steigung.

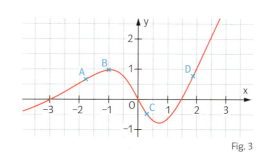

Fig. 3

Tangenten können unterschiedlich liegen:

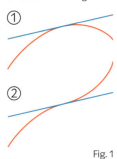

Fig. 1

5 Bestimmen Sie geometrisch näherungsweise die Ableitung von f an der Stelle x_0.

a) b) c) d)

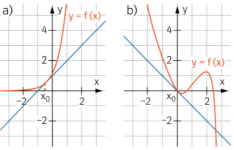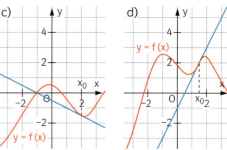

Fig. 2

6 Fig. 3 ist der Graph der Funktion *Uhrzeit → Flughöhe* während eines eineinhalbstündigen Fluges dargestellt.
a) Zu welchen Zeitpunkten war die momentane Änderungsrate der Flughöhe positiv bzw. negativ? Wann war sie näherungsweise 0?
b) Zu welchen Zeitpunkten war die momentane Änderungsrate der Flughöhe am größten? Wann war sie am kleinsten?
c) Finden Sie eine andere Bezeichnung für die momentane Änderungsrate der Flughöhe.

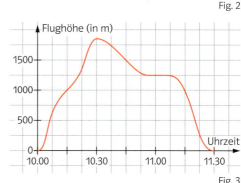

Fig. 3

Zeit zu überprüfen

7 Der Graph in Fig. 4 gibt den Tankinhalt eines Mopeds während einer Fahrt an.
a) Wie groß war der momentane Kraftstoffverbrauch nach 40 km bzw. nach 100 km näherungsweise?
b) Zu welchen Zeitpunkten war der Kraftstoffverbrauch während der Fahrt am größten bzw. am geringsten?

8 Bestimmen Sie näherungsweise die Ableitung der Funktion f mit $f(x) = \frac{3}{x}$ an der Stelle $x_0 = 3$.

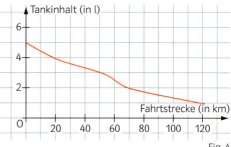

Fig. 4

9 Begründen Sie mithilfe des Funktionsgraphen, welches Vorzeichen die Ableitung der Funktion f mit $f(x) = -x^2 + 5$ an der Stelle x_0 hat.
a) $x_0 = 3$ b) $x_0 = -5$ c) $x_0 = 100$ d) $x_0 = 0$

10 Fig. 5 zeigt den Graphen der Funktion f mit $f(x) = x^3$ für $x < 1$ und $f(x) = x^2 - 2x + 2$ für $x \geq 1$.
a) Versuchen Sie, eine Tangente an den Graphen von f im Punkt P(1|1) zu zeichnen.
b) Bestimmen Sie den Differenzenquotienten von f für $h > 0$ und $h \to 0$ sowie für $h < 0$ und $h \to 0$. Was fällt Ihnen auf? Ist f an der Stelle $x = 1$ differenzierbar?

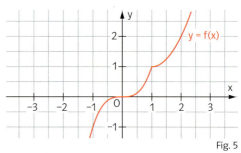

Fig. 5

I Schlüsselkonzept: Ableitung

4 Ableitung berechnen

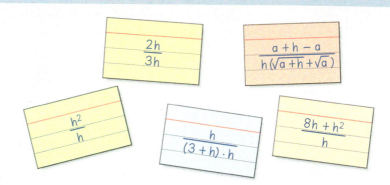

Wie verhalten sich die Quotienten für $h \to 0$?

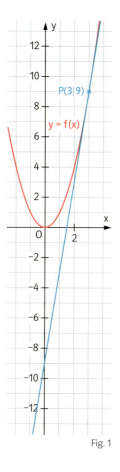

Die Ableitung einer Funktion f an einer Stelle x_0 ist der Grenzwert des Differenzenquotienten für $h \to 0$. Im Folgenden wird gezeigt, wie sich dieser Grenzwert mithilfe von Termumformungen exakt bestimmen lässt.
Gegeben ist die Funktion f mit $f(x) = x^2$.
Gesucht ist die Ableitung an der Stelle $x_0 = 3$.
1. Schritt:
Term für den Differenzenquotienten aufstellen: $\frac{f(3+h) - f(3)}{h} = \frac{(3+h)^2 - 3^2}{h}$.
2. Schritt:
Differenzenquotient so umformen, dass h im Nenner wegfällt oder dass der Nenner für $h \to 0$ gegen einen von null verschiedenen Wert strebt:
$\frac{(3+h)^2 - 3^2}{h} = \frac{9 + 6h + h^2 - 9}{h} = \frac{6h + h^2}{h} = \frac{(6+h) \cdot h}{h} = 6 + h$.
3. Schritt:
Umgeformten Term für $h \to 0$ untersuchen:
Für $h \to 0$ erhält man $6 + h \to 6$. Die Ableitung an der Stelle $x_0 = 3$ ist $f'(3) = 6$.

> Die Ableitung einer Funktion an einer Stelle x_0 berechnet man so:
> – Man stellt einen Term für den Differenzenquotienten auf.
> – Der Differenzenquotient wird so umgeformt, dass h im Nenner wegfällt oder dass der Nenner für $h \to 0$ gegen einen von null verschiedenen Wert strebt.
> – Man bestimmt den Grenzwert des Differenzenquotienten für $h \to 0$.

Es soll nun die Gleichung der Tangente an den Graphen der Funktion f mit $f(x) = x^2$ im Punkt $P(3|9)$ bestimmt werden.
– Die Tangente hat die Steigung $m = f'(3) = 6$.
– Die Tangente geht durch den Punkt $P(3|9)$.
Für die weitere Vorgehensweise gibt es verschiedene Möglichkeiten.

Fig. 1

1. Möglichkeit:
Man setzt in die Punkt-Steigungs-Form die Steigung m und die Koordinaten des Punktes P ein und multipliziert aus.
$y = 6 \cdot (x - 3) + 9 = 6x - 18 + 9 = 6x - 9$

2. Möglichkeit:
Man setzt in die Gleichung $y = mx + c$ die Steigung m und den Punkt $P(3|9)$ ein und löst die Gleichung nach c auf.
$9 = 6 \cdot 3 + c$, also $c = -9$

Punkt-Steigungs-Form:
Gegeben
– Punkt $P(u|v)$
– Steigung m
Geradengleichung:
$y = m \cdot (x - u) + v$

Die Gleichung der Tangente an den Graphen von f mit $f(x) = x^2$ im Punkt $P(3|9)$ ist $y = 6x - 9$.

I Schlüsselkonzept: Ableitung

Beispiel Ableitung berechnen – Tangentengleichung bestimmen

a) Berechnen Sie die Ableitung der Funktion f mit $f(x) = \frac{1}{x}$ an der Stelle $x_0 = 2$.

b) Bestimmen Sie eine Gleichung der Tangente an den Graphen von f im Punkt $P(2\,|\,f(2))$.

■ Lösung: a) $\frac{f(2+h) - f(2)}{h} = \frac{\frac{1}{2+h} - \frac{1}{2}}{h} = \left(\frac{1}{2+h} - \frac{1}{2}\right) \cdot \frac{1}{h}$ 1. Schritt: Term für den Differenzenquotienten aufstellen

Durch h im Nenner wird dividiert, indem man mit $\frac{1}{h}$ multipliziert.

$= \left(\frac{2}{(2+h)\cdot 2} - \frac{(2+h)}{(2+h)\cdot 2}\right) \cdot \frac{1}{h}$ 2. Schritt: Differenzenquotienten umformen

$= \frac{2 - (2+h)}{(2+h)\cdot 2} \cdot \frac{1}{h} = \frac{2 - 2 - h}{(2+h)\cdot 2} \cdot \frac{1}{h}$

$= \frac{-h}{(2+h)\cdot 2} \cdot \frac{1}{h}$

$= \frac{-1}{(2+h)\cdot 2} \to -\frac{1}{4}$ für $h \to 0$ 3. Schritt: Grenzwert für $h \to 0$ bestimmen

Man erhält für die Ableitung: $f'(2) = -\frac{1}{4}$.

b) $P\left(2\,\big|\,\frac{1}{2}\right)$ liegt auf der Tangente mit der Steigung $f'(2) = -\frac{1}{4}$.

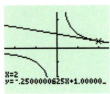

Fig. 1

1. Möglichkeit (Punkt-Steigungs-Form)
Ansatz: $y = -\frac{1}{4}(x - x_P) + y_P$.
Einsetzen der Koordinaten von P:
$y = -\frac{1}{4}(x - 2) + \frac{1}{2} = -\frac{1}{4}x + \frac{1}{2} + \frac{1}{2} = -\frac{1}{4}x + 1$

2. Möglichkeit (Punktprobe)
Ansatz: $y = -\frac{1}{4}x + c$.
Einsetzen der Koordinaten von P:
$\frac{1}{2} = -\frac{1}{4} \cdot 2 + c$ bzw. $\frac{1}{2} = -\frac{1}{2} + c$, also $c = 1$

Die Tangente durch den Punkt $P(2\,|\,f(2))$ hat die Gleichung: $y = -\frac{1}{4}x + 1$.
Der GTR liefert bis auf Rundungsungenauigkeiten dasselbe Ergebnis (Fig. 1).

Aufgaben

1 Berechnen Sie die Ableitung der Funktion f an der Stelle x_0.
a) $f(x) = x^2$; $x_0 = 2$ b) $f(x) = 2x^2$; $x_0 = 1$ c) $f(x) = -x^2$; $x_0 = 2$

2 Gegeben ist die Funktion f mit $f(x) = -3x^2$. Berechnen Sie
a) $f'(5)$,   b) $f'(-5)$,   c) $f'(-1,5)$,   d) $f'(0)$.

Die Ergebnisse lassen sich mit dem GTR überprüfen.

3 Berechnen Sie die Ableitung der Funktion f an der Stelle x_0.
a) $f(x) = x^2$; $x_0 = 4$ b) $f(x) = -2x^2$; $x_0 = 3$ c) $f(x) = 2x^2$; $x_0 = 3$
d) $f(x) = 2x^2$; $x_0 = 4$ e) $f(x) = \frac{1}{x}$; $x_0 = -1$ f) $f(x) = 2x^2$; $x_0 = -2$
g) $f(x) = 0,5x^2$; $x_0 = 2$ h) $f(x) = -x + 2$; $x_0 = 3$ i) $f(x) = 4$; $x_0 = 7$

4 Gegeben ist eine Funktion f, ein Punkt $P(x_0\,|\,f(x_0))$ des Graphen von f und die Ableitung $f'(x_0)$. Bestimmen Sie die Gleichung der Tangente im Punkt P an den Graphen von f.
a) $f(x) = x^2$; $P(1\,|\,f(1))$; $f'(1) = 2$ b) $f(x) = x^2$; $P(1,5\,|\,f(1,5))$; $f'(1,5) = 3$
c) $f(x) = x^2$; $P(4\,|\,f(4))$; $f'(4) = 8$ d) $f(x) = 2x^2$; $P(1\,|\,f(1))$; $f'(1) = 4$

5 Gegeben ist eine Funktion f und ein Punkt $P(u\,|\,f(u))$ auf dem Graphen von f.
Bestimmen Sie die Ableitung $f'(u)$ und eine Gleichung der Tangente im Punkt P an den Graphen von f.
a) $f(x) = \frac{1}{x}$; $P(-1\,|\,f(-1))$ b) $f(x) = \frac{2}{x}$; $P(1\,|\,f(1))$ c) $f(x) = \frac{1}{x}$; $P(1\,|\,f(1))$
d) $f(x) = -\frac{3}{x}$; $P(4\,|\,f(4))$ e) $f(x) = \frac{1}{x}$; $P(4\,|\,f(4))$ f) $f(x) = \frac{1}{x}$; $P(0,5\,|\,f(0,5))$

Zeit zu überprüfen

6 a) Berechnen Sie f'(−3) für f(x) = x². b) Berechnen Sie f'(2) für f(x) = 0,3·x².

7 Bestimmen Sie die Gleichung der Tangente an den Graphen von f im Punkt P(u|f(u)). Berechnen Sie dazu zunächst f'(u).
a) f(x) = 0,5·x²; P(1|f(1))
b) f(x) = $\frac{2}{x}$; P(2|f(2))

---

8 a) Bestimmen Sie die Ableitung der Funktion f mit f(x) = 3x + 2 an den Stellen $x_0 = 4$ und $x_1 = 9$.
b) Bestimmen Sie die Ableitung der Funktion f mit f(x) = 3x + 2 an einer beliebigen Stelle x_0.
c) Bestimmen Sie die Ableitung einer linearen Funktion g mit g(x) = mx + c an einer beliebigen Stelle x_0.
d) Welche Aussage lässt sich allgemein über die Ableitungsfunktion einer linearen Funktion machen?

9 Gegeben ist die Funktion f mit f(x) = x³ und $x_0 = 1$. Berechnen Sie die Ableitung f'(x_0).
Tipp: Um den Term $(x_0 + h)^3$ auszumultiplizieren, multipliziert man erst $(x_0 + h)^2$ aus. Dann kann das Ergebnis erneut mit dem Term $(x_0 + h)$ multipliziert werden.

10 Berechnen Sie die Ableitung der Funktion f an der Stelle x_0.
a) f(x) = x³; $x_0 = 2$
b) f(x) = −x³; $x_0 = 1$
c) f(x) = $\frac{1}{3}$x³; $x_0 = 1$

11 Gegeben ist die Funktion f mit f(x) = $\sqrt{x}$ und die Stelle $x_0 = 1$.
Berechnen Sie die Ableitung f'(x_0). Erweitern Sie hierzu den Quotienten des Differenzenquotienten zunächst mit dem Term $(\sqrt{x_0 + h} + \sqrt{x_0})$. Wenden Sie anschließend die dritte binomische Formel an: $a^2 - b^2 = (a + b) \cdot (a - b)$.

$$\frac{\sqrt{1+h} - \sqrt{1}}{h}$$
$$= \frac{(\sqrt{1+h} - \sqrt{1})(\sqrt{1+h} + \sqrt{1})}{h \cdot (\sqrt{1+h} + \sqrt{1})}$$

12 Rollt ein Skateboardfahrer aus dem Stand einen Hang mit Neigungswinkel α hinunter, so legt er in der Zeit t (in s) die Strecke s mit s(t) = 5 sin(α)·t² (in m) zurück.
a) Wie sieht die Berechnungsformel für s für α = 0° und α = 90° aus?
Wie lassen sich diese besonderen Berechnungsformeln anschaulich begründen?
b) Die momentane Änderungsrate s'(t) ist die Geschwindigkeit v(t) (in $\frac{m}{s}$) des Skateboardfahrers.
Welche Geschwindigkeit hat der Fahrer für α = 20° bzw. α = 40° nach 1,5 Sekunden?

13 Beschleunigt ein Auto aus dem Stand mit der Beschleunigung a (in $\frac{m}{s^2}$), so gilt für den zurückgelegten Weg: s(t) = $\frac{1}{2}$a·t² (t in Sekunden; s in Metern).
Die momentane Änderungsrate s'(t) ist die Geschwindigkeit v(t) (in $\frac{m}{s}$) des Autos.

$3{,}6 \frac{km}{h} = 1 \frac{m}{s}$

a) Welche Geschwindigkeit hat das Auto bei einer Beschleunigung von a = 3 (in $\frac{m}{s^2}$) nach 2 Sekunden bzw. nach 5 Sekunden?
b) In welcher Zeit hat das Auto bei einer Beschleunigung von a = 3 (in $\frac{m}{s^2}$) von 0 auf 50 $\frac{km}{h}$ bzw. von 0 auf 100 $\frac{km}{h}$ beschleunigt?
c) Bearbeiten Sie Teilaufgabe a) für eine allgemeine Beschleunigung a.

5 Die Ableitungsfunktion

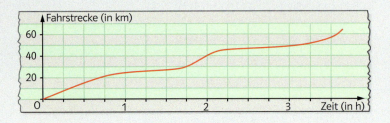

Der Graph gibt an, welche Strecke ein Fahrradfahrer bei einer Fahrradtour zurückgelegt hat.
Wann ist der Fahrer schnell und wann ist er langsam gefahren? Begründen Sie.

Bisher wurde die Ableitung einer Funktion f immer nur an einer Stelle bestimmt. Um bei einer Funktion f nicht für jede Stelle x_0 erneut die Ableitung mithilfe des Differenzenquotienten berechnen zu müssen, ist es zweckmäßig, die Ableitung $f'(x_0)$ für jede beliebige Stelle x_0 der Definitionsmenge zu ermitteln. Beispielsweise erhält man die Ableitung der Funktion f mit $f(x) = x^2$ an einer beliebigen Stelle x_0 in gleicher Weise wie man zum Beispiel die Ableitung an der Stelle 2 berechnet.

Ableitung an der Stelle $x = 2$

$$\frac{f(2+h) - f(2)}{h} = \frac{(2+h)^2 - 2^2}{h}$$
$$= \frac{2^2 + 2 \cdot 2h + h^2 - 2^2}{h} = \frac{4h + h^2}{h}$$
$$= 4 + h \to 4 \text{ für } h \to 0.$$

Ableitung an der Stelle $x = 2$: $f'(2) = 4$

Ableitung an einer allgemeinen Stelle x_0

$$\frac{f(x_0 + h) - f(x_0)}{h} = \frac{(x_0 + h)^2 - x_0^2}{h}$$
$$= \frac{x_0^2 + 2x_0 h + h^2 - x_0^2}{h} = \frac{2x_0 h + h^2}{h}$$
$$= 2x_0 + h \to 2x_0 \text{ für } h \to 0.$$

Ableitung an der Stelle x_0: $f'(x_0) = 2x_0$

Mit $f'(x_0) = 2x_0$ erhält man z.B. $f'(3) = 6$; $f'(8) = 16$ und $f'(-2) = -4$.

Die Ableitung $f'(x_0)$ gibt die Steigung des Graphen der Funktion f an der Stelle x_0 an. Ist eine Funktion f differenzierbar, so kann man jedem $x \in D_f$ die Ableitung $f'(x)$ von f zuordnen. Die Funktion, die jedem x die Ableitung $f'(x)$ zuordnet, heißt **Ableitungsfunktion von f** und wird mit **f'** bezeichnet. Das Ermitteln der Ableitungsfunktion f' nennt man „Ableiten" der Funktion f.

Betrachtet man die Graphen von f und f' (Fig. 1), so erkennt man:
Ist die Steigung des Graphen von f
- positiv, so verläuft der Graph von f' oberhalb der x-Achse,
- null, so schneidet der Graph von f' die x-Achse,
- negativ, so verläuft der Graph von f' unterhalb der x-Achse.

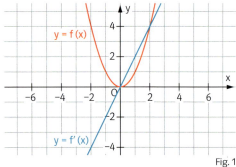

Fig. 1

Statt Ableitungsfunktion f', sagt man auch kurz: Ableitung von f.

Definition: Ist eine Funktion f für alle $x \in D_f$ differenzierbar, so heißt die Funktion, die jeder Stelle x der Definitionsmenge D_f die Ableitung $f'(x)$ an dieser Stelle zuordnet, die Ableitungsfunktion f' von f.

Beispiel 1 Graph einer Ableitungsfunktion skizzieren

Skizzieren Sie mithilfe des Graphen der Funktion f den Graphen der Ableitungsfunktion und erläutern Sie Ihr Vorgehen.

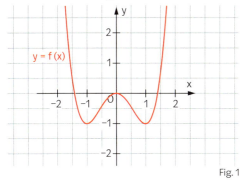

Fig. 1

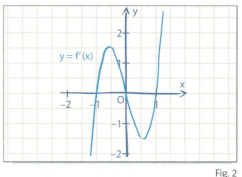

Fig. 2

Fig. 3
Der Graph einer Ableitungsfunktion lässt sich auch mit dem GTR erstellen.

■ *Lösung: Man bestimmt die Ableitung an einzelnen Stellen geometrisch näherungsweise als Steigung der Tangente.*

An den Stellen $x = -1$; $x = 0$ und $x = 1$ ist die Steigung des Graphen von f null. Der Graph der Ableitungsfunktion hat an diesen Stellen jeweils eine Nullstelle. Die Steigung von f ist für $x < -1$ sowie zwischen 0 und 1 negativ; der Graph von f' muss also in diesen beiden Intervallen unterhalb der x-Achse verlaufen. Zwischen -1 und 0 sowie für $x > 1$ verläuft der Graph von f' hingegen oberhalb der x-Achse. Der Graph von f' ist in Fig. 2 skizziert.

Beispiel 2 Funktionsgleichung einer Ableitungsfunktion bestimmen

Gegeben ist die Funktion f mit $f(x) = -x^2 + 3x$.

a) Bestimmen Sie die Funktionsgleichung der dazugehörigen Ableitungsfunktion.
b) Berechnen Sie $f'(2)$ und $f'(-12)$.
c) Für welche $x \in \mathbb{R}$ ist $f'(x) = 10$?

■ Lösung: a) $\frac{f(x_0 + h) - f(x_0)}{h} = \frac{-(x_0 + h)^2 + 3 \cdot (x_0 + h) - (-x_0^2 + 3 \cdot x_0)}{h}$

$= \frac{-x_0^2 - 2x_0 h - h^2 + 3 \cdot x_0 + 3 \cdot h + x_0^2 - 3 \cdot x_0}{h} = \frac{-2x_0 h - h^2 + 3 \cdot h}{h}$

$= \frac{(-2x_0 - h + 3) \cdot h}{h} = -2x_0 - h + 3 \to -2x_0 + 3$ für $h \to 0$

Ableitung an der Stelle x_0: $f'(x_0) = -2x_0 + 3$.
Da die Stelle x_0 beliebig gewählt ist, erhält man allgemein: $f'(x) = -2x + 3$.
b) $f'(2) = -2 \cdot 2 + 3 = -1$ und $f'(-12) = -2 \cdot (-12) + 3 = 27$
c) Aus $f'(x) = 10$ folgt $-2x + 3 = 10$. Durch Umformung erhält man $-2x = 7$ und damit $x = -3,5$.

Aufgaben

1 a) Zeigen Sie, dass für die Ableitungsfunktion der Funktion f mit $f(x) = 3x^2 - 2$ gilt: $f'(x) = 6x$.

b) Ergänzen Sie die Tabelle im Heft und skizzieren Sie anschließend den Graphen der Funktion f sowie den Graphen der Ableitungsfunktion f' in ein Koordinatensystem.

x	−3	−2	−1	0	1	2	3
f(x)							
f'(x)							

2 Ordnen Sie jedem Funktionsgraphen den Graphen der zugehörigen Ableitungsfunktion zu. Begründen Sie Ihre Entscheidung.

(A) 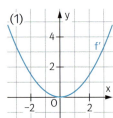 (B) 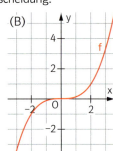 (C) 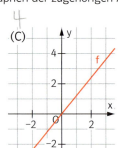 (D)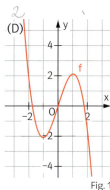

Fig. 1

(1) (2) (3) (4)

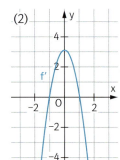 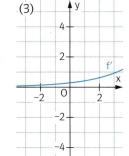 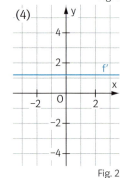

Fig. 2

Zeit zu überprüfen

3 Fig. 3 zeigt den Graphen der Funktion f. Skizzieren Sie den Graphen von f′.

4 Ermitteln Sie zu f mit $f(x) = \frac{1}{4}x^2$ die Funktionsgleichung der Ableitungsfunktion. Zeichnen Sie die Graphen von f und f′ in ein gemeinsames Koordinatensystem.

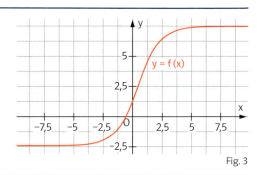

Fig. 3

5 Ergänzen Sie die folgenden Sätze sinnvoll in Ihrem Heft.
a) Wenn die Funktionswerte einer Funktion f für größer werdende Werte von x zunehmen, dann ist die dazugehörige Ableitungsfunktion in diesem Intervall …
b) Je größer die Steigung des Graphen von f ist, desto …
c) Wenn eine Funktion f linear ist, dann ist die dazugehörige Ableitungsfunktion …
d) Wenn die Funktionswerte einer Funktion f konstant sind, dann ist die dazugehörige Ableitungsfunktion …

6 Wie verändert sich der Graph der Ableitungsfunktion f′, wenn der Graph der Funktion f
a) nach unten verschoben wird,
b) nach oben verschoben wird,
c) nach rechts verschoben wird,
d) nach links verschoben wird?

6 Ableitungsregeln

Funktionen
$f_1(x) = x^2$
$f_2(x) = x$
$f_3(x) = 2x^2$
$f_4(x) = -5x$
$f_5(x) = 2x^2 + 5x$
$f_6(x) = -2x^2 + 5x$

Ableitungsfunktionen
$g'_1(x) = -5$
$g'_2(x) = 2x$
$g'_3(x) = 4x + 5$
$g'_4(x) = -4x + 5$
$g'_5(x) = 1$
$g'_6(x) = 4x$

Welche Ableitungsfunktion gehört zu welcher Funktion? Begründen Sie Ihre Entscheidung.

Ist die Funktionsgleichung einer differenzierbaren Funktion bekannt, so lässt sich die Ableitung mithilfe des Differenzenquotienten bestimmen. Dieses Vorgehen ist in der Regel sehr aufwendig. In dieser Lerneinheit werden Ableitungsregeln vorgestellt, mit deren Hilfe sich Ableitungen häufig sehr viel einfacher bestimmen lassen. Dabei geht man so vor: Zunächst sucht man nach Regeln zur Ableitung von Grundfunktionen der Form $f(x) = x^2$, $g(x) = x^3$ usw. Dann untersucht man, wie man die Ableitung z. B. einer Summe $s(x) = f(x) + g(x)$ aus den Ableitungen von f und g erhalten kann.

Ableitung von Potenzfunktionen

f(x)	x	x^2	x^3	x^{-1}
f'(x)	1	2x	$3x^2$	$-x^{-2}$

In der Tabelle sind die Funktionsterme von verschiedenen Potenzfunktionen sowie deren Ableitungsfunktionen aufgeführt. Daraus lassen sich folgende Vermutungen ablesen:
- Die Ableitung einer Potenzfunktion f ist ebenfalls eine Potenzfunktion.
- Beim Ableiten verringert sich die Hochzahl um 1.
- Die Hochzahl der Funktion wird zum Vorfaktor ihrer Ableitungsfunktion.

Ableitung der Funktion f mit $f(x) = x^3$

$$\frac{f(x_0 + h) - f(x_0)}{h} = \frac{(x_0 + h)^3 - x_0^3}{h}$$
$$= \frac{x_0^3 + 3x_0^2 h + 3x_0 h^2 + h^3 - x_0^3}{h}$$
$$= \frac{3x_0^2 h + 3x_0 h^2 + h^3}{h} = 3x_0^2 + 3x_0 h + h^2$$
$$3x_0^2 + 3x_0 h + h^2 \to 3x_0^2 \text{ für } h \to 0.$$
Also gilt: $f'(x) = 3x^2$.

Beweise für die hier vermuteten Regeln stehen auf Seite 28.

Ableitung einer zusammengesetzten Funktion
Es wird an einem Beispiel untersucht, wie sich die Ableitung einer Funktion g mit $g(x) = k \cdot f(x)$ aus der Ableitung der Funktion f ergibt.

Wird der Funktionsterm der Funktion f mit 2 multipliziert, so verändert sich der dazugehörige Graph. Da sich alle Funktionswerte verdoppeln, verdoppelt sich auch die Steigung des Graphen von f.
Anhand der Graphen von f mit $f(x) = x^2$ und g mit $g(x) = 2 \cdot x^2 = 2 \cdot f(x)$ lässt sich erkennen, dass für die Ableitung von g gilt:
$g'(x) = 2 \cdot f'(x) = 2 \cdot 2x = 4x$.

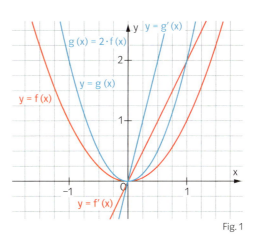

Fig. 1

Die Hochzahl einer Potenzfunktion verringert sich beim Ableiten um 1.

Ein konstanter Faktor bleibt beim Ableiten erhalten.

Summen werden gliedweise abgeleitet.

Potenzregel
Für eine Funktion f mit $f(x) = x^z$, $z \in \mathbb{Z}$, gilt: $f'(x) = z \cdot x^{z-1}$.

Faktorregel
Für die Funktion f mit $f(x) = r \cdot g(x)$, $r \in \mathbb{R}$, gilt: $f'(x) = r \cdot g'(x)$.

Summenregel
Für die Funktion s mit $s(x) = f(x) + g(x)$ gilt: $s'(x) = f'(x) + g'(x)$.

Beispiel Ableitungsregeln anwenden
Bestimmen Sie die Ableitungsfunktion der Funktion f mithilfe geeigneter Ableitungsregeln.
a) $f(x) = x^5$
b) $f(x) = \frac{8}{x}$
c) $f(x) = x^{-7} + x^3$
d) $f(x) = ax^7 + bx^4 - cx^3$

■ Lösung: a) $f'(x) = 5x^{5-1} = 5x^4$ *Potenzregel mit z = 5*
b) $f'(x) = 8 \cdot (-1 \cdot x^{-2}) = -\frac{8}{x^2}$ *Faktor- und Potenzregel* $\left(f(x) = \frac{8}{x} = 8 \cdot x^{-1}\right)$
c) $f'(x) = -7x^{-7-1} + 3x^{3-1} = -7x^{-8} + 3x^2$ *Potenz- und Summenregel*
d) $f'(x) = 7ax^6 + 4bx^3 - 3cx^2$ *Potenz-, Faktor- und Summenregel*
   a, b und c sind konstante Faktoren.

Aufgaben

1 Bestimmen Sie die Ableitungsfunktion der Funktion f.
a) $f(x) = x^4$
b) $f(x) = x^{10}$
c) $f(x) = x^{-4}$
d) $f(x) = x^3 + x^5$
e) $f(x) = x^{11} + x^{-10}$
f) $f(x) = 3x^4 + 5x^7$
g) $f(x) = -4x^{-4} - \frac{1}{5}x^5$
h) $f(x) = -\frac{1}{x^2} - \frac{3}{x^5}$
i) $f(x) = -\frac{3}{x^2} - 3x^2$

2 Bestimmen Sie die Ableitungsfunktion der Funktion f.
a) $f(x) = ax^2 + bx + c$
b) $f(x) = \frac{a}{x} + c$
c) $f(x) = x^{c+1}$
d) $f(t) = t^2 + 3t$
e) $f(x) = x - t$
f) $f(t) = x - t$

Tipp:
Erst den Funktionsterm umwandeln, dann ableiten.

3 Bestimmen Sie die Ableitungsfunktion der Funktion f.
a) $f(x) = x \cdot (5 - x)$
b) $f(x) = (x + x^2) \cdot x$
c) $f(x) = x^2 \cdot (x + 2) \cdot 5$
d) $f(x) = (x + 2)^2$
e) $f(x) = 2(x - 2)^2$
f) $f(x) = (x - 7) \cdot (x + 7)$

4 Bestimmen Sie die Tangente an den Graphen von f in $P_0(x_0 | f(x_0))$.
a) $f(x) = x^4$; $x_0 = 0{,}5$
b) $f(x) = 2x^{-2}$; $x_0 = 3$
c) $f(x) = 2x^3 - 3x^{-2}$; $x_0 = 2$
d) $f(x) = \frac{1}{x} - x^3$; $x_0 = 5$

Zeit zu überprüfen

5 Bestimmen Sie die Ableitungsfunktion der Funktion f.
a) $f(x) = 15x^2$
b) $f(x) = 2x^3 + x^2$
c) $f(x) = x^2 \cdot (6 + x)$
d) $f(x) = (x - 3)^2$
e) $f(x) = \frac{2}{x}$
f) $f(x) = \frac{12}{x^2} - 3$
g) $f(x) = ax^3 + cx$
h) $f(x) = \frac{a}{x^3} + b$
i) $f(x) = mx + c$

6 Gegeben ist eine Funktion f und ein Punkt P. Bestimmen Sie die Gleichung der Tangente t am Graphen von f im Punkt P.
a) $f(x) = 0{,}5x^2$; $P(1|f(1))$
b) $f(x) = 2x^2 - 4$; $P(-2|f(-2))$
c) $f(x) = 3x^2 + 3$; $P(0{,}5|f(0{,}5))$
d) $f(x) = -x^3 + 2$; $P(2|f(2))$

7 In welchem Punkt $P(u|f(u))$ ist die Tangente an den Graphen von f parallel zur Geraden g mit $g(x) = x - 2$?
a) f mit $f(x) = 0{,}5x^2$
b) f mit $f(x) = -x^2 - 2$
c) f mit $f(x) = x^3$

8 Gibt es für die Funktionen f mit $f(x) = x^2 + 3$; g mit $g(x) = x^3$ und h mit $h(x) = 2x + 6$ jeweils eine Stelle mit der gleichen Ableitung?

9 Ein Körper fällt ohne Luftreibung so, dass er in der Zeit t (in s) den Weg $s(t) = 5t^2$ (in m) zurücklegt. Nach welcher Zeit hat der Körper eine Geschwindigkeit von $10\frac{m}{s}$?

Die Ableitung s'(t) ist die Geschwindigkeit $\left(\text{in } \frac{m}{s}\right)$ des Körpers.

10 Der Hefepilz ist sowohl beim Backen als auch bei der Produktion von Alkohol eine wichtige Substanz. Das Wachstum einer Hefekultur (in mg) kann näherungsweise durch die Funktion
$W(t) = -0{,}38t^3 + 9{,}12t^2 + 9{,}6$
für $0 < t < 16$ dargestellt werden (t in h).
a) Berechnen Sie die Ableitungsfunktion W' und skizzieren Sie sie im angegebenen Definitionsbereich.
b) Welche Bedeutung haben die Ableitung und der Verlauf ihres Graphen im Sachzusammenhang?

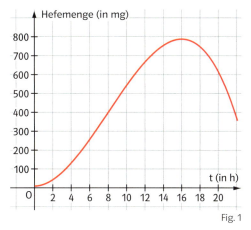

Fig. 1

Rasterelektronenmikroskop-Aufnahme eines Hefe-Clusters

11 Ein Herd wird zum Backen vorgeheizt, bis er eine vorgesehene Endtemperatur erreicht hat. Die Temperatur im Herd (in C°) in Anhängigkeit von der Zeit t (in Minuten) soll für $0 \leq t \leq 30$ durch die Funktion T mit $T(x) = -0{,}192x^2 + 11{,}52x + 27{,}2$ beschrieben werden.
a) Skizzieren Sie den Graphen von T.
b) Berechnen Sie die Ableitungsfunktion T'. Welches Vorzeichen haben ihre Werte im angegebenen Definitionsbereich?
c) Wie ist der Verlauf der Ableitungsfunktion? Welche Bedeutung hat dies im Sachzusammenhang?
d) Interpretieren Sie die Aussagen $T(5) = 80$ und $T'(10) \approx 7{,}7$.

Zeit zu wiederholen

12 Welche Zahlen kann man für ☐ einsetzen, sodass die Gleichung die vorgegebene Anzahl von Lösungen hat?
a) $9x^2 - 6x + \boxed{} = 0$ (2 Lösungen)
☐ 1 ☐ -1 ☐ 0 ☐ -7,3
b) $\boxed{}z^2 + 4z - 1 = 0$ (1 Lösung)
☐ 4 ☐ -4 ☐ 0 ☐ 16

13 Formen Sie erst um und bestimmen Sie dann die Lösungen.
a) $2x^2 + 6 = 2x + 7{,}5$
b) $-x \cdot (5x - 1) = x^2 - 1$
c) $\left(2x - \frac{1}{2}\right)^2 = 3x^2 - 7x - 5\frac{3}{4}$

INFO → Aufgaben 14 und 15

Beweis der Potenzregel für $f(x) = x^n$ für $n = 1, 2, 3, 4, \ldots$

Um die Ableitung von f zu bestimmen, stellt man zunächst den Differenzenquotienten von f an einer Stelle x_0 auf: $\frac{(x_0 + h)^n - x_0^n}{h}$.

Multipliziert man die n Faktoren $(x_0 + h)$ im Zähler aus, so erhält man den Summanden x_0^n sowie n-mal den Summanden $h \cdot x_0^{n-1}$. Alle weiteren Summanden enthalten mindestens den Faktor h^2. Fasst man diese zu $h^2 \cdot (\ldots)$ mit einem nicht weiter bestimmten Term $(\ldots)$ zusammen, so ergibt sich:

$(x_0 + h)^n = x_0^n + n \cdot h \cdot x_0^{n-1} + h^2 \cdot (\ldots)$.

Damit gilt:

Beim Nachweis der Potenzregel für $n < 0$ sind die Rechnungen etwas aufwendiger.

$\frac{(x_0 + h)^n - x_0^n}{h} = \frac{x_0^n + n \cdot h \cdot x_0^{n-1} + h^2 \cdot (\ldots) - x_0^n}{h}$

$= \frac{n \cdot h \cdot x_0^{n-1} + h^2 \cdot (\ldots)}{h}$ (Ausklammern von h im Zähler und kürzen)

$= n \cdot x_0^{n-1} + h \cdot (\ldots)$

$n \cdot x_0^{n-1} + h \cdot (\ldots) \to n \cdot x_0^{n-1}$ für $h \to 0$.

Ersetzt man x_0 durch x, ergibt sich $f'(x) = n \cdot x^{n-1}$.

Beweis der Faktorregel

Gegeben sind die Funktion g und ihre Ableitung g'. Es soll die Ableitung der Funktion f mit $f(x) = r \cdot g(x)$ bestimmt werden $(r \in \mathbb{R})$.

Differenzenquotient von f:

$\frac{f(x_0 + h) - f(x_0)}{h} = \frac{r \cdot g(x_0 + h) - r \cdot g(x_0)}{h} = r \cdot \frac{g(x_0 + h) - g(x_0)}{h}$

Für $h \to 0$ gilt: $\frac{g(x_0 + h) - g(x_0)}{h} \to g'(x_0)$.

Also ist $f'(x_0) = r \cdot g'(x_0)$.

Ersetzt man x_0 durch x, ergibt sich $f'(x) = r \cdot g'(x)$.

Beweis der Summenregel

Gegeben sind die Funktionen f und g und ihre Ableitungen f' und g'. Es soll die Ableitung der Funktion s mit $s(x) = f(x) + g(x)$ bestimmt werden.

Differenzenquotient von f:

$\frac{s(x_0 + h) - s(x_0)}{h} = \frac{f(x_0 + h) + g(x_0 + h) - (f(x_0) + g(x_0))}{h} = \frac{f(x_0 + h) - f(x_0) + g(x_0 + h) - g(x_0)}{h}$

$= \frac{f(x_0 + h) - f(x_0)}{h} + \frac{g(x_0 + h) - g(x_0)}{h}$

Für $h \to 0$ gilt: $\frac{f(x_0 + h) - f(x_0)}{h} \to f'(x_0)$ und $\frac{g(x_0 + h) - g(x_0)}{h} \to g'(x_0)$.

Also ist $s'(x_0) = f'(x_0) + g'(x_0)$.

Ersetzt man x_0 durch x, ergibt sich $s'(x) = f'(x) + g'(x)$.

14 Führen Sie den Beweis für die Faktorregel anhand der Funktionen g mit $g(x) = \frac{1}{x}$ und f mit $f(x) = -5 \cdot \frac{1}{x}$ durch.

15 Führen Sie den Beweis für die Summenregel anhand der Funktionen f mit $f(x) = x^2$, g mit $g(x) = x^3$ und s mit $s(x) = x^2 + x^3$ durch.

Wiederholen – Vertiefen – Vernetzen

1 Eine Schnur wird so an den beiden Enden zusammengebunden, dass die entstehende Schlaufe einen Umfang von 50 cm hat.
a) Legen Sie mit der Schnur ein Rechteck. Bestimmen Sie die Funktionsgleichung für die Funktionen
f: *Länge (in cm)* → *Breite (in cm)* und g: *Länge (in cm)* → *Flächeninhalt (in cm²)*.
b) Berechnen Sie f(5) und g(2). Geben Sie für f und g jeweils die Definitionsmenge an.

2 Bestimmen Sie die Funktionsgleichung von f'.
a) $f(x) = 2x^3$
b) $f(x) = x^{-3}$
c) $f(x) = -2x + 3x^5 + 2x$
d) $f(x) = \frac{1}{x^2}$
e) $f(x) = x^{-4} + x^5$
f) $f(x) = x + x^3$

3 Bestimmen Sie die Funktionsgleichung von f'.
a) $f(x) = x \cdot x$
b) $f(x) = x^4$
c) $f(x) = 2(x + 1)$
d) $f(x) = (x + 1)^2$
e) $f(x) = \frac{1+x}{2}$
f) $f(x) = \frac{1+x}{x}$
g) $f(x) = ax^c$
h) $f(x) = x^{2+c} + c^2$
i) $f(x) = x^3 + cx$

Tipp: $\frac{a+b}{c} = \frac{a}{c} + \frac{b}{c}$

4 Bestimmen Sie eine Funktionsgleichung der Tangente im Punkt $P_0(x_0 | f(x_0))$.
a) $f(x) = 0,1x^3$; $x_0 = 3$
b) $f(x) = \frac{2}{x}$; $x_0 = 4$
c) $f(x) = 3x^2 - 2$; $x_0 = -1$

5 In welchem Punkt $P_0(x_0 | f(x_0))$ ist die Tangente an den Graphen von f parallel zur Geraden g mit der Gleichung $g(x) = 10 - 3x$?
a) f mit $f(x) = 2x$
b) f mit $f(x) = -\frac{1}{x}$
c) f mit $f(x) = -0,01x^3$
d) f mit $f(x) = x^2 + a$
e) f mit $f(x) = bx^2$
f) f mit $f(x) = bx^3 + c$

6 Gegeben sind die beiden Funktionen f und g mit $f(x) = -x^2 - 2x + 1$ und $g(x) = x^3 + 1$.
a) An welchen Stellen stimmen die Funktionswerte von f und g überein?
b) An welchen Stellen stimmen die Ableitungen von f und g überein?

7 In welchen Punkten hat der Graph von f die Steigung m? Geben Sie die jeweiligen Tangentengleichungen an.
a) $f(x) = \frac{1}{3}x^3 - 8x$; $m = 1$
b) $f(x) = (2x + 1)^2$; $m = 8$
c) $f(x) = x^3 - 3x^2 + 6$; $m = 0$
d) $f(x) = -\frac{4}{x}$; $m = 1$
e) $f(x) = \frac{1}{x^2} + 2x$; $m = \frac{9}{4}$
f) $f(x) = x^5 + 5x^3 + 3$; $m = 4$

8 Fig. 1 zeigt den Graphen einer Ableitungsfunktion f'. Welche der folgenden Aussagen über die dazugehörige Funktion sind wahr? Begründen Sie.
a) Die Steigung des Graphen von f ist zwischen −1 und 1 positiv.
b) Die Steigung des Graphen von f ist zwischen 2 und 2,5 negativ.
c) Die Steigung des Graphen von f ist für x = −2,5; für x = −1,5 und für x = 2,5 gleich groß.

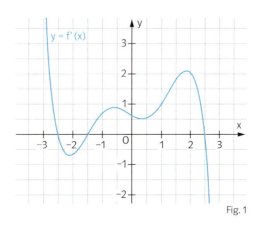

Fig. 1

Wiederholen – Vertiefen – Vernetzen

9 Zum 31.12.2010 gab es in Deutschland ca. 82 438 000 Einwohner. Im Jahr 2011 gab es für die Einwohnerzahl die in der Tabelle angegebenen Änderungsraten (gerundet in 1000 Einwohner pro Monat).

Monat	1	2	3	4	5	6	7	8	9	10	11	12
Änderungsrate der Einwohnerzahl (in 1000 Einwohner pro Monat)	−32	−18	−13	−7	0	4	−16	−13	5	3	−21	−21

a) In welchen Monaten nahm die Einwohnerzahl in Deutschland zu?
b) In welchen Monaten nahm die Einwohnerzahl in Deutschland ab?
c) Geben Sie die ungefähre Einwohnerzahl von Deutschland zum 31.12.2011 an.

1 Coulomb pro Sekunde = 1 Ampere

10 Durch ein elektrisches Bauteil fließt bis zum Zeitpunkt t die elektrische Ladung $Q(t)$ (in Coulomb) gemäß dem nebenstehenden Diagramm. Die momentane Änderungsrate $Q'(t)$ entspricht der elektrischen Stromstärke $I(t)$ (in Coulomb).
Lesen Sie näherungsweise am Graphen ab.
a) Wie groß war die elektrische Stromstärke nach drei Sekunden bzw. nach sechs Sekunden?
b) Zu welchem Zeitpunkt war die elektrische Stromstärke am größten? Wie groß war diese?

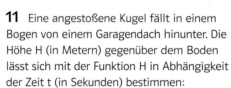

Fig. 1

11 Eine angestoßene Kugel fällt in einem Bogen von einem Garagendach hinunter. Die Höhe H (in Metern) gegenüber dem Boden lässt sich mit der Funktion H in Abhängigkeit der Zeit t (in Sekunden) bestimmen:
$H(t) = 3{,}2$ für $0 \leq t \leq 1$;
$H(t) = 3{,}2 - 5(t - 1)^2$ für $1 \leq t \leq 1{,}8$;
$H(t) = 0$ für $1{,}8 \leq t \leq 3$.
Bestimmen Sie die Ableitung der Funktion H für $t = 0{,}5$; $t = 1{,}5$ und $t = 2{,}5$.

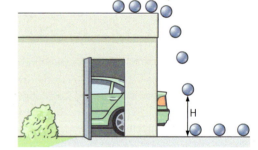

Fig. 2

Zeit zu wiederholen

12 Wahr oder falsch?
a) Zwei kongruente Dreiecke haben den gleichen Umfang.
b) Zwei Dreiecke sind zueinander kongruent, wenn sie den gleichen Umfang haben.
c) Zwei Dreiecke sind zueinander kongruent, wenn sie gleichseitig sind und den gleichen Flächeninhalt haben.
d) Zwei kongruente Dreiecke haben den gleichen Flächeninhalt.

13 Der Schatten von Peter ist 3,1 m lang. Die Sonnenstrahlen treffen in einem 30°-Winkel auf den Boden.
a) Wie groß ist Peter?
b) Marie ist 1,6 m groß. Wie lang ist ihr Schatten, wenn sie neben Peter steht?

Exkursion

Einkommensteuer

Diskutieren Sie über Vor- bzw. Nachteile der grafisch dargestellten Steuertarife. Welcher Tarif erscheint Ihnen am „gerechtesten"?

In Deutschland erheben Bund, Länder und Gemeinden Steuern. Die gesamten Steuereinnahmen beliefen sich 2012 auf mehr als 500 Milliarden Euro, wobei fast ein Drittel auf die Einkommensteuer entfiel.

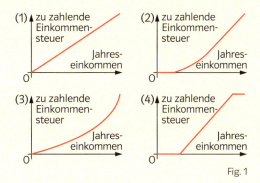

Fig. 1

Wie wird die Einkommensteuer berechnet?

Die Höhe der zu zahlenden Jahreseinkommensteuer richtet sich nach der Höhe des (zu versteuernden) Einkommens. Das deutsche Steuerrecht beruht auf dem Prinzip der Leistungsfähigkeit und berücksichtigt vor diesem Hintergrund folgende Aspekte:

- Niedrige Einkommen sollen gar keine Steuern zahlen: Es werden erst Steuern auf Einkünfte erhoben, welche den **Grundfreibetrag** von 8004 € überschreiten.
- Je höher das Einkommen ist, desto höher soll auch der Anteil an zu zahlenden Steuern sein: In den **Progressionszonen** steigt der Anteil, der für jeden den Grundfreibetrag übersteigenden Euro an Steuern gezahlt werden muss, von 14 % auf 42 %.
- Der Anteil an zu zahlender Steuer soll nicht beliebig groß werden: Ab einem Jahreseinkommen von 52 882 € beträgt dieser Anteil für jeden weiteren Euro konstant 42 % bzw. ab einem Jahreseinkommen von 250 731 € 45 % (**Proportionalitätszonen**).

Unter Berücksichtigung dieser Vorgaben wurde die zu zahlende Einkommensteuer E in € im Jahr 2012 wie folgt berechnet (x ist das zu versteuernde Jahreseinkommen in €):

- Für Einkommen bis einschließlich 8004 € (Grundfreibetrag): $E(x) = 0$,
- für Einkommen zwischen 8005 € und 13 469 € (erste Progressionszone):
  $E(x) = (9{,}1217 \cdot 10^{-6} (x - 8004) + 0{,}14) \cdot (x - 8004)$
  $= 9{,}1217 \cdot 10^{-6} x^2 - 6{,}020\,173\,6 \cdot 10^{-3} x - 536{,}187\,265\,3;$
- für Einkommen zwischen 13 470 und 52 881 € (zweite Progressionszone):
  $E(x) = (2{,}2874 \cdot 10^{-6} (x - 13\,469) + 0{,}2397) \cdot (x - 13\,469) + 1038$
  $= 2{,}2874 \cdot 10^{-6} x^2 + 0{,}178\,082\,02 x - 1775{,}553\,005\,6;$
- für Einkommen zwischen 52 882 € und 250 730 € (erste Proportionalitätszone):
  $E(x) = 0{,}42 x - 8172;$
- für Einkommen ab 250 731 € (zweite Proportionalitätszone, „Reichensteuer"):
  $E(x) = 0{,}45 x - 15\,694.$

Die Grafik in Fig. 2 lässt einen linearen Anstieg der Einkommensteuer vermuten. An den Funktionstermen erkennt man aber, dass es sich in den Progressionszonen um quadratische Funktionen handelt.

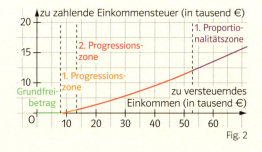

Fig. 2

Sind Einkommensteuer und Lohnsteuer dasselbe? Nicht ganz. Die Lohnsteuer zieht der Arbeitgeber direkt vom Lohn ab und überweist sie an das Finanzamt. Im Rahmen der Einkommensteuererklärung wird das tatsächlich zu versteuernde Einkommen berechnet (Spenden, Kinderfreibeträge etc. werden abgezogen, Zusatzverdienste hinzugerechnet). Die zu zahlende Einkommensteuer wird dann mit der bereits gezahlten Lohnsteuer verrechnet und man erhält im Rahmen des Steuerausgleichs eine Rückzahlung oder muss Steuer nachzahlen.

Sowohl das zu versteuernde Einkommen als auch die zu zahlende Einkommensteuer werden auf ganze Euro abgerundet.

Exkursion

Leistungsprinzip: Wer mehr verdient, soll mehr Steuern zahlen

Wer mehr verdient, muss mehr Steuern zahlen. Das ist logisch und gerecht. Zusätzlich steigt aber mit wachsendem Einkommen auch der Prozentsatz des Einkommens, der als Steuer bezahlt werden muss. Diesen Prozentsatz nennt man **Durchschnittssteuersatz**.

Für den Durchschnittssteuersatz D gilt:

$D(x) = \frac{E(x)}{x} \cdot 100$ (Fig. 1).

Geben Sie einen Term für D an, wenn das Einkommen mehr als 250 731 € beträgt. Zeigen Sie damit, dass der Durchschnittssteuersatz nie über einen bestimmten Wert steigt. Diesen Wert nennt man **Spitzensteuersatz**.

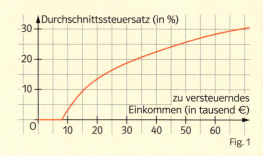

Fig. 1

Lohnt sich ein Zuverdienst? – Grenzsteuersatz

Wenn man die Möglichkeit hat, z.B. durch eine Nebentätigkeit mehr Geld zu verdienen, stellt sich die Frage, welcher Bruchteil des Zuverdienstes als Einkommensteuer abgeführt werden muss. Dieser Bruchteil wird folgendermaßen bestimmt:

- Bisheriges zu versteuerndes Einkommen: x_0
- In Zukunft zu versteuerndes Einkommen: x
- Steuer auf den Zuverdienst: $E(x) - E(x_0)$
- Bruchteil der Steuer am Zuverdienst: $\frac{E(x) - E(x_0)}{x - x_0}$

Man sieht: Der gesuchte Bruchteil ist der Differenzenquotient der Einkommensteuerfunktion E. Wenn der Zuverdienst nicht sehr groß ist, dann liefert der Grenzwert des Differenzenquotienten für $x \to x_0$, also die Ableitung von E an der Stelle x_0, einen guten Näherungswert für den gesuchten Bruchteil.

Man bezeichnet deshalb die Ableitung E'(x) der Funktion E an einer Stelle x als **Grenzsteuersatz** für das Jahreseinkommen x.

Mit welcher Eigenschaft der Funktion E bzw. deren Ableitung hängt es zusammen, dass der Näherungswert, den man erhält, wenn man die Steuermehrbelastung mit dem Grenzsteuersatz ausrechnet, immer etwas unterhalb der tatsächlichen Steuermehrbelastung liegt?

Ein Arbeitnehmer hat ein Jahreseinkommen von 30 000 €.
a) Leiten Sie E ab und berechnen Sie den Grenzsteuersatz bei diesem Jahreseinkommen.
b) Welche zusätzliche Steuerbelastung ergibt sich näherungsweise bei einem Mehreinkommen von 1000 €, wenn man mit dem Grenzsteuersatz rechnet?
c) Vergleichen Sie den Wert aus Teilaufgabe b) mit der tatsächlichen Steuermehrbelastung.

Weniger Geld trotz mehr Lohn – Kalte Progression

Lohnerhöhungen dienen unter anderem dazu, die Inflation auszugleichen. Dabei kann es aufgrund des in Deutschland gültigen Steuertarifs passieren, dass die Kaufkraft trotz einer die Inflation ausgleichenden Lohnerhöhung sinkt. Dieses Phänomen nennt man **kalte Progression**.

Berechnen Sie den Verlust an Kaufkraft für Jahreseinkommen von 30 000 €, 50 000 €, 60 000 € und 80 000 €.

Zum Beispiel: Inflationsrate 2,5 %, Lohnerhöhung 2,5 %

	2011	2012
Einkommen (brutto) in €	40 000	41 000
Einkommen (netto) in €	40 000 − E(40 000) = 30 993	41 000 − E(41 000) = 31 630
Kaufkraft in € (bezogen auf 2011)	30 993	31 630 : 1,025 = **30 858,54**

I Schlüsselkonzept: Ableitung

Rückblick

Sprech- und Schreibweisen bei Funktionen

D_f Definitionsmenge: Menge aller x-Werte, die in den Funktionsterm von f eingesetzt werden dürfen

W_f Wertemenge: Menge aller Funktionswerte von f

$f(x_0)$ Funktionswert von f an der Stelle x_0

$f(x) = x^3$ $f(x) = \sqrt{x}$ $f(x) = \frac{1}{x}$
$D_f = \mathbb{R}$ $D_f = [0; \infty)$ $D_f = \mathbb{R}\setminus\{0\}$

Differenzenquotient und mittlere Änderungsrate

Der Term $\frac{f(x_0 + h) - f(x_0)}{h}$ heißt Differenzenquotient von f im Intervall $[x_0; x_0 + h]$. Der Differenzenquotient gibt an, wie sich die Funktionswerte im Intervall $[x_0; x_0 + h]$ im Durchschnitt verändern.
Wenn f in Sachzusammenhängen eine Größe beschreibt, bezeichnet man den Differenzenquotienten zusammen mit der entsprechenden Einheit als mittlere Änderungsrate.

Differenzenquotient von f mit $f(x) = \frac{3}{x}$ auf dem Intervall $[1; 3]$:
$x_0 = 1$; $x_0 + h = 3$; $f(x_0) = 3$; $f(x_0 + h) = 1$
$\frac{\frac{3}{3} - \frac{3}{1}}{3 - 1} = \frac{1 - 3}{2} = -1$

Ableitung und momentane Änderungsrate

Die Ableitung ist der Grenzwert des Differenzenquotienten für $h \to 0$. Man schreibt dafür $f'(x_0)$. $\frac{f(x_0 + h) - f(x_0)}{h} \to f'(x_0)$ für $h \to 0$
Wenn f in Sachzusammenhängen eine Größe beschreibt, bezeichnet man die Ableitung zusammen mit der entsprechenden Einheit als momentane Änderungsrate.

Differenzenquotient von f mit $f(x) = \frac{3}{x}$ im Intervall $[1; h]$: $\frac{\frac{3}{1+h} - 3}{h} = \frac{\frac{-3h}{1+h}}{h} = \frac{-3}{1+h}$
$\frac{-3}{1+h} \to -3$ für $h \to 0$.
Also ist $f'(1) = -3$.

Tangente

Die Gerade durch den Punkt $P(x_0 | f(x_0))$ mit der Steigung $f'(x_0)$ heißt Tangente an den Graphen von f im Punkt P.
$y = f'(x_0) \cdot (x - x_0) + f(x_0)$ ist eine Gleichung der Tangente.

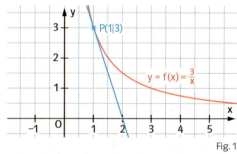

Fig. 1

Die Steigung der Tangente in $P(1|3)$ ist -3.
Gleichung der Tangente: $y = -3x + 6$

Ableitungsfunktion

Die Funktion, die jeder Stelle x der Definitionsmenge D_f die Ableitung $f'(x_0)$ an dieser Stelle zuordnet, heißt Ableitungsfunktion f' von f (kurz Ableitung von f).
Die Ableitungsfunktion f' kann man grafisch skizzieren, wenn man die Steigung des Graphen von f geometrisch abschätzt.

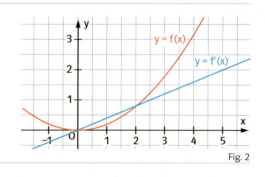

Fig. 2

Ableitungsregeln

Potenzregel: $f(x) = x^z$ $(z \in \mathbb{Z})$ $f'(x) = z \cdot x^{z-1}$
Faktorregel: $f(x) = r \cdot g(x)$ $(r \in \mathbb{R})$ $f'(x) = r \cdot g'(x)$
Summenregel: $s(x) = f(x) + g(x)$ $s'(x) = f'(x) + g'(x)$

$f(x) = x^4$; $f'(x) = 4x^3$
$f(x) = 7 \cdot x^4$; $f'(x) = 7 \cdot 4x^3 = 28x^3$
$f(x) = 7 \cdot x^4 + x^2$; $f'(x) = 28x^3 + 2x$

Prüfungsvorbereitung ohne Hilfsmittel

1 Bestimmen Sie die Funktionsgleichung von f′.
a) $f(x) = 7x^2$
b) $f(x) = 4x^2 - 5x$
c) $f(x) = \frac{1}{x} - 4x$

2 Fig. 1 zeigt den Graphen einer Funktion f. Welche der folgenden Aussagen über die dazugehörige Ableitungsfunktion f′ sind wahr?
a) Der Graph der Ableitungsfunktion f′ schneidet an der Stelle $x = 2$ die x-Achse.
b) Der Graph der Ableitungsfunktion f′ geht durch den Koordinatenursprung.
c) Der Graph der Ableitungsfunktion f′ verläuft zwischen $x = 1$ und $x = 2$ unterhalb der x-Achse.

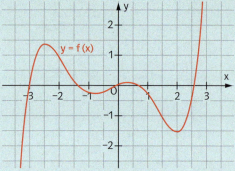

Fig. 1

3 Bestimmen Sie mithilfe des Graphen von f (Fig. 2) näherungsweise folgende Funktionswerte. Erläutern Sie die geometrische Bedeutung.
a) $f(5)$ und $f(3)$
b) $f(5) - f(3)$
c) $\frac{f(5) - f(3)}{5 - 3}$
d) $f'(5)$

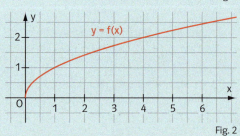

Fig. 2

4 Ordnen Sie jedem Funktionsgraphen den Graphen der zugehörigen Ableitungsfunktion zu.

(A) 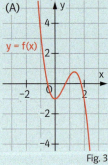 Fig. 3

(B) 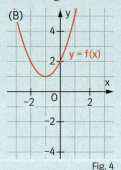 Fig. 4

(C) 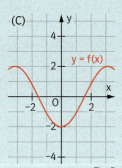 Fig. 5

(D) 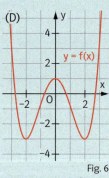 Fig. 6

(1) 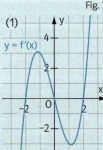 Fig. 7

(2) 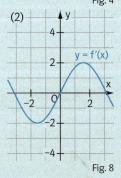 Fig. 8

(3) 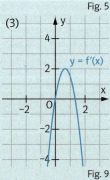 Fig. 9

(4) 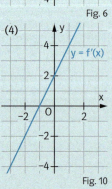 Fig. 10

5 Bestimmen Sie die Gleichung der Tangente an den Graphen der Funktion f mit $f(x) = x^2 - 3$ im Punkt $P(2|f(2))$.

Prüfungsvorbereitung mit Hilfsmitteln

1 Skizzieren Sie den Graphen von f'.

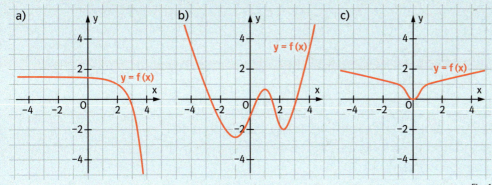

Fig. 1

2 Bestimmen Sie die Funktionsgleichung der Tangente t an den Graphen von f im Punkt P.
a) $f(x) = x^2 + 0{,}5x$; $P(-3|f(-3))$ \qquad b) $f(x) = 3\sqrt{x}$; $P(4|f(4))$

3 G(t) beschreibt das Gewicht eines Papierstücks, das zum Zeitpunkt $t = 0$ angezündet wird. Zunächst brennt das Feuer schwach, nimmt dann zu und erlischt langsam.
Skizzieren Sie den Graphen von G(t) und von G'(t). Welche Bedeutung hat G'(t)?
Woran lässt sich an den beiden Graphen erkennen, dass das Papier verbrannt ist?

4 Bestimmen Sie die Ableitung.
a) $f(x) = 3x^4 - 12x^3 + 2x - 1$ \quad b) $f(x) = (3x + 2)^2$ \qquad c) $f(t) = t^4 + \frac{2}{t^3} - \frac{3}{2t^5}$

5 In welchen Punkten hat der Graph der Funktion f mit $f(x) = 2x^2 + 2$
a) die Steigung $m = 4$,
b) dieselbe Steigung wie der Graph von g mit $g(x) = x^3 - 4x - 1$?

6 In welchen Punkten hat der Graph von f die Steigung 2?
a) $f(x) = \frac{1}{4}x^2$ \qquad b) $f(x) = \frac{1}{3}x^3$ \qquad c) $f(x) = \frac{4}{x}$ \qquad d) $f(x) = \frac{1}{x^2}$

7 Für welchen der in Fig. 2 markierten x-Werte gilt:
a) f(x) ist am größten?
b) f(x) ist am kleinsten?
c) f'(x) ist am größten?
d) f'(x) ist am kleinsten?

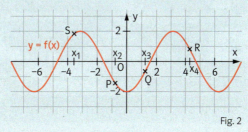

Fig. 2

8 a) f(t) (t in Jahren, f(t) in Millionen) beschreibt die Zahl der Einwohner in Deutschland seit dem Jahr 1995. Interpretieren Sie $f(5) = 82{,}0$ und $\frac{f(6) - f(5{,}5)}{6 - 5{,}5} \approx -0{,}1$. Geben Sie jeweils die Einheit an.
b) v(t) (t in Sekunden, v(t) in Metern pro Sekunde) beschreibt die Geschwindigkeit eines Körpers ab dem Startzeitpunkt $t = 0$. Interpretieren Sie $v(5) = 25$ und $v'(8) = 16$. Geben Sie jeweils die Einheit an. Was bedeutet v'(t)?

9 Geben Sie den Term einer Funktion f an, für den gilt:
a) Der Graph von f hat überall eine positive Steigung.
b) Die Ableitung von f wird an genau einer Stelle 0.

Extrem- und Wendepunkte

Viele Graphen von Funktionen verfügen über charakteristische Punkte: Schnittpunkte mit den Achsen, Hoch- und Tiefpunkte, Wendepunkte, ... Veranschaulicht der Graph einen Sachzusammenhang, so haben diese Punkte auch eine besondere Bedeutung. Aus diesem Grund ist es wichtig, diese Punkte bestimmen zu können.

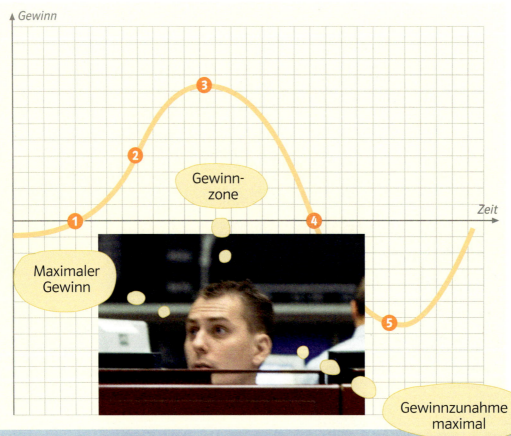

Der Graph zeigt den Gewinn eines Betriebs in Abhängigkeit von der Zeit. Welche Bedeutung haben die markierten Punkte?

Das kennen Sie schon

- Ableitung elementarer Funktionen
- die Potenzregel, die Faktorregel und die Summenregel
- die Gleichung einer Tangente an einen Graphen
- die Skizze des Graphen der Ableitungsfunktion

☑ **Check-in:**
Zur Überprüfung, ob Sie die inhaltlichen Voraussetzungen beherrschen, siehe Seite 222.

Beim Skeleton fahren die Athleten bäuchlings auf Schlitten durch einen Eiskanal. Dabei erreichen sie Geschwindigkeiten von bis zu 145 $\frac{km}{h}$. Wann ist der Schlitten an der linken, wann an der rechten „Kante" des Eiskanals? Gibt es auch Stellen, an denen sich der Schlitten exakt in der Mitte befindet?

An welchen Stellen hat das Fahrzeug:
– die größte Geschwindigkeit,
– die größte Beschleunigung?

In diesem Kapitel

– werden die Nullstellen einer Funktion berechnet.
– wird die Bedeutung der zweiten Ableitung erläutert.
– werden Hoch-, Tief- und Wendepunkte bestimmt.
– werden mathematische Inhalte in Anwendungssituationen interpretiert.

1 Nullstellen

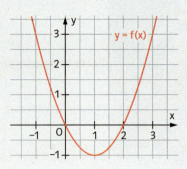
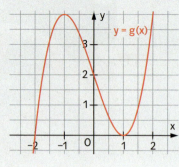

Für die Funktionen f und g kann man ihre Gleichungen auf folgende Weise angeben:

$f(x) = x^2 - 2x$ | $g(x) = x^3 - 3x + 2$
oder | oder
$f(x) = x \cdot (x - 2)$ | $g(x) = (x + 2) \cdot (x - 1)^2$

Beschreiben Sie die Vorteile der verschiedenen Darstellungen.

Bei einem Graphen einer Funktion f gibt es charakteristische Punkte. Wenn man diese Punkte kennt, kann man den Verlauf des Graphen näherungsweise zeichnen.

> Ein Produkt ist null, wenn mindestens einer der Faktoren null ist.

Die Punkte A, B und C in Fig. 1 liegen auf der x-Achse. Ihre x-Werte heißen **Nullstellen**. Ein weiterer charakteristischer Punkt des Graphen ist z. B. der Schnittpunkt D mit der y-Achse.
In Fig. 1 ist $f(x) = -0{,}5 \cdot (x - 3) \cdot (x - 1)^2 \cdot (x + 2)$.
Zur Bestimmung der Nullstellen löst man die Gleichung $-0{,}5 \cdot (x - 3) \cdot (x - 1)^2 \cdot (x + 2) = 0$.
Aus dieser Produktdarstellung kann man die Nullstellen $x_1 = -2$, $x_2 = 1$ und $x_3 = 3$ unmittelbar ablesen.

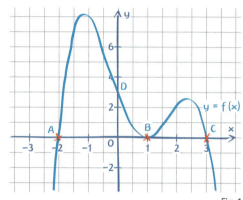

Fig. 1

> Erinnerung:
> Eine Lösungsformel für die quadratische Gleichung $ax^2 + bx + c = 0$:
> $x_{1/2} = \frac{-b \pm \sqrt{b^2 - 4ac}}{2a}$.

Wenn keine Produktdarstellung vorliegt, sind neben den bekannten Verfahren für lineare und quadratische Gleichungen in manchen Fällen die folgenden Verfahren nützlich.

Ausklammern der Variablen – Produktdarstellung erzeugen

Die Nullstellen der Funktion f mit $\qquad$ $f(x) = x^3 - 2x^2$
sind die Lösungen der Gleichung $\qquad$ $x^3 - 2x^2 = 0$.
Ausklammern von x^2 ergibt $\qquad$ $x^2 \cdot (x - 2) = 0$.
Daraus ergeben sich die Gleichungen $\qquad$ $x^2 = 0$ und $x - 2 = 0$.
Lösungen sind $\qquad$ $x_1 = 0$ und $x_2 = 2$.
Die Funktion f hat die Nullstellen 0 und 2.

Ersetzen der Variablen (Substituieren)

Eine Gleichung der Form $ax^4 + bx^2 + c = 0$ heißt biquadratische Gleichung.

Die Nullstellen der Funktion f mit $\qquad$ $f(x) = x^4 - 7x^2 + 12$
sind die Lösungen der Gleichung $\qquad$ $x^4 - 7x^2 + 12 = 0$.
Man ersetzt x^2 mit z (**Substitution:** $z = x^2$)
und erhält die quadratische Gleichung $\qquad$ $z^2 - 7z + 12 = 0$.
Die Lösungsformel liefert die Lösungen $\qquad$ $z_{1/2} = \frac{7 \pm \sqrt{49 - 48}}{2} = \frac{7 \pm 1}{2}$.
Rückgängigmachen der Substitution
($z_1 = x^2$ bzw. $z_2 = x^2$) liefert $\qquad$ $z_1 = 4$ und $z_2 = 3$.
$\qquad$ $x^2 = 4$ und $x^2 = 3$.

Beachten Sie:
Aus $z = x^2$ folgt $z^2 = (x^2)^2 = x^4$.

Lösungen der Gleichung $f(x) = 0$ sind $\qquad$ $x_1 = -2$; $x_2 = 2$ und $x_3 = \sqrt{3}$; $x_4 = -\sqrt{3}$.
Die Funktion f hat die Nullstellen -2; 2; $\sqrt{3}$; $-\sqrt{3}$.

Zur Bestimmung der Nullstellen einer Funktion f löst man die Gleichung $f(x) = 0$.
Hierfür sind nützliche Rechenverfahren:
- Ausklammern,
- Lösungsformel für quadratische Gleichungen,
- Substitution.

Beispiel 1 Rechenverfahren anwenden
Bestimmen Sie die Nullstellen der Funktion f mit $f(x) = x^5 - 4x^3 - 5x$.
■ Lösung: Zu lösen ist die Gleichung $x^5 - 4x^3 - 5x = 0$.
Ausklammern von x ergibt $x \cdot (x^4 - 4x^2 - 5) = 0$. Eine Nullstelle ist daher $x_1 = 0$.
Bei $x^4 - 4x^2 - 5 = 0$ wird x^2 durch z ersetzt. Lösung von $z^2 - 4z - 5 = 0$ mit der Lösungsformel
für quadratische Gleichungen: $z_{1/2} = \frac{4 \pm \sqrt{16 + 20}}{2} = \frac{4 \pm 6}{2}$.
Die Gleichung $z^2 - 4z - 5 = 0$ hat die zwei Lösungen $z_1 = 5$ und $z_2 = -1$.
Rückgängigmachen der Substitution ($z = x^2$) liefert $x^2 = 5$ und $x^2 = -1$.
$x^2 = 5$ liefert die Nullstellen $x_2 = -\sqrt{5}$ und $x_3 = \sqrt{5}$.
Dagegen hat $x^2 = -1$ keine Lösung, da x^2 stets größer oder gleich null ist.
Die Funktion f hat die Nullstellen $-\sqrt{5}$; 0 und $\sqrt{5}$.

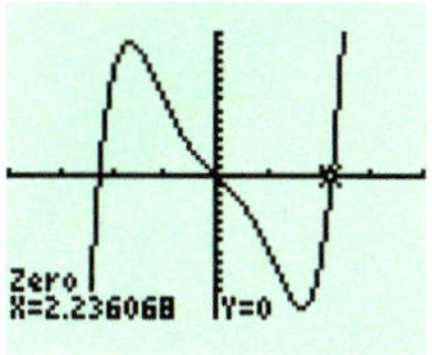

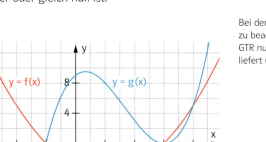

Fig. 1
Bei der Überprüfung ist zu beachten, dass ein GTR nur Näherungswerte liefert (Fig. 1).

Beispiel 2 Funktionen bestimmen
Geben Sie die Gleichungen von zwei Funktionen an, welche die Nullstellen -1 und 3 haben.
■ Lösung: *Man verwendet die Produktdarstellung.*
$f(x) = (x + 1) \cdot (x - 3); \quad g(x) = (x + 1) \cdot (x - 3)^2$
Fig. 2 zeigt die Graphen.

Fig. 2

Aufgaben

1 Lösen Sie die Gleichung.
a) $(x - 2) \cdot (x + 5) = 0$
b) $x^3 + 2x = 0$
c) $(x + 1)^2 \cdot (x - 3)^2 = 0$
d) $(x^2 + x) \cdot (x - 10) = 0$
e) $(x^2 - 6x + 9) \cdot (x^2 - 4) = 0$
f) $(x^3 - 4x^2 + 4x) \cdot (2x - 3) = 0$

2 a) $x^4 - 20x^2 + 64 = 0$
b) $2x^4 - 8x^2 - 90 = 0$
c) $3x^4 + 9x^2 - 162 = 0$
d) $x^4 + \frac{4}{9}x^2 - \frac{13}{9} = 0$
e) $x^4 + 16 = 17x^2$
f) $x^6 - 10x^3 + 9 = 0$

3 a) $x^5 - 20x^3 + 64x = 0$
b) $x^5 - 17x^3 + 16x = 0$
c) $x^6 + 3x^4 - 54x^2 = 0$
d) $2x^5 - \frac{13}{3}x^3 + 2x = 0$
e) $\left(x - \frac{2}{3}\right) \cdot \left(x^4 - \frac{13}{6}x^2 + 1\right) = 0$
f) $(x^3 - 8) \cdot \left(x^4 - \frac{14}{3}x^2 + 5\right) = 0$

4 Bestimmen Sie die Nullstellen der Funktion f.
a) $f(x) = (x - 3) \cdot (x^3 - 8x)$
b) $f(x) = x^3 + 2x^2 - 8x$
c) $f(x) = x^4 + 4x^3 + 3x^2$
d) $f(x) = (x^4 - 8x^2 + 16) \cdot (x^2 - 5x)$
e) $f(x) = x^5 - 41x^3 + 400x$
f) $f(x) = 2x^6 - 32x^4 + 128x^2$

5 Bestimmen Sie für den Graphen von f die Schnittpunkte mit den Achsen. Skizzieren Sie den Graphen von f. Berechnen Sie dazu weitere Funktionswerte.
a) $f(x) = x^2 - 2x$
b) $f(x) = 0{,}5x^2 + 2x + 1{,}5$
c) $f(x) = x \cdot (x^2 - 9)$
d) $f(x) = -(x - 1) \cdot (x + 3) \cdot (x + 2)$
e) $f(x) = x^3 - 4x^2 + 4x$
f) $f(x) = x^4 - 13x^2 + 36$

Den Schnittpunkt mit der y-Achse erhält man, indem man $f(0)$ bestimmt.

6 Geben Sie eine Gleichung einer Funktion an, welche
a) die Nullstellen 2 und −4 hat,
b) die Nullstellen 1, 2, 3, 4 und 5 hat,
c) drei Nullstellen mit negativen x-Werten hat,
d) keine Nullstelle hat.

7 Geben Sie Gleichungen von zwei Funktionen an, welche
a) die Nullstellen 2 und −4 haben,
b) die Nullstellen −1, 0 und 1 haben.

Zeit zu überprüfen

8 Bestimmen Sie die Nullstellen der Funktion f.
a) $f(x) = (x - 2) \cdot (x^2 - x - 2)$
b) $f(x) = x^4 - 7x^3 + 12x^2$
c) $f(x) = -x^5 + 6x^3 - 9x$

9 Bestimmen Sie eine Funktion f mit den angegebenen Eigenschaften. Skizzieren Sie den Graphen von f.
a) f hat die Nullstellen −4, 1 und 5.
b) f hat die Nullstellen −3 und 3. Der Graph schneidet die y-Achse im Ursprung.

10 Die Gerade g verläuft durch die Punkte P und Q. In welchen Punkten schneidet g die Koordinatenachsen?
a) P(−1|3), Q(4|2)
b) P(−4|−5), Q(3|−3)

11 Ein Erdwall hat im Querschnitt näherungsweise die Form einer Parabel (Fig. 1). Er ist 2m hoch und auf 1m Höhe 10m breit. Wie breit ist er am Boden?

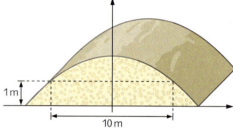

Fig. 1

12 Die Flugbahn einer Kugel beim Kugelstoßen wird beschrieben durch den Graphen der Funktion f mit $f(x) = -0{,}08x^2 + 0{,}56x + 1{,}44$ (x und f(x) in Metern).
a) Berechnen Sie die Stoßweite.
b) Kurz vor dem Auftreffen ist die Kugel wieder so hoch wie beim Abstoß. Wie weit ist sie dann vom Abstoßpunkt entfernt?

13 Die Funktion f mit $f(x) = ax^3 + bx^2 + cx + d$ mit ganzzahligen Koeffizienten a, b, c und d hat die angegebenen Nullstellen. Bestimmen Sie a, b, c und d.
a) $0;\ -4;\ \frac{4}{5}$
b) $-\frac{1}{3};\ 3;\ \frac{10}{3}$
c) $0;\ -\sqrt{2};\ \sqrt{2}$
d) $0;\ -\frac{1}{\sqrt{5}};\ \frac{1}{\sqrt{5}}$

14 Untersuchen Sie, ob die beschriebene Veränderung des Funktionsterms einer Funktion f die Nullstellen von f verändert.
a) Der Funktionsterm von f wird mit 2 multipliziert.
b) Zum Funktionsterm von f wird 2 addiert.

15 Der Lokführer eines Zuges erkennt an einem roten Vorsignal, dass er seinen Zug vor dem 1000m entfernten Hauptsignal zum Anhalten bringen muss. Nach Einleiten des Bremsvorgangs legt der Zug in t Sekunden den Weg $s(t) = 30t - 0{,}4t^2$ (in m) mit der Geschwindigkeit $v(t) = 30 - 0{,}8t$ $\left(\text{in } \frac{m}{s}\right)$ bis zum Stillstand zurück.
a) Nach welcher Zeit steht der Zug? Endet der Bremsvorgang vor dem Hauptsignal?
b) Die Zahl 30 in den Funktionsgleichungen gibt die Geschwindigkeit des Zuges in m/s an, die der Zug vor dem Bremsen hat. Wie groß darf diese Geschwindigkeit höchstens sein, damit der Zug noch rechtzeitig zum Halten kommt?

2 Monotonie

Die Abbildungen zeigen den Verlauf und das Höhenprofil einer Mountainbiketour im Schwarzwald, die rund um St. Georgen verläuft.

a) Welche Informationen können Sie den Abbildungen entnehmen? Welche Bereiche erscheinen Ihnen besonders anstrengend?

b) Das Höhenprofil kann als Graph einer differenzierbaren Funktion
Fahrstrecke s → Höhe h aufgefasst werden. Machen Sie hiermit Aussagen zu Anstiegen bzw. Gefällstrecken.

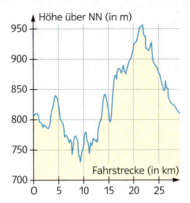

Graphen von Funktionen enthalten oft Abschnitte, in denen mit wachsenden x-Werten die zugehörigen Funktionswerte nur zu- oder nur abnehmen.

Die Funktionswerte der quadratischen Funktion f mit $f(x) = x^2$ werden z.B. für $x < 0$ mit zunehmenden x-Werten kleiner, während sie für $x > 0$ mit zunehmenden x-Werten größer werden (vgl. Fig. 1).

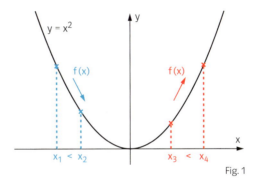

Fig. 1

Definition: Die Funktion f sei auf einem Intervall I definiert. Wenn für alle x_1, x_2 aus I gilt:

Aus $x_1 < x_2$ folgt $f(x_1) < f(x_2)$,
dann heißt
f **streng monoton wachsend** in I.

Aus $x_1 < x_2$ folgt $f(x_1) > f(x_2)$,
dann heißt
f **streng monoton fallend** in I.

Statt monoton wachsend sagt man auch oft **monoton zunehmend**, statt monoton fallend auch oft **monoton abnehmend**.

Gilt nur $f(x_1) \leq f(x_2)$ bzw. $f(x_1) \geq f(x_2)$, so nennt man f **monoton wachsend** bzw. **monoton fallend**.

Die Ermittlung von Intervallen, in denen eine Funktion streng monoton wachsend oder fallend ist, ist mithilfe der Definition oft schwierig, da hierzu Ungleichungen betrachtet werden müssen.

Ist die Funktion **differenzierbar**, so können Monotonieintervalle anhand der Ableitung bestimmt werden: Ist die Ableitung und damit die Steigung des Graphen einer Funktion f auf einem Intervall I positiv, so muss die Funktion auf I streng monoton wachsend sein. Ist ihre Ableitung hingegen negativ, so ist die Funktion auf I streng monoton fallend (siehe Fig. 2).

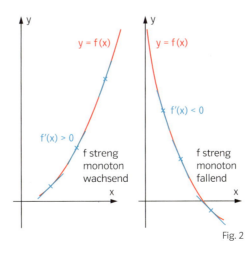

Fig. 2

Monotoniesatz: Die Funktion f sei im Intervall I differenzierbar. Wenn für alle x aus I gilt:
f'(x) > 0, f'(x) < 0,
dann ist f streng monoton wachsend in I. dann ist f streng monoton fallend in I.

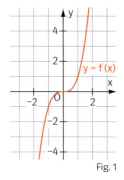

Fig. 1

Am Graphen der Funktion f mit $f(x) = x^3$ (Fig. 1) erkennt man, dass die Umkehrung des Satzes nicht gilt:
Obwohl f für $x \in \mathbb{R}$ eine streng monoton wachsende Funktion ist, gilt für die Ableitung an der Stelle $x = 0$: $f'(0) = 0$.

Beispiel Untersuchung auf Monotonie
Untersuchen Sie die Funktion f mit $f(x) = \frac{1}{3}x^3 - x$ auf Monotonie.
■ Lösung: *Man untersucht, in welchem Intervall die Ableitung f'(x) positiv bzw. negativ ist.*
Ableitung: $f'(x) = x^2 - 1 = (x-1) \cdot (x+1)$
Nullstellen von f' sind $x_1 = -1$ und $x_2 = 1$.
In jedem der Intervalle $(-\infty; -1)$; $(-1; 1)$ und $(1; \infty)$ ist f'(x) entweder negativ oder positiv.
Für jedes der Intervalle wird jeweils ein Testwert bestimmt:
$f'(-2) = 3 > 0$, also $f'(x) > 0$ in $(-\infty; -1)$;
$f'(0) = -1 < 0$, also $f'(x) < 0$ in $(-1; 1)$ und
$f'(2) = 3 > 0$, also $f'(x) > 0$ in $(1; \infty)$.
Die Funktion f ist im Intervall $(-\infty; -1]$ und im Intervall $[1; \infty)$ streng monoton wachsend und im Intervall $[-1; 1]$ streng monoton fallend.

Da sich die Monotonie nicht auf einen Punkt bezieht, kann man den Rand jeweils zum Intervall hinzunehmen.

Aufgaben

1 Bestimmen Sie anhand des Graphen möglichst große Intervalle, in denen die dargestellte Funktion f streng monoton wachsend oder streng monoton fallend ist.

a)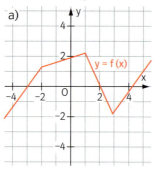
b)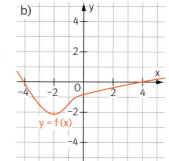
c)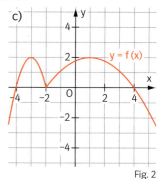

Fig. 2

2 Erläutern Sie, ob die Funktion monoton oder streng monoton ist.
a) *Länge eines Drahtes → Gewicht des Drahtes*
b) *Zeit → Höhe einer Pflanze*
c) Während einer Autofahrt: *Fahrstrecke → Tankinhalt*
d) Beim freien Fall eines Körpers: *Fallzeit → Höhe über dem Erdboden*

3 Skizzieren Sie den Graphen zweier Funktionen, für die die Bedingungen gelten.
a) Die Funktionen sind auf $\mathbb{R}$ streng monoton wachsend.
b) Die Funktionen sind für $x \leq 1$ monoton fallend und für $x \geq 1$ streng monoton wachsend.
c) Die Funktionen sind auf $\mathbb{R}$ streng monoton wachsend und es gibt eine Stelle x_0 mit $f'(x_0) = 0$.

4 Untersuchen Sie die Funktion f mithilfe des Monotoniesatzes auf Monotonie.
a) $f(x) = -x^2 + 3$ b) $f(x) = x^4 - 2x^2$ c) $f(x) = 3x + 2$ d) $f(x) = -9$
e) $f(x) = -x^5 - x$ f) $f(x) = x - x^3$ g) $f(x) = \frac{1}{x}$ h) $f(x) = \frac{1}{x} + x$

In den Teilaufgaben 4g) und 4h) haben die Funktionen die Definitionsmenge $\mathbb{R}\setminus\{0\}$. Daher untersucht man in den Teilintervallen $(-\infty; 0)$ und $(0; \infty)$ auf Monotonie.

5 Geben Sie die Gleichung einer Funktion an, die nur im Intervall I monoton wachsend ist.
a) $I = \mathbb{R}$ b) $I = [0; \infty)$ c) $I = [-2; 2]$ d) $I = [-5; -1]$

6 Fig. 1 zeigt den Graphen der Ableitungsfunktion f′ einer Funktion f.
Welche der folgenden Aussagen sind wahr?
Begründen Sie Ihre Antworten.
a) Die Funktion f ist im Intervall [0; 2] streng monoton fallend.
b) Die Funktion f ist im Intervall [-2; 0] streng monoton wachsend.
c) Die Funktion f ist im Intervall [1; 3] monoton fallend.

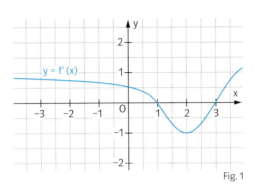

Fig. 1

Zeit zu überprüfen

7 Untersuchen Sie die Funktion f auf Monotonie.
a) $f(x) = x^2 + 10$ b) $f(x) = x^3 - 9x$ c) $f(x) = x - 2$ d) $f(x) = x^4 + x^2$

8 Fig. 2 zeigt den Graphen der Ableitungsfunktion f′ einer Funktion f. Welche der folgenden Aussagen sind wahr? Begründen Sie Ihre Antworten.
A: Die Funktion f ist im Intervall [2; 3] monoton fallend.
B: Die Funktion f ist im Intervall [-3; -2] monoton wachsend.
C: Die Funktion f ist im Intervall [-1; 1] monoton fallend.

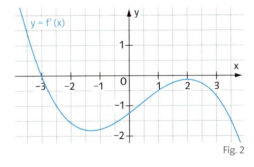

Fig. 2

9 Werden die in Fig. 3 abgebildeten Gefäße gefüllt, so lässt sich die Funktion *Füllhöhe → Größe* der Flüssigkeitsoberfläche betrachten.
a) Bei welchen Gefäßen ist diese Funktion streng monoton wachsend bzw. streng monoton fallend? Wie erkennt man das an der Form der Gefäße?
b) Skizzieren Sie je ein Gefäß, sodass die Funktion
– streng monoton wachsend ist,
– monoton wachsend, aber nicht streng monoton wachsend ist,
– monoton fallend, aber nicht streng monoton fallend ist.

Fig. 3

10 Wahr oder falsch?
a) Jede lineare Funktion ist streng monoton.
b) Jede quadratische Funktion hat zwei Monotoniebereiche.
c) Eine Potenzfunktion f mit $f(x) = a \cdot x^n$ (n > 1) mit ungeradem Grad ist entweder streng monoton steigend oder streng monoton fallend.
d) Eine Potenzfunktion mit geradem Grad hat immer zwei Monotoniebereiche.

3 Hoch- und Tiefpunkte, erstes Kriterium

  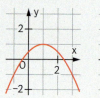

In den vier Grafiken sind die Graphen von zwei Funktionen und den zugehörigen Ableitungsfunktionen gezeichnet. Ordnen Sie zu.

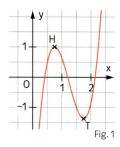

Fig. 1

In Fig. 1 ist ein Hochpunkt H und ein Tiefpunkt T eines Graphen eingezeichnet. Im Folgenden wird festgelegt, was man unter diesen Punkten versteht. Danach wird untersucht, wie man sie findet.

> **Definition:** Eine Funktion f hat an der Stelle x_0 ein
>
> **lokales Maximum** $f(x_0)$,   **lokales Minimum** $f(x_0)$,
>
> wenn es ein Intervall I mit $x_0 \in I$ gibt, sodass für alle $x \in I$ gilt:
>
> $f(x) \leq f(x_0)$ $f(x) \geq f(x_0)$.
>
> Der Punkt $(x \mid f(x_0))$ heißt in diesem Fall
>
> **Hochpunkt** des Graphen   **Tiefpunkt** des Graphen.

Die x-Koordinate eines Hoch- oder Tiefpunktes nennt man **Extremstelle**, die y-Koordinate heißt **Extremwert**.
Hoch- und Tiefpunkte heißen auch **Extrempunkte**.

Wie man bei differenzierbaren Funktionen mithilfe der Ableitung die Extremstellen bestimmen kann, zeigt der Graph der Funktion f in Fig. 2. In den Punkten $H(x_0 \mid f(x_0))$ und $T(x_1 \mid f(x_1))$ ist jeweils die Tangente parallel zur x-Achse, dort gilt: $f'(x_0) = 0$ bzw. $f'(x_1) = 0$.

Auf ein lokales Maximum kann man schließen, da links von x_0 die Funktion monoton zunehmend und rechts monoton abnehmend ist. Dies ist nach dem Monotoniesatz der Fall, wenn $f'(x)$ links von x_0 größer als 0 ist und rechts von x_0 kleiner als 0 ist. Man sagt dann, dass f' an der Stelle x_0 einen **Vorzeichenwechsel** (VZW) von + nach − hat.
Analoge Überlegungen gelten für ein lokales Minimum an der Stelle x_1 (vgl. Fig. 2).

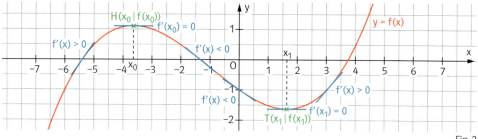

Fig. 2

> **Satz:** Erste hinreichende Bedingung zur Bestimmung von **Extremstellen**
>
> Die Funktion f sei auf einem Intervall $I = [a; b]$ beliebig oft differenzierbar und $x_0 \in I$.
> Wenn $f'(x_0) = 0$ ist und f' bei x_0 einen Vorzeichenwechsel von + nach − hat, dann besitzt f an der Stelle x_0 ein **lokales Maximum** $f(x_0)$.
> Wenn $f'(x_0) = 0$ ist und f' bei x_0 einen Vorzeichenwechsel von − nach + hat, dann besitzt f an der Stelle x_0 ein **lokales Minimum** $f(x_0)$.

Nicht alle Lösungen der Gleichung $f'(x) = 0$ müssen Extremstellen von f sein.
Fig. 1 zeigt, dass der Graph von f an der Stelle $x_0 = 0$ zwar eine waagerechte Tangente besitzt, jedoch keinen Hoch- oder Tiefpunkt. Ein solcher Punkt heißt **Sattelpunkt**.

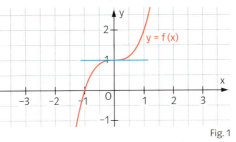
Fig. 1

Die Bedingung $f'(x_0) = 0$ ist für eine Extremstelle notwendig, aber nicht hinreichend.

Beispiel Hoch-, Tief- und Sattelpunkte bestimmen
Gegeben ist die Funktion f mit $f(x) = \frac{1}{4}x^4 - \frac{2}{3}x^3$.
a) Bestimmen Sie die Hoch-, Tief- und Sattelpunkte des Graphen von f.
b) Bestimmen Sie die Schnittpunkte des Graphen mit der x-Achse und skizzieren Sie den Graphen.

■ Lösung: a) Ableitung: $f'(x) = x^3 - 2x^2$.
$f'(x) = 0$ ergibt $x^2 \cdot (x - 2) = 0$; also sind $x_1 = 0$ und $x_2 = 2$ mögliche Extremstellen.
Untersuchung von f' auf Vorzeichenwechsel an der Stelle $x_1 = 0$:

x nahe $x_1 = 0$ und $x < x_1$:   x nahe $x_1 = 0$ und $x > x_1$:
$x^2 > 0$; $(x - 2) < 0$; also $x^2 \cdot (x - 2) < 0$ $x^2 > 0$; $(x - 2) < 0$; also $x^2 \cdot (x - 2) < 0$

Da kein VZW vorliegt, ist der Punkt $S(0|f(0))$ bzw. $S(0|0)$ ein Sattelpunkt.
Untersuchung von f' auf Vorzeichenwechsel an der Stelle $x_2 = 2$:

x nahe $x_2 = 2$ und $x < x_2$:   x nahe $x_2 = 2$ und $x > x_2$:
$x^2 > 0$; $(x - 2) < 0$; also $x^2 \cdot (x - 2) < 0$ $x^2 > 0$; $(x - 2) > 0$; also $x^2 \cdot (x - 2) > 0$

Da ein VZW von – nach + vorliegt, ist $T(2|f(2))$ bzw. $T\left(2|-\frac{4}{3}\right)$ ein Tiefpunkt.
b) Aus $f(x) = 0$ erhält man $x^3 \cdot \left(\frac{1}{4}x - \frac{2}{3}\right) = 0$ mit den Lösungen 0 und $\frac{8}{3}$.
Schnittpunkte mit der x-Achse sind $S(0|0)$ und $N\left(\frac{8}{3}|0\right)$ (vgl. Fig. 2).

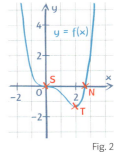
Fig. 2

Aufgaben

1 Lesen Sie in Fig. 3 die Koordinaten der Hoch-, Tief- und Sattelpunkte von f ab. Beschreiben Sie jeweils, wie sich das Vorzeichen der Ableitung in der Umgebung dieser Punkte ändert.

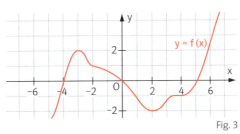
Fig. 3

2 Bestimmen Sie die Hoch- und Tiefpunkte des Graphen von f mithilfe der Ableitung.
a) $f(x) = x^2 - 6x + 11$ b) $f(x) = 3x^2 - 2x + 1$ c) $f(x) = -2x^2 - 11x + 15$

3 Bestimmen Sie die Hoch-, Tief- und Sattelpunkte des Graphen von f mithilfe der Ableitung.
a) $f(x) = x^3 - 2x$ b) $f(x) = x^3 - 2x - 5$ c) $f(x) = 3x^3$
d) $f(x) = \frac{1}{4}x^4 - \frac{1}{4}x^3 - x^2$ e) $f(x) = -\frac{1}{4}x^4 + x^3 - 4$ f) $f(x) = (x^2 - 1)^2$

4 Bestimmen Sie alle Hoch- und Tiefpunkte des Graphen von f mithilfe der Ableitung, berechnen Sie die Achsenschnittpunkte und skizzieren Sie damit einen Graphen von f.
a) $f(x) = x^2 - 2x$ b) $f(x) = x^2 + 2x + 1$ c) $f(x) = x^3 + x$
d) $f(x) = x^3 - 4x$ e) $f(x) = x^3 - 3x^2$ f) $f(x) = x + \frac{1}{x}$

5 Gegeben ist die Ableitung f' der Funktion f. Bestimmen Sie die x-Koordinaten aller Punkte, in denen der Graph von f eine waagerechte Tangente besitzt. Liegt ein Hoch-, Tief- oder Sattelpunkt vor?
a) $f'(x) = 3x + 2$
b) $f'(x) = x^2 + x - 6$
c) $f'(x) = x^3 - 3x$

Zeit zu überprüfen

6 Bestimmen Sie alle Hoch-, Tief- und Sattelpunkte des Graphen von f mithilfe der Ableitung. Zeichnen Sie den Graphen von f.
a) $f(x) = x^2 + 2x$
b) $f(x) = x^4 - 4x^3 + 4x^2$
c) $f(x) = \frac{1}{2}x^3 - 3x + 2$

7 In Fig. 1 ist der Graph der Ableitung f' der Funktion f skizziert.
Geben Sie die x-Koordinaten der Hoch-, Tief- und Sattelpunkte des Graphen von f an.

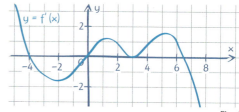
Fig. 1

8 Skizzieren Sie mit den angegebenen Eigenschaften einen möglichen Graphen von f.
a) Der Graph von f hat den Hochpunkt H(−2|3) und den Tiefpunkt T(2|−3).
b) Der Graph von f hat den Tiefpunkt T(−1|−4), den Sattelpunkt S(1|0) und den Hochpunkt H(3|5).
c) Der Graph von f besitzt den Hochpunkt H(−3|5), den Sattelpunkt S(1|0) und den Tiefpunkt T(3|−2).
d) Der Graph von f besitzt weder Hochpunkte noch Tiefpunkte, aber genau zwei Sattelpunkte.
e) Der Graph von f besitzt genau zwei Hochpunkte und genau einen Tiefpunkt.

9 In Fig. 2 ist der Graph der Funktion f gegeben.
a) Geben Sie näherungsweise die Koordinaten der Hoch-, Tief- und Sattelpunkte von f an.
b) Skizzieren Sie aufgrund der in Teilaufgabe a) gefundenen Punkte den Graphen der Ableitungsfunktion von f in Ihr Heft.

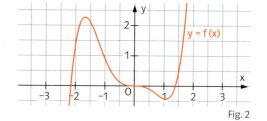
Fig. 2

10 Die Gefäße aus Fig. 3 werden gleichmäßig mit Wasser befüllt.
a) Bei welchen Füllhöhen besitzt die Steiggeschwindigkeit des Wasserpegels im Gefäß ein lokales Maximum oder Minimum?
b) Skizzieren Sie jeweils einen Graphen für die Steiggeschwindigkeit des Wasserpegels in Abhängigkeit von der Füllhöhe.

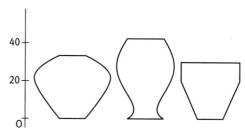
Fig. 3

Zeit zu wiederholen

11 In Fig. 4 ist das Netz eines Würfels abgebildet. Mit dem Würfel dürfen Sie sooft würfeln, wie Sie möchten. Sie erhalten den Mittelwert der Augenzahl in Euro ausbezahlt. Welchen Betrag erwarten Sie auf lange Sicht?

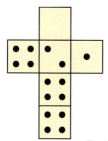
Fig. 4

4 Die Bedeutung der zweiten Ableitung

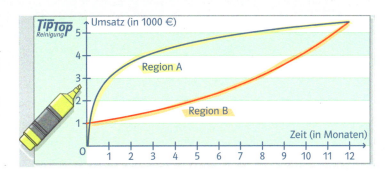

Die Grafik stellt die Umsatzzahlen eines Unternehmens in zwei verschiedenen Regionen dar. Obwohl der Umsatz in beiden Gebieten gesteigert werden konnte, ist die Konzernleitung nur mit einer der beiden Umsatzkurven zufrieden.
Schreiben Sie einen kurzen Brief an die beiden Regionalleiter.

Bisher wurde zu einer Funktion f wie z.B. $f(x) = x^3$ ist die erste Ableitung f′ mit $f'(x) = 3x^2$ gebildet. Sie lässt sich als momentane Änderungsrate oder geometrisch als Steigung interpretieren. Ist die Ableitungsfunktion f′ einer Funktion f auch differenzierbar, so erhält man aus f′ durch Ableiten die **zweite Ableitung f″**. Im Beispiel ist $f''(x) = 6x$. Leitet man f″ ab, erhält man die dritte Ableitung usw.
Im Folgenden wird gezeigt, welche geometrische Bedeutung die zweite Ableitung hat.

Streng monoton wachsende Funktionen können unterschiedliche Zunahmen aufweisen: gleichmäßige Zunahme, der Graph verläuft linear; immer stärkere Zunahme, der Graph von f ist eine **Linkskurve** (Fig. 1); oder immer schwächere Zunahme, der Graph von f ist eine **Rechtskurve** (Fig. 2). Sowohl Fig. 1 als auch Fig. 2 zeigen jeweils einen streng monoton wachsenden Graphen.

Vergleicht man die Graphen der zugehörigen Ableitungsfunktionen, so sind diese streng monoton wachsend (Fig. 3) oder streng monoton fallend (Fig. 4). Anhand dieser Eigenschaft kann man die Begriffe Links- und Rechtskurve definieren.

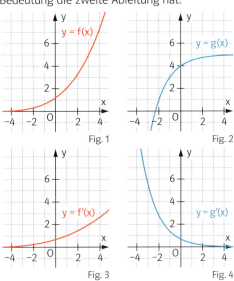

> **Definition:** Die Funktion f sei auf einem Intervall I definiert und differenzierbar.
> Wenn f′ auf I streng monoton wachsend ist, dann ist der Graph von f in I eine **Linkskurve**;
> wenn f′ auf I streng monoton fallend ist, dann ist der Graph von f in I eine **Rechtskurve**.

Fig. 5

Nach dem Monotoniesatz gilt: Wenn $(f')'(x) = f''(x) > 0$ in einem Intervall I ist, dann ist f′ streng monoton wachsend auf I. Deshalb lässt sich mithilfe des Monotoniesatzes das Krümmungsverhalten eines Graphen mit der zweiten Ableitung f″ bestimmen.

Krümmungsverhalten
meint: Ist der Graph eine Links- oder eine Rechtskurve?

> **Satz:** Die Funktion f sei auf einem Intervall I definiert und zweimal differenzierbar.
> Wenn $f''(x) > 0$ auf I ist, dann ist der Graph von f in I eine Linkskurve.
> Wenn $f''(x) < 0$ auf I ist, dann ist der Graph von f in I eine Rechtskurve.

II Extrem- und Wendepunkte

Die Umkehrung des Satzes gilt nicht, wie das folgende Beispiel zeigt: Der Graph der Funktion $f(x) = x^4$ ist eine Linkskurve, da die Ableitung f' mit $f'(x) = 4x^3$ streng monoton wachsend ist. f'' mit $f''(x) = 12x^2$ ist aber nicht für alle x aus ℝ größer 0, denn es gilt: $f''(0) = 0$.

Beispiel Intervalle mit Links- und Rechtskurve
Bestimmen Sie die Intervalle, auf welchen der Graph der Funktion f mit $f(x) = x^3 - 3x^2 + 1$ eine Links- bzw. Rechtskurve ist.

■ Lösung: $f'(x) = 3x^2 - 6x$ und $f''(x) = 6x - 6 = 6(x - 1)$.
Es gilt: $f''(x) < 0$ für $x < 1$; der Graph von f ist eine Rechtskurve für $x \leq 1$; das heißt im Intervall $(-\infty; 1]$; $f''(x) > 0$ für $x < 1$; der Graph von f ist eine Linkskurve für $x \geq 1$, also im Intervall $[1; \infty)$.

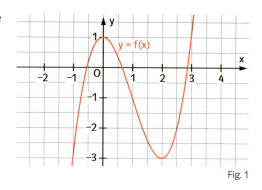
Fig. 1

Aufgaben

1 Bestimmen Sie die ersten drei Ableitungen der Funktion f.
a) $f(x) = x^3 + 3x^2 - 17x + 1$ b) $f(x) = \frac{1}{x} + 2$ c) $f_t(x) = tx^2 + 2tx + t$

2 Zeigen Sie mithilfe der zweiten Ableitung,
a) dass der Graph von f mit $f(x) = x^2$ eine Linkskurve ist,
b) dass der Graph von g mit $g(x) = -4x^2$ eine Rechtskurve ist,
c) dass der Graph von h mit $h(x) = x^3 + 3x^2 + 1$ eine Linkskurve für $x > 1$ ist.

3 Fig. 2 zeigt den Graphen einer Funktion f.
a) Geben Sie mithilfe der Stellen x_1 bis x_7 die Intervalle an, in denen der Graph eine Links- bzw. eine Rechtskurve ist.
b) Der in Fig. 2 dargestellte Graph der Funktion f hat die Gleichung $f(x) = \frac{1}{12}x^4 - \frac{9}{8}x^2$. Überprüfen Sie Ihre Aussagen rechnerisch.

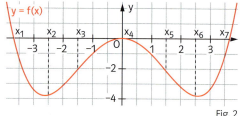
Fig. 2

4 Zeichnen Sie den Graphen einer Funktion f, für den gilt:
a) der Graph von f ist eine Linkskurve und f ist streng monoton wachsend,
b) der Graph von f ist eine Rechtskurve und f ist streng monoton wachsend.

5 Gegeben ist der Graph einer Funktion f. Notieren Sie, ob $f(x)$, $f'(x)$ und $f''(x)$ in den markierten Punkten positiv, negativ oder null ist.

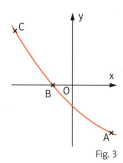
Fig. 3

Obwohl f' streng monoton wachsend ist, kann f trotzdem streng monoton fallen! Können Sie andere Funktionsgraphen mit dieser Eigenschaft skizzieren?

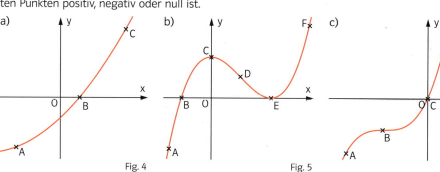
Fig. 4   Fig. 5   Fig. 6

48　II Extrem- und Wendepunkte

6 Geben Sie mithilfe der zweiten Ableitung jeweils die Intervalle an, in denen der Graph der Funktion f eine Links- bzw. Rechtskurve ist.

a) $f(x) = \frac{1}{4}x^4 + 3x^2 - 2$
b) $f(x) = x^3 - 3x^2 - 9x - 5$
c) $f(x) = x^3 - 4x^2 - x + 4$

7 a) Skizzieren Sie die Graphen der Funktionen f und g mit $f(x) = (x+1)^3 - 1$ und $g(x) = (x-1)^4 + 2$. Beschreiben Sie das Krümmungsverhalten von f und g.
b) Gegeben ist der Graph der Funktion f in Fig. 1. Skizzieren Sie den Graphen der Ableitungsfunktion f' sowie der zweiten Ableitungsfunktion f" in Ihr Heft.

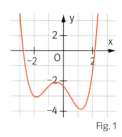
Fig. 1

8 In Fig. 2 ist der Graph der Funktion f gegeben. An welchen der markierten Stellen ist
a) f'(x) am größten bzw. am kleinsten,
b) f(x) am größten bzw. am kleinsten?

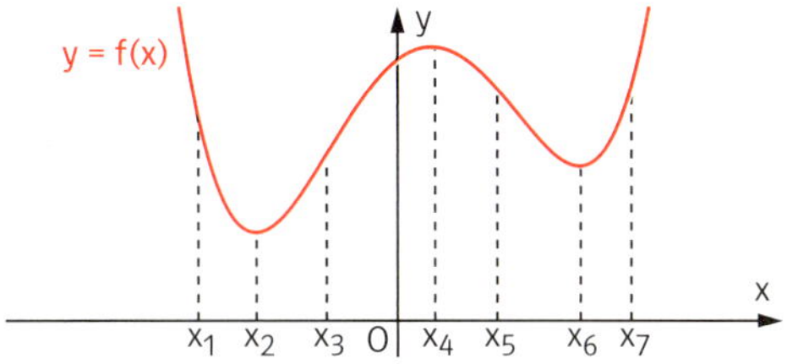

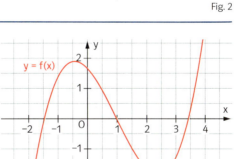
Fig. 2

Zeit zu überprüfen

9 a) In welchen Intervallen ist der Graph in Fig. 3 eine Linkskurve?
b) Es ist $f(x) = \frac{1}{3}x^3 - x^2 - x + 1\frac{2}{3}$. Überprüfen Sie rechnerisch auf Links- bzw. Rechtskurve.

10 In welchem Intervall ist der Graph von f eine Links-, in welchem eine Rechtskurve?
a) $f(x) = x^3$
b) $f(x) = (x-2)^3 + 1$
c) $f(x) = x^4 - 6x^2 + x - 1$

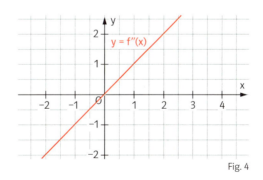
Fig. 3

⊛ CAS
Graph und Ableitungsfunktion

11 Gegeben ist der Graph der zweiten Ableitung f" einer Funktion f (Fig. 4). Welche der folgenden Aussagen sind wahr? Begründen Sie Ihre Antwort.
a) f' ist streng monoton wachsend.
b) $f'(x) \geq 0$ für alle x.
c) Der Graph von f ist für $x > 0$ eine Linkskurve.
d) Der Graph von f' ist für $x > 0$ eine Linkskurve.

Fig. 4

⊛ CAS
Physikalische Anwendung

⊛ CAS
Trigonometrische Funktion

12 Zeigen Sie, dass die Aussage falsch ist, indem Sie ein Gegenbeispiel angeben.
a) Wenn f' streng monoton wachsend ist, dann ist auch f streng monoton wachsend.
b) Wenn der Graph von f eine Rechtskurve auf I ist, dann gilt für alle $x \in I$: $f''(x) < 0$.

13 Eine Funktion f hat die folgenden Eigenschaften: f ist streng monoton wachsend, der Graph von f ist eine Rechtskurve, $f(5) = 2$ und $f'(5) = 0{,}5$.
a) Skizzieren Sie einen möglichen Graphen von f.
b) Wie viele Schnittpunkte mit der x-Achse hat der Graph von f maximal? Begründen Sie.
c) Formulieren Sie eine Aussage zur Anzahl der Minima bzw. Maxima der Funktion f.

5 Hoch- und Tiefpunkte, zweites Kriterium

An welchem Tag könnte dieser Wasserstand gewesen sein?

Der Pegel des Bodensees variiert. In Konstanz können der aktuelle Pegelstand und die Kurve des mittleren Wasserstandes (grün) abgelesen werden. Interpretieren Sie die Kurve des mittleren Wasserstandes im Hinblick auf größte und kleinste Werte. Wie hängen Krümmungsverhalten und Extremwerte zusammen?

Zur Bestimmung einer lokalen Extremstelle einer Funktion f wurde bisher die erste Ableitung f' verwendet. Eine lokale Extremstelle entspricht beim Graphen von f der x-Koordinate eines Hoch- oder Tiefpunktes.

Zur Bestimmung von Extremstellen ist bisher bekannt:
1. Notwendige Bedingung: Wenn f bei x_0 eine Extremstelle hat, dann ist $f'(x_0) = 0$.
2. Erste hinreichende Bedingung: Wenn $f'(x_0) = 0$ ist und f' an der Stelle x_0 einen Vorzeichenwechsel (**VZW**) von − nach + hat, dann hat f an der Stelle x_0 ein Minimum (Entsprechendes gilt für ein Maximum).

Notwendige Bedingung heißt, diese Bedingung muss immer erfüllt sein.
Hinreichende Bedingung heißt, diese Bedingung reicht aus, um die Extremstelle zu bestimmen, muss aber nicht immer erfüllt sein.

Die Anwendung dieses Kriteriums ist oft umständlich, weil man sich bei der Untersuchung nicht auf die Stelle x_0 beschränken kann. In Fig. 1 erkennt man: Ist $f'(x_0) = 0$ und der Graph von f in der Umgebung von x_0 eine Rechtskurve, so hat f an der Stelle x_0 ein lokales Maximum. Ist der Graph von f eine Linkskurve, so hat f an der Stelle x_2 ein lokales Minimum. Da das Krümmungsverhalten mittels der zweiten Ableitung bestimmt werden kann, hat man ein zweites Kriterium zur Bestimmung von Extremstellen gefunden.

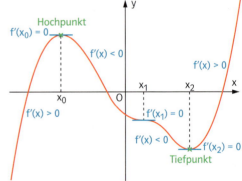

Fig. 1

> **Satz: Zweite hinreichende Bedingung zur Bestimmung von Extremstellen**
> Die Funktion f sei auf einem Intervall I = [a; b] beliebig oft differenzierbar und $x_0 \in (a; b)$.
> Wenn $f'(x_0) = 0$ und $f''(x_0) < 0$ ist, dann hat f an der Stelle x_0 ein lokales **Maximum** $f(x_0)$.
> Wenn $f'(x_0) = 0$ und $f''(x_0) > 0$ ist, dann hat f an der Stelle x_0 ein lokales **Minimum** $f(x_0)$.

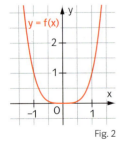

Fig. 2

$f(x) = x^4$
Zweite hinreichende Bedingung ist nicht erfüllt, erste hinreichende Bedingung ist erfüllt.

Bei der Bestimmung lokaler Extremstellen einer Funktion f kann man so vorgehen:
1. Man bestimmt f' und f''.
2. Man untersucht, für welche Stellen x_0 gilt: $f'(x_0) = 0$.
3. Gilt $f'(x_0) = 0$ und $f''(x_0) < 0$, so hat f an der Stelle x_0 ein lokales Maximum $f(x_0)$.
Gilt $f'(x_0) = 0$ und $f''(x_0) > 0$, so hat f an der Stelle x_0 ein lokales Minimum $f(x_0)$.
Gilt $f'(x_0) = 0$ und $f''(x_0) = 0$, so wendet man die erste hinreichende Bedingung an:
Hat f' in einer Umgebung von x_0 einen VZW von + nach −, so hat f an der Stelle x_0 ein lokales Maximum $f(x_0)$;
hat f' in einer Umgebung von x_0 einen VZW von − nach +, so hat f an der Stelle x_0 ein lokales Minimum $f(x_0)$.

Wenn bei einer Funktion f an einer Stelle x_0 keines der hinreichenden Kriterien erfüllt ist, kann nicht ohne Weiteres geschlossen werden, dass keine Extremstelle vorliegt.
Dies zeigt die konstante Funktion f mit $f(x) = 1$ in Fig. 1. Hier ist kein hinreichendes Kriterium erfüllt, obwohl f an jeder Stelle x_0 eine Extremstelle hat.

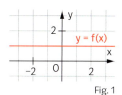
Fig. 1

Es wird die Anwendung des zweiten Kriteriums bei einem Sattelpunkt untersucht.
In Fig. 2 ist der Graph der Funktion f mit $f(x) = x^3 + 2$ und der Sattelpunkt $S(0|2)$ abgebildet. Es ist $f'(x) = 3x^2$ und $f''(x) = 6x$.
An der Stelle $x_0 = 0$ ist $f'(0) = f''(0) = 0$.
Die hinreichende Bedingung des zweiten Kriteriums ist somit nicht erfüllt.

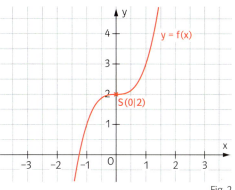
Fig. 2

Beispiel 1 Bestimmen aller Extremwerte
Gegeben ist die Funktion f mit $f(x) = -\frac{1}{8}x^4 - \frac{1}{3}x^3 + 1$.
a) Bestimmen Sie die Extremwerte von f.
b) Die Funktion f hat an den Stellen $x_1 = -3$ und $x_2 = 1{,}3$ Nullstellen. Skizzieren sie den Graphen von f.

■ Lösung: a) $f'(x) = -\frac{1}{2}x^3 - x^2$; $f''(x) = -\frac{3}{2}x^2 - 2x$. $f'(x) = 0$ liefert $x^2 \cdot \left(-\frac{1}{2}x - 1\right) = 0$; somit sind $x_1 = -2$ und $x_2 = 0$ mögliche Extremstellen.
Untersuchung für $x_1 = -2$:
Es ist $f''(-2) = -2 < 0$; somit ist $H(-2|f(-2))$ bzw. $H\left(-2 \big| 1\frac{2}{3}\right)$ ein Hochpunkt.
Untersuchung für $x_2 = 0$:
Da $f''(0) = 0$ ist, wird f' auf Vorzeichenwechsel an der Stelle $x_2 = 0$ untersucht:
x nahe $x_2 = 0$ und $x < x_2$: x nahe $x_2 = 0$ und $x > x_2$:
$x^2 > 0$; $-\frac{1}{2}x - 1 < 0$; also $x^2 \cdot \left(-\frac{1}{2}x - 1\right) < 0$. $x^2 > 0$; $-\frac{1}{2}x - 1 < 0$; also $x^2 \cdot \left(-\frac{1}{2}x - 1\right) < 0$.
Da $f'(x) < 0$ für $x < x_2$ und $x > x_2$, ist $P(0|f(0))$ bzw. $P(0|1)$ kein Extrempunkt.
b) Man zeichnet in ein Koordinatensystem folgenden Punkte ein:
Die Nullstellen $N_1(-3|0)$ und $N_2(1{,}3|0)$; den Hochpunkt $H(-2|1{,}7)$; den Sattelpunkt $P(0|1)$.
Die Punkte H und P sind die einzigen mit waagerechter Tangente.
Fig. 3 zeigt einen Graphen von f.

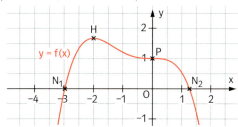
Fig. 3

Beispiel 2 Eigenschaften von Funktionen
In Fig. 5 sehen Sie den Graphen der Ableitungsfunktion f' einer differenzierbaren Funktion f. Welche der folgenden Aussagen über die Funktion f sind wahr, welche falsch? Begründen Sie Ihre Antwort.
a) Für $-2 < x < 2$ ist f monoton wachsend.
b) Für $-2 < x < 2$ gilt $f''(x) > 0$.
c) Der Graph von f ist symmetrisch zur y-Achse.
d) Der Graph von f hat im abgebildeten Bereich drei Extremstellen.

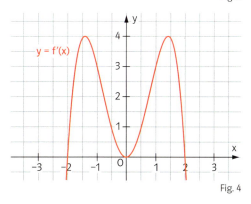
Fig. 4

◎ **CAS**
Varianten, ein Extremum zu bestimmen

II Extrem- und Wendepunkte 51

■ Lösung: a) Wahr: Für $-2 < x < 2$ ist $f'(x) \geq 0$, somit ist f monoton wachsend.
b) Falsch: Im Bereich $-2 < x < 2$ müsste f' streng monoton wachsen, somit müsste der Graph von f' eine Linkskurve sein.
c) Falsch: Da die Funktion f im Bereich $-2 < x < 2$ monoton wachsend ist, kann der Graph von f nicht symmetrisch zur y-Achse sein.
d) Falsch: Die Stellen mit $f'(x) = 0$ sind Kandidaten für Extremstellen. An den Stellen $x_1 = -2$ und $x_3 = 2$ wechselt f' das Vorzeichen, es liegen Extremstellen vor. Bei $x_2 = 0$ gilt: $f'(x_2) = 0$, links und rechts von x_2 ist f' aber positiv. Es liegt keine Extremstelle vor.

Aufgaben

1 Ermitteln Sie die Extremwerte der Funktion f. Verwenden Sie für die hinreichende Bedingung die zweite Ableitung.
a) $f(x) = x^2 - 5x + 5$
b) $f(x) = 2x - 3x^2$
c) $f(x) = x^3 - 6x$
d) $f(x) = x^4 - 4x^2 + 3$
e) $f(x) = \frac{4}{5}x^5 - \frac{10}{3}x^3 + \frac{9}{4}x$
f) $f(x) = 3x^5 - 10x^3 - 45x + 15$

2 Ermitteln Sie die Extremwerte der Funktion f.
a) $f(x) = x^4 - 6x^2 + 1$
b) $f(x) = x^5 - 5x^4 - 2$
c) $f(x) = x^3 - 3x^2 + 1$
d) $f(x) = x^4 + 4x + 3$
e) $f(x) = 2x^3 - 9x^2 + 12x - 4$
f) $f(x) = (x^2 - 1)^2$

3 Ermitteln Sie die Extremstellen der Funktion f. Versuchen Sie den Nachweis mit beiden hinreichenden Bedingungen zu führen. Gelingt dies immer? Welches Kriterium ist universeller?
a) $f(x) = x^4$
b) $f(x) = x^5$
c) $f(x) = x^5 - x^4$
d) $f(x) = x^4 - x^3$
e) $f(x) = -x^6 + x^4$
f) $f(x) = -3x^5 + 4x^3 + 2$

4 Geben Sie mindestens eine Funktion an, die
a) ganzrational vom Grad zwei ist und genau ein lokales Minimum besitzt,
b) ganzrational vom Grad zwei ist und genau ein lokales Maximum besitzt,
c) ganzrational vom Grad vier ist und genau ein lokales Maximum hat,
d) ganzrational vom Grad vier ist und genau ein lokales Minimum besitzt,
e) unendlich viele Minima hat,
f) keine Extremstellen besitzt.

5 Gegeben ist der Graph der Ableitungsfunktion f' einer Funktion f (Fig. 1). Welche der folgenden Aussagen sind wahr, welche falsch? Begründen Sie Ihre Antwort.
a) f hat im Bereich $-3{,}2 < x < 3$ zwei lokale Extremwerte.
b) f ist im Bereich $-3 < x < 3$ monoton fallend.
c) Der Graph von f hat an der Stelle $x = 1{,}5$ einen Punkt mit waagerechter Tangente, der weder Hoch- noch Tiefpunkt ist.
d) Der Graph von f ändert an der Stelle $x = 0$ sein Krümmungsverhalten.
e) f'' hat im Bereich $-3 \leq x \leq 3$ genau eine Nullstelle.

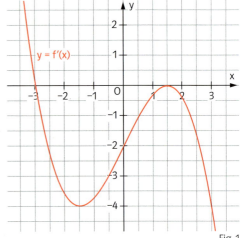

Fig. 1

Zeit zu überprüfen

6 Bestimmen Sie die Extremstellen der Funktion f.
a) $f(x) = 2x^3 - 3x^2 + 1$
b) $f(x) = 2x^3 - 9x^2 + 12x - 4$
c) $f(x) = (x - 2)^2$

7 Gegeben ist der Graph der Ableitungsfunktion f′ einer Funktion f (Fig. 1).
a) Welche Aussagen können Sie über die Funktion f hinsichtlich Monotonie und Extremstellen machen?
b) Skizzieren Sie den Graphen von f″.

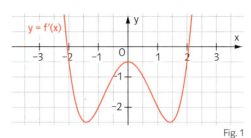
Fig. 1

8 Begründen Sie, dass für jede ganzrationale Funktion f gilt:
a) Ist f vom Grad zwei, so hat f genau eine Extremstelle.
b) Ist der Grad von f gerade, so hat f mindestens eine Extremstelle.
c) Wenn f drei verschiedene Extremstellen hat, so ist der Grad von f mindestens vier.
d) Eine ganzrationale Funktion f vom Grad n hat höchstens n − 1 Extremstellen.

9 Begründen oder widerlegen Sie.
a) Der Graph einer konstanten Funktion hat unendlich viele Tiefpunkte.
b) Der Graph einer ganzrationalen Funktion vom Grad drei hat Intervalle mit einer Linkskurve und solche mit einer Rechtskurve.
c) Der Graph einer ganzrationalen Funktion vom Grad fünf hat immer vier Extrempunkte.

10 Geben Sie je ein Beispiel für eine Funktion f an, die ein lokales Maximum $f(x_0)$ an der Stelle $x_0 = 2$ hat, welches man
a) mit dem zweiten Kriterium nachweisen kann,
b) nicht mit dem zweiten Kriterium, aber dem VZW-Kriterium nachweisen kann,
c) weder mit dem zweiten noch dem VZW-Kriterium nachweisen kann.

11 Fig. 2 zeigt das Geschwindigkeits-Zeit-Diagramm bei einer Busfahrt.
a) Woran erkennt man zum Beispiel als stehender Fahrgast, ob die Geschwindigkeit des Busses zunimmt oder abnimmt?
b) Wie werden die Zeitpunkte wahrgenommen, an denen im Geschwindigkeits-Zeit-Diagramm ein Hoch-, Tief- oder ein Sattelpunkt liegt?

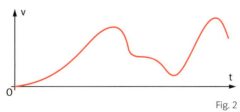
Fig. 2

12 Die Herstellungskosten einer Produktionseinheit (10 Packungen) eines Arzneimittels pro Tag werden durch die Funktion f mit $f(x) = \frac{1}{10}x^3 - 5x^2 + 200x + 50$ (x in Produktionseinheiten, f(x) in Euro) dargestellt. Eine Packung wird für 19,95 € verkauft.
a) Stellen Sie die Gewinnfunktion G(x) auf.
b) Wie viele Produktionseinheiten muss die Firma pro Tag herstellen, um bei vollständigem Verkauf den optimalen Gewinn zu erzielen?
c) Bei welchen Produktionsmengen macht die Firma trotz vollständigen Verkaufs einen Verlust?

6 Kriterien für Wendepunkte

Fährt man die abgebildete Küstenstraße mit dem Motorrad entlang, so befindet man sich abwechselnd in einer Links- beziehungsweise Rechtskurve. Beschreiben Sie eine Fahrt entlang eines Streckenabschnitts. Kann man anhand des Streckenverlaufs voraussagen, wann das Motorrad nach links bzw. nach rechts oder gar nicht geneigt sein wird?

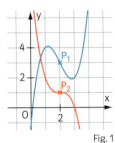

Fig. 1

Außer Null- und Extremstellen haben Funktionen oft weitere charakteristische Stellen, z. B. solche, an denen sich das Krümmungsverhalten des Graphen der Funktion ändert. Der blaue Graph wechselt bei P_1 von einer Rechts- in eine Linkskurve, der rote Graph bei P_2 von einer Links- in eine Rechtskurve (Fig. 1).

Definition: Die Funktion f sei auf einem Intervall I definiert, differenzierbar und x_0 sei eine innere Stelle im Intervall I.
Eine Stelle x_0, bei der der Graph von f von einer Linkskurve in eine Rechtskurve übergeht oder umgekehrt, heißt **Wendestelle** von f.
Der zugehörige Punkt $W(x_0 | f(x_0))$ heißt **Wendepunkt** des zugehörigen Graphen.

Nicht in allen Fällen kann man von einer Extremstelle von f' auf eine Wendestelle von f schließen – bei den in der Schule untersuchten Funktionen aber schon. (vgl. Beispiel 2 und 3.)

Die Graphen in Fig. 2 legen für die Stelle $x_0 = 2$ nahe:
Wendestellen von f entsprechen den Extremstellen von f'. Die Bedingungen für Extremstellen von f lassen sich übertragen auf Extremstellen von f' und damit auf Wendestellen von f.

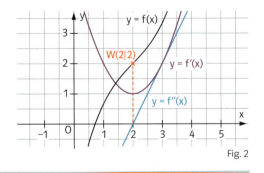

Fig. 2

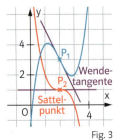

Fig. 3

Satz: Die Funktion f sei auf einem Intervall I beliebig oft differenzierbar und x_0 eine innere Stelle im Intervall I.
1. Wenn $f''(x_0) = 0$ und f'' in der Umgebung von x_0 einen Vorzeichenwechsel hat, dann hat f an der Stelle x_0 eine Wendestelle.
2. Wenn $f''(x_0) = 0$ und $f'''(x_0) \neq 0$ ist, dann hat f an der Stelle x_0 eine Wendestelle.

Ein Wendepunkt mit waagerechter Tangente wie P_2 (Fig. 3) ist ein Sattelpunkt. Die Tangente an den Graphen der Funktion in einem Wendepunkt wie in P_1 (Fig. 3) heißt **Wendetangente**.

Beispiel 1 Wendepunktbestimmung mit f'''
Gegeben ist die Funktion f mit $f(x) = x^3 + 3x^2 + x$.
a) Bestimmen Sie den Wendepunkt des Graphen von f ohne Verwendung des GTR. Skizzieren Sie den Graphen der Funktion.
b) Zeichnen Sie die Tangente an den Graphen von f im Wendepunkt.

■ Lösung: a) Es ist $f'(x) = 3x^2 + 6x + 1$; $f''(x) = 6x + 6$ und $f'''(x) = 6$.
Die Bedingung $f''(x) = 0$ liefert $x_1 = -1$.
Da $f'''(-1) = 6$ $(\neq 0)$, ist $x_1 = -1$ eine Wendestelle und $W(-1|f(-1))$ bzw. $W(-1|1)$ ein Wendepunkt (Skizze in Fig. 1).
b) Fig. 1: Steigung der Tangente $f'(-1) = -2$.

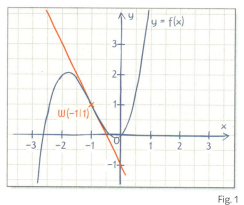

◎ CAS
Nachweis
Wendestelle

Fig. 1

Beispiel 2 Der Fall $f''(x_0) = 0$ und $f'''(x_0) = 0$
Untersuchen Sie, ob die Funktion f mit $f(x) = 3x^5 - 5x^4$ an der Stelle $x_0 = 0$ eine Wendestelle hat.

■ Lösung: Ableitungen: $f'(x) = 15x^4 - 20x^3$;
$f''(x) = 60x^3 - 60x^2$ und
$f'''(x) = 180x^2 - 120x$.
Da $f''(0) = 0$ und $f'''(0) = 0$, wird $f''(x) = 60x^2 \cdot (x - 1)$ auf Vorzeichenwechsel an der Stelle $x_0 = 0$ untersucht:

x nahe $x_0 = 0$ und $x < x_0$: x nahe $x_0 = 0$ und $x > x_0$:
$60x^2 > 0$; $x - 1 < 0$; also $60x^2 \cdot (x - 1) < 0$. $60x^2 > 0$; $x - 1 < 0$; also $60x^2 \cdot (x - 1) < 0$.
Da kein Vorzeichenwechsel vorliegt, ändert sich das Krümmungsverhalten des Graphen von f nicht und an der Stelle $x_0 = 0$ liegt keine Wendestelle vor.

Beispiel 3 Aussagen zur Funktion f anhand des Graphen der Funktion f'.
Gegeben ist der Graph der Ableitungsfunktion f' einer Funktion f (Fig. 2).
Welche Aussagen können Sie zur Funktion f in Bezug auf Extrem- und Wendestellen machen?

■ Lösung: *Hat die Ableitungsfunktion f' in ihren Nullstellen einen Vorzeichenwechsel, so hat die Funktion f an diesen Stellen eine Extremstelle.*
Aus der Zeichnung erkennt man:
$f'(3) = f'(0) = 0$. An der Stelle $x = 3$ hat f' einen Vorzeichenwechsel von − nach +, somit hat f an dieser Stelle ein lokales Minimum.
An der Stelle $x = 0$ hat f' keinen Vorzeichenwechsel, somit ist vorerst keine Aussage möglich.

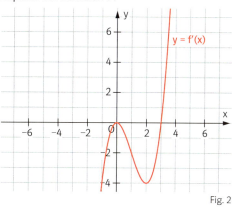

Fig. 2

Bei in der Schule behandelten Funktionen kann wie folgt geschlossen werden:
Wenn die Ableitungsfunktion f' an der Stelle x_0 eine Extremstelle besitzt, dann hat f an der Stelle x_0 eine Wendestelle.
In der Zeichnung ist zu sehen, dass für $x = 0$ und $x = 2$ die Ableitungsfunktion f' Extremstellen besitzt, somit hat der Graph von f an den Stellen $x = 0$ und $x = 2$ jeweils eine Wendestelle.
Da an der Stelle $x = 0$ gleichzeitig $f'(0) = 0$ gilt, ist an der Stelle $x = 0$ sogar ein Sattelpunkt des Graphen von f.

Aufgaben

Reihenfolge bei der Untersuchung auf Wendestellen:
1. Suchen der Stellen x_0 mit $f''(x_0) = 0$.
2. Gilt darüber hinaus $f'''(x_0) \neq 0$ oder hat f'' an der Stelle x_0 einen VZW, so liegt bei x_0 eine Wendestelle vor.

1 Ermitteln Sie die Wendepunkte und geben Sie die Intervalle an, in denen der Graph von f eine Linkskurve bzw. eine Rechtskurve ist.

a) $f(x) = x^3 + 2$
b) $f(x) = 4 + 2x - x^2$
c) $f(x) = x^4 - 12x^2$
d) $f(x) = x^5 - x^4 + x^3$
e) $f(x) = \frac{1}{30}x^6 - \frac{1}{2}x^2$
f) $f(x) = x^3 \cdot (2 + x)$

2 Geben Sie die Wendepunkte des Graphen von f an. Bestimmen Sie die Steigung der Tangente im Wendepunkt und entscheiden Sie, ob ein Sattelpunkt vorliegt.

a) $f(x) = x^3 + x$
b) $f(x) = x^3 + 3x^2 + 3x$
c) $f(x) = x^4 - 4x^3 + \frac{9}{2}x^2 - 2$

3 Bestimmen Sie die Wendestellen der Funktion f und die Extremstellen der Funktion g. Begründen Sie, warum die berechneten Stellen übereinstimmen.

a) $f(x) = x^3 + 2x^2$, $g(x) = 3x^2 + 4x$
b) $f(x) = -x^3 - 2x$, $g(x) = -3x^2 - 2$

4 Bestimmen Sie die Wendestellen der Funktion f.

a) $f(x) = x^5$
b) $f(x) = 3x^4 - 4x^3$
c) $f(x) = \frac{1}{60}x^6 - \frac{1}{10}x^5 + \frac{1}{6}x^4$

5 Gegeben ist der Graph der zweiten Ableitungsfunktion f'' einer Funktion f (Fig. 1). Welche der folgenden Aussagen sind wahr, welche falsch? Begründen Sie Ihre Antwort.
a) Der Graph von f ist im Bereich $-0,3 < x < 2$ eine Rechtskurve.
b) Der Graph von f hat an der Stelle $x = 2$ eine Wendestelle.
c) Der Graph von f hat an der Stelle $x = 0$ einen Sattelpunkt.
d) Der Graph von f ändert an der Stelle $x = 0,8$ sein Krümmungsverhalten.

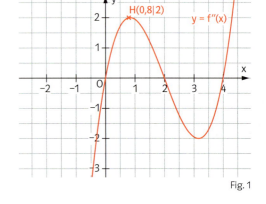

Fig. 1

Zeit zu überprüfen

6 Untersuchen Sie den Graphen der Funktion f auf Wendepunkte und geben Sie die Steigung der Wendetangente(n) an.

a) $f(x) = x^3$
b) $f(x) = -\frac{1}{2}x^4 + 2x^2$
c) $f(x) = x^5 - 3x^3 + x$

7 Gegeben ist der Graph der Ableitungsfunktion f' einer Funktion f (Fig. 2).
a) Welche Aussagen können Sie über die Funktion f hinsichtlich Extremstellen und Wendestellen machen?
b) Es ist $f(0) = -1$. Skizzieren Sie einen möglichen Graphen von f.

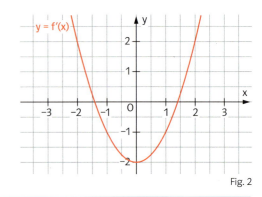

Fig. 2

8 Lara hat sich eine Faustregel erstellt (Fig. 1), um von einer Funktion f auf die Eigenschaften der Ableitung schließen zu können. Dabei soll N Nullstelle, E Extremstelle und W Wendestelle bedeuten: hat z. B. die Funktion f eine Wendestelle, so hat f' eine Extremstelle.

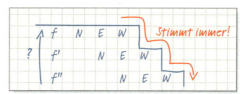
Fig. 1

a) Begründen Sie, dass die Faustregel „abwärts" immer gilt.
b) „Aufwärts" gilt die Faustregel häufig, aber nicht immer. Geben Sie anhand der Funktion f mit $f(x) = x^3$ eine Folgerung in „Aufwärtsrichtung" an, die nicht richtig ist.

9 Skizzieren Sie den Graphen einer Funktion f, der die folgenden Bedingungen erfüllt. Geben Sie einen möglichst passenden Funktionsterm an.
a) Der Graph von f ist eine Rechtskurve und besitzt keinen Wendepunkt.
b) Der Graph von f hat genau einen Wendepunkt auf der x-Achse, links davon ist der Graph eine Rechtskurve, rechts davon eine Linkskurve.
c) Der Graph von f hat einen Wendepunkt im Ursprung und genau einen Hoch- und Tiefpunkt.
d) f' und f'' haben nur negative Funktionswerte.

10 Auf der Hauptversammlung einer Aktiengesellschaft zeigt der Vorstand die Entwicklung des Firmenumsatzes des vergangenen Geschäftsjahres (Fig. 2).
a) Zu welchem Zeitpunkt war die größte Umsatzsteigerung, wann ungefähr der stärkste Umsatzrückgang?
b) Vorausgesetzt, der Graph ändert im Weiteren sein Krümmungsverhalten nicht, was können Sie über die Zukunft des Unternehmens sagen?

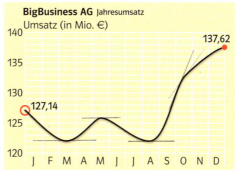
Fig. 2

11 Gegeben ist die Funktion f mit $f(x) = \frac{1}{6}x^3 - \frac{3}{4}x^2 + 2$.
a) Bestimmen Sie die Gleichung der Tangente im Wendepunkt des Graphen.
b) Welchen Flächeninhalt schließt diese Tangente mit den positiven Koordinatenachsen ein?

12 Begründen oder widerlegen Sie.
a) Der Graph einer ganzrationalen Funktion zweiten Grades hat nie einen Wendepunkt.
b) Jede ganzrationale Funktion dritten Grades hat genau einen Wendepunkt.
c) Der Graph einer ganzrationalen Funktion n-ten Grades hat höchstens n Wendepunkte.
d) Bei ganzrationalen Funktionen liegt zwischen zwei Wendepunkten immer ein Extrempunkt.

13 Bestimmen Sie die Wendepunkte des Graphen von f_a in Abhängigkeit von a ($a \in \mathbb{R}^+$).
a) $f_a(x) = x^3 - ax^2$
b) $f_a(x) = x^4 - 2ax^2 + 1$

14 Die ankommenden Zuschauer pro Minute, also die momentane Ankunftsrate der Zuschauer, bei einem Regionalligaspiel soll modellhaft durch die Funktion Z mit $Z(t) = \frac{1}{2}t \cdot 3^{-0,1t+2}$ beschrieben werden. Dabei ist t die Zeit in Minuten seit 18:00 Uhr und Z(t) die Anzahl der ankommenden Zuschauer pro Minute.
a) Wann kommen die meisten Zuschauer pro Minute an und wie viele sind das?
b) Wann ist die Abnahme der ankommenden Zuschauer am größten?

7 Extremwerte – lokal und global

Der Graph zeigt den Temperaturverlauf an einem Sommertag in Ehingen an der Donau zwischen 8.00 Uhr und 20.00 Uhr.
Wann wurde im angegeben Zeitraum die Maximal- bzw. die Minimaltemperatur erreicht?
Kann man diese Stellen mit den bekannten Kriterien finden?

Es werden zunächst nur Intervalle vom Typ [a; b] betrachtet, bei denen der Rand zur Definitionsmenge gehört.

Wenn man einen Sachzusammenhang mithilfe einer Funktion beschreiben kann, so wird diese häufig nur auf einem bestimmten Intervall betrachtet, das sich aus der Fragestellung ergibt. An den Rändern dieser so eingeschränkten Definitionsmenge können sich weitere Extremwerte ergeben.

Eine Firma kann in einer Woche maximal 200 Stück eines Artikels herstellen. Die Produktionskosten in Euro pro Artikel hängen von der hergestellten Anzahl ab und können modellhaft durch eine Funktion f mit der Definitionsmenge $D_f = [0; 200]$ beschrieben werden. Den Graphen von f zeigt Fig. 1.

f hat ein lokales Minimum bei $x = a$. Dennoch ist dies nicht die Stückzahl mit den geringsten Produktionskosten. Die niedrigsten Produktionskosten fallen für $x = 200$ Stück an.
Man nennt f(200) ein **Randminimum**.
Da der Funktionswert f(200) von keinem anderen Funktionswert von f unterschritten wird, nennt man diesen Wert auch **globales Minimum**.
Bei $x = 0$ besitzt f ein **Randmaximum**. Die größten Kosten entstehen aber bei einer Stückzahl von rund 143 Artikeln. Deshalb ist der Funktionswert f(b) mit $b \approx 143$ das **globale Maximum** von f.

Auch Randextrema sind lokale Extrema.

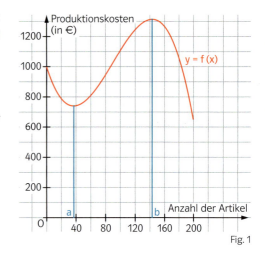

Fig. 1

Lokale Extrema im Innern eines Intervalls heißen auch innere Extrema.

> Gegeben ist eine Funktion f, deren Definitionsmenge ein Intervall [a; b] ist. Um alle Extremwerte der Funktion f zu bestimmen, berechnet man
> - die lokalen Extrema im Innern des Intervalls [a; b] mithilfe der Ableitung,
> - die Randextrema, indem man f(a) und f(b) berechnet.
>
> Der größte Wert unter allen Maxima ist das globale Maximum,
> der kleinste Wert unter allen Minima ist das globale Minimum.

Beispiel 1 Bestimmung aller Extremwerte
Bestimmen Sie alle Extremwerte der Funktion f mit $f(x) = \frac{1}{3}(x^3 - 7x^2 + 15x + 3)$; $x \geq 0$.

■ Lösung: Man berechnet die Ableitungen f' und f":

$f'(x) = \frac{1}{3}(3x^2 - 14x + 15)$ und $f''(x) = \frac{1}{3}(6x - 14)$

$f'(x) = 0$ ergibt: $3x^2 - 14x + 15 = 0$.

$x_1 = \frac{5}{3}$ und $x_2 = 3$ sind mögliche Extremstellen. $f''(\frac{5}{3}) = -\frac{4}{3} < 0$; $f''(3) = \frac{4}{3} > 0$. Somit ist $f(\frac{5}{3}) = \frac{356}{81}$ ein lokales Maximum; $f(3) = 4$ ist ein lokales Minimum. Die Bestimmung der Randextrema ergibt: $f(0) = 1$ ist ein lokales Minimum. Für $x \to \infty$ gilt $f(x) \to \infty$. Damit ist $f(0) = 1$ globales Minimum; es gibt kein globales Maximum.

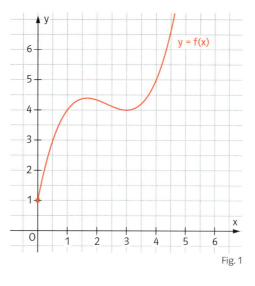

Fig. 1

Betrachtet man die Funktion f auf $D_f = \mathbb{R}$, so gilt: $f(x) \to -\infty$ für $x \to -\infty$. In diesem Fall existieren nur die beiden lokalen Extremwerte, es gibt keine globalen Extremwerte.

Beispiel 2 Extremwertproblem
Die Ecke $Q(u|v)$ des Rechtecks RBPQ liegt auf der Parabel mit der Gleichung
$y = \frac{7}{16}x^2 + 2$; $x \in [0; 4]$ (Fig. 2).

a) Begründen Sie, dass man den Flächeninhalt des Rechtecks in Abhängigkeit von u mit folgender Funktion berechnen kann:
$A(u) = (4 - u) \cdot \left(\frac{7}{16}u^2 + 2\right)$; $u \in [0; 4]$.

b) Für welche Lage von Q wird der Flächeninhalt des Rechtecks maximal?

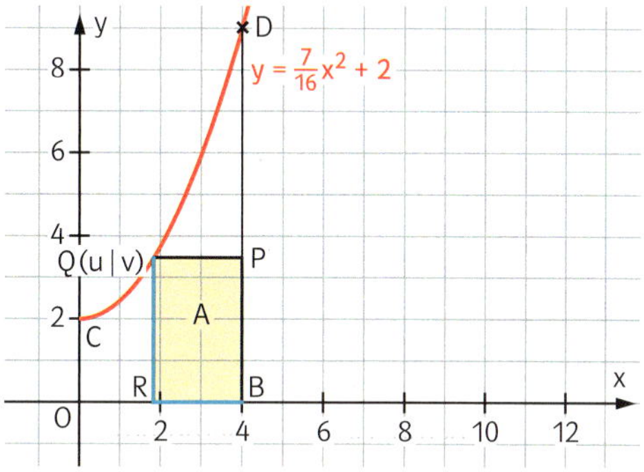

■ Lösung: a) Die Strecke $\overline{RB}$ hat die Länge $4 - u$. Die Strecke $\overline{RQ}$ hat die Länge $v = \frac{7}{16}u^2 + 2$.
Das Rechteck hat den Flächeninhalt $A = (4 - u) \cdot v$, also gilt: $A(u) = (4 - u) \cdot \left(\frac{7}{16}u^2 + 2\right)$.

b) Bestimmung der inneren Extrema: $A(u) = (4 - u) \cdot \left(\frac{7}{16}u^2 + 2\right) = -\frac{7}{16}u^3 + \frac{7}{4}u^2 - 2u + 8$

$A'(u) = -\frac{21}{16}u^2 + \frac{7}{2}u - 2$; $A''(u) = -\frac{21}{8}u + \frac{7}{2}$

$A'(u) = 0$: $u_1 = \frac{4}{3} - \frac{4}{21}\sqrt{7} \approx 0{,}83$; $A''(u_1) > 0$; $u_2 = \frac{4}{3} + \frac{4}{21}\sqrt{7} \approx 1{,}84$; $A''(u_2) < 0$.
Es liegt ein lokales Maximum bei u_2 mit $A(u_2) \approx 7{,}52$ vor.
Randextrema von A:
lokales Maximum von A: $A(0) = 8$; lokales Minimum von A: $A(4) = 0$.
Globales Maximum: $A(0) = 8$; globales Minimum: $A(4) = 0$.
Der Flächeninhalt wird maximal für $u = 0$; der maximale Flächeninhalt ist $A = 8$.

Fig. 2

Aufgaben

1 Gegeben ist die Funktion f und ein Intervall D als Definitionsmenge von f. Bestimmen Sie das globale Maximum und das globale Minimum von f auf D.
a) $f(x) = x^2 - 1$; $D = [-1; 2]$
b) $f(x) = x^2 - 1$; $D = [1; 5]$
c) $f(x) = x^3 - 3x^2$; $D = [-1; 2]$
d) $f(x) = x^3 - 3x^2$; $D = [1; 2]$

2 Die Funktion f ist auf ein Intervall eingeschränkt. Notieren Sie die Koordinaten aller Extrempunkte. Geben Sie das globale Maximum und das globale Minimum an.

a) 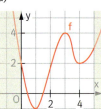 b) 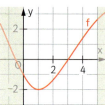 c) 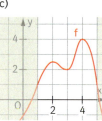 d)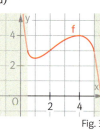

Fig. 3

3 Untersuchen Sie, ob f bezüglich der angegebenen Definitionsmenge ein globales Maximum oder Minimum besitzt und geben Sie die globalen Extremwerte gegebenenfalls an.

a) $f(x) = x^2$; $D_1 = [-2; \infty)$; $D_2 = (-\infty; 1]$ b) $f(x) = \frac{1}{x} + x$; $D_1 = (0; 5]$; $D_2 = (-\infty; -1]$

4 Gegeben sind die Funktionen f und g mit $f(x) = 0{,}5x^2 + 2$ und $g(x) = x^2 - 2x + 2$.
a) Für welchen Wert $x \in [0; 4]$ wird die Summe der Funktionswerte maximal bzw. minimal? Geben Sie jeweils die globalen Extremwerte an und entscheiden Sie, ob es sich um ein inneres oder ein Randextremum handelt.
b) Beantworten Sie die Fragestellungen aus Teilaufgabe a) für die Differenz der Funktionswerte.

5 Der Punkt $P(u|v)$ in Fig. 1 liegt auf der Strecke $\overline{QR}$.
a) Begründen Sie, dass der Flächeninhalt des eingezeichneten Rechtecks durch $A(u) = -0{,}6u^2 + 3u$ beschrieben werden kann.
b) Für welches u wird der Flächeninhalt des eingezeichneten Rechtecks maximal?

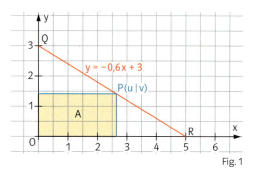

Fig. 1

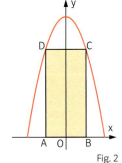

Fig. 2

Zeit zu überprüfen

6 Gegeben ist die Funktion f mit $f(x) = x^4 - 2x^3$. Bestimmen Sie das globale Maximum und das globale Minimum auf dem Intervall D.

a) $D = [-2; 3]$ b) $D = [0; 1{,}5]$ c) $D = [-1; 1{,}7]$ d) $D = [-3; 0]$

7 Gegeben ist die Funktion f mit $f(x) = -x^2 + 9$. Die Punkte $A(-u|0)$, $B(u|0)$, $C(u|f(u))$ und $D(-u|f(-u))$, $0 \leq u \leq 3$, bilden ein Rechteck (Fig. 2).
a) Begründen Sie, dass der Flächeninhalt des eingezeichneten Rechtecks durch $A(u) = -2u^3 + 18u$ beschrieben werden kann.
b) Für welches u wird der Flächeninhalt des Rechtecks maximal? Wie groß ist er?
c) Für welches u wird der Umfang des Rechtecks maximal? Wie groß ist er?

8 Skizzieren Sie den Graphen einer Funktion mit den angegebenen Eigenschaften.
a) f hat ein globales Maximum, das Randmaximum ist und kein globales Minimum.
b) f hat ein lokales Maximum, ein lokales Minimum, aber keine globalen Extrema.
c) f hat ein globales Maximum und ein globales Minimum, die keine Randextrema sind.
d) f hat weder globale noch lokale Maxima oder Minima.

Wiederholen – Vertiefen – Vernetzen

1 Untersuchen Sie die Funktion f auf Schnittpunkte mit den Achsen, Hoch- und Tiefpunkte. Geben Sie die Monotonieintervalle an. Zeichnen Sie den Graphen.

a) $f(x) = -x^3 + 6x^2$
b) $f(x) = -\frac{1}{3}x^3 + x$
c) $f(x) = \frac{1}{6}x^4 - x^3 + 2x^2$
d) $f(x) = x + \frac{5}{x}$

2 Gegeben ist der Graph einer Funktion f. Skizzieren Sie die Graphen von f' und f''.

a)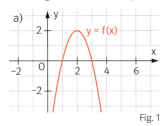
Fig. 1

b)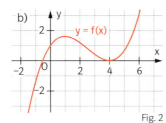
Fig. 2

c)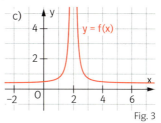
Fig. 3

3 Fig. 4 zeigt den Graphen der Ableitungsfunktion f' einer Funktion f. Welche der folgenden Aussagen sind wahr? Begründen Sie Ihre Antworten.

A: Die Funktion f ist im Intervall $[0; 2]$ monoton fallend.
B: Die Funktion f hat an der Stelle $x = -1$ ein Extremum.
C: Der Graph von f hat einen Tiefpunkt und einen Hochpunkt.
D: Für alle x im Intervall $[-2; 0]$ gilt $f(x) > 0$.

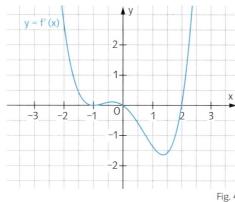
Fig. 4

Funktionen mit Parametern

4 Gegeben ist für jede Zahl $a > 0$ die Funktion f_a. Berechnen Sie die Schnittpunkte mit den Achsen sowie die Hoch- und Tiefpunkte in Abhängigkeit von a.

a) $f_a(x) = x^3 - a \cdot x$
b) $f_a(x) = x^2 - a \cdot x - 1$
c) $f_a(x) = a^2 \cdot x^4 - x^2$
d) $f_a(x) = x + \frac{a^2}{x}$

5 Bei der zusätzlichen Belastung durch radioaktive Strahlung eines Kernkraftwerks entstehen Kosten M für die durch Strahlenschäden nötige medizinische Behandlung und Kosten R für die Rückhaltung von Strahlung (Fig. 5). Die Summe S der zugehörigen Funktionen gibt die Gesamtkosten an. An die Stelle z des Tiefpunktes der Gesamtkostenkurve legt man den zulässigen Grenzwert der Strahlenbelastung.

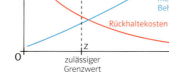
Fig. 5

Die Festlegung der zulässigen Grenzwerte für die Strahlenbelastung basiert auf einer Empfehlung der Internationalen Strahlenschutzkommission.

a) Beschreiben Sie die Eigenschaften der Funktionen M, R und S. Wieso gilt: $M'(z) = -R'(z)$?
b) Bezeichnet x die zusätzliche Strahlenbelastung bei einem Kernkraftwerk, so kann man M bzw. R durch Funktionsgleichungen der Form $M(x) = a \cdot x^2$ bzw. $R(x) = \frac{b}{x}$ mit positiven Parametern a und b modellieren. Berechnen Sie z in Abhängigkeit von a und b.

Wiederholen – Vertiefen – Vernetzen

Kostenfunktion und Grenzkosten

6 Ein Unternehmen stellt Elektrogeräte her. Dabei fallen zum einen **fixe Kosten K_f** (Kosten für Miete, Versicherungen, Unterhalt der Maschinen, Löhne, …) und zum anderen **variable Kosten K_v** in Abhängigkeit von der Anzahl der produzierten Elektrogeräte an.
Die fixen Kosten pro Tag betragen 5000 €. Die variablen Kosten pro Tag können durch die Funktion $K_v(x) = 0{,}0001x^3 - 0{,}01x^2 + 0{,}5x$ beschrieben werden (x ist die Anzahl der pro Tag produzierten Elektrogeräte; $K_v(x)$ in 1000 €).
a) Bestimmen Sie einen Funktionsterm K(x) für die Gesamtkosten pro Tag und zeichnen Sie die Graphen von K_f, K_v und K in ein gemeinsames Koordinatensystem.
b) Möchte man wissen, wie viel die Herstellung eines Elektrogerätes durchschnittlich kostet, so kann man die durchschnittlichen Kosten $D(x) = \frac{K(x)}{x}$ berechnen. Wie hoch sind diese für 40 bzw. für 41 pro Tag produzierte Elektrogeräte? Zeichnen Sie den Graphen von D in ein neues Koordinatensystem.
c) Bei der Überlegung, ob weitere Elektrogeräte hergestellt werden sollen, sind nicht die durchschnittlichen Kosten entscheidend. Vielmehr interessiert, welche Kosten für ein weiteres zu produzierendes Gerät anfallen. Diese Kosten werden als **Grenzkosten G** bezeichnet. Die Grenzkostenfunktion ist die Ableitung der Kostenfunktion.
I. Bestimmen Sie die Grenzkostenfunktion G(x) und zeichnen Sie den Graphen in das Koordinatensystem aus Teilaufgabe b) ein.
II. Bestimmen Sie G(41) und vergleichen Sie diesen Wert mit der Differenz aus D(41) und D(40).
III. Begründen Sie, warum der Verlauf dieser Funktionen typisch für ein kleineres Unternehmen ist.
IV. Bei welcher produzierten Stückzahl ist das **Betriebsoptimum**?

7 Ein Unternehmen stellt chirurgische Instrumente her. Dabei wird zur Kostenermittlung die Funktion K mit $K(x) = x^3 - 20x^2 + 150x + 200$ ($x \in [0; 25]$, K(x) in €) verwendet.
a) Stellen Sie den Graphen der Kostenfunktion in einem geeigneten Koordinatensystem dar.
b) Die Ableitung K' von K nennt man die Grenzkosten. Zeichnen Sie den Graphen von K' in das vorhandene Koordinatensystem. Welche anschauliche Bedeutung haben die Grenzkosten?

Füllgraphen

8 In die Behälter von Fig. 1 fließt Wasser, wobei die Zuflussrate konstant ist.
a) Skizzieren Sie für jeden Behälter einen Graphen, der die Abhängigkeit der Höhe des Wasserspiegels von der Zeit beschreibt.
b) Welche inhaltliche Bedeutung hat in diesem Zusammenhang eine Wendestelle?

Behälter 1   Behälter 2

Fig. 1

Zeit zu wiederholen

9 Berechnen Sie die fehlenden Winkelgrößen.

a)

b)

c)

d)

Fig. 2   Fig. 3   Fig. 4   Fig. 5

Rückblick

Nullstellen

Zur Bestimmung aller Nullstellen einer Funktion f löst man die Gleichung $f(x) = 0$. Dabei sind Ausklammern und Substitution der Variablen nützliche Rechenverfahren.

$f(x) = x^5 - 2x^3 - 8x = 0$
$x^5 - 2x^3 - 8x = x \cdot (x^4 - 2x^2 - 8) = 0$
Eine Nullstelle ist $x_1 = 0$.
Es gilt: $x^4 - 2x^2 - 8 = 0$.
Substitution (z für x^2): $z^2 - 2z - 8 = 0$
Lösungen: $z_1 = 4$ und $z_2 = -2$.
Rücksubstitution: $x_2 = 2$ und $x_3 = -2$.

Monotonie

Wenn für alle x_1, x_2 aus einem Intervall I mit $x_1 < x_2$ gilt, dass
a) $f(x_1) < f(x_2)$, dann ist f streng monoton wachsend.
b) $f(x_1) > f(x_2)$, dann ist f streng monoton fallend.
Monotoniesatz:
Wenn $f'(x) > 0$ für alle x aus I, dann ist f streng monoton wachsend.
Wenn $f'(x) < 0$ für alle x aus I, dann ist f streng monoton fallend.

$f(x) = x^2 - 4x$; $f'(x) = 2x - 4$
Für $x < 2$ gilt $f'(x) < 0$, also ist f für $x < 2$ streng monoton fallend.
Für $x > 2$ gilt $f'(x) > 0$, also ist f für $x > 2$ streng monoton wachsend.

Lokale und globale Extremstellen

1. f' und f'' werden bestimmt.
2. Es wird untersucht, für welche Stellen $f'(x_0) = 0$ gilt.
3. Gilt $f'(x_0) = 0$ und $f''(x_0) < 0$, so hat f an der Stelle x_0 ein lokales Maximum.
Gilt $f'(x_0) = 0$ und $f''(x_0) > 0$, so hat f an der Stelle x_0 ein lokales Minimum.
Gilt $f'(x_0) = 0$ und $f''(x_0) = 0$, so wendet man das VZW-Kriterium an: Hat f' in einer Umgebung von x_0 einen VZW von + nach –, so hat f an der Stelle x_0 ein lokales Maximum; hat f' in einer Umgebung von x_0 einen VZW von – nach +, so hat f an der Stelle x_0 ein lokales Minimum.
4. Randstellen werden extra untersucht.

$f(x) = x^3 - 3x$
$f'(x) = 3x^2 - 3 = 3(x + 1) \cdot (x - 1)$; $f''(x) = 6x$
Aus $f'(x) = 0$ folgt: $x_1 = -1$; $x_2 = 1$.
$x_1 = -1$: $f''(-1) = -6 < 0$, also lokales Maximum mit $f(-1) = 2$.
$x_2 = 1$: $f''(1) = 6 > 0$, also lokales Minimum mit $f(1) = -2$.
Extrempunkte: $H(-1|2)$; $T(1|-2)$.

Rechts- und Linkskurve

Ist f' streng monoton wachsend auf I, dann heißt der Graph von f auf I Linkskurve.
Ist f' streng monoton fallend auf I, dann heißt der Graph von f auf I Rechtskurve.
Wenn $f''(x) > 0$ in I ist, dann ist der Graph von f eine Linkskurve.
Wenn $f''(x) < 0$ in I ist, dann ist der Graph von f eine Rechtskurve.

$f'(x) = 3x^2 - 3$. Also ist $f'(x)$ für $x > 0$ streng monoton wachsend. Der Graph von f ist eine Linkskurve.
$f''(x) = 6x < 0$ für $x < 0$; somit ist der Graph von f für $x < 0$ eine Rechtskurve.

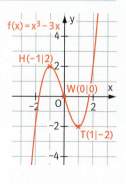

Wendestellen

1. f', f'' und gegebenenfalls f''' werden bestimmt.
2. Es wird untersucht, für welche Stellen $f''(x_0) = 0$ gilt.
3. Gilt $f''(x_0) = 0$ und $f'''(x_0) \neq 0$.
Oder:
Gilt $f''(x_0) = 0$ und f'' hat in einer Umgebung von x_0 einen VZW, so hat f an der Stelle x_0 eine Wendestelle.

$f''(x) = 0$ liefert $x = 0$. Es ist $f'''(0) = 6 \neq 0$, somit ist $x_3 = 0$ Wendestelle.

Prüfungsvorbereitung ohne Hilfsmittel

1 Bestimmen Sie die ersten drei Ableitungen der Funktion f.
a) $f(x) = x^3 - 0{,}5x + 10$
b) $f(x) = \frac{2}{x}$
c) $f(x) = x \cdot (x - 5)$

2 Gegeben ist die Funktion f mit $f(x) = x^4 - 4x^2 + 3$.
a) Berechnen Sie die Nullstellen von f sowie die Hoch- und Tiefpunkte ihres Graphen.
b) Geben Sie die Monotoniebereiche an.
c) Zeichnen Sie den Graphen von f.

Ein Extremum ist ein Minimum oder Maximum

3 Fig. 1 zeigt den Graphen der Ableitungsfunktion f' einer Funktion f. Welche der folgenden Aussagen sind wahr? Begründen Sie Ihre Antworten.
A: Die Funktion f ist im Intervall (−1; 1) streng monoton wachsend. ✗
B: Die Funktion f hat zwischen x = −1 und x = 1 ein Extremum. ✓
C: Der Graph von f hat einen Tiefpunkt. ✓
D: Es kann sein, dass f keine Nullstelle hat. ✗

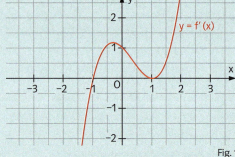
Fig. 1

4 Den Graphen der Ableitungsfunktion f' einer Funktion f für −3 ≤ x ≤ 6 zeigt die Fig. 2. Entscheiden Sie in diesem Intervall bei jedem der folgenden Sätze, ob er wahr oder falsch ist, und begründen Sie Ihre Antwort.
a) Der Graph von f hat bei x = −2 einen Hochpunkt. ✓
b) Der Graph von f hat für −3 ≤ x ≤ 6 genau zwei Wendepunkte. ✗
c) Für die Funktionswerte an den Stellen 0 und 4 gilt: f(0) < f(4). ✓
d) Für x > 4 ist der Graph von f streng monoton wachsend. ✓

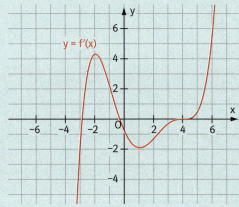
Fig. 2

5 Gegeben ist die Funktion f mit $f(x) = \frac{3}{x} + 3$ (x ≠ 0).
a) Bestimmen Sie die Gleichung der Tangente im Punkt P(1|f(1)).
b) In welchem Punkt S schneidet diese Tangente die x-Achse?

6 Begründen Sie: Jede ganzrationale Funktion vom Grad 2 hat genau einen globalen Extremwert.

7 a) Zeigen Sie, dass der Graph der Funktion f mit $f(x) = x^4 - 4x^3$ im Ursprung einen Wendepunkt mit waagerechter Tangente besitzt.
b) Gegeben ist die Funktion g mit $g(x) = x^4 - 4x^3 + 2x$. Begründen Sie, dass ihr Graph ebenfalls den Wendepunkt W(0|0) hat. Welche Steigung hat die Wendetangente im Ursprung?

8 Gegeben ist die Funktion f mit $f(x) = -\frac{1}{2}x^4 + 3x^2$.
a) Berechnen Sie die Nullstellen und lokale Extremstellen von f.
b) Der Graph von f besitzt genau zwei Wendepunkte. Geben Sie die Gleichungen der Wendetangenten und den Schnittpunkt S der Wendetangenten an.

Prüfungsvorbereitung mit Hilfsmitteln

1 Bestimmen Sie die Gleichungen der Tangenten in den Wendepunkten.
a) $f(x) = x^3 - 6x^2 + 20$ b) $f(x) = \frac{1}{2}x^4 - x^3 + \frac{1}{2}$ c) $f(x) = x^5 - x + 1$

2 Ein Tunnel hat die Form eines Rechtecks mit Halbkreis (Fig. 1). Die Querschnittsfläche sollte möglichst groß werden. Wegen der relativ teuren Auskleidung soll der Umfang einschließlich der Fahrbahn nur U = 28 m betragen.
Zeigen Sie, dass die Querschnittsfläche durch die Funktion A mit $A(x) = -\left(\frac{1}{2}\pi + 2\right)x^2 + 28x$ beschrieben werden kann.

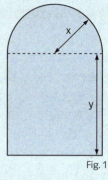

Fig. 1

3 Der Abstand eines Fahrzeugs von einem Messpunkt P wird durch die Funktion s mit $s(t) = 0{,}05 t^3 - 0{,}4 t^2 + 8$ beschrieben. Dabei ist t die Zeit in Sekunden im Intervall [0; 8] seit dem Start und s(t) der Abstand von P, gemessen in Metern.
a) Berechnen Sie die Zeitpunkte, an denen der Abstand des Fahrzeugs von P am kleinsten bzw. am größten ist.
b) Wann bewegt sich das Fahrzeug auf P zu, wann entfernt es sich von P?

4 Von einer Glasscheibe der Länge 6 dm und Breite 4 dm ist eine Ecke abgebrochen, deren Rand näherungsweise durch f mit $f(x) = 4 - x^2$ beschrieben werden kann (Fig. 2).
a) Zeigen Sie, dass der Flächeninhalt A des Rechtecks durch $A(u) = (4-u) \cdot (2+u^2)$ beschrieben werden kann.
b) Wie würden Sie schneiden, wenn ein möglichst großes Rechteck, dessen eine Ecke auf dem abgebrochenen Rand liegt, aus dem Reststück entstehen soll?

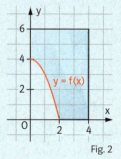

Fig. 2

5 Fig. 3 zeigt den Querschnitt eines Kanals. Die y-Achse ist Symmetrieachse des Querschnitts. Eine der Böschungslinien kann durch die Funktion f mit $f(x) = \sqrt{x-1}$ beschrieben werden. Eine Längeneinheit entspricht 1 m. Der Normalpegel beträgt 1,6 m, der maximale Pegel 2,0 m.
a) Wie breit ist die Wasseroberfläche bei maximalem Pegel?
b) Von einem Punkt P(10|5) aus soll der Kanal überwacht werden. Untersuchen Sie, ob bei Normalpegel die gesamte Breite der Wasseroberfläche einsehbar ist.
c) Ein kritischer Pegel wird erreicht, wenn der Neigungswinkel der Böschungslinie gegenüber der Wasseroberfläche 165° überschreitet. Ermitteln Sie einen Näherungswert für diesen kritischen Pegel.

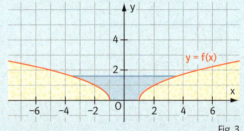

Fig. 3

6 Ein Unternehmen produziert elektronische Großgeräte. Bei der Produktion von x Einheiten ergeben sich Kosten, die durch die Funktion K mit $K(x) = 2x^3 - 45x^2 + 380x + 70$ mit $x \in [0;\ 25]$; K(x) in 1000 € beschrieben werden können. Der Verkaufspreis für eine Mengeneinheit beträgt 150 000 €.
a) Zeigen Sie, dass K keine Extremstellen besitzt und erläutern Sie, warum dies für eine Kostenfunktion typisch ist. Zeichnen Sie den Graphen der Kosten- und der Umsatzfunktion U in ein gemeinsames Koordinatensystem.
b) Bestimmen Sie anhand der Gewinnfunktion G mit $G(x) = U(x) - K(x)$ die Gewinnzone.
c) Die bisherige Produktion beträgt 10 Mengeneinheiten. Die Geschäftsleitung plant die Produktion zu erhöhen. Ist dies sinnvoll? Welche Produktionsmenge würden Sie vorschlagen?

Untersuchung ganzrationaler Funktionen

Zur leichteren Untersuchung von Funktionen unterteilt man diese in Klassen. Setzt man die Potenzfunktionen nach bestimmten Regeln zusammen, so erhält man die Klasse der ganzrationalen Funktionen. Diese eignen sich in vielen Fällen zur Beschreibung von Sachzusammenhängen.

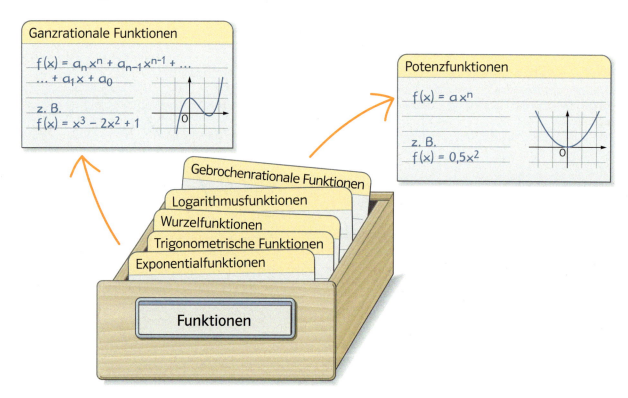

Das kennen Sie schon

- die Potenz-, die Summen- und die Faktorregel zum Ableiten
- die notwendigen und hinreichenden Bedingungen für Extrem- und Wendepunkte
- die Graphen von Potenzfunktionen

☑ Check-in:
Zur Überprüfung, ob Sie die inhaltlichen Voraussetzungen beherrschen, siehe Seite 224.

Welche Funktion könnte passen?
f mit $f(x) = x^2 + x$, $f(x) = -x^2 + 4$ oder $f(x) = -x^3 + x$. Welches Koordinatensystem verwenden Sie?

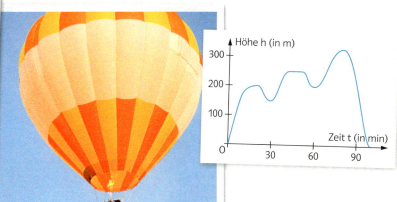

Wann wird die größte Höhe, wann die größte Steiggeschwindigkeit erreicht? Merken das die Ballonfahrer?

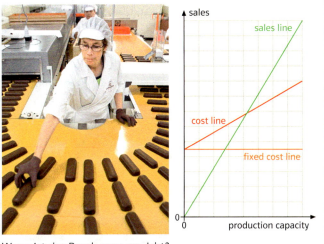

Wann ist der Break-even erreicht?
sales line s mit $s(x) = 0{,}5x^3 - x^2 + x + 20$
cost line c mit $c(x) = x^2 + 30$.

Wie groß ist die Neigung der Schanze beim Absprung?

In diesem Kapitel

- werden Eigenschaften von ganzrationalen Funktionen untersucht.
- werden Graphen von ganzrationalen Funktionen gezeichnet.
- wird die allgemeine Tangentengleichung bestimmt und damit gerechnet.
- werden Anwendungssituationen mit mathematischen Mitteln bearbeitet.

1 Ganzrationale Funktionen – Linearfaktorzerlegung

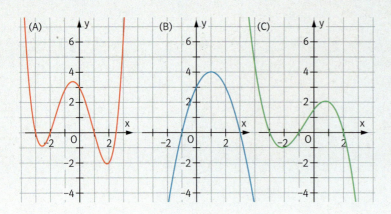

Welcher Graph gehört zu welcher Funktion? Begründen Sie Ihre Entscheidung.

$f(x) = \frac{1}{5}x^4 + \frac{3}{10}x^3 - \frac{9}{5}x^2 - \frac{17}{10}x + 3$

$g(x) = -0{,}25x^3 - 0{,}5x^2 + 1{,}25x + 1{,}5$

$h(x) = -x^2 + 2x + 3$

$i(x) = -\frac{1}{4}(x+3) \cdot (x+1) \cdot (x-2)$

$k(x) = 0{,}2(x-2{,}5) \cdot (x-1) \cdot (x+2) \cdot (x+3)$

$m(x) = -(x+3) \cdot (x-1)$

Funktionen der Form $n(x) = 3x^4$, $o(x) = -5x^3$, $p(x) = 2x^2$, $q(x) = 3x$ und $r(x) = 2$ heißen Potenzfunktionen. Die Funktionsterme haben die Form $a \cdot x^n$, wobei a (a ≠ 0), eine reelle Zahl und n eine natürliche Zahl ist. Summen und Differenzen von Potenzfunktionen wie f mit $f(x) = x^3 - 6x^2 - 11x - 6$ heißen **ganzrationale Funktionen**. Die höchste vorkommende x-Potenz nennt man den **Grad** der ganzrationalen Funktion. Die Funktion f ist also eine ganzrationale Funktion dritten Grades.

Bei den Funktionen g mit $g(x) = (x+3) \cdot (x-1)$ und h mit $h(x) = (x-2) \cdot (x^2+1)$ ist der Funktionsterm jeweils ein Produkt. Multipliziert man die Produkte aus, erhält man $g(x) = x^2 + 2x - 3$ und $h(x) = x^3 - 2x^2 + x - 2$. Somit ist g eine ganzrationale Funktion zweiten Grades und h eine ganzrationale Funktion dritten Grades.

Die Produktdarstellung der Funktionsterme bietet den Vorteil, die Nullstellen ablesen zu können: Die Funktion g hat die Nullstellen $x_1 = -3$ und $x_2 = 1$; die Funktion h hat nur die Nullstelle $x_1 = 2$, da der Faktor $(x^2 + 1)$ nicht 0 werden kann. Die Faktoren $(x+3)$ und $(x-1)$ bei der Funktion g und der Faktor $(x-2)$ bei der Funktion h heißen **Linearfaktoren**.

Mehr als drei Linearfaktoren können bei einer ganzrationalen Funktion dritten Grades nicht vorkommen, andernfalls würden beim Ausmultiplizieren höhere x-Potenzen entstehen. Also hat eine ganzrationale Funktion dritten Grades höchstens drei Nullstellen. Ebenso kann eine Funktion vierten Grades höchstens vier Nullstellen haben usw.

> **Definition:** Eine Funktion f, deren Funktionsgleichung man in der Form
> $f(x) = a_n x^n + a_{n-1} x^{n-1} + \ldots + a_1 x + a_0$ schreiben kann, heißt ganzrationale Funktion n-ten Grades. Dabei sind $a_0, a_1, \ldots, a_n$ reelle Zahlen, $a_n \neq 0$ und n ist eine natürliche Zahl.
>
> Eine ganzrationale Funktion vom Grad n hat höchstens n Nullstellen.

Nur noch für ganzrationale Funktionen dritten und vierten Grades gibt es Lösungsformeln zur exakten Nullstellenbestimmung. Sie sind allerdings sehr kompliziert. Darüber hinaus helfen nur noch Näherungsverfahren (Siehe dazu Seite 87).

Für ganzrationale Funktionen ersten und zweiten Grades kann man die Nullstellen mit den bekannten Lösungsverfahren exakt bestimmen. Für Funktionen, deren Grad größer als 2 ist, kann man in Sonderfällen ebenfalls die Nullstellen bestimmen. Zum Beispiel durch Ausklammern bei der Funktion f mit $f(x) = x^3 + 2x^2 - 3x$ oder durch Substitution bei der Funktion g mit $g(x) = x^4 + 2x^2 - 3$. (Siehe dazu Seite 38).

Ein weiteres Verfahren zur Nullstellenbestimmung beruht darauf, mithilfe einer bekannten Nullstelle den Funktionsterm als Produkt zu schreiben. Dies wird an einem Beispiel erläutert.
Die Funktion f mit $f(x) = x^3 - 6x^2 + 11x - 6$ besitzt die Nullstelle $x_1 = 2$. Somit enthält f(x) den Linearfaktor $(x - 2)$ und lässt sich in der Form $f(x) = (x - 2) \cdot g(x)$ schreiben. Den Faktor g(x) kann man mit dem Verfahren der **Polynomdivision** bestimmen. Man geht dabei analog wie bei der schriftlichen Division von Zahlen vor.

$$
\begin{array}{l}
(x^3 - 6x^2 + 11x - 6) : (x - 2) = x^2 - 4x + 3 \\
\underline{-(x^3 - 2x^2)} \\
\quad -4x^2 + 11x - 6 \\
\quad \underline{-(-4x^2 + 8x)} \\
\qquad 3x - 6 \\
\qquad \underline{-(3x - 6)} \\
\qquad \qquad 0
\end{array}
$$

Nebenrechnungen: $3x : x = 3$; $-4x^2 : x = -4x$; $x^3 : x = x^2$

Es gilt: $f(x) = (x - 2) \cdot (x^2 - 4x + 3)$. Aus dem zweiten Faktor bestimmt man mit einer Lösungsformel für quadratische Gleichungen die Nullstellen $x_2 = 1$ und $x_3 = 3$. Es gilt:
$f(x) = (x - 2) \cdot (x - 1) \cdot (x - 3)$. Diese Darstellung nennt man **Linearfaktorzerlegung** der Funktion f.

Beispiel 1 Aufstellen einer ganzrationalen Funktion
Ermitteln Sie eine ganzrationale Funktion f fünften Grades, die genau die drei Nullstellen $x_1 = -3$; $x_2 = 1$ und $x_3 = 5$ besitzt. Für den Faktor a_5 vor x^5 soll gelten: $a_5 = -3$.
■ Lösung: Ansatz: $f(x) = (x + 3) \cdot (x - 1) \cdot (x - 5) \cdot g(x)$.
g ist eine ganzrationale Funktion zweiten Grades ohne Nullstellen z.B. $g(x) = x^2 + 1$.
Ausmultiplizieren: $x^5 - 3x^4 - 12x^3 + 12x^2 - 13x + 15$.
Damit $a_5 = -3$ ist, wird der Funktionsterm noch mit -3 multipliziert.
Ein möglicher Funktionsterm für f ist: $f(x) = -3x^5 + 9x^4 + 36x^3 - 36x^2 + 39x - 45$.

Beispiel 2 Linearfaktorzerlegung mit Polynomdivision
Bestätigen Sie, dass die Funktion f mit $f(x) = x^3 - 5x^2 + 5x - 1$ die Nullstelle $x_1 = 1$ hat.
Bestimmen Sie die weiteren Nullstellen von f und geben Sie eine Linearfaktorzerlegung an.
■ Lösung: Einsetzen ergibt
$1^3 - 5 \cdot 1^2 + 5 \cdot 1 - 1 = 0$.
Polynomdivision siehe Fig. 1.
Es gilt:
$f(x) = (x - 1) \cdot (x^2 - 4x + 1)$
$x^2 - 4x + 1 = 0$ für $x_2 = 2 + \sqrt{3}$, $x_3 = 2 - \sqrt{3}$
$f(x) = (x - 1) \cdot (x - 2 - \sqrt{3}) \cdot (x - 2 + \sqrt{3})$

$$
\begin{array}{l}
(x^3 - 5x^2 + 5x - 1) : (x - 1) = x^2 - 4x + 1 \\
\underline{-(x^3 - x^2)} \\
\quad -4x^2 + 5x - 1 \\
\quad \underline{-(-4x^2 + 4x)} \\
\qquad x - 1 \\
\qquad \underline{-(x - 1)} \\
\qquad \qquad 0
\end{array}
$$

Aufgaben

1 Welche Funktion f ist ganzrational? Geben Sie gegebenenfalls ihren Grad an.
a) $f(x) = -4x^5 - 4$
b) $f(x) = x^{20} + 5x^5$
c) $f(x) = 2^x - 3x$
d) $f(x) = x^{-2} + 4x$
e) $f(x) = \frac{4}{x} + x$
f) $f(x) = 100$
g) $f(x) = (x - 1) \cdot (x - 3)$
h) $f(x) = \sqrt{2} \cdot x^2 - x + 1$

2 Geben Sie jeweils zwei ganzrationale Funktionen vierten Grades an, welche genau die angegebenen Nullstellen besitzen.
a) $x_1 = -1$; $x_2 = 0$; $x_3 = 4$; $x_4 = 5$
b) $x_1 = 0$; $x_2 = 1$; $x_3 = 2$
c) $x_1 = -1$; $x_2 = 1$

3 Bestimmen Sie die Nullstellen der Funktion.
a) $f(x) = 0{,}5x - 2{,}4$
b) $g(t) = 3t^2 - 3t - 4$
c) $f(x) = (1 - 2x) \cdot (x - 2)$
d) $f(s) = s^3 - 2s^2 + 5s$
e) $g(x) = (0{,}4x - 1{,}2) \cdot (x^2 + 4)$
f) $f(u) = u^4 + u^2 - 6$

4 Führen Sie eine Polynomdivision durch.
a) $(x^3 + 2x^2 - 17x + 6) : (x - 3)$
b) $(2x^3 + 2x^2 - 21x + 12) : (x + 4)$
c) $(2x^3 - 7x^2 - x + 2) : (2x - 1)$
d) $(x^4 + 2x^3 - 4x^2 - 9x - 2) : (x + 2)$

5 Bestätigen Sie, dass die Funktion f die angegebene Nullstelle hat. Berechnen Sie die weiteren Nullstellen von f.
a) $f(x) = x^3 + 10x^2 + 7x - 18$; $x_1 = 1$
b) $f(x) = x^3 + 5x^2 - 22x - 56$; $x_1 = 4$
c) $f(t) = t^3 - 3t^2 - 6t + 18$; $t_1 = 3$
d) $f(x) = 2x^3 + 4{,}8x^2 + 1{,}5x - 0{,}2$; $x_1 = -2$

6 Bestimmen Sie durch Probieren eine Nullstelle und berechnen Sie danach die weiteren Nullstellen.
a) $f(x) = x^3 - 6x^2 + 11x - 6$
b) $f(x) = x^3 + x^2 - 4x - 4$
c) $f(x) = 4x^3 - 13x + 6$

Tipp zu Aufgabe 6:
Ist keine Nullstelle bekannt, so kann häufig durch systematisches Probieren eine gefunden werden. Dazu probiert man, ob die Teiler von a_0 Lösung der Gleichung $f(x) = 0$ sind; bei Teilaufgabe 6a) also die Teiler von -6. Dies sind: -3; -2; -1; 1; 2; 3.

Zeit zu überprüfen

7 Geben Sie je zwei ganzrationale Funktionen dritten Grades an, welche genau die angegebenen Nullstellen besitzen.
a) 0; 2; 5
b) 3
c) 0

8 Bestimmen Sie die Nullstellen der Funktion f.
a) $f(x) = (2x - 1) \cdot (x + 2) \cdot (x + 3)$
b) $f(x) = x^4$
c) $f(x) = x^5 - 9x^3$

9 x_1 ist eine Nullstelle von f. Bestimmen Sie alle weiteren Nullstellen rechnerisch.
a) $f(x) = x^3 - 3x^2 + x + 1$; $x_1 = 1$
b) $f(x) = x^4 - 3x^3 - 5x^2 - x$; $x_1 = -1$

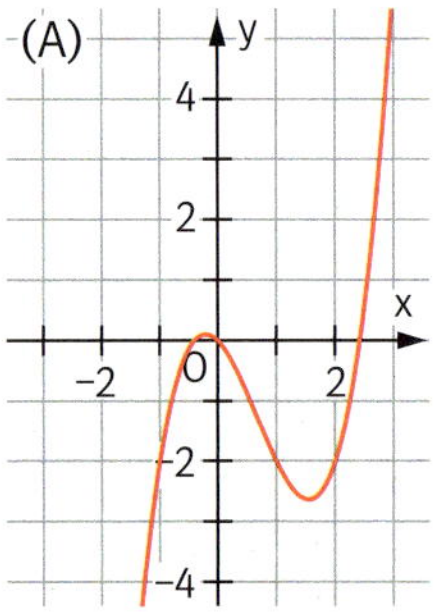

10 Ordnen Sie ohne zu rechnen die Graphen (A) bis (C) den Funktionen g, h und i zu.
$g(x) = (x - 1) \cdot (x + 2)^2$; $h(x) = x^3 - 2x^2 - x$; $i(x) = x^3 - 0{,}5x^2 - 3x + 3$

11 Baukasten für ganzrationale Funktionen

 $3x^3$ x^4 $-3x$ $\sqrt{6}$ $5x^2$ $\sqrt{x}$ $\dfrac{3}{x^2}$ $-2x^2$

a) Stellen Sie mit dem obigen „Baukasten" vier verschiedene ganzrationale Funktionen zusammen und ermitteln Sie die Nullstellen. Tauschen Sie die Funktionsterme mit Ihrem Nachbarn aus, um die Nullstellen zu überprüfen.
b) Untersuchen Sie, ob es möglich ist, mit obigem „Baukasten" eine Funktion mit vier bzw. fünf Nullstellen zusammenzustellen.

12 a) Bestimmen Sie alle x-Werte, für welche die Funktionen den Wert 3 annehmen.
$f_1(x) = x^3 - 2x + 3$; $f_2(x) = x^3 + x - 7$; $f_3(x) = x^4 - 6x^2 + 3$
b) Geben Sie eine ganzrationale Funktion dritten Grades an, für die gilt: $f(4) = 5$.

13 Gegeben ist für jede reelle Zahl t die Funktion f_t mit $f_t(x) = 2x^3 - tx^2 + 8x$.
a) Berechnen Sie die Nullstellen der Funktionen f_2, f_{10} und f_{-10}.
b) Für welche t hat f_t drei verschiedene Nullstellen?
c) Bestimmen Sie t so, dass f_t die Nullstelle 2 hat.

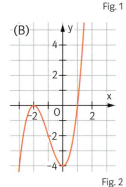
Fig. 1

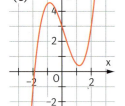
Fig. 2

Fig. 3

2 Ganzrationale Funktionen und ihr Verhalten für $x \to +\infty$ bzw. $x \to -\infty$

Ordnen Sie die Graphen (A) bis (D) den folgenden Funktionstermen zu:
$f(x) = -x^3 - 2x^2$, c
$f(x) = x^3 - 2x^2$, b
$f(x) = -x^4 - x^2$, a
$f(x) = x^4 - x^2$. d

Für den gesamten Verlauf des Graphen einer Funktion ist es wichtig, auch das Verhalten der Funktionswerte für sehr große und sehr kleine x-Werte zu kennen. Die folgende Wertetabelle zeigt zu den Funktionen f mit $f(x) = 3x^3 - 9x^2 - 120x$ und g mit $g(x) = 3x^3$ Funktionswerte zu immer größer werdenden x-Werten:

x	1	10	100	1000	10 000	100 000
f(x)	−126	900	≈ 2,9·10⁶	≈ 2,99·10⁹	≈ 3·10¹²	≈ 3·10¹⁵
g(x)	3	3000	3·10⁶	3·10⁹	3·10¹²	3·10¹⁵

Die Werte der Tabelle lassen vermuten, dass die Funktionswerte f(x) und g(x) für größer werdende x-Werte immer besser übereinstimmen. Diese Vermutung kann man bestätigen, wenn man den Funktionsterm von f zu einem Produkt umformt:

$3x^3 - 9x^2 - 120x = 3x^3 \cdot \left(1 - \frac{3}{x} - \frac{40}{x^2}\right) = 3x^3 \cdot (1 - 3x^{-1} - 40x^{-2})$ für $x \neq 0$.

Beim zweiten Faktor liegen die x-Potenzen mit negativen Exponenten, $3x^{-1}$ und $40x^{-2}$, für sehr große x-Werte nahe bei null. Der Wert des zweiten Faktors $(1 - 3x^{-1} - 40x^{-2})$ ist dann etwa 1. Diese Überlegung gilt auch für sehr kleine x-Werte (wie z.B. $x = -10^5$).

x	−100 000	−10 000	−1000	−100	−10	−1
f(x)	≈ −3·10¹⁵	≈ −3·10¹²	≈ −3·10⁹	≈ −3·10⁶	−2700	108
g(x)	−3·10¹⁵	−3·10¹²	−3·10⁹	−3·10⁶	−3000	−3

Für sehr große und für sehr kleine x-Werte ist also $f(x) \approx 3x^3 = g(x)$ (siehe Fig. 1).
Da für immer größer werdende x-Werte der Wert von $g(x) = 3x^3$ beliebig groß wird, gilt dies auch für f(x). Man schreibt dafür „Für $x \to \infty$ gilt: $f(x) \to \infty$" und sagt: „Für x gegen unendlich strebt f(x) gegen unendlich".

Da für immer kleiner werdende x-Werte der Wert von $3x^3$ immer kleiner wird, strebt für x gegen minus unendlich f(x) gegen minus unendlich. Man schreibt: „Für $x \to -\infty$ gilt: $f(x) \to -\infty$".

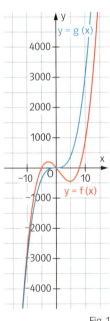

Fig. 1

> Für $x \to +\infty$ und für $x \to -\infty$ zeigen die Funktionswerte einer ganzrationalen Funktion f mit $f(x) = a_n x^n + a_{n-1} x^{n-1} + \ldots + a_1 x + a_0$ $(a_n \neq 0)$ dasselbe Verhalten wie der Summand $a_n x^n$ mit der höchsten Potenz.

$x \to \pm\infty$ bedeutet:
$x \to +\infty$ und $x \to -\infty$.

Beispiel Verhalten für $x \to \pm\infty$
Gegeben sind die Funktionen f und g mit
$f(x) = 2x^4 - 3x^3$ und
$g(x) = -0{,}2x^3 + 0{,}2x^2 + 0{,}4x$.

a) Untersuchen Sie das Verhalten der Funktionen f und g für $x \to \pm\infty$.

b) Bestimmen Sie mithilfe des Ergebnisses aus Teilaufgabe a), zu welcher der Funktionen f oder g der Graph in Fig. 1 gehört.

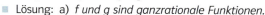

Fig. 1

■ Lösung: a) f und g sind ganzrationale Funktionen.
Für das Verhalten für $x \to \pm\infty$ ist bei f der Term $2x^4$ und bei g der Term $-0{,}2x^3$ verantwortlich.
Für $x \to \pm\infty$ gilt: $f(x) \to +\infty$. Für $x \to +\infty$ gilt: $g(x) \to -\infty$; für $x \to -\infty$ gilt: $g(x) \to +\infty$.
b) Der Graph gehört zur Funktion g.

Aufgaben

1 Untersuchen Sie das Verhalten der Funktionswerte von f für $x \to \pm\infty$.
a) $f(x) = -2x^2 + 4x$
b) $f(x) = -3x^5 + 3x^2 - x^3$
c) $f(x) = 0{,}5x^2 - 0{,}5x^4$
d) $f(x) = 5 - 7x^2 + 2x^3$
e) $f(x) = 10^{10} \cdot x^6 - 7x^7 + 25x$
f) $f(x) = x^{10} - 2^{25} \cdot x^9$

2 Geben Sie einen Term der Form $a \cdot x^n$ an, der bei der Funktion f das Verhalten für $x \to \pm\infty$ bestimmt.
a) $f(x) = -3x^4 - 0{,}2x^2 + 10$
b) $f(x) = 3x + 4x^3 - x^2$
c) $f(x) = 2 \cdot (x - 1) \cdot x^2$
d) $f(x) = (x + 1) \cdot (x^3 + 1)$
e) $f(x) = -2 \cdot (x^4 - x^3 - x^2)$
f) $f(x) = x^2 \cdot (-6x - x^2)$

Zeit zu überprüfen

3 Gegeben sind die Funktionen f, g und h mit $f(x) = x^2 \cdot (x - 2)$, $g(x) = x^2 \cdot (2 - x)$ und $h(x) = x^3 \cdot (x - 2)$. Bestimmen Sie zu jeder Funktion das Verhalten für $x \to \pm\infty$. Fig. 2 zeigt die Graphen der Funktionen f, g und h. Welcher Graph gehört zu welcher Funktion? Begründen Sie.

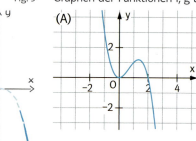 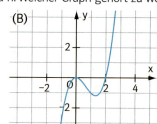 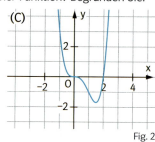

Fig. 2

Fig. 3

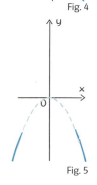
Fig. 5

4 In den nebenstehenden Skizzen (Fig. 3–5) ist das Verhalten des Graphen von ganzrationalen Funktionen für $x \to +\infty$ und für $x \to -\infty$ eingetragen.
a) Ergänzen Sie die nebenstehende Tabelle.
b) Erstellen Sie die fehlende Skizze.

Verlauf des Graphen von f, wenn x von $-\infty$ nach $+\infty$ läuft:

	n ungerade	n gerade
$a_n > 0$		von $+\infty$ nach $+\infty$
$a_n < 0$		

5 Begründen Sie: Der Graph einer ganzrationalen Funktion von ungeradem Grad schneidet die x-Achse mindestens einmal.

3 Symmetrie, Skizzieren von Graphen

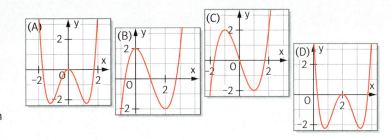

Beschreiben Sie die abgebildeten Graphen im Hinblick auf ihre Symmetrie.

Die Wertetabelle und ein Graph einer Funktion lassen sich einfacher erstellen, wenn man weiß, ob der Graph zur y-Achse achsensymmetrisch oder zum Ursprung O punktsymmetrisch ist.

Fig. 1 zeigt den Graphen der Funktion f mit $f(x) = x^4 - 2x^2 + 1$. Der Graph ist **achsensymmetrisch zur y-Achse**, weil gilt:
$f(-x) = f(x)$ für alle $x \in D_f$.

Fig. 2 zeigt den Graphen der Funktion f mit $f(x) = 2x^3 - 4x$. Der Graph ist **punktsymmetrisch zum Ursprung O**, weil gilt:
$f(-x) = -f(x)$ für alle $x \in D_f$.

Überlegungen zur Achsen- und Punktsymmetrie gelten für alle Funktionstypen:
So ist z.B. der Graph der Funktion f mit $f(x) = \cos(x)$ symmetrisch zur y-Achse, da für alle $x \in \mathbb{R}$ gilt:
$\cos(-x) = \cos(x)$.

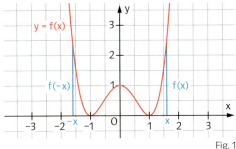

Fig. 1

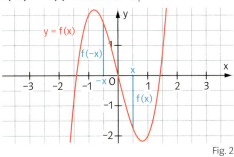

Fig. 2

Diese Symmetrien kann man bei ganzrationalen Funktionen am Funktionsterm erkennen.

Bei Funktionen wie $f(x) = x^4 - 2x^2 + 1$, bei denen im Funktionsterm alle Hochzahlen von x gerade sind, ergibt sich:
$f(-x) = (-x)^4 - 2 \cdot (-x)^2 + 1 = x^4 - 2x^2 + 1$.

Es gilt also: $f(-x) = f(x)$.

Bei Funktionen wie $f(x) = 2x^3 - 4x$, bei denen im Funktionsterm alle Hochzahlen von x ungerade sind, ergibt sich:
$f(-x) = 2 \cdot (-x)^3 - 4 \cdot (-x)$
$= -2x^3 + 4x = -(2x^3 - 4x)$.

Es gilt also: $f(-x) = -f(x)$.

Beachten Sie:
Für $x^4 - 2x^2 + 1$ kann man auch $x^4 - 2x^2 + 1x^0$ schreiben.

Satz: Gegeben ist eine ganzrationale Funktion f der Form
$f(x) = a_n x^n + a_{n-1} x^{n-1} + \ldots + a_1 x + a_0$.
Wenn der Funktionsterm nur x-Potenzen mit **geraden Hochzahlen** enthält, dann ist der Graph von f **achsensymmetrisch zur y-Achse** und umgekehrt.
Wenn der Funktionsterm nur x-Potenzen mit **ungeraden Hochzahlen** enthält, dann ist der Graph von f **punktsymmetrisch zum Ursprung** und umgekehrt.

Der Summand a_0 gilt wegen $a_0 = a_0 \cdot x^0$ als Summand mit einer geraden Hochzahl von x.

Der Graph einer ganzrationalen Funktion, in deren Funktionsterm x-Potenzen mit geraden und mit ungeraden Hochzahlen auftreten, ist weder achsensymmetrisch zur y-Achse noch punktsymmetrisch zum Ursprung. Manche dieser Graphen sind jedoch achsensymmetrisch zu einer anderen Geraden, die parallel zur y-Achse ist bzw. punktsymmetrisch zu einem vom Ursprung verschiedenen Punkt.

Beispiel 1 Untersuchung auf Symmetrie bei ganzrationalen Funktionen
Überprüfen Sie, ob der Graph der Funktion f achsensymmetrisch zur y-Achse oder punktsymmetrisch zum Ursprung ist.
a) $f(x) = 3x^4 - \frac{1}{8}x^2 + 0{,}25$ b) $f(x) = 3x + 0{,}4x^3$ c) $f(x) = 3x^3 + 3x + 3$

■ Lösung: a) f ist eine ganzrationale Funktion und die Hochzahlen der x-Potenzen sind alle gerade. Also ist der Graph von f achsensymmetrisch zur y-Achse.
b) f ist eine ganzrationale Funktion und die Hochzahlen der x-Potenzen sind alle ungerade. Also ist der Graph von f punktsymmetrisch zum Ursprung.
c) f ist eine ganzrationale Funktion und die Hochzahlen der x-Potenzen sind weder alle gerade noch alle ungerade. Also ist der Graph von f weder achsensymmetrisch zur y-Achse noch punktsymmetrisch zum Ursprung.

Beispiel 2 Skizzieren eines Graphen
Gegeben ist die Funktion f mit $f(x) = 4x \cdot (x^2 - 1)$. Erschließen Sie aus dem Funktionsterm Eigenschaften des Graphen von f. Skizzieren Sie den Graphen.

■ Lösung: $f(x) = 4x^3 - 4x$; da die x-Potenzen des Funktionsterms nur ungerade Hochzahlen enthalten, ist der Graph von f punktsymmetrisch zum Ursprung.
Für $x \to +\infty$ gilt: $f(x) \to +\infty$;
für $x \to -\infty$ gilt: $f(x) \to -\infty$.
Aus der Produktdarstellung des Funktionsterms ergeben sich die Nullstellen:
$x_1 = 0$; $x_2 = 1$ und $x_3 = -1$.
Skizze des Graphen siehe Fig. 1.

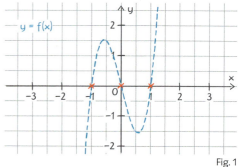

Fig. 1

Aufgaben

1 Welche Funktion hat einen zur y-Achse bzw. zum Ursprung symmetrischen Graphen?
a) $f(x) = -x^4 - 5x^2 + 3$ b) $f(x) = x^5 - 3x^3 - 1$ c) $f(x) = x^5 + 3x^3 + x^2 - 4x$
d) $f(x) = x \cdot (x^2 - 5)$ e) $f(x) = (x - 2)^2 + 1$ f) $f(x) = x \cdot (x - 1) \cdot (x + 1)$

2 Welche ganzrationale Funktion hat einen zur y-Achse symmetrischen Graphen?
a) $f(x) = x$ b) $f(x) = x^2$ c) $f(x) = x^3$
d) $f(x) = x^4$ e) $f(x) = 2x + 3$ f) $f(x) = 7 - x^4 + 2x^6$
g) $f(x) = 4x^3 + 1$ h) $f(x) = \frac{1}{6}x^6 - x^2 - \sqrt{2} + 1$ i) $f(x) = x^3 \cdot (x + 1) \cdot (x - 1)$

3 Ordnen Sie ohne Rechnung den Funktionen den richtigen Graphen zu.
a) $f(x) = -\frac{1}{2}x^3 - \frac{1}{2}x$ b) $f(x) = x^3 - x + 1$ c) $f(x) = -x^4 + 2x^2 + 1$

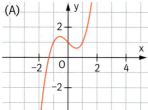
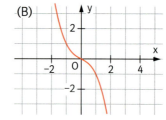
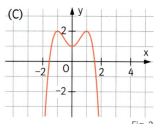

Fig. 2

4 Erschließen Sie aus dem Funktionsterm von f Eigenschaften des Graphen. Skizzieren Sie den Graphen.
a) $f(x) = 0,5x^2 - 2$ b) $f(x) = 0,1x^2 \cdot (x^2 - 9)$ c) $f(x) = 0,5x \cdot (x^2 - 4)$
d) $f(x) = -0,5x^3 + 2x$ e) $f(x) = 0,1 \cdot (x^2 - 9) \cdot (x - 1) \cdot (x + 1)$ f) $f(x) = -x^4 + 2x^2$

Zeit zu überprüfen

5 Überprüfen Sie, ob der Graph der Funktion f achsensymmetrisch zur y-Achse oder punktsymmetrisch zum Ursprung ist.
a) $f(x) = -x^4 - 7 + x^2$ b) $f(x) = -x^2 \cdot (x^2 - x)$ c) $f(x) = x^5 + x \cdot (x^2 - 5)$

6 Erschließen Sie aus dem Funktionsterm von f Eigenschaften des Graphen von f. Skizzieren Sie den Graphen.
a) $f(x) = 2x^3 - 2x$ b) $f(x) = -x^2 \cdot (x^2 - 4)$

7 Ordnen Sie die Funktionsterme den abgebildeten Graphen zu (ein Funktionsterm bleibt übrig). Beschreiben Sie, wie Sie die Funktionen erkannt haben.
$f(x) = -2x^3 + 4x^2 - x;$ $g(x) = 2x^3 + 2x^2 - x;$ $h(x) = 2x^3 - x;$
$i(x) = 2x^3 - 1;$ $j(x) = -2x^3 + 4x^2 - 1$

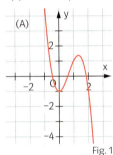
Fig. 1

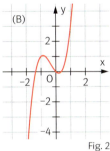
Fig. 2

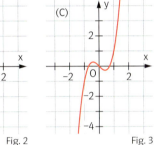
Fig. 3

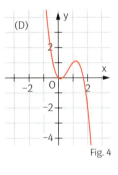
Fig. 4

8 Geben Sie an, welche Aussagen aufgrund des Graphen in Fig. 5 zutreffen
a) für die Funktion f, b) für die Funktion g.
1) Der Graph ist symmetrisch zur y-Achse.
2) Im Funktionsterm kommen Potenzen mit geraden und ungeraden Hochzahlen vor.
3) Im Funktionsterm ist die Zahl vor der höchsten Potenz negativ.
4) Der Grad der Funktion ist ungerade.
5) Der Grad der Funktion ist mindestens 3.

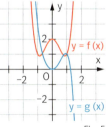
Fig. 5

9 Für welche Werte von t ist der Graph der Funktion f symmetrisch zum Ursprung oder zur y-Achse?
a) $f(x) = x^3 + 2tx^2 + tx$ b) $f(x) = (x - t) \cdot (x + 1)$ c) $f(x) = x^t - x$ d) $f(x) = (x + t)^2 - 4x$

Zeit zu wiederholen

10 Welche der Funktionen f_1, f_2 oder f_3 mit $f_1(x) = 2x + 5$, $f_2(x) = x^3 - 6x^2 + 2$ oder $f_3(x) = x^3 + 6x^2 + 3$ erfüllt **alle** vier Bedingungen:
$f(0) > 0$, $f(100) > 100$, $f(-100) < -100$ und $f'(4) = 0$?

4 Beispiel einer vollständigen Funktionsuntersuchung

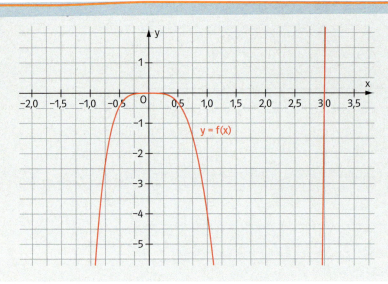

Nebenstehende Figur wurde von einem Computer erstellt. Es zeigt den Graphen der Funktion f mit $f(x) = 2x^5 - 6x^4$.
Nehmen Sie dazu Stellung.

Das Ziel einer Funktionsuntersuchung sind gesicherte Aussagen über wesentliche Eigenschaften einer Funktion und ihres Graphen. Dabei werden ermittelt:
Die Symmetrie des Graphen, das Verhalten für $x \to \pm\infty$, die Nullstellen, die Extremstellen, die Wendestellen und evtl. zusätzliche Funktionswerte. Zur Bestimmung der Extrem- und Wendestellen müssen die ersten drei Ableitungen einer Funktion bestimmt werden.
Nachfolgend wird die Vorgehensweise für die Untersuchung einer ganzrationalen Funktion erläutert und an einem Beispiel durchgeführt.

Gewonnene Informationen werden sukzessive in eine Skizze eingebracht:

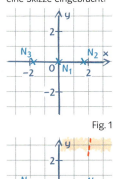

Fig. 1

Fig. 2

1. Ableitungen
Von f werden die ersten drei Ableitungen f', f" und f'" bestimmt.

2. Symmetrie des Graphen
Symmetrie zum Ursprung: f(x) hat nur ungerade Hochzahlen.
Symmetrie zur y-Achse: f(x) hat nur gerade Hochzahlen.

3. Nullstellen
Nullstellen sind Lösungen der Gleichung $f(x) = 0$.

4. Verhalten für $x \to \pm\infty$
Das Verhalten von f(x) ist für große Werte von x durch den Summanden von f(x) mit der größten Hochzahl bestimmt.

Funktion f mit $f(x) = x^3 - 3x$
Ableitungen
$f'(x) = 3x^2 - 3$
$f''(x) = 6x$
$f'''(x) = 6$
Symmetrie:
f(x) hat nur ungerade Hochzahlen. Der Graph ist somit punktsymmetrisch zum Ursprung.

Nullstellen
Ansatz: $f(x) = 0$
Gleichung: $x^3 - 3x = 0$
$x(x^2 - 3) = 0$
Lösungen: $x_1 = 0$; $x_2 = \sqrt{3} \approx 1{,}7$;
$x_3 = -\sqrt{3} \approx -1{,}7$
Schnittpunkte mit der x-Achse (näherungsweise): $N_1(0|0)$; $N_2(1{,}7|0)$; $N_3(-1{,}7|0)$
Verhalten für $x \to \pm\infty$
Der Summand mit der größten Hochzahl ist x^3. Also gilt: $f(x) \to +\infty$ für $x \to +\infty$ und $f(x) \to -\infty$ für $x \to -\infty$.

76   III Untersuchung ganzrationaler Funktionen

5. Extremstellen
Notwendige Bedingung: $f'(x) = 0$

Hinreichende Bedingung:
Für eine Lösung x_0 gilt:
$f'(x)$ wechselt an der Stelle x_0 das Vorzeichen von − nach + (Minimumstelle) bzw. von + nach − (Maximumstelle) oder es ist
$f'(x_0) = 0$ und
$f''(x_0) < 0$: $f(x_0)$ ist lokales Maximum;
$f''(x_0) > 0$: $f(x_0)$ ist lokales Minimum.

6. Wendestellen
Notwendige Bedingung: $f''(x) = 0$

Hinreichende Bedingung:
Für eine Lösung x_0 gilt:
$f''(x)$ wechselt an der Stelle x_0 das Vorzeichen oder es ist
$f''(x_0) = 0$ und $f'''(x_0) \neq 0$.

7. Graph
Gegebenenfalls werden in einer Wertetabelle zusätzliche Funktionswerte berechnet. Auch die Steigungen in den Nullstellen bzw. an den Wendestellen sind hilfreich.

Nach Wahl des Koordinatensystems mit geeigneten Einteilungen der Achsen werden die ermittelten Punkte eingetragen.
Dann kann der Graph gezeichnet werden.

Extremstellen
Notwendige Bedingung: $f'(x) = 0$
ergibt: $3x^2 - 3 = 3(x^2 - 1) = 0$;
Lösungen: $x_4 = 1$; $x_5 = -1$
Hinreichende Bedingung: $x_4 = 1$: $f'(x_4) = 0$
und $f''(x_4) = 6 > 0$; $f(1)$ ist lokales Minimum.
Aufgrund der Punktsymmetrie ist $f(-1)$ lokales Maximum.
Extrempunkte: $T(1|-2)$; $H(-1|2)$.

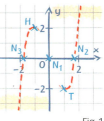
Fig. 1

Wendestellen
Notwendige Bedingung: $f''(x) = 0$
ergibt: $6x = 0$
Lösung: $x_6 = 0$
Hinreichende Bedingung: $x_6 = 0$: $f''(x_6) = 0$
und $f'''(x_6) = 6 \neq 0$; x_6 ist Wendestelle.
Wendepunkt: $W(0|0)$

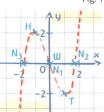
Fig. 2

Graph

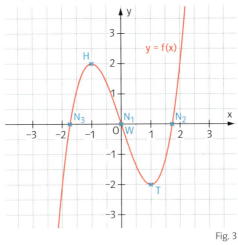
Fig. 3

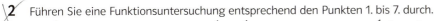

Aufgaben

1 Führen Sie eine Funktionsuntersuchung entsprechend den Punkten 1. bis 7. durch.

a) $f(x) = \frac{1}{3}x^3 - x$
b) $f(x) = x^3 - 4x$
c) $f(x) = \frac{1}{2}x^3 - 4x^2 + 8x$
d) $f(x) = \frac{1}{2}x^3 + 3x^2 - 8$
e) $f(x) = 3x^4 + 4x^3$
f) $f(x) = \frac{1}{10}x^5 - \frac{4}{3}x^3 + 6x$

2 Führen Sie eine Funktionsuntersuchung entsprechend den Punkten 1. bis 7. durch.

a) $f(x) = \frac{1}{9}x^3 - 3x$
b) $f(x) = \frac{1}{2}x^2 - \frac{1}{8}x^3$
c) $f(x) = \frac{1}{6}x^3 - 3x^2 + 2x$
d) $f(x) = \frac{1}{4}x^4 + x^3$
e) $f(x) = 2 - \frac{5}{2}x^2 + x^4$
f) $f(x) = \frac{1}{8}x^4 - \frac{3}{2}x^3 + \frac{3}{2}x^2$
g) $f(x) = x^3 + 5x^2 + 3x - 9$
h) $f(x) = \frac{1}{20}x^5 - \frac{1}{6}x^3$
i) $f(x) = x^4 - 5x^3 + 6x^2 + 4x - 8$

3 Führen Sie eine Funktionsuntersuchung entsprechend den Punkten 1. bis 7. durch.
a) $f(x) = \frac{1}{6} \cdot (x+1)^2 \cdot (x-2)$
b) $f(x) = \frac{1}{4} \cdot (1+x^2) \cdot (5-x^2)$
c) $f(x) = 0{,}5 \cdot (x^2-1)^2$
d) $f(x) = (x-1) \cdot (x+2)^2$
e) $f(x) = 0{,}1 \cdot (x^3+1)^2$
f) $f(x) = \frac{1}{6} \cdot (1+x)^3 \cdot (3-x)$

Zeit zu überprüfen

4 Führen Sie eine Funktionsuntersuchung durch und zeichnen Sie den Graphen.
a) $f(x) = -\frac{1}{3}x^3 + 3x$
b) $f(x) = x^3 - 6x^2 + 8x$

5 a) Untersuchen Sie den Graphen von f mit $f(x) = \frac{1}{48} \cdot (x^4 - 24x^2 + 80)$ auf Symmetrie, Schnittpunkte mit der x-Achse, Extrempunkte und Wendepunkte. Zeichnen Sie den Graphen von f.
b) Für welche Werte von c hat die Gleichung $x^4 - 24x^2 + 80 = 48c$ vier, drei, zwei oder keine Lösungen? Verwenden Sie Teilaufgabe a).

6 Gegeben ist die Funktion f mit $f(x) = 0{,}125x^4 - x^2 - 1{,}125$.
a) Weist der Graph von f eine spezielle Symmetrie auf?
b) Bestimmen Sie die Schnittpunkte des Graphen mit der x-Achse sowie den Schnittpunkt mit der y-Achse.
c) Wie verhält sich der Graph von f für $x \to \pm\infty$?
d) Skizzieren Sie mithilfe der Ergebnisse aus den Teilaufgaben a) bis c) den Graphen von f.

Der „Gateway-Arch" wurde in den Jahren 1959–1965 aus rostfreiem Stahl gebaut. Er soll als „Tor zum Westen" an den nach 1800 einsetzenden Siedlerstrom in den Westen der USA erinnern.

7 Der Innenbogen des „Gateway-Arch" in St. Louis (USA) lässt sich näherungsweise beschreiben (x in m) durch die Funktion f mit $f(x) = 187{,}5 - 1{,}579 \cdot 10^{-2} \cdot x^2 - 1{,}988 \cdot 10^{-6} \cdot x^4$.
a) Bestätigen Sie, dass der Graph von f achsensymmetrisch ist.
b) Berechnen Sie die Höhe und die Breite des Innenbogens.
c) Bei einer Flugveranstaltung soll ein Flugzeug mit einer Flügelspannweite von 18 m unter dem Bogen hindurchfliegen. Welche Maximalflughöhe muss der Pilot einhalten, wenn in vertikaler und in horizontaler Richtung ein Sicherheitsabstand zum Bogen von 10 m eingehalten werden muss?

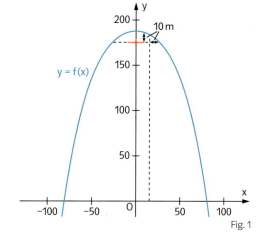

Fig. 1

8 Welche Beziehung muss für die Koeffizienten der Funktion $f(x) = x^3 + bx^2 + cx + d$ gelten, damit der Graph von f zwei, genau eine bzw. keine waagerechte Tangente hat?

9 Welche Eigenschaften des Graphen von f (Schnittpunkte mit der x-Achse, Extrem- und Wendepunkte) gelten für $c \neq 0$ auch für den Graphen der Funktion g?
Wie verändern sich dabei gegebenenfalls die Koordinaten der Schnittpunkte mit der x-Achse, Extrem- und Wendepunkte?
a) $g(x) = c \cdot f(x)$
b) $g(x) = f(x) + c$
c) $g(x) = f(x-c)$

5 Probleme lösen im Umfeld der Tangente

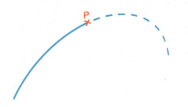

Bei einem Shorttrackrennen im Eisstadion stürzt ein Läufer in der Kurve im Punkt P. Beschreiben Sie die Bahn auf welcher der Läufer weiterrutscht.

Die Gleichung der Tangente in einem beliebigen Punkt des Graphen $P(u|f(u))$ einer Funktion f (vgl. Fig. 1) kann allgemein hergeleitet werden.
Die Tangentengleichung t lautet:
t: $y = f'(u) \cdot x + c$, da in P die Steigung der Tangente $m = f'(u)$ ist.
$f(u) = f'(u) \cdot u + c$, da $P(u|f(u))$ die Tangentengleichung erfüllen muss.
Auflösen nach c liefert: $c = f(u) - f'(u) \cdot u$. In t eingesetzt erhält man:

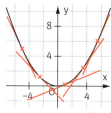

Fig. 1

> **Satz: Allgemeine Tangentengleichung**
> Sind die differenzierbare Funktion f und ein Punkt $P(u|f(u))$ mit $u \in D_f$ gegeben, so lautet die Gleichung der Tangente t an den Graphen von f im Punkt P:
> t: $y = f'(u) \cdot (x - u) + f(u)$.

Die Tangentengleichung kann auch verwendet werden, wenn von einem Punkt Q, der nicht auf dem Graphen der Funktion f liegt, die Tangente an den Graphen bestimmt werden soll (vgl. Fig. 2). Ist f die Funktion mit $f(x) = \frac{1}{2}x^3$,
so ist $y = f'(u) \cdot (x - u) + f(u) = \frac{3}{2}u^2 \cdot (x - u) + \frac{1}{2}u^3$
die Gleichung der Tangente in $P(u|f(u))$.
Setzt man hier für die Variablen x und y die Koordinaten von $Q(0|-1)$ ein, so erhält man
$-1 = \frac{3}{2}u^2 \cdot (0 - u) + \frac{1}{2}u^3$ bzw. $u^3 = 1$.
Daraus folgt $u = 1$ und hiermit t: $y = \frac{3}{2}x - 1$
mit dem Berührpunkt $P(1|\frac{1}{2})$.
Die **Normale** hat die Gleichung
n: $y = -\frac{1}{f'(u)} \cdot (x - u) + f(u)$ mit $f'(u) \neq 0$ (Fig. 3).

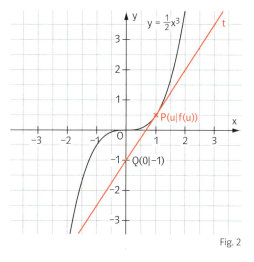

Fig. 2   Fig. 3

Eine Herleitung finden Sie in Aufgabe 13.

Beispiel 1 Allgemeine Tangentengleichung und Normalengleichung
Gegeben ist die Funktion f mit $f(x) = -\frac{1}{4}x^2 + 4$.
a) Bestimmen Sie die Gleichung der Tangente und der Normalengleichung im Punkt $R(1|f(1))$.
b) Bestimmen Sie die allgemeine Tangentengleichung an den Graphen von f im Punkt $P(u|f(u))$.
Welche Tangenten an den Graphen von f schneiden die x-Achse im Punkt $Q(5|0)$?

■ Lösung: a) Mit $f'(1) = -\frac{1}{2}$ und $f(1) = 3{,}75$ erhält man in R als Gleichung der Tangente
t: $y = -\frac{1}{2}(x - 1) + 3{,}75 = -\frac{1}{2}x + 4{,}25$.
Steigung der Normalen für $x = 1$: $m_n = -\frac{1}{f'(1)} = 2$. Die Gleichung der Normalen lautet
n: $y = 2 \cdot (x - 1) + 3{,}75 = 2x + 1{,}75$.

III Untersuchung ganzrationaler Funktionen

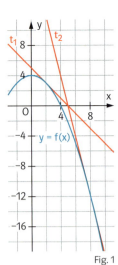
Fig. 1

b) Mit $f'(u) = -\frac{1}{2}u$ erhält man in P die Gleichung der Tangente
$y = -\frac{1}{2}u \cdot (x - u) + \left(-\frac{1}{4}u^2 + 4\right) = -\frac{1}{2}ux + \frac{1}{4}u^2 + 4$.
Einsetzen des Punktes Q(5|0) liefert die quadratische Gleichung $\frac{1}{4}u^2 - \frac{5}{2}u + 4 = 0$ mit den beiden Lösungen $u_1 = 2$ und $u_2 = 8$. Die Gleichungen der gesuchten Tangenten lauten
t_1: $y = -x + 5$ und t_2: $y = -4x + 20$ (vgl. Fig. 1).

Beispiel 2 Tangente im Wendepunkt
Die Form einer Bucht kann in einem geeigneten Koordinatensystem durch die Funktion f mit $f(x) = \frac{2}{3}x^3 + 2x^2 - \frac{1}{3}$ näherungsweise beschrieben werden (Fig. 2). Ein Schiff fährt von West nach Ost entlang der gezeichneten Geraden. In welchem Punkt kann vom Schiff aus zum ersten Mal die gesamte Bucht eingesehen werden?

■ *Lösung: Man benötigt die Gleichung der Tangente im Wendepunkt des Graphen von f.*
$f'(x) = 2x^2 + 4x$; $f''(x) = 4x + 4$; $f'''(x) = 4$
$f''(x) = 0$ ergibt $4x + 4 = 0$ mit $x = -1$ und dem Wendepunkt W(−1|1). Mit $f'(-1) = -2$ hat die Tangente in W die Gleichung
$y = -2x - 1$. Der Schiffsweg hat die Gleichung $y = 3$. Im Schnittpunkt des Schiffswegs mit der Wendetangente S(−2|3) wird zum ersten Mal die gesamte Bucht eingesehen.

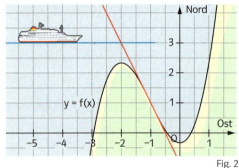
Fig. 2

Aufgaben

1 Bestimmen Sie die Gleichungen der Tangente und der Normalen an den Graphen der Funktion f an der Stelle u.
a) $f(x) = x^2$; $u = 2$
b) $f(x) = \frac{2}{x}$; $u = 4$
c) $f(x) = x^3 + 2x^2$; $u = 0$

2 Gegeben ist die Funktion f mit $f(x) = 0{,}5x^2$. Bestimmen Sie die Punkte des Graphen, dessen Tangenten durch den folgenden Punkt verlaufen.
a) A(1|0)
b) B(−1|0)
c) C(0|−2)
d) D(3|2,5)

3 In einem geeigneten Koordinatensystem lässt sich die Form einer Landzunge näherungsweise durch den Graphen der Funktion f mit $f(x) = x^2$ mit $D_f = [-3; 3]$ darstellen. Welchen Bereich des Ufers kann man von einem Segelboot, das sich in S(3|5) befindet, sehen?

4 Es ist f mit $f(x) = x^3 - 3x$ gegeben. Im Punkt P wird die Tangente an den Graphen von f gezeichnet. Berechnen Sie den Punkt S, in dem die Tangente den Graphen ein zweites Mal schneidet.
a) P(1|f(1))
b) P(0,5|f(0,5))
c) P(3|f(3))

Zeit zu überprüfen

5 Bestimmen Sie die Gleichung der Tangente und der Normalen des Graphen von f im Punkt B.
a) $f(x) = x^2 - x$; B(−2|6)
b) $f(x) = \frac{4}{x} + 2$; B(4|3)

6 Gegeben ist die Funktion f mit $f(x) = 2x^2 - 3$. Bestimmen Sie, falls möglich, die Tangenten an den Graphen von f, die durch den Punkt A verlaufen.
a) A(2|−3)
b) $A\left(2 \Big| -\frac{9}{8}\right)$
c) A(1|1)

Landzunge in der Wismarer Bucht (Ostsee)

7 Gegeben ist die Funktion f mit $f(x) = -\frac{1}{2}x^2 + 2x - 2$.
a) Bestimmen Sie den Punkt auf dem Graphen von f, in dem die Tangente parallel zur Geraden mit der Gleichung $y = 2x - 3$ verläuft. Unter welchem Winkel schneidet diese Tangente die x-Achse?
b) Geben Sie die Punkte des Graphen an, deren Tangenten durch den Ursprung verlaufen.
c) Welche Tangenten gehen durch den Punkt $A(0|6)$? Geben Sie die zugehörigen Berührpunkte des Graphen an.

Für den Steigungswinkel α der Tangente im Punkt $P(u|f(u))$ gilt: $\tan(\alpha) = f'(u)$.

8 Gegeben ist die Funktion f mit $f(x) = -\frac{16}{3x^3} + x$. Bestimmen Sie die Gleichungen der Tangenten in den Punkten des Graphen von f, die parallel zur Geraden mit $y = 2x$ verlaufen.

9 Bestimmen Sie die ganzrationale Funktion dritten Grades, deren Graph die x-Achse im Ursprung berührt und deren Tangente in $P(-3|0)$ parallel zur Geraden $y = 6x$ ist.

10 Die Mittellinie der gezeichneten Rennstrecke wird durch $y = 4 - \frac{1}{2}x^2$ beschrieben. Bei spiegelglatter Fahrbahn rutscht ein Fahrzeug und landet im Punkt $Y(0|6)$ in den Strohballen (vgl. Fig. 1). Wo hat das Fahrzeug die Straße verlassen?

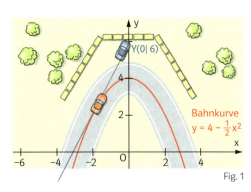

Fig. 1

11 Durch den Graphen der Funktion f mit $f(x) = -0{,}002x^4 + 0{,}122x^2 - 1{,}8$ (x in Metern, f(x) in Metern) wird für $-5 \leq x \leq 5$ der Querschnitt eines Kanals dargestellt. Die sich nach beiden Seiten anschließende Landfläche liegt auf der Höhe $y = 0$.
In welchem Abstand vom Kanalrand darf eine aufrecht stehende Person (Augenhöhe 1,60 m) höchstens stehen, damit sie bei leerem Kanal die tiefste Stelle des Kanals sehen kann?

CAS
Tangente und Normale berechnen

12 Eine Gasleitung verläuft wie der Graph der Funktion g mit $g(x) = 0{,}2(x+1)^2 - 3$. Der Ort $O(0|0)$ soll an die Gasleitung angeschlossen werden (vgl. Fig. 2).
a) Von einem Punkt $X(x_0|g(x_0))$ aus soll dafür ein geradlinig verlaufendes Anschlussstück nach O verlegt werden. Zeigen Sie, dass die Länge d dieser Leitung $d(x_0) = \sqrt{x_0^2 + (g(x_0))^2}$ ist.
b) Zeichnen Sie den Graphen der Funktion d und bestimmen Sie zeichnerisch die Stelle x_0 so, dass die Gasleitung möglichst kurz wird.
c) Bestimmen Sie mithilfe der Normalen im Punkt $X(x_0|g(x_0))$ die kürzeste Gasleitung.

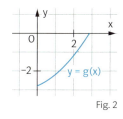

Fig. 2

13 In Fig. 3 sind die beiden zueinander senkrecht stehenden Geraden g_1 und g_2 eingezeichnet.
a) Begründen Sie anhand der Zeichnung, dass für die Steigungen m_1 und m_2 der beiden Geraden die Beziehung $m_1 \cdot m_2 = -1$ gilt.
b) Zeigen Sie, dass die Gleichung der Normalen n in einem Punkt $P(u|f(u))$ an den Graphen einer differenzierbaren Funktion f die Gleichung $n: y = -\frac{1}{f'(u)} \cdot (x-u) + f(u)$, $f'(u) \neq 0$ besitzt.

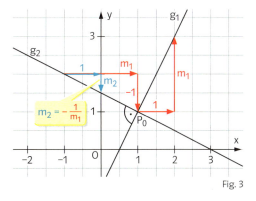

Fig. 3

6 Mathematische Fachbegriffe in Sachzusammenhängen

Euphemismus bezeichnet Wörter oder Formulierungen, die einen Sachverhalt beschönigend, verhüllend oder verschleiernd darstellen.

Der Begriff **Nullwachstum** ist ein gelegentlich in der Wirtschaft verwendeter Euphemismus und bedeutet die Abwesenheit von Wirtschaftswachstum. Das Kunstwort hat sich als modernes Synonym für (wirtschaftliche) Stagnation etabliert.
Negativwachstum ist ebenfalls ein Euphemismus für die noch stärkere Rezession. Es handelt sich somit um das Gegenteil von Wachstum. Es wird z.B. von einem negativen Wirtschaftswachstum gesprochen, was als Schönreden der Abnahme des Bruttoinlandsprodukts gewertet werden kann.
Nennen Sie andere Beispiele, in denen mathematische Begriffe in Anwendungssituationen verwendet werden.

Die sprachliche Schilderung einer Alltagssituation lässt sich in geeigneten Fällen mithilfe der Eigenschaften einer Funktion und ihrer Ableitungen direkt in eine mathematische Beschreibung übertragen. Den Begriffen aus der Alltagssprache müssen dabei die passenden mathematischen Begriffe zugeordnet werden.
Modelliert die zweimal differenzierbare Funktion f die Verkaufszahlen eines Produkts in Abhängigkeit von der Zeit t auf einem Intervall I, so lassen sich außer für Randstellen von I unter anderem die folgenden Zusammenhänge herstellen:

Die Zuordnung zwischen Alltagsbegriffen und den mathematischen Beschreibungen werden nicht immer in der gleichen Weise vorgenommen.

Sprachlicher Ausdruck	Eigenschaften der Funktion f	Eigenschaften von f' bzw. f"
Die Verkaufszahlen steigen.	f ist streng monoton steigend.	$f'(t) > 0$ (nur an einzelnen Stellen kann $f'(t) = 0$ gelten)
Die Verkaufszahlen erreichen ihren höchsten Wert zum Zeitpunkt t_0.	f hat ein lokales Maximum	$f'(t_0) = 0$ und $f''(t_0) < 0$ bzw. f' hat VZW bei t_0 von + nach –
Die Verkaufszahlen stagnieren („Nullwachstum").	f ist eine konstante Funktion	$f'(t) = 0$
Der Anstieg der Verkaufszahlen war zum Zeitpunkt t_0 maximal.	t_0 ist Wendestelle von f und f ist streng monoton steigend.	$f''(t_0) = 0$; f" hat VZW bei t_0 und $f'(t) > 0$
Der Anstieg der Verkaufszahlen fällt zunehmend niedriger aus.	Der Graph von f ist rechtsgekrümmt und f ist streng monoton steigend.	$f''(t) < 0$ und $f'(t) > 0$

Ist der Umsatz eines Unternehmens für ein Jahr gegeben, so müssen bei der Bestimmung z.B. des Umsatzhochs bzw. -tiefs neben den lokalen Extremwerten im Inneren auch die Ränder des Definitionsbereichs untersucht werden, um **globale Extrema** zu ermitteln.

Die zur Beschreibung einer realen Situation benutzte Funktion ist in einem Teilintervall von ℝ definiert und dort differenzierbar.

Ist der Umsatz U mit
$U(t) = 0{,}19\,t^3 - 4{,}15\,t^2 + 25\,t + 150$ ($t \in [0; 12]$
in Monaten, U(t) in Millionen Euro) gegeben, so erhält man als lokales Maximum den Wert $U(4{,}25) \approx 195{,}9$ und als lokales Minimum den Wert $U(10{,}3) \approx 174{,}8$.
Vergleicht man mit den Funktionswerten an den Rändern des Untersuchungszeitraums $U(0) \approx 150{,}0$ und $U(12) \approx 180{,}7$, so ist 195,9 auch das **globale Maximum** und damit das Umsatzhoch. Das **globale Minimum** ist 150,0 und liegt damit am linken Rand (vgl. Fig. 1).

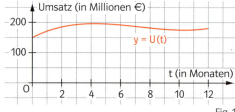

Fig. 1

Beispiel Maximaler Gewinn, stärkster Anstieg

Bei einer Produktion von x Maschinen entstehen einem Unternehmen die Kosten K (in Euro) mit $K(x) = 0{,}03x^3 - 2x^2 + 50x + 600$ für $x \in [0; 50]$. Jede Maschine wird für 60 € verkauft.
a) Zeichnen Sie den Graphen der Funktion G, die den Gewinn des Unternehmens beschreibt.
b) Beschreiben Sie die Bedeutung der charakteristischen Punkte und berechnen Sie diese.

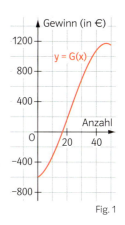

Fig. 1

■ **Lösung:** a) Für den Gewinn G gilt: $G(x) = 60x - K(x) = -0{,}03x^3 + 2x^2 + 10x - 600$ (vgl. Fig. 1).
Zur Erstellung des Graphen werden die Extremstellen bestimmt.
$G'(x) = -0{,}09x^2 + 4x + 10$; $G''(x) = -0{,}18x + 4$.
Aus $G'(x) = 0$ erhält man $x_1 \approx 46{,}82$ und $x_2 \approx -2{,}37$. x_2 liegt nicht im Definitionsbereich von G.
Da $G''(x_1) < 0$, ist bei $x_1 \approx 46{,}82$ ein lokales Maximum mit $G(x_1) \approx 1173{,}4$.
Mithilfe weiterer Funktionswerte ergibt sich eine Skizze des Graphen von G (siehe Fig. 1).
b) Das lokale Maximum $G(x_1) \approx 1173{,}4$ (in €) ist auch das globale Maximum, da beide Randwerte kleiner als $G(x_1)$ sind. Der maximale Gewinn beträgt 1173 €. Er wird bei der Produktion von 47 Maschinen erreicht. Der Gewinn nimmt an der linken Intervallgrenze $x_3 = 0$ sein globales Minimum mit $G(0) = -600$ an; damit beträgt der maximale Verlust 600 €.
An der Wendestelle x_4 steigt der Gewinn am stärksten an. Aus $G''(x) = 0$ und $G'''(x) \neq 0$ erhält man $x_4 \approx 22{,}2$ als Wendestelle.
Bei einer Produktionszahl von ca. 22 Maschinen steigt der Gewinn pro zusätzlich produzierter Maschine am stärksten. Der Anstieg beträgt näherungsweise $G'(22) \approx 54$ (in € pro Maschine).

Aufgaben

1 Die Funktion f beschreibt die Höhe einer Sonnenblume (in Metern) in Abhängigkeit von der Zeit t (in Wochen). Geben Sie zu den Alltagsbegriffen die mathematischen Beschreibungen an.
a) Nach zwei Wochen ist die Sonnenblume 0,3 m hoch.
b) Nach 20 Wochen wächst die Sonnenblume nicht mehr.
c) In den ersten fünf Wochen wächst die Sonnenblume um 0,6 m.
d) Die Wachstumsgeschwindigkeit ist nach acht Wochen am höchsten.

2 Zur Vorhersage des Wasserstandes eines Flusses misst man sechs Monate lang fortlaufend die Durchflussgeschwindigkeit f des Wassers an einer bestimmten Stelle und erhält hierfür
$f(t) = 0{,}25t^3 - 3t^2 + 9t$ $\left(0 \leq t \leq 6; \ t \text{ in Monaten}; \ f(t) \text{ in } 10^6 \frac{m^3}{\text{Monat}}\right)$.
a) Zeichnen Sie den Graphen von f. Interpretieren Sie die Nullstellen der Funktion f. Warum ist hier $f(t) \geq 0$ sinnvoll?
b) Zu welchen Zeitpunkten ist die Durchflussgeschwindigkeit extremal?
c) Wann nimmt die Durchflussgeschwindigkeit besonders stark ab? Wann besonders stark zu?

3 Nach starken Regenfällen im Gebirge steigt der Wasserspiegel in einem Stausee an. Die in den ersten 24 Stunden nach den Regenfällen festgestellte Zuflussgeschwindigkeit lässt sich näherungsweise durch die Funktion f mit $f(t) = 0{,}25t^3 - 12t^2 + 144t$ $\left(t \text{ in Stunden}, f(t) \text{ in } \frac{m^3}{h}\right)$ beschreiben.
a) Berechnen Sie charakteristische Punkte des Graphen. Erläutern Sie Ihre Ergebnisse im Sachzusammenhang.
b) Bestimmen Sie den Zeitraum, in dem die Zuflussgeschwindigkeit mindestens die Hälfte des Maximalwerts beträgt.

Zeit zu überprüfen

4 Die Funktion f beschreibt die Geschwindigkeit eines Autos (in $\frac{m}{s}$) in Abhängigkeit von der Zeit t (in s). Geben Sie jeweils die mathematischen Beschreibungen an.
a) In den ersten zehn Sekunden nimmt die Geschwindigkeit gleichmäßig von 0 auf $20\frac{m}{s}$ zu.
b) Nach 30 Sekunden wird für fünf Sekunden abgebremst.
c) Die stärkste Zunahme der Geschwindigkeit ist nach 15 Sekunden. Welche anschauliche Bedeutung hat die Zunahme der Geschwindigkeit, welche Einheit hat sie?

5 An einem Tag im Frühherbst wird die Oberflächentemperatur O eines Sees gemessen. Der Temperaturverlauf kann modelliert werden durch
$O(t) = -\frac{1}{300}(t^3 - 36t^2 + 324t - 5700);\ t \in [0;\ 24]$ in Stunden, O(t) in Grad Celsius (°C).
a) Bestimmen Sie die höchste und tiefste Temperatur an diesem Tag.
b) Welche Bedeutung hat die Steigung der Wendetangente in diesem Zusammenhang?

6 Auszug aus dem Protokoll einer Hauptversammlung
„Nach einem guten Beginn des Jahres mit deutlich steigendem Gewinn wurde die Zunahme des Gewinns immer kleiner und dieser erreichte im März sein Maximum mit 220 Millionen Euro. Anschließend wurde der Gewinn kleiner, blieb aber immer über dem zu Jahresbeginn. Besonders stark war das Abfallen des Gewinns im Juni während der Sommerflaute; gleichzeitig stellte der Juni aber auch eine Trendwende hin zum Besseren dar. In den letzten Monaten des Jahres fiel der Anstieg des Gewinns zunehmend größer aus, sodass wir am Jahresende nicht nur wieder den maximalen Gewinn aus dem Monat März erreichten, sondern dies auch mit deutlich steigender Tendenz."
Skizzieren Sie einen Graphen, der die Entwicklung des Gewinns im Verlauf des Jahres darstellen könnte, und erläutern Sie ihn.

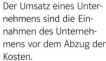

Staatsverschuldung
(Bund, Länder u. Gemeinden)

Jahr	Staatsverschuldung in Mrd. €
2008	1578
2009	1694
2010	2028

Kann diese Entwicklung noch mit der Funktion S modelliert werden?

7 Fig. 1 zeigt den Schuldenstand des Bundes, der Länder und der Gemeinden.
S mit $S(t) = -0{,}08t^3 + 3{,}5t^2 + 10{,}6t + 237$
(t in Jahren ab 1980, S(t) in Milliarden Euro) beschreibt näherungsweise die Entwicklung dieser Schulden.
a) Welche Bedeutung hat die Ableitung S'?
b) In welchem Jahr war die Neuverschuldung besonders hoch?
c) Wann wird in diesem Modell erstmals eine Neu-Nullverschuldung erreicht?
d) Im Flensburger Tagblatt erschien im Jahr 2005 die Meldung: „Die Staatsschulden sinken." Welcher Fehler wurde begangen?

Fig. 1

Der Umsatz eines Unternehmens sind die Einnahmen des Unternehmens vor dem Abzug der Kosten.

8 Die Gesamtkosten K bei der Produktion von x Bauteilen sind gegeben durch
$K(x) = 0{,}01x^3 - 0{,}6x^2 + 13x$ mit K(x) in Euro. Jedes Bauteil wird zum Preis von 7 € verkauft. Die Funktion U gibt den Umsatz des Unternehmens beim Verkauf von x Bauteilen an.
a) Zeichnen Sie den Graphen der Gesamtkosten und der Umsatzfunktion in ein gemeinsames Koordinatensystem ein. Lesen Sie den Bereich ab, in dem das Unternehmen Gewinn macht.
b) Bei welcher Produktionszahl ist der Gewinn am höchsten?
c) Durch ein Überangebot können die Bauteile jeweils nur noch für 4 € verkauft werden. Wie verändert sich die Situation des Unternehmens dadurch?

Wiederholen – Vertiefen – Vernetzen

1 Untersuchen Sie die Funktion f auf Schnittpunkte mit den Achsen und ihr Verhalten für $x \to \pm\infty$. Bestimmen Sie die Extrem- und Wendepunkte. Zeichnen Sie den Graphen von f.

a) $f(x) = \frac{1}{8}x^4 - \frac{3}{4}x^3 + \frac{3}{2}x^2$
b) $f(x) = \frac{3}{4}x^4 + x^3 - 3x^2$
c) $f(x) = 2 - \frac{5}{2}x^2 + x^4$

d) $f(x) = x^3 + 5x^2 + 3x - 9$
e) $f(x) = \frac{1}{20}x^5 - \frac{1}{6}x^3$
f) $f(x) = x^4 - 5x^3 + 6x^2 + 4x - 8$

2 Untersuchen Sie die Funktion f auf Schnittpunkte mit den Achsen und ihr Verhalten für $x \to \pm\infty$. Bestimmen Sie die Extrem- und Wendepunkte. Zeichnen Sie den Graphen von f.

a) $f(x) = (x^2 - 3)^3$
b) $f(x) = -\frac{1}{10} \cdot (x-2)^2 \cdot (x+3)^2$

3 Für welche Zahlen u berührt der Graph der Funktion f_u die x-Achse?

a) $f_u(x) = x^3 - 3x + u$
b) $f_u(x) = x^3 - 3u \cdot x + 4$

Tipp zu Aufgabe 3: Bestimmen Sie die Hoch- und Tiefpunkte.

4 Bestimmen Sie in Abhängigkeit des Parameters c die Anzahl der Schnittpunkte, welche die Gerade $y = c$ mit dem Graphen der Funktion f hat.

a) $f(x) = x^2 - 2x + 4$
b) $f(x) = x^3 - \frac{3}{2}x^2 - 18x + 1$

5 Bestimmen Sie die Gleichung der Tangente t parallel zu g an den Graphen von f.

a) $f(x) = -2x^2 + 12x - 13$; $g: y = -\frac{1}{2}x + 6$
b) $f(x) = x^3 - 6x^2 + 10x + 4$; $g: y = x + 8$

6 Bestimmen Sie die Punkte P des Graphen von f so, dass die Tangente in P durch den Ursprung geht. Ermitteln Sie die jeweilige Gleichung der Tangente. Überprüfen Sie das Ergebnis am Graphen von f.

a) $f(x) = x^2 - 4x + 9$
b) $f(x) = \frac{2}{3}x^3 + \frac{9}{2}$
c) $f(x) = \frac{2}{x} - 3$

7 Bestimmen Sie die Gleichung der Tangente vom Punkt $P(0|-12)$ an den Graphen der Funktion f mit $f(x) = 4x^3 + 6$. Welche Gleichung erhält man für einen beliebigen Punkt $P(0|v)$?

Funktionen in Sachzusammenhängen

8 Ein Fluss entspringt auf einer Höhe von 400 m über NN (Normalnull) und fließt nach 370 km ins offene Meer. Die Funktion h beschreibt die Höhe (in Metern) des Flussufers über NN in Abhängigkeit von der Entfernung x (in Kilometern) von der Quelle.
a) Skizzieren Sie verschiedene mögliche Graphen von h. Erläutern Sie die Bedeutung von h'.
b) Wie wirkt sich im Graphen ein Stausee, wie ein Wasserfall aus?
c) Was lässt sich über das Vorzeichen von h' aussagen? In welcher Einheit werden Funktionswerte von h' gemessen?

9 In einer Wetterstation wird die Aufzeichnung eines Niederschlagsmessers ausgewertet. Die Niederschlagsmenge, die auf 1 m² fällt, kann modelliert werden durch die Funktion N mit $N(x) = \frac{1}{60}x^3 - \frac{1}{2}x^2 + 7x + 40$ mit $x \in [0; 24]$ in Stunden, $N(x)$ in $\frac{\text{Liter}}{m^2}$.

a) Wann hat es an diesem Tag geregnet? In welchem Zeitraum war der Niederschlag stark, wann schwach? Welche Niederschlagsmenge wurde im Lauf dieses Tages registriert?
b) Bestimmen Sie die Gleichung der Geraden durch den Anfangs- und Endpunkt der Niederschlagskurve und interpretieren Sie ihre Bedeutung in diesem Sachzusammenhang. Vergleichen Sie mit der momentanen Änderungsrate von N.
c) Welche Bedeutung haben die charakteristischen Punkte des Graphen?

◎ CAS Optimaler Weg (1)

◎ CAS Optimaler Weg (2)

Wiederholen – Vertiefen – Vernetzen

Extremwertaufgaben

10 In einem Stausee lässt sich die Zuflussgeschwindigkeit des Wassers in den ersten 12 Stunden nach starken Regenfällen näherungsweise durch die Funktion f mit
$f(t) = t^3 - 24t^2 + 144t$ beschreiben, wobei t die Zeit in Stunden ist und f(t) die Zuflussgeschwindigkeit in $\frac{m^3}{h}$.
a) Führen Sie eine vollständige Funktionsuntersuchung der Funktion f durch. Skizzieren Sie den Graphen von f im Bereich von $-1 \leq x \leq 15$.
b) Warum beschreibt f die obige Situation nur in den ersten 12 Stunden angemessen?
c) Zu welchem Zeitpunkt in den ersten 12 Stunden nach den starken Regenfällen ist die Zuflussgeschwindigkeit maximal?
d) Welche Bedeutung besitzt die Wendestelle von f im Sachzusammenhang?
e) Zu welchem Zeitpunkt im betrachteten Intervall $I = [0; 12]$ steigt die Zuflussgeschwindigkeit am stärksten an? Begründen Sie.

11 In einer Fabrik werden Radiogeräte hergestellt. Bei einer Wochenproduktion von x Radiogeräten entstehen fixe Kosten von 2000 € und variable Kosten, die durch $60x + 0.8x^2$ (in €) näherungsweise beschrieben werden können.
a) Bestimmen Sie die wöchentlichen Gesamtkosten. Zeichnen Sie den Graphen für den Bereich $0 \leq x \leq 140$.
b) Die Firma verkauft alle wöchentlich produzierten Geräte zu einem Preis von 180 € je Stück. Geben Sie den wöchentlichen Gewinn an. Zeichnen Sie den Graphen der Gewinnfunktion in das vorhandene Koordinatensystem.
c) Bei welchen Produktionszahlen macht die Firma Gewinn? Bei welcher Produktionszahl ist der Gewinn am größten?
d) Wegen eines Überangebotes auf dem Markt muss die Firma den Preis senken. Ab welchem Preis macht die Firma keinen Gewinn mehr?

© CAS
Sicherheitsabstand

12 Legt man Metallleisten an ihren Enden auf zwei Schneiden A und B mit dem Abstand $\overline{AB} = a$ (in cm), so biegen sie sich durch. In einem Koordinatensystem gilt dann für die Durchbiegung d_a (in cm) an der Stelle x: $d_a(x) = \frac{1}{1000} \cdot (-x^4 + 2ax^3 - a^3x)$ mit $0 \leq x \leq a$.
a) Geben Sie die Lage des Koordinatensystems an. Erstellen Sie die Graphen von d_4, d_8 und d_{12}.
b) Wie groß ist die maximale Durchbiegung? Wie groß darf der Abstand a höchstens sein, damit die maximale Durchbiegung nicht mehr als 1 mm beträgt?

13 Ein Körper bewegt sich auf der x-Achse. Die Entfernung s (in m) vom Ursprung zur Zeit t (in s) kann beschrieben werden durch $s(t) = 2t^3 - 5t^2 - 4t + 3$.
a) Ermitteln Sie zum Zeitpunkt $t = 1$ den Ort und die Geschwindigkeit.
b) Zu welchen Zeitpunkten durchläuft der Körper den Ursprung?
c) Wie weit entfernt sich der Körper zwischen diesen Zeitpunkten vom Ursprung höchstens?

Zeit zu wiederholen

15 Gegeben ist das nebenstehende Prisma (Fig. 2). Bestimmen Sie das Volumen und die Oberfläche des Prismas.

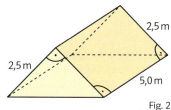

Fig. 2

Exkursion

Näherungsweise Berechnung von Nullstellen

Mit exakten rechnerischen Verfahren gelingt es nicht immer, die Nullstellen einer Funktion zu berechnen. Für lineare und quadratische Funktionen haben Sie bereits Verfahren zur Bestimmung von Nullstellen kennengelernt. Für ganzrationale Funktionen dritten und vierten Grades existieren auch solche exakten Verfahren – diese sind für die Schule aber zu aufwendig.
Für die meisten Funktionen ist man zur Bestimmung von Nullstellen auf Näherungsverfahren angewiesen. Um solche Näherungslösungen zu bestimmen, werden **Iterationsverfahren** angewendet. Dies soll am Beispiel der Funktion f mit $f(x) = x^5 - x^3 - 1$ für zwei Iterationsverfahren verdeutlicht werden.
Da die Funktion f stetig ist, kann man relativ einfach feststellen, ob die Gleichung $f(x) = 0$ überhaupt eine Lösung hat und in welchem Intervall die Lösung liegt. Hierzu versucht man, zwei Stellen a und b aus D_f zu ermitteln, für die $f(a)$ und $f(b)$ verschiedene Vorzeichen haben (Fig. 1).
Im Beispiel gilt $f(1) = -1 < 0$ und $f(2) = 23 > 0$, somit hat f in $[1; 2]$ mindestens eine Nullstelle.

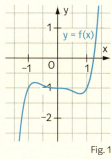

Fig. 1

Beim **Intervallhalbierungsverfahren** wählt man ein Intervall $[a; b]$, in dem die Funktion f genau eine Nullstelle x^* hat. Beim obigen Beispiel wird das Intervall $[1; 2]$ gewählt. Man bestimmt dann die Mitte des Intervalls $m = \frac{a+b}{2}$. Falls $f(m) < 0$ gilt, wird im nächsten Schritt a durch m ersetzt, sonst wird b durch m ersetzt. Dieses Vorgehen wird oft wiederholt (siehe Tabelle). Da x^* in jedem so bestimmten Intervall liegt, sind a bzw. b Näherungen für x^*. Man erhält nach 10 Schritten $x^* \approx 1{,}237$. Das Verfahren liefert mit jedem Schritt eine bessere Näherung für x^*, aber man

Schritt	a	b	m	f(m)
0	1,000 000	2,000 000	1,500 000	0,125 000
1	1,000 000	1,500 000	1,250 000	−0,609 375
2	1,250 000	1,500 000	1,375 000	−0,291 016
3	1,375 000	1,500 000	1,437 500	−0,095 947
4	1,437 500	1,500 000	1,468 750	0,011 200
5	1,437 500	1,468 750	1,453 125	−0,043 194
6	1,453 125	1,468 750	1,460 938	−0,016 203
7	1,460 938	1,468 750	1,464 844	−0,002 554
8	1,464 844	1,468 750	1,466 797	0,004 310
9	1,464 844	1,466 797	1,465 820	0,000 875
10	1,464 844	1,465 820	1,465 332	−0,000 840

Das Intervallhalbierungsverfahren wird auch zur Bestimmung von $\sqrt{2}$ angewendet.

gelangt nur langsam zu einer guten Näherung. Eine Näherung auf sechs Dezimalstellen liegt z. B. vor, wenn a und b höchstens 10^{-6} auseinanderliegen. Da das Intervall $[a; b]$ bei jedem Schritt halbiert wird, muss dafür gelten: $\left(\frac{1}{2}\right)^n < 10^{-6}$, wobei n die Schrittzahl angibt. Es sind 20 Schritte erforderlich, denn $\left(\frac{1}{2}\right)^{20} \approx 9{,}5 \cdot 10^{-7}$ und $\left(\frac{1}{2}\right)^{19} \approx 1{,}9 \cdot 10^{-6}$.

Das **Newton-Verfahren** ist in der Regel ein wesentlich schnelleres Verfahren. Dazu nimmt man aus dem Intervall $[1; 2]$ einen Näherungswert x_0 für die gesuchte Nullstelle (Fig. 2).

Bei diesem **Verfahren** ersetzt man in einer Umgebung von x_0 den Graphen von f durch die Tangente im Punkt $P_0(x_0 | f(x_0))$ und berechnet die Stelle x_1, an der die Tangente die x-Achse schneidet. In vielen Fällen ist x_1 ein besserer Näherungswert für x^* als x_0. Wiederholt man dieses Verfahren, erhält man (unter gewissen Voraussetzungen) eine Folge $x_0, x_1, x_2 \ldots$ von immer besseren Näherungswerten für x^*.

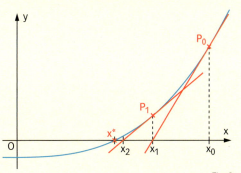

Fig. 2

Exkursion

Diese geometrischen Überlegungen führen zu den folgenden Schritten.
1) Aufstellen der Gleichung der Tangente im Punkt P_0:
Ist f differenzierbar, so ergibt sich als Gleichung der Tangente in P_0:
$y = f'(x_0) \cdot (x - x_0) + f(x_0)$.
2) Berechnen der Stelle, an der die Tangente die x-Achse schneidet:
Aus $f'(x_0) \cdot (x - x_0) + f(x_0) = 0$ mit $f'(x_0) \neq 0$ folgt $x = x_0 - \frac{f(x_0)}{f'(x_0)}$. Diesen x-Wert bezeichnet man mit x_1. Mit x_1 als neuem Startwert lässt sich die Rechnung wiederholen.

Bei der Durchführung des Newton-Verfahrens ist die Verwendung des Speichers des Taschenrechners oder z.B. eines Tabellenkalkulationsprogramms ratsam.

Somit lässt sich jeder Wert x_{n+1} mit der Iterationsvorschrift $x_{n+1} = x_n - \frac{f(x_n)}{f'(x_n)}$, $n \in \mathbb{N}$ bestimmen.
Dies soll am obigen Beispiel der Funktion f mit $f(x) = x^5 - x^3 - 1$ verdeutlicht werden:
Mit $f(x) = x^5 - x^3 - 1$ folgt $f'(x) = 5x^4 - 3x^2$. Als Startwert wird wie oben $x_0 = 1$ gewählt.
Die Iterationsvorschrift lautet: $x_{n+1} = x_n - \frac{x^5 - x^3 - 1}{5x^4 - 3x^2}$.

Auf drei Dezimalen ergibt sich (vergleiche Tabelle): $x^* \approx 1{,}236$.

	A	B	C	D	E	F
1	n	x_n	$f(x_n)$	$f'(x_n)$	$f(x_n)/f'(x_n)$	x_{n+1}
2	0	1	−1	2	−0,5	1,5
3	1	1,5	3,21875	18,5625	0,17340067	1,32659933
4	2	1,32659933	0,77401056	10,2060404	0,07583848	1,25076085
5	3	1,25076085	0,10436319	7,54357097	0,01383472	1,23692613
6	4	1,23692613	0,00298837	7,1143309	0,00042005	1,23650608
7	5	1,23650608	2,6833E-06	7,1015572	3,7785E-07	1,2365057

Es wird deutlich, dass das Newton-Verfahren wesentlich schneller zum Ziel führt, als das Intervallhalbierungsverfahren.

Beachten Sie:
Das Newton-Verfahren gilt für jede differenzierbare Funktion. Aber nicht immer führt das Verfahren zum Erfolg. Damit x_{n+1} berechnet werden kann, muss $f'(x_n) \neq 0$ sein. Aber auch wenn dies der Fall ist, kann es vorkommen, dass die errechneten x_n-Werte nicht gegen die gesuchte Nullstelle x^* streben (vgl. Fig. 1 und 2). In solchen Fällen muss man einen Startwert wählen, der „dichter" an der gesuchten Nullstelle x^* liegt.

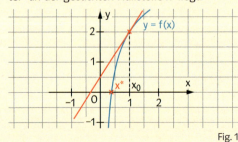

Fig. 1

$f(x) = \sqrt{x} - \frac{1}{x} + 2$
Startwert: $x_0 = 1$
x_1 liegt außerhalb der Definitionsmenge D_f.

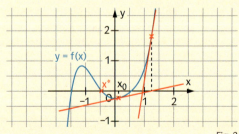

Fig. 2

$f(x) = \frac{1}{2}x^5 - \frac{1}{2}x^3 + x^2 - \frac{1}{4}$
Startwert: $x_0 = 0{,}1$
Die x_n-Werte streben gegen eine „falsche" Nullstelle.

Rückblick

Ganzrationale Funktionen
Für $n \in \mathbb{N}$ heißt eine Funktion f, die man in der Form
$f(x) = a_n x^n + a_{n-1} x^{n-1} + \ldots + a_1 x + a_0$ $(a_n \neq 0)$ schreiben kann, ganzrationale Funktion vom Grad n.

$f(x) = 2x^4 + 10x^2 - 6$ hat den Grad 4.
$g(x) = x \cdot (x+1)^2$ hat wegen
$g(x) = x \cdot (x+1)^2 = x^3 + 2x^2 + x$ den Grad 3.

Nullstellen einer ganzrationalen Funktion
Eine Zahl x_1 mit $f(x_1) = 0$ heißt Nullstelle einer Funktion f.

$f(x) = x^3 - 2x^2 - 5x + 6$ hat die Nullstelle $x_1 = 1$, da $f(1) = 0$ ist.

Ist x_1 eine Nullstelle der ganzrationalen Funktion f vom Grad n, dann kann man den Funktionsterm von f als Produkt $(x - x_1) \cdot g(x)$ schreiben, wobei $g(x)$ den Grad $n - 1$ hat.
Die weiteren Nullstellen von f sind die Nullstellen von g.

$(x^3 - 2x^2 - 5x + 6):(x - 1) = x^2 - x - 6$
$-(x^3 - x^2)$
$ -x^2 - 5x + 6$
$-(-x^2 + x)$
$ -6x + 6$
$-(-6x + 6)$
0

Weitere Nullstellen von f:
$x^2 - x - 6 = 0$; $x_2 = -2$; $x_3 = 3$.

Verhalten ganzrationaler Funktionen für $x \to \pm\infty$
Für $x \to \pm\infty$ streben die Funktionswerte einer ganzrationalen Funktion f mit $f(x) = a_n x^n + a_{n-1} x^{n-1} + \ldots + a_1 x + a_0$ vom Grad n entweder gegen $+\infty$ oder gegen $-\infty$.
Dieses Verhalten wird vom Summanden $a_n x^n$ bestimmt.

$f(x) = -2x^3 + x^2$
Für $x \to +\infty$ gilt $f(x) \to -\infty$
Für $x \to -\infty$ gilt $f(x) \to +\infty$

Symmetrie eines Graphen
Der Graph von f ist achsensymmetrisch zur y-Achse, wenn alle Hochzahlen der x-Potenzen gerade sind.
Es gilt dann $f(-x) = f(x)$ für alle $x \in D_f$.
Der Graph von f ist punktsymmetrisch zum Ursprung O, wenn alle Hochzahlen der x-Potenzen ungerade sind.
Es gilt dann $f(-x) = -f(x)$ für alle $x \in D_f$.

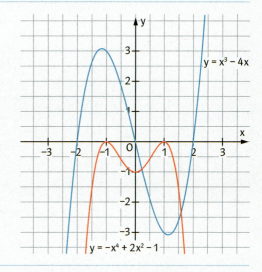

Tangente und Normale
Die Tangente t an den Graphen von f in $P_0(x_0 | f(x_0))$ ist die Gerade durch P_0 mit der Steigung $f'(x_0)$.
Die Normale n des Graphen von f in $P_0(x_0 | f(x_0))$ ist orthogonal zur Tangente in P_0.
Gleichung von t in $P_0(x_0 | f(x_0))$: $y = f'(x_0) \cdot (x - x_0) + f(x_0)$
Gleichung von n in $P_0(x_0 | f(x_0))$: $y = -\frac{1}{f'(x_0)} \cdot (x - x_0) + f(x_0)$

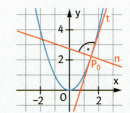

$f(x) = x^2$
$f'(x) = 2x$
$P_0(1{,}5 | 2{,}25)$
$f'(1{,}5) = 2 \cdot 1{,}5 = 3$
t: $y = 3x - 2{,}25$
n: $y = -\frac{1}{3}x + 2{,}75$

Prüfungsvorbereitung ohne Hilfsmittel

1 Ordnen Sie jeder Funktion ohne weitere Rechnung einen Graphen zu. Begründen Sie Ihre Entscheidung.

$f(x) = 0,2x^4 - x^2 - 2;$ $\qquad$ $g(x) = -0,2x^4 + x^2;$ $\qquad$ $h(x) = x^2(0,2x^2 - 1)$

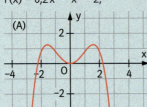
(A)

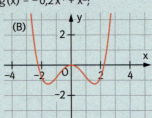
(B)

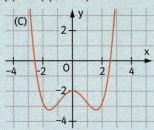
(C)

2 Der Graph gehört zu einer ganzrationalen Funktion f der Form $f(x) = ax^3 + bx^2 + cx + d$. Bestimmen Sie ohne weitere Rechnung, ob a positiv oder negativ ist und geben Sie den Wert von d an.

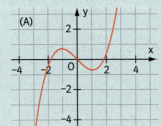
(A)

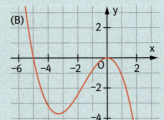
(B)

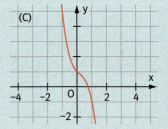
(C)

3 Gegeben ist die Funktion f mit $f(x) = 2 + 3x - x^3$. 4. Fall
a) Berechnen Sie die Nullstellen von f sowie die Hoch- und Tiefpunkte ihres Graphen.
b) Welches Verhalten hat die Funktion f für $x \to \pm\infty$?
c) Skizzieren Sie den Graphen der Funktion.

4 Gegeben ist die Funktion f mit $f(x) = x^4 - 4x^2 + 4$. 1. Fall
a) Untersuchen Sie den Graphen von f auf Symmetrie und Schnittpunkte mit der x-Achse.
b) Bestimmen Sie die Extrem- und Wendepunkte. Zeichnen Sie den Graphen für $-2 \le x \le 2$.
c) Der Graph einer ganzrationalen Funktion g vom Grad 2 schneidet den Graphen von f für $x = 1$ und $x = -1$ rechtwinklig. Bestimmen Sie alle Schnittpunkte der beiden Graphen.

5 Führen Sie eine Funktionsuntersuchung durch.
a) $f(x) = 4x^3 - 2x^4$ $\qquad$ b) $f(x) = \frac{1}{2}x^4 - x^2 - 4$

6 Skizzieren Sie einen möglichen Graphen der Funktion f mit den folgenden Eigenschaften. Welche weiteren charakteristischen Punkte besitzt der Graph von f?
a) f ist ganzrational vom Grad 3 mit einem Minimum bei $x = 2$.
b) f ist ganzrational, der Graph ist symmetrisch zur y-Achse und besitzt drei Extrempunkte.

7 Sind folgende Aussagen wahr oder falsch? Begründen Sie.
a) Ein lokaler Extremwert einer ganzrationalen Funktion kann auch ein globaler Extremwert sein.
b) Eine Funktion kann mehrere globale Maxima besitzen.
c) Eine ganzrationale Funktion mit drei Extremstellen kann nicht vom Grad 3 sein.
d) Es gibt eine Funktion, deren Graphen gleichzeitig punkt- und achsensymmetrisch ist.
e) Eine ganzrationale Funktion hat immer mindestens eine Nullstelle.

Prüfungsvorbereitung mit Hilfsmitteln

1 Gegeben ist die Funktion f mit $f(x) = \frac{1}{16} \cdot (x^3 - 3x^2 - 24x)$. *3. Fall*
a) Bestimmen Sie die Nullstellen und die Extrempunkte von f.
b) Geben Sie alle Extrempunkte der Funktion im Intervall $[-4; 7]$ an.
c) Bestimmen Sie die Gleichungen der Kurventangenten mit der Steigung 3.

2 Gegeben ist die Funktion f mit $f(x) = -\frac{1}{3}x^3 + x^2 - x + 3$. *4. Fall*
a) Welches Verhalten zeigt f für $x \to \infty$ und für $x \to -\infty$?
b) In welchen Punkten schneidet der Graph von f die Koordinatenachsen? Gibt es Extrem- und Wendepunkte?
c) Leiten Sie aus den zu Teilaufgabe b) erhaltenen Ergebnissen Aussagen zur Monotonie und zum Krümmungsverhalten ab.

3 Die Funktion f mit $f(x) = \frac{x}{2} + \frac{2}{x}$ hat für $x > 0$ genau ein Extremum. *3. Fall*
a) Bestimmen Sie das Extremum und die Extremstelle. Welcher Art ist das Extremum?
b) Wie verhält sich die Funktion f für $x \to \infty$?

4 Bestimmen Sie alle ungeraden, ganzrationalen Funktionen dritten Grades mit $f(3) = 3$.
a) Welche dieser Funktionen besitzen einen Graphen mit waagerechter Wendetangente?
b) Welche dieser Funktionen besitzen ein lokales Maximum?

5 Beim Tontaubenschießen auf ebenem Gelände wird die Flugbahn durch eine Parabel angenähert. Ein Abschussgerät erreicht eine Weite von 100 m und 40 m maximale Höhe.
a) Berechnen Sie den Abschusswinkel.
b) Ein Zuschauer steht direkt unter dem Gipfelpunkt der Bahn auf einem 2 m hohen Podest. In welchem Punkt ihrer Flugbahn ist ihm die Tontaube am nächsten?

6 Bei einer Zentralheizung wird die Temperatur im Heizkessel in Abhängigkeit von der Außentemperatur gesteuert. Der Zusammenhang zwischen Außentemperatur x (in °C) und der Temperatur im Heizkessel wird durch eine Heizkurve beschrieben. Diese Heizkurve kann durch einen Regler verändert werden. Für die Temperatur H_s (in °C) im Heizkessel gilt:
$H_s(x) = s(-0{,}001x^2 - 0{,}09x + 2{,}2) + 25$ mit $s \in [0; 20]$ und $x \in [-30; 30]$.
a) Skizzieren Sie für $s = 9; 14$ und 18 die Heizkurven.
b) Die Werkseinstellung ist $s = 14$. Wie hoch ist dann die Kesseltemperatur bei einer Außentemperatur von 0 °C bzw. -15 °C? Was können Sie tun, wenn es Ihnen trotz vollständig aufgedrehtem Thermostatventil im Raum zu kalt ist?
c) Bei welcher Außentemperatur beträgt in der Werkseinstellung die Kesseltemperatur 80 °C?

7 Zu jedem $k \in \mathbb{R}$ ist eine Funktion f_k gegeben mit $f_k(x) = x^2 + kx - k$. Ihr Graph sei C_k.
a) Zeichnen Sie C_0, C_1, C_{-1} und C_{-2} in ein gemeinsames Koordinatensystem.
b) Bestimmen Sie für allgemeines k das globale Minimum der Funktion f_k.
c) Für welchen Wert von k berührt C_k die x-Achse?
d) Welche Funktionen f_k haben 2 verschiedene Nullstellen? Welche haben keine Nullstellen?
e) Zeigen Sie, dass es einen Punkt gibt, durch den alle Kurven C_k gehen. Geben Sie diesen an.

8 Für jedes $t > 0$ ist eine Funktion f_t gegeben mit $f_t(x) = tx - x^3$. Ihr Graph sei K_t.
a) Untersuchen Sie K_t auf Schnittpunkte mit der x-Achse, Hoch-, Tief- und Wendepunkte. Zeichnen Sie K_1, K_2 und K_4 in ein gemeinsames Koordinatensystem.
b) Zeichnen Sie nun den Graphen von g mit $g(x) = 0{,}5 \cdot (3x^2 + 7)$ in das vorhandene Koordinatensystem ein.
c) Bestimmen Sie diejenige Kurve K_t, die den Graphen von g berührt. Geben Sie die Koordinaten des Berührpunktes und die Gleichung der gemeinsamen Tangente an.

Lösungen auf Seite 245–246.

Alte und neue Funktionen und ihre Ableitungen

Es gibt unendlich viele Funktionen, die man sich aus wenigen Grundfunktionen nach bestimmten Mustern entstanden denken kann.

Welche Funktionen können Sie schon ableiten?

Funktionenkartei

Sortieren Sie ein.

① $f(x) = 2^x$

② $f(x) = -\dfrac{2}{x^2}$

③ $f(x) = \sqrt{x^2 - 1}$

④ $f(x) = e^{7x}$

⑤ $f(x) = \dfrac{x^2 + 1}{x - 2}$

⑥ $f(x) = (2x - 3)^2$

⑦ $f(x) = \sin(2x + 1)$

⑧ $f(x) = 0{,}5^x - 2{,}5$

⑨ $f(x) = \dfrac{e^{3x}}{x + 2}$

⑩ $f(x) = -\dfrac{1}{3}x^2 + 1$

⑪ $f(x) = \sqrt{x}$

⑬ $f(x) = 2\cos(1 - x)$

⑭ $f(x) = \dfrac{x}{e^x}$

⑮ $f(x) = \dfrac{1}{x^2} - 1$

⑯ $f(x) = x \cdot e^x$

⑱ $f_t(x) = -x^2 - tx$

⑲ $f(x) = \dfrac{1}{x}$

㉑ $f(x) = \dfrac{0{,}5 - 2x}{\cos(x)}$

$f(x) = \dfrac{1}{3}e^{-3x}$

Das kennen Sie schon
- Definition der Ableitung
- Ableitung von Grundfunktionen
- Ableitungsregeln, wie Summen-, Faktor- und Potenzregel

☑ **Check-in:**
Zur Überprüfung, ob Sie die inhaltlichen Voraussetzungen beherrschen, siehe Seite 225.

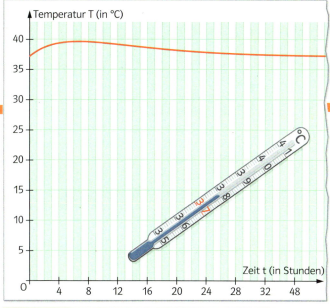

Körpertemperatur eines Patienten zum Zeitpunkt t:
$T(t) = 37{,}2 + t \cdot e^{-0{,}15t}$, $t \geq 0$, t in Stunden nach Messbeginn, T(t) in °C

Form eines Tragseils einer Hängebrücke:
$f(x) = 2{,}5 \cdot (e^{0{,}024 \cdot x} + e^{-0{,}024 \cdot x})$,
x in Metern

Anzahl der Besucher zum Zeitpunkt t:
$f(t) = 20\,000 - 10\,000\, e^{-0{,}05t}$, $t \geq 0$, t in Minuten

In diesem Kapitel

– werden Grundfunktionen zu neuen Funktionen zusammengesetzt.
– werden Funktionen in Grundfunktionen zerlegt.
– werden zusammengesetzte Funktionen abgeleitet.
– werden neue Funktionen eingeführt und untersucht.

1 Die natürliche Exponentialfunktion und ihre Ableitung

CAS
Einführung von e, Graphen der Exponentialfunktion

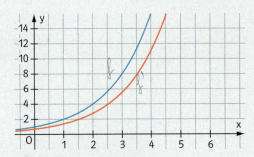

In der Grafik sind die Graphen der Exponentialfunktion f mit $f(x) = 2^x$ und der Graph der Ableitungsfunktion f' von f gezeichnet.
a) Bei welchem der Graphen handelt es sich um f bzw. um f'?
b) Prüfen Sie, ob es eine Konstante k gibt, sodass für alle x gilt: $f'(x) = k \cdot f(x)$.

Bisher wurden die Ableitungen von ganzrationalen Funktionen behandelt. Für die Exponentialfunktionen wie $f(x) = 2^x$ oder $f(x) = 2{,}5^x$ ist noch keine Ableitung bekannt.
Untersucht man die Ableitung von f mit $f(x) = 2^x$ mit einem Rechner, so erkennt man, dass hier f und f' proportional sind.
Der Proportionalitätsfaktor ist ungefähr 0,693 15 (siehe Tabelle).

x	f(x)	f'(x)	f'(x)/f(x)
0	1	0,693 15	0,693 15
1	2	1,3863	0,693 15
2	4	2,7726	0,693 15
3	8	5,5452	0,693 15
4	16	11,0904	0,693 15

$\lim\limits_{h \to 0} \dfrac{f(x_0 + h) - f(x_0)}{h} = f'(x_0)$.
Sprich: Limes für h gegen null von …
Limes (lat.): die Grenze

Um dies zu begründen, muss man den Differenzenquotienten von f bestimmen:
$\dfrac{f(x_0 + h) - f(x_0)}{h} = \dfrac{2^{x_0+h} - 2^{x_0}}{h} = 2^{x_0} \cdot \dfrac{2^h - 1}{h}$.

Für die Ableitung von f ergibt sich $f'(x_0) = \lim\limits_{h \to 0}\left(2^{x_0} \cdot \dfrac{2^h - 1}{h}\right) = 2^{x_0} \cdot \lim\limits_{h \to 0} \dfrac{2^h - 1}{h} = f(x_0) \cdot \lim\limits_{h \to 0} \dfrac{2^h - 1}{h}$.

Wenn $f'(x) = f'(0) \cdot f(x)$ gilt, sind die Funktionswerte von f(x) und f'(x) proportional zueinander.

f(x)	f'(x)
f(0)	f'(0)
f(1)	f'(0)·f(1)

·(1) ↘ ↙ ·f(1)

Wegen $f(0) = 2^0 = 1$ gilt: $f'(0) = \lim\limits_{h \to 0} \dfrac{2^h - 1}{h}$. Also gilt: $f'(x) = f'(0) \cdot f(x)$ und f und f' sind proportional.
Für $g(x) = 3^x$ ergibt sich entsprechend $g'(x) = g'(0) \cdot g(x)$ mit $g'(0) \approx 1{,}0986$.
Für die Basis 2 ist der Proportionalitätsfaktor also kleiner als 1, für die Basis 3 ist er größer als 1. Es ist zu vermuten, dass es zwischen 2 und 3 eine Basis a gibt, sodass für $f(x) = a^x$ der Proportionalitätsfaktor $f'(0)$ genau 1 ist. Dann ist $f'(x) = f(x)$, und die Funktion f stimmt mit ihrer Ableitungsfunktion f' überein.
Für die gesuchte Basis a der Exponentialfunktion f mit $f(x) = a^x$ und $f'(0) = 1$ gilt:
$f'(0) = \lim\limits_{h \to 0} \dfrac{a^h - a^0}{h} = \lim\limits_{h \to 0} \dfrac{a^h - 1}{h} = \lim\limits_{\frac{1}{n} \to 0} \dfrac{a^{\frac{1}{n}} - 1}{\frac{1}{n}} = 1$. Also gilt: $\dfrac{a^{\frac{1}{n}} - 1}{\frac{1}{n}} \to 1$ für $n \to \infty$.

Damit $\lim\limits_{n \to \infty}\left(\dfrac{a^{\frac{1}{n}} - 1}{\frac{1}{n}}\right) = 1$ gilt, müssen Zähler und Nenner für große Werte von n ungefähr gleich groß sein, d.h. es gilt $a^{\frac{1}{n}} - 1 \approx \dfrac{1}{n}$ bzw. $a^{\frac{1}{n}} \approx \dfrac{1}{n} + 1$ für große Werte von n. Durch Potenzieren erhält man $a \approx \left(1 + \dfrac{1}{n}\right)^n$, wobei die Annäherung umso besser wird, je größer n ist. Für $n = 1000$ erhält man für a den Näherungswert $a \approx 2{,}717$. Man kann zeigen, dass der Grenzwert $\lim\limits_{n \to \infty}\left(1 + \dfrac{1}{n}\right)^n$ eine irrationale Zahl e ist. Für die Funktion f mit $f(x) = e^x$ gilt somit $f'(x) = e^x$.

Leonhard Euler (1707 – 1783) veröffentlichte 1743 eine Abhandlung über den Grenzwert $\lim\limits_{m \to \infty}\left(1 + \dfrac{1}{m}\right)^m$ und nannte ihn e.

Definition: Die positive Zahl e, für die die Exponentialfunktion f mit $f(x) = e^x$ mit ihrer Ableitungsfunktion f' übereinstimmt, heißt **Euler'sche Zahl e**. Es ist $e \approx 2{,}71828$. Die zugehörige Exponentialfunktion f mit $f(x) = e^x$ heißt **natürliche Exponentialfunktion**.
Für $f(x) = e^x$ gilt $f'(x) = e^x$.

In Fig. 1 ist der Graph der Funktion f mit
f(x) = e^x dargestellt. Da f'(x) = e^x > 0 ist, ist f
auf ganz ℝ streng monoton wachsend. Der
Graph von f hat keine Hoch- und Tiefpunkte,
denn die notwendige Bedingung f'(x) = 0 ist
nicht erfüllbar.
Es ist auch f''(x) = e^x. Also hat der Graph von
f auch keine Wendepunkte, denn die Bedingung f''(x) = 0 ist nicht erfüllbar.
Da f''(x) = e^x > 0 ist, ist der Graph von f auf
ganz ℝ eine Linkskurve.
Für x → −∞ nähern sich die Funktionswerte
f(x) der Zahl 0 an.

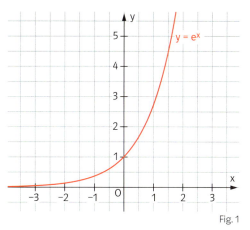

Fig. 1

Beispiel Ableitungen berechnen und Tangentengleichungen bestimmen
a) Bestimmen Sie die Ableitung der Funktion f mit f(x) = $0{,}5e^x + 0{,}5x^2$.
b) Bestimmen Sie die Gleichung der Tangente und der Normale an den Graphen von f in
B(1 | f(1)).

■ Lösung: a) f'(x) = $0{,}5e^x + x$
b) f(1) = $0{,}5 \cdot e^1 + 0{,}5 \cdot 1^2$ = $0{,}5 \cdot e + 0{,}5$ ≈ 1,86,
also B(1 | $0{,}5 \cdot e + 0{,}5$)
Für die Steigung m_t der Tangente in B gilt
m_t = f'(1) = $0{,}5 \cdot e^1 + 1$ = $0{,}5 \cdot e + 1$ ≈ 2,36.
Also gilt für die Tangente t:
y = $(0{,}5 \cdot e + 1) \cdot x + n$
Setzt man die Koordinaten von B, d.h. x = 1
und y = $0{,}5 \cdot e + 0{,}5$ in diese Gleichung ein, so
erhält man:
$0{,}5 \cdot e + 0{,}5 = (0{,}5 \cdot e + 1) \cdot 1 + n$ | $-(0{,}5 \cdot e + 1)$
$0{,}5 \cdot e + 0{,}5 - 0{,}5 \cdot e - 1 = n$
$-0{,}5 = n$
Die Gleichung der Tangente lautet: y = $(0{,}5 \cdot e + 1) \cdot x - 0{,}5$ ≈ 2,36 x − 0,5.
Für die Steigung m_n der Normale in B gilt $m_n = -\frac{1}{m_t} = -\frac{1}{0{,}5 \cdot e + 1}$ ≈ −0,42.
Also gilt für die Normale n: y = $-\frac{1}{0{,}5 \cdot e + 1} \cdot x + n$.
Mit den Koordinaten von B, d.h. x = 1 und y = $0{,}5 \cdot e + 0{,}5$ erhält man:
$0{,}5 \cdot e + 0{,}5 = -\frac{1}{0{,}5 \cdot e + 1} \cdot 1 + n$ | $+\frac{1}{0{,}5 \cdot e + 1}$
$0{,}5 \cdot e + 0{,}5 + \frac{1}{0{,}5 \cdot e + 1} = n$.
Die Gleichung der Normale lautet: y = $-\frac{1}{0{,}5 \cdot e + 1} \cdot x + 0{,}5 \cdot e + 0{,}5 + \frac{1}{0{,}5 \cdot e + 1}$ ≈ −0,42 x + 2,28.

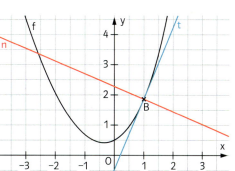

Potenzregel:
f(x) = x^n
⇒ f'(x) = $n \cdot x^{n-1}$

Faktorregel:
f(x) = $c \cdot g(x)$
⇒ f'(x) = $c \cdot g'(x)$

Summenregel:
f(x) = g(x) + h(x)
⇒ f'(x) = g'(x) + h'(x)

Tangente und Normale:
Zwei Geraden stehen
senkrecht zueinander,
wenn für die Steigungen m_1 und m_2 der
Geraden gilt: $m_1 = -\frac{1}{m_2}$

Aufgaben

1 Bestimmen Sie die erste und zweite Ableitung der Funktion f.
a) f(x) = $e^x + 1$
b) f(x) = $e^x + x$
c) f(x) = $e^x + 2x^2$
d) f(x) = $-e^x + 1$
e) f(x) = $2e^x + 3x^2$
f) f(x) = $-5e^x - 0{,}5x^3$
g) f(x) = $-\frac{1}{2}(e^x - x^3)$

2 Bestimmen Sie die Gleichung der Tangente und der Normale an den Graphen von f im Punkt
P(x_0 | f(x_0)).
a) f(x) = e^x; $x_0 = 0$
b) f(x) = e^x; $x_0 = 1$
c) f(x) = $2e^x$; $x_0 = -1$
d) f(x) = $-0{,}5e^x$; $x_0 = 2$
e) f(x) = $e^x + x$; $x_0 = 1$
f) f(x) = $2e^x - x^2$; $x_0 = 2$

3 a) Bestimmen Sie die Gleichungen der Tangenten an den Graphen der natürlichen Exponentialfunktion in den Punkten $A(1|e)$ und $B(-1|e^{-1})$.
b) In welchen Punkten schneiden die Tangenten aus Teilaufgabe a) die x- und y-Achse?

4 a) Skizzieren Sie die Graphen der Funktionen f_1; f_2; f_3 und f_4 mit $f_1(x) = e^x$; $f_2(x) = e^x + 1$; $f_3(x) = -e^x$ und $f_4(x) = e^{x-2}$.
b) Beschreiben Sie, wie die Graphen von f_2; f_3 und f_4 aus dem Graphen der natürlichen Exponentialfunktion f_1 entstehen.

Zeit zu überprüfen

5 Leiten Sie ab.
a) $f(x) = 3{,}5e^x - 5$ b) $f(x) = -e^x + x^4$ c) $f(x) = 0{,}5e^x + \frac{1}{4}x^2$

6 In welchem Punkt schneidet die Tangente, die den Graphen der natürlichen Exponentialfunktion im Punkt $P(2|e^2)$ berührt, die x-Achse?

7 a) Bestimmen Sie die Extremstellen der Funktion f mit $f(x) = e^x - x$.
b) Begründen Sie, warum der Graph von f keine Wendepunkte hat.

8 a) Erstellen Sie eine Wertetabelle für die Funktionen f und g mit $f(x) = e^x$ und $g(x) = e^{-x}$ ($-5 \leq x \leq 5$). Zeichnen Sie die Graphen von f und g.
b) Wie geht der Graph von g aus dem Graphen von f hervor? Begründen Sie Ihre Antwort.
c) Begründen Sie anhand der Ergebnisse aus a) und b), dass $g'(x) = -e^{-x}$ sein muss.

9 a) Skizzieren Sie die Graphen zu $f_1(x) = e^x$, $f_2(x) = e^{2x}$, $f_3(x) = e^{3x}$.
b) Marvin behauptet: „Bei f_1 ist die Ableitung immer gleich dem Funktionswert, bei f_2 ist die Ableitung immer doppelt so groß wie der Funktionswert." Überprüfen Sie diese Behauptung.
c) Welche Aussage kann man für die Ableitung im Vergleich zum Funktionswert bei f_3 machen? Wie lautet dann der Term für die Ableitung von f_3?
d) Wie lautet die Ableitung von f_a mit $f_a(x) = e^{a \cdot x}$.

10 a) Bestimmen Sie die Gleichung einer Ursprungsgeraden, die eine Tangente an den Graphen der natürlichen Exponentialfunktion ist.
b) Bestimmen Sie die Punkte des Graphen der natürlichen Exponentialfunktion, in denen die Tangenten durch $P(1|1)$ verlaufen.
c) Von welchen Punkten der Ebene kann man eine Tangente an den Graphen der natürlichen Exponentialfunktion legen? Von welchen Punkten gibt es mehrere Tangenten?

CAS
Tangenten und Exponentialfunktion

11 a) In welchem Punkt schneidet die Tangente im Punkt $P(u|v)$ des Graphen der natürlichen Exponentialfunktion die x-Achse?
b) Beschreiben Sie mithilfe des Ergebnisses aus Teilaufgabe a), wie man die Tangente in einem beliebigen Kurvenpunkt $P(u|v)$ konstruieren kann.
c) In welchem Punkt schneidet die Normale in $P(u|v)$ die x-Achse?

Zeit zu wiederholen

12 Gegeben ist die Funktion $f(x) = x^4 - 4x^2$.
a) Berechnen Sie die Nullstellen von f sowie die Hoch-, Tief- und Wendepunkte des Graphen.
b) Begründen Sie, dass der Graph von f symmetrisch zur y-Achse ist und skizzieren Sie ihn.

2 Exponentialgleichungen und natürlicher Logarithmus

Die meisten Taschenrechner haben eine Taste LN und eine Taste LOG.
a) Finden Sie möglichst viele Eigenschaften dieser Tastenfunktionen heraus. Welche Gemeinsamkeiten und Unterschiede haben die Tastenfunktionen?
b) Mit beiden Tasten lässt sich berechnen, wann sich ein Kapital mit einem Zinssatz von 2% verdoppelt. Erklären Sie wie.

In welchem Punkt schneidet der Graph der natürlichen Exponentialfunktion die Gerade mit der Gleichung y = 6? Diese Frage führt auf die **Exponentialgleichung** $e^x = 6$.
Der Abbildung (Fig. 1) entnimmt man $x \approx 1{,}8$.
Die Lösung x der Gleichung $e^x = 6$ nennt man den **natürlichen Logarithmus** von 6 und schreibt $x = \ln(6)$. Es gilt also $e^{\ln(6)} = 6$.

Nach dieser Definition ist $x = \ln(e^3)$ die Lösung der Gleichung $e^x = e^3$. Also ist $x = 3$.
Es gilt somit: $\ln(e^3) = 3$.

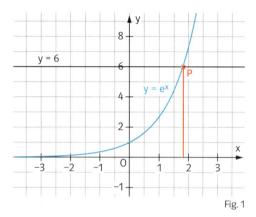

Fig. 1

Erinnerung:
Die Lösung der Gleichung $10^x = 6$ ist der Logarithmus von 6 zur Basis 10. Man schreibt $x = \log_{10}(6)$ oder kurz $x = \lg(6)$.

> **Definition:** Für eine positive Zahl b heißt die Lösung x der Exponentialgleichung $e^x = b$ der **natürliche Logarithmus von b**. Man schreibt **x = ln(b)**.
> Es gilt $e^{\ln(b)} = b$ und $\ln(e^c) = c$.

Mit dem natürlichen Logarithmus kann man auch Exponentialgleichungen der Form $a^x = b$; $a, b > 0$ lösen. Dazu logarithmiert man beide Seiten der Gleichung. Es ergibt sich $\ln(a^x) = \ln(b)$. Aus dem Logarithmusgesetz $\ln(a^x) = x \cdot \ln(a)$ folgt $x \cdot \ln(a) = \ln(b)$.
Somit hat $a^x = b$ die Lösung $x = \frac{\ln(b)}{\ln(a)}$.

Erinnerung:
Für den Logarithmus gilt $\lg(a^x) = x \cdot \lg(a)$.

Mit dem natürlichen Logarithmus kann man beliebige Exponentialfunktionen der Form $f(x) = a^x$ mit $a > 0$ als Exponentialfunktion mit der Basis e darstellen.
Es gilt $a = e^{\ln(a)}$, denn $\ln(a)$ ist die Lösung der Gleichung $e^x = a$.
Wenn man das Potenzgesetz $(a^r)^s = a^{r \cdot s}$ anwendet, kann man die Funktion $f(x) = a^x$ wie folgt darstellen:
$f(x) = a^x = \left(e^{\ln(a)}\right)^x = e^{\ln(a) \cdot x}$

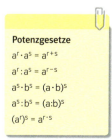

Potenzgesetze
$a^r \cdot a^s = a^{r+s}$
$a^r : a^s = a^{r-s}$
$a^s \cdot b^s = (a \cdot b)^s$
$a^s : b^s = (a:b)^s$
$(a^r)^s = a^{r \cdot s}$

Diese Umformung kann hilfreich sein, wenn man beliebige Exponentialfunktionen ableiten möchte, da man die Ableitung kennt, wenn die Basis e ist. Die hierzu notwendigen Regeln folgen in den nächsten Lerneinheiten dieses Kapitels.

Logarithmengesetze
1. $\ln(u \cdot v) = \ln(u) + \ln(v)$
2. $\ln\left(\frac{u}{v}\right) = \ln(u) - \ln(v)$
3. $\ln(u^k) = k \cdot \ln(u)$

Beispiel 1 Terme mit Logarithmen
Vereinfachen Sie. a) $\ln\left(\frac{1}{e}\right)$ b) $e^{-\ln(5)}$
■ Lösung: a) $\ln\left(\frac{1}{e}\right) = \ln(e^{-1}) = -1$ b) $e^{-\ln(5)} = \left(e^{\ln(5)}\right)^{-1} = 5^{-1} = \frac{1}{5}$

Beispiel 2 Exponentialgleichungen
Lösen Sie die Gleichung. Geben Sie die Lösung mithilfe des ln an und bestimmen Sie einen Näherungswert für die Lösung.
a) $e^x = \frac{1}{e}$ b) $e^{2x} = 5$ c) $3^x = 10$
■ Lösung: a) $x = \ln\left(\frac{1}{e}\right) = -1$ b) $2x = \ln(5)$, also $x = \frac{1}{2} \cdot \ln(5) \approx 0{,}805$
c) $\ln(3^x) = \ln(10)$, somit $x \cdot \ln(3) = \ln(10)$ bzw. $x = \frac{\ln(10)}{\ln(3)} \approx 2{,}10$

Beispiel 3 Näherungslösung mit einem Rechner
Lösen Sie mithilfe eines Rechners näherungsweise die Gleichung $x \cdot e^x = 5$ für $-2 \leq x \leq 2$.
■ Lösung: Mithilfe eines Gleichungslösers oder durch die Schnittpunktbestimmung von $y = x \cdot e^x$ mit $y = 5$ ergibt sich $x \approx 1{,}3267$.

Erinnerung:
$\frac{1}{a^x} = a^{-x}$
$\sqrt[n]{a} = a^{\frac{1}{n}}$
$\sqrt{a} = a^{\frac{1}{2}}$

Eine Übersicht über die Rechenregeln zu Potenzen und Logarithmen finden Sie auf Seite 112.

Aufgaben

1 Vereinfachen Sie.
a) $\ln(e)$ b) $\ln(e^3)$ c) $\ln(1)$ d) $\ln(\sqrt{e})$ e) $\ln\left(\frac{1}{e^2}\right)$
f) $e^{\ln(4)}$ g) $3 \cdot \ln(e^2)$ h) $e^{2 \cdot \ln(3)}$ i) $e^{\frac{1}{2}\ln(9)}$ j) $\ln(e^{3{,}5} \cdot \sqrt{e})$
k) $e^{\ln(2)+\ln(3)}$ l) $\ln\left(\frac{1}{\sqrt{e}}\right)$ m) $\ln(e \cdot \sqrt[5]{e})$ n) $\ln(x^2 + x) - \ln\left(\frac{1}{x}\right) + \ln\left(\frac{1}{x^2}\right)$

2 Geben Sie die Lösung mithilfe des ln an und bestimmen Sie dann einen Näherungswert.
a) $e^x = 15$ b) $e^z = 2{,}4$ c) $e^{2x} = 7$ d) $3 \cdot e^{4x} = 16{,}2$
e) $e^{-x} = 10$ f) $e^{4-x} = 1$ g) $e^{4-4x} = 5$ h) $2e^{-x} = 5$
i) $e^{2x-1} = 1$ j) $4 \cdot e^{-2x-3} = 6$ k) $2 \cdot e^{3x+4} = \frac{2}{e}$ l) $e^{0{,}5x+2} = 4$

3 Die Bakterienanzahl (in Millionen) in einer Bakterienkultur wird modellhaft durch f mit $f(x) = e^{0{,}1 \cdot x}$ (x ist die Anzahl der Tage seit Beobachtungsbeginn) beschrieben.
a) Wie viele Bakterien waren zu Beobachtungsbeginn vorhanden?
b) Berechne die Bakterienanzahl nach 10 Tagen.
c) Wann werden es vier Millionen Bakterien sein? Wann hat sich die Anzahl verdoppelt?
d) Wann hat der Bakterienbestand seit Beobachtungsbeginn um fünf Millionen zugenommen?

4 Lösen Sie die Gleichung näherungsweise mithilfe eines Rechners für $-8 \leq x \leq +8$.
a) $x^2 \cdot e^x = 2{,}5$ b) $x + e^{0{,}5x} = 7$ c) $e^x - x = 4$ d) $4 \cdot e^{2x} = e^{3x} + 2$

Zeit zu überprüfen

5 Vereinfachen Sie.
a) $\ln(e^2)$ b) $e^{\ln(3)}$ c) $3 \cdot \ln(e^{-1})$ d) $\ln(e^{4{,}5} \cdot e^2)$

6 Lösen Sie die Gleichung. Geben Sie die Lösung mithilfe des ln an und bestimmen Sie einen Näherungswert für die Lösung.
a) $e^x = 12$ b) $e^x = e^3$ c) $e^{2x} = 4{,}5$ d) $2 \cdot e^{\frac{1}{2}x - 3} = 8$

7 Wo steckt der Fehler? Rechnen Sie richtig.
a) $e^{2 \cdot \ln(2)} = e^2 \cdot e^{\ln(2)} = 2 \cdot e^2$
b) $\ln(2 \cdot e^2) = \ln(2) \cdot \ln(e^2) = 2\ln(2)$
c) $f(x) = e^3 \cdot x$; $f'(x) = 3 \cdot e^2 \cdot 1$
d) $f(x) = 3e^x$; $f'(x) = 3 \cdot x \cdot e^{x-1}$

8 Schreiben Sie die Exponentialfunktionen mit der Basis e.
a) $f(x) = 2^x$
b) $f(x) = 2{,}5^x$
c) $f(x) = 4 \cdot 0{,}3^x$
d) $f(x) = 7^{3x+2} - 3$

9 Die Höhe einer Kletterpflanze zur Zeit t wird näherungsweise durch die Funktion h mit $h(t) = 0{,}02 \cdot e^{k \cdot t}$ beschrieben (t in Wochen seit Beobachtungsbeginn, h(t) in Metern).
a) Wie hoch ist die Pflanze zu Beobachtungsbeginn?
b) Nach sechs Wochen ist die Pflanze 40 cm hoch. Bestimmen Sie k.
c) Wie hoch ist die Pflanze nach neun Wochen?
d) Wann ist die Pflanze drei Meter hoch?
e) Für $t \geq 9$ wird das Wachstum der Pflanze besser durch $k(t) = 3{,}5 - 8{,}2 \cdot e^{-0{,}175 \cdot t}$ beschrieben. Wann ist nach dieser Modellierung die Pflanze 3 m hoch?

10 Ein Stein sinkt in einen See. Für seine Sinkgeschwindigkeit gilt: $v(t) = 2{,}5 \cdot (1 - e^{-0{,}1 \cdot t})$ (t in Sekunden seit Beobachtungsbeginn, v(t) in $\frac{m}{s}$).
a) Welche Sinkgeschwindigkeit hat der Stein zu Beginn? Welche hat er nach zehn Sekunden?
b) Skizzieren Sie den Graphen von v.
c) Nach welcher Zeit sinkt der Stein mit der Geschwindigkeit $2\frac{m}{s}$?

⊚ CAS
Schnittpunktberechnung bei Exponentialfunktionen

11 Lösen Sie die Gleichung, geben Sie die Lösung mithilfe des ln an und bestimmen Sie einen Näherungswert für die Lösung.
a) $3^x = 5$
b) $2{,}5^x = 7$
c) $3 \cdot 5^{x-2} = 7{,}2$
d) $0{,}5^x - 2{,}5 = 0{,}5^{x+2}$

12 Nach dem 1. Oktober 2002 nahm die Anzahl der im Internetlexikon Wikipedia erschienenen englischen Artikel näherungsweise gemäß der Funktion f mit $f(x) = 80\,000 \cdot e^{0{,}002 \cdot x}$ (x in Tagen) zu.
a) Wie viele Artikel gab es annähernd am 1. Januar 2003 bzw. am 1. Januar 2004?
b) Wann gäbe es eine Million Artikel, wann eine Milliarde, wenn dieses Wachstum so anhält?
c) In welcher Zeitspanne verdoppelt sich die Anzahl der erschienenen Artikel? Zeigen Sie, dass diese Verdopplungszeit immer gleich ist.

13 Wahr oder falsch? Begründen Sie.
a) Verschiebt man den Graphen der natürlichen Exponentialfunktion um drei Einheiten nach rechts, so ist die entstandene Kurve der Graph zu g mit $g(x) = e^x + 3$.
b) Der Graph von f mit $f(x) = e^x$ hat mit der Geraden $y = a$ für beliebige Werte von a genau einen Schnittpunkt.
c) Verbindet man zwei Punkte, die auf dem Graphen K der natürlichen Exponentialfunktion liegen, durch eine Strecke, so ist der y-Wert ihres Mittelpunktes stets größer als der y-Wert des Punktes auf dem Graphen K mit dem gleichen x-Wert.

14 Bestimmen Sie die erste und zweite Ableitung und berechnen Sie lokale Extremstellen, falls welche existieren.
a) $f(x) = e^x + x$
b) $f(x) = e^x - 4x$
c) $f(x) = e^x - e \cdot x$

3 Neue Funktionen aus alten Funktionen: Produkt, Quotient, Verkettung

Das vermutlich größte Thermometer der Welt steht in Baker im US-Bundesstaat Kalifornien, dem Tor zum Death Valley.
Es zeigt zum Zeitpunkt der Aufnahme eine Temperatur von 106° Fahrenheit an.

Für die Umrechnung einer Temperaturangabe von der Kelvin-Skala in die Celsius-Skala gilt die Vorschrift $c(k) = k - 273$.
Für die Umrechnung einer Temperaturangabe von der Celsius-Skala in die Fahrenheit-Skala gilt die Vorschrift $f(c) = 1{,}8\,c + 32$.
Damit kann man jede Temperaturangabe der Kelvin-Skala in zwei Schritten auch in Grad Fahrenheit umrechnen. Wie geht das in einem Schritt?

Aus zwei gegebenen Funktionen u und v kann man durch die vier Grundrechenarten Addition, Subtraktion, Multiplikation und Division neue Funktionen $u + v$; $u - v$; $u \cdot v$ und $\frac{u}{v}$ bilden.
Ist $u(x) = x^2 + 1$ und $v(x) = x - 2$, dann heißt die Funktion

$u + v$	mit $(u+v)(x) = u(x) + v(x) = x^2 + x - 1$	$(x \in \mathbb{R})$	**Summe** von u und v,
$u - v$	mit $(u-v)(x) = u(x) - v(x) = x^2 - x + 3$	$(x \in \mathbb{R})$	**Differenz** von u und v,
$u \cdot v$	mit $(u \cdot v)(x) = u(x) \cdot v(x) = (x^2 + 1) \cdot (x - 2)$	$(x \in \mathbb{R})$	**Produkt** von u und v,
$\frac{u}{v}$	mit $\left(\frac{u}{v}\right)(x) = \frac{u(x)}{v(x)} = \frac{x^2 + 1}{x - 2}$	$(x \in \mathbb{R} \setminus \{2\})$	**Quotient** von u und v.

Beim Quotienten muss $v(x) \neq 0$ sein.

Die Funktion f mit $f(x) = e^{2x}$ lässt sich durch keine dieser vier Arten aus den Funktionen u mit $u(x) = e^x$ und v mit $v(x) = 2x$ bilden. Man benötigt eine weitere Möglichkeit, aus vorhandenen Funktionen neue Funktionen zu erzeugen. Dazu wendet man auf die Variable x zuerst die erste Zuordnungsvorschrift v „verdopple" an, danach wendet man auf das Zwischenergebnis $v(x) = 2x$ die zweite Vorschrift u „bilde e hoch" an.

Achtung:
$e^{2x} \neq e^2 \cdot e^x$
$e^{2x} \neq 2 \cdot e^x$

In der Funktion u wird die Variable x durch den Term $v(x)$ ersetzt. Die entstandene neue Funktion nennt man **Verkettung von u und v** und schreibt $u \circ v$ mit $u \circ v(x) = u(v(x)) = e^{2x}$.
v nennt man **innere Funktion** und u **äußere Funktion**. Wendet man auf die Variable x zuerst die Vorschrift u an und anschließend die Vorschrift v, so erhält man die Funktion $v \circ u$:

Die Verkettung zweier Funktionen ist nicht kommutativ.

Es ist also $v \circ u$ mit $v(u(x)) = 2 \cdot e^x$, dabei ist u die innere und v die äußere Funktion.
Die Funktionen $u \circ v$ und $v \circ u$ stimmen hier nicht überein.

Für $u \circ v$ sagt man: „u nach v" oder „u verkettet mit v".

Definition: Gegeben sind die Funktionen u und v.
Die Funktion $u \circ v$ mit $(u \circ v)(x) = u(v(x))$ heißt **Verkettung** von u und v.
Dabei wird im Funktionsterm der Funktion u jedes x durch $v(x)$ ersetzt.

Beispiel 1 Verkettung mit der Exponentialfunktion
a) Bilden Sie $u \circ v$ und $v \circ u$ für u mit $u(x) = e^x$ und v mit $v(x) = 2x + 1$.
b) Bestimmen Sie für die Funktion f mit $f(x) = \frac{1}{(e^x + 1)^2}$ zwei Funktionen g und h mit $f = g \circ h$.
c) Schreiben Sie die Funktion k mit $k(x) = (e^x + 1)^2$ als Summe, Produkt und Verkettung.

■ Lösung: a) $u(v(x)) = u(2x + 1) = e^{2x+1}$
$v(u(x)) = v(e^x) = 2 \cdot e^x + 1$
b) 1. Möglichkeit:
Mit $g(x) = \frac{1}{x^2}$ und $h(x) = e^x + 1$ ergibt sich $g(h(x)) = \frac{1}{(e^x + 1)^2}$.
2. Möglichkeit:
Mit $g(x) = \frac{1}{x}$ und $h(x) = (e^x + 1)^2$ ergibt sich $g(h(x)) = \frac{1}{(e^x + 1)^2}$.
c) Summe: $k(x) = (e^x + 1)^2 = (e^x)^2 + 2e^x + 1 = e^{2x} + 2e^x + 1$. Mit $m(x) = e^{2x}$ und $n(x) = e^x + 1$ ist $k(x) = m(x) + n(x)$.
Produkt: $k(x) = (e^x + 1)^2 = (e^x + 1) \cdot (e^x + 1)$. Mit $p(x) = e^x + 1$ ist $k(x) = p(x) \cdot p(x)$.
Verkettung: Mit $q(x) = e^x + 1$ und $r(x) = x^2$ ist $k(x) = r(q(x))$.

Beispiel 2 Verkettung von Funktionen mit einem Rechner
Gegeben sind die Funktionen u und v mit $u(x) = \sqrt{x}$ und $v(x) = x^2 - 1$.
Bei der Verkettung $u \circ v$ liefert ein Rechner folgende Anzeigen:

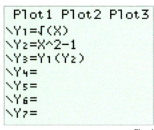
Fig. 1

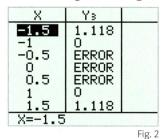
Fig. 2

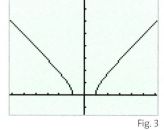
Fig. 3

a) Erläutern Sie, wie die Tabellenanzeige für $x = -1$ und $x = -0,5$ zustande kommt.
b) Welche Definitionsmenge hat $u \circ v$?
■ Lösung: a) Es ist $u(v(x)) = \sqrt{x^2 - 1}$. Damit erhält man $u(v(-1)) = \sqrt{(-1)^2 - 1} = 0$ und
$u(v(-0,5)) = \sqrt{(-0,5)^2 - 1} = \sqrt{-0,75}$. Da der Radikand negativ ist, kann die Wurzel nicht gezogen werden, das heißt, $u \circ v$ ist für $x = -0,5$ nicht definiert.
b) Für $-1 < x < 1$ gibt es keinen Graphen. Es ist $x^2 - 1 < 0$ für $-1 < x < 1$, also hat die Verkettung $u \circ v$ die Definitionsmenge $D = \mathbb{R} \setminus (-1; 1)$.

Aufgaben

1 Bilden Sie $u + v$; $u \cdot v$; $u \circ v$; $w \cdot v$ und $w \circ v$ für $u(x) = x^2$; $v(x) = x + 2$ und $w(x) = \sqrt{x}$.

2 a) Schreiben Sie die Funktion f mit $f(x) = (2x - 3)^2$ als eine Summe, ein Produkt bzw. eine Verkettung von zwei Funktionen.
b) Führen Sie dasselbe für g mit $g(x) = 2 \cdot e^{3x}$ durch.

3 a) Bilden Sie $f(x) = u(v(x))$ und $g(x) = v(u(x))$ für $u(x) = x^2 + 1$ und $v(x) = \frac{1}{x - 1}$.
Zeichnen Sie die Graphen von u und v.
b) Geben Sie die maximalen Definitionsmengen der Funktionen f und g an.
Beschreiben Sie, warum die Definitionsmengen verschieden sind.
c) Zeichnen Sie die Graphen von f und g mithilfe einer Wertetabelle.

4 Bilden Sie die Verkettungen $f(x) = u(v(x))$ und $g(x) = v(u(x))$.
a) $u(x) = 1 - x^2$; $v(x) = (1 - x)^2$
b) $u(x) = (x - 1)^2$; $v(x) = x + 1$
c) $u(x) = e^x$; $v(x) = x + 1$
d) $u(x) = \sqrt{2x}$; $v(x) = x - 1$
e) $u(x) = \frac{1}{x+1}$; $v(x) = e^x$
f) $u(x) = 2 - x$; $v(x) = e^x$

5 Es ist $f(x) = u(v(x))$. Vervollständigen Sie die Tabellen.

	v(x)	u(x)	f(x)
a)	x^3	$3x + 1$	
b)		x^2	$(x^2 + 1)^2$

	v(x)	u(x)	f(x)
c)	$x^2 - 4$		$\frac{1}{2(x^2 - 4)}$
d)		$2 \cdot \sqrt{x}$	$2\sqrt{3 - 0{,}5x}$

Ist der Funktionsterm f(x) ein Wurzelterm, so ist die äußere Funktion eine Wurzelfunktion ...

6 Die Funktion f kann als Verkettung $u \circ v$ aufgefasst werden. Nennen Sie Funktionen u und v.
a) $f(x) = \frac{1}{x^2 - 1}$
b) $f(x) = \frac{1}{x^2} - 1$
c) $f(x) = (e^x - 5)^2$
d) $f(x) = e^{x^2 + 1}$
e) $f(x) = \sqrt{x + 3}$
f) $f(x) = \sqrt{3x}$
g) $f(x) = 2^{x-3}$
h) $f(x) = 3e^{\sqrt{x+2}}$

Zeit zu überprüfen

7 Gegeben sind die Funktionen u; v und w mit $u(x) = (x + 7)^3$; $v(x) = 2x$ und $w(x) = e^x$.
a) Bilden Sie $u \circ v$; $v \circ u$; $u \cdot w$; $u \circ w$ und $w \circ v$.
b) Stellen Sie u als Verkettung, Produkt bzw. Summe von zwei geeigneten Funktionen dar.

8 a) Aus einem defekten Öltank läuft Öl aus. Dieses verursacht auf dem Boden einen runden Ölfleck, der sich ständig vergrößert. Geben Sie den Radius der verschmutzten Fläche in Abhängigkeit der Zeit an, wenn sich die Fläche pro Sekunde um $10\,cm^2$ vergrößert.
b) Ein quadratisches Grundstück mit dem Flächeninhalt A (in m^2) soll mit einem Zaun umgeben werden. Der Zaun kostet 80 € pro Meter. Geben Sie den Zaunpreis in Abhängigkeit von der Grundstücksfläche A an.

9 Gegeben sind die Graphen der Funktionen u und v (Fig. 1, Fig. 2).
a) Bestimmen Sie für $x_0 = 0$; 0,5; 1 näherungsweise $u(v(x_0))$ und $v(u(x_0))$.
b) Skizzieren Sie die Graphen der Funktionen $f = u \circ v$; $g = v \circ u$ und $k = u + v$.
c) Es ist $u(x) = -4(x - 0{,}5)^2 + 1$ und $v(x) = -x + 1$. Bilden Sie die Funktionsterme von f, g und k und überprüfen Sie Ihre Skizzen aus Teilaufgabe b).

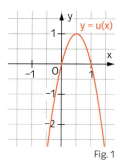
Fig. 1
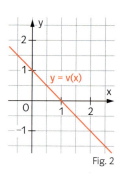
Fig. 2

10 a) Bestimmen Sie eine Funktion u so, dass $f = u \circ v$ ist, falls $f(x) = (2x + 6)^3$ und $v(x) = 2x + 6$. Was verändert sich, wenn $v(x) = x + 3$ ist?
b) Stellen Sie die folgenden Funktionen auf zwei Weisen als Verkettung zweier Funktionen u und v dar: $f(x) = \frac{4}{(2x + 1)^2}$; $g(x) = (3x + 6)^2$; $h(x) = \sqrt{(x + 2)^3}$.

11 Gegeben ist die Funktion v mit $v(x) = x - c$.
a) Bilden Sie $f \circ v$, wenn $f(x) = x^2$ ist. Skizzieren Sie die Graphen für $c = -1$ und $c = 1$.
b) Wählen Sie drei verschiedene Funktionen f. Bilden Sie $f \circ v$ und skizzieren Sie die Graphen. Variieren Sie dabei auch c. Beschreiben Sie Ihre Beobachtung.

4 Kettenregel

Die Abbildung zeigt den Graphen von f mit
$f(x) = (2x - 1)^4$ und den Graphen der
Ableitungsfunktion f'. Nehmen Sie Stellung
zu folgenden Behauptungen:
1. Die Ableitung ist $f'(x) = 4(2x - 1)^3$.
2. Die Abbildung zeigt, dass die Ableitung
   nicht $4(2x - 1)^3$ sein kann.
3. Die Ableitung kann man berechnen,
   indem man die Klammern auflöst.

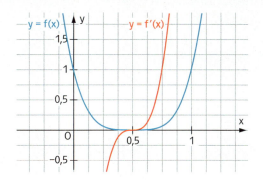

Für Summen und Differenzen kennt man bereits Ableitungsregeln. Eine Verkettung wie $f(x) = e^{3x}$ kann man mit den bekannten Ableitungsregeln nicht ableiten. Will man die Ableitung von f bestimmen, so muss man den Differenzenquotienten von f untersuchen:

$$\frac{f(x_0 + h) - f(x_0)}{h} = \frac{e^{3(x_0+h)} - e^{3x_0}}{h} \quad (*)$$

Zunächst kennt man den Differenzenquotienten der äußeren Funktion u mit $u(x) = e^x$ und der inneren Funktion v mit $v(x) = 3x$.

Es ist $\frac{u(v_0 + k) - u(v_0)}{k} = \frac{e^{v_0+k} - e^{v_0}}{k}$ bzw. $\frac{v(x_0 + h) - v(x_0)}{h} = \frac{3 \cdot (x_0 + h) - 3x_0}{h} = 3$.

Wenn man die beiden bekannten Differenzenquotienten bei der Untersuchung von (*) verwenden will, muss man den Differenzenquotienten von f in (*) geschickt umformen, um ihn auf die Differenzenquotienten der äußeren und der inneren Funktion zurückzuführen. Dies gelingt, wenn man (*) mit 3 erweitert und anschließend geeignet umformt:

$$\frac{f(x_0 + h) - f(x_0)}{h} = \frac{e^{3(x_0+h)} - e^{3x_0}}{h}$$
$$= \frac{e^{3(x_0+h)} - e^{3x_0}}{h} \cdot \frac{3}{3} = \frac{e^{3x_0+3h} - e^{3x_0}}{3h} \cdot 3$$
$$= \frac{e^{v_0+k} - e^{v_0}}{k} \cdot 3 \quad \text{mit } v_0 = 3x_0 \text{ und } k = 3h$$

Für $h \to 0$ geht auch $k \to 0$.

Somit ist $f'(x_0) = \lim_{h \to 0} \frac{e^{3(x_0+h)} - e^{3x_0}}{h} = \lim_{k \to 0} \frac{e^{v_0+k} - e^{v_0}}{k} \cdot 3 = e^{v_0} \cdot 3$
$= u'(v_0) \cdot v'(x_0)$.

Die Ableitung der Verkettung f ist hier gleich der Ableitung der äußeren Funktion u an der Stelle v_0, multipliziert mit der Ableitung der inneren Funktion v an der Stelle x_0.

Dieser Zusammenhang gilt allgemein, auch wenn die innere Funktion nicht linear ist.

Problem:
Der Differenzenquotient von f muss umgeformt werden.

Strategie:
1. Bekannte Differenzenquotienten notieren.
2. Differenzenquotient von f so umformen, dass bekannte Quotienten vorkommen.

Kettenregel

Ist $f = u \circ v$ eine Verkettung zweier differenzierbarer Funktionen u und v mit $f(x) = u(v(x))$, so ist auch f differenzierbar, und es gilt:
$f'(x) = u'(v(x)) \cdot v'(x)$.

Merkregel:
„äußere Ableitung"
mal
„innere Ableitung".

IV Alte und neue Funktionen und ihre Ableitungen

Beispiel Kettenregel
Leiten Sie ab und vereinfachen Sie das Ergebnis.

a) $f(x) = (5 - 3x)^4$ b) $f(x) = \dfrac{3}{2x^2 - 1}$ c) $f(x) = 2e^{2x^3}$

■ Lösung: a) f kann als Verkettung geschrieben werden:
Innere Funktion v mit $v(x) = 5 - 3x$;   Ableitung $v'(x) = -3$.
Äußere Funktion u mit $u(x) = x^4$;   Ableitung $u'(x) = 4x^3$.
Ableitung von f: $f'(x) = u'(v(x)) \cdot v'(x) = 4(5 - 3x)^3 \cdot (-3) = -12(5 - 3x)^3$.
b) Innere Funktion v mit $v(x) = 2x^2 - 1$;   Ableitung $v'(x) = 4x$.
Äußere Funktion u mit $u(x) = \dfrac{3}{x}$;   Ableitung $u'(x) = \dfrac{-3}{x^2}$.

Ableitung von f: $f'(x) = u'(v(x)) \cdot v'(x) = -\dfrac{3}{(2x^2-1)^2} \cdot 4x = -\dfrac{12x}{(2x^2-1)^2}$.

c) $f'(x) = 6x^2 \cdot 2e^{2x^3} = 12x^2 \cdot e^{2x^3}$

Aufgaben

1 Leiten Sie ab und vereinfachen Sie das Ergebnis.
a) $f(x) = (x + 2)^4$ b) $f(x) = (8x + 2)^3$ c) $f(x) = \left(\dfrac{1}{2} - 5x\right)^3$ d) $f(x) = \dfrac{1}{4}(x^2 - 5)^2$
e) $f(x) = (8x - 7)^{-1}$ f) $f(x) = (5 - x)^{-4}$ g) $f(x) = (15x - 3)^{-2}$ h) $f(x) = (15x - 3x^2)^{-2}$

2 a) $f(x) = \dfrac{1}{(x-1)^2}$ b) $f(x) = \dfrac{1}{(3x-1)^2}$ c) $f(x) = \dfrac{3}{(x-1)^2}$ d) $f(x) = \dfrac{1}{3(x-1)^2}$
e) $f(x) = e^{7x}$ f) $f(x) = e^{2x^2 + x}$ g) $f(x) = 4e^{3-4x}$ h) $f(x) = \dfrac{1}{2}e^{\frac{1}{3}x+2}$

3 a) Ergänzen Sie.
$f(x) = 2e^x$; $f'(x) = \square e^x$; $g(x) = 0{,}5(1 - 3x)^4$; $g'(x) = \square(1 - 3x)^{\square}$
b) Wo steckt der Fehler?
$f(x) = (5 - 2x)^4$; $f'(x) = 4(5 - 2x)^3$; $g(x) = 4e^{1-x}$; $g'(x) = -4e^{1-x}$

Erinnerung:
$\sqrt{x} = x^{\frac{1}{2}}$
$\dfrac{1}{x^n} = x^{-n}$

4 Leiten Sie ab und vereinfachen Sie das Ergebnis.
a) $f(x) = 2 \cdot e^{3x^4 + x}$ b) $f(x) = (e^x)^2$ c) $f(x) = 7 \cdot e^{-3x + \pi}$
d) $f(x) = \dfrac{1}{3}(e^x)^3$ e) $f(x) = \sqrt{3x}$ f) $f(x) = \sqrt{3 + x}$
g) $f(x) = \sqrt{7x - 5}$ h) $f(x) = \sqrt{7x^2 - 5}$ i) $f(x) = \dfrac{1}{e^x}$

5 Gegeben ist die Funktion f mit $f(x) = \dfrac{1}{9}(3x + 2)^3$.
a) Welche Steigung hat der Graph im Punkt $P(2 | f(2))$?
b) Besitzt der Graph Punkte mit waagerechter Tangente?
c) In welchen Punkten hat die Tangente an den Graphen die Steigung 1?

6 Es ist $f(x) = (0{,}5x - 1)^3$. Welcher der vier Graphen ist der Graph von f'?

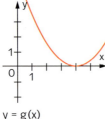
y = g(x)
Fig. 1

y = h(x)
Fig. 2

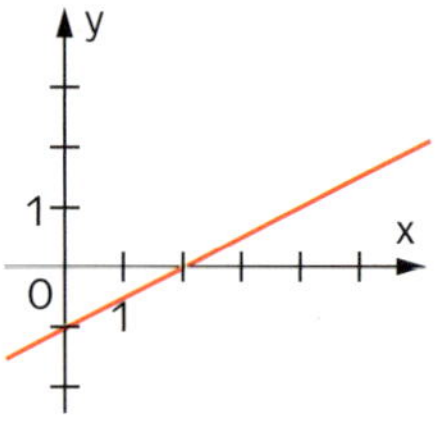

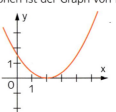
y = i(x)
Fig. 3

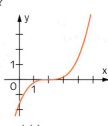
y = k(x)
Fig. 4

Zeit zu überprüfen

7 Leiten Sie ab und vereinfachen Sie das Ergebnis.
a) $f(x) = \left(\frac{1}{2}x + 5\right)^2$
b) $f(x) = \frac{1}{2x-3}$
c) $f(x) = e^{-10x^2}$
d) $f(x) = \sqrt{1-2x}$

8 a) Welche Steigung hat der Graph von f mit $f(x) = (2x-1)^3$ im Punkt $P(1|f(1))$?
b) In welchem Punkt hat der Graph von g mit $g(x) = \frac{1}{(x-1)^2}$ die Steigung -2?
c) Hat der Graph von h mit $h(x) = \frac{1}{1-x^2}$ Punkte mit waagerechter Tangente?

9 Gegeben sind die Graphen der beiden Funktionen u und v.

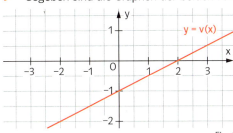
Fig. 1

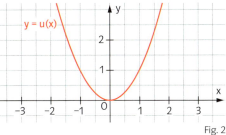
Fig. 2

a) Die Ableitung von f mit $f(x) = u(v(x))$ kann an jeder Stelle x_0 grafisch bestimmt werden.
Es ist $f'(1) = u'(v(1)) \cdot v'(1)$
$= u'(-0,5) \cdot v'(1)$
$= -1 \cdot 0,5$
$= -0,5$.
Erklären Sie den Gedankengang in Worten. Bestimmen Sie entsprechend $f'(0)$ und $f'(0,5)$.
b) Für $x \to +\infty$ geht $f'(x) \to +\infty$. Wie kann man das an den beiden Graphen ablesen?
c) Bestimmen Sie das Verhalten von $f'(x)$ für $x \to -\infty$.

10 Gegeben ist die Funktion f mit $f(x) = \frac{3}{1+x^2}$; $x \in \mathbb{R}$.
a) Für welche $x \in \mathbb{R}$ ist f streng monoton abnehmend?
b) Untersuchen Sie die Funktion f auf Extremstellen.
c) Berechnen Sie $f'(1)$ und $f'(2)$. Skizzieren Sie den Graphen von f.

11 Leiten Sie ab und vereinfachen Sie das Ergebnis.
a) $f(x) = (a \cdot x^3 + 1)^2$
b) $f(x) = e^{(a \cdot x)^2}$
c) $f(x) = e^{a \cdot x^2}$
d) $f(x) = (e^{a \cdot x})^2$
e) $f(x) = \frac{3a}{1+x^2}$
f) $f(x) = \sqrt{a \cdot x^2 - 3}$
g) $f(a) = \sqrt{a \cdot x^2 - 3}$
h) $g(x) = \sqrt{t^2 \cdot x + 2t}$

12 a) Begründen Sie: Die Funktion f mit $f(x) = g(x^2)$ hat die Ableitung $f'(x) = 2x \cdot g'(x^2)$.
b) Leiten Sie entsprechend wie in Teilaufgabe a) ab: $f_1(x) = g(3x)$; $f_2(x) = g(1-x)$; $f_3(x) = g\left(\frac{1}{x}\right)$.

13 a) Der Graph von g wird um drei Einheiten nach rechts verschoben. Man erhält den Graphen von h. Beschreiben Sie h' geometrisch und rechnerisch.
b) Wie lautet $f'(x)$; $f''(x)$; …; $f^{(v)}(x)$ von $f(x) = e^{3x}$? Wie lautet vermutlich $f^{(n)}(x)$?

14 Schreiben Sie die Potenz mit der Basis e und bilden Sie die erste Ableitung. Bestimmen Sie die Steigung der Tangente an der Stelle $x_0 = 1$.
a) $f(x) = 2^x$
b) $f(x) = 3^x$
c) $f(x) = 0,5^x$
d) $f(x) = 0,1^x$
e) $f(x) = 2^{3x}$
f) $f(x) = 2^{4x+1}$
g) $f(x) = 0,5^{0,5x-2}$
h) $f(x) = \frac{1}{2^x}$

5 Produktregel

u(x)	v(x)	u'(x)	v'(x)	Welche Kombination aus u(x), v(x), u'(x) und v'(x) ergibt $5x^4$?
x	x^4	1	$4x^3$	
x^2	x^3	2x	$3x^2$	
x^3	x^2	$3x^2$	2x	

Wie kommt man auf eine Ableitungsregel für Produkte? Man nimmt eine Funktion wie f mit $f(x) = x^5$, deren Ableitung $f'(x) = 5x^4$ bekannt ist, und schreibt den Funktionsterm als Produkt.

Summen von Funktionen werden gliedweise abgeleitet. Für das Produkt zweier Funktionen gilt dies nicht, wie das Beispiel $f(x) = x^2 = x \cdot x$ zeigt. Es ist $f'(x) = 2x$; multipliziert man die Ableitungen der einzelnen Faktoren, so erhält man jedoch 1.

Will man die Ableitung eines Produktes $f = u \cdot v$ zweier Funktionen u und v bestimmen, deren Ableitung man kennt, so muss man den Differenzquotienten von f auf die Differenzquotienten von u und v zurückführen. Es ist

Problem:
Der Differenzquotient von f muss umgeformt werden.
Idee:
1. Produkte interpretieren

$u(x_0) \cdot v(x_0)$

$(u(x_0 + h) - u(x_0)) \cdot v(x_0)$

$u(x_0 + h) \cdot (v(x_0 + h) - v(x_0))$

2. Differenzquotienten von f so umformen, dass die bekannten Differenzquotienten
$\frac{u(x_0 + h) - u(x_0)}{h}$ und
$\frac{v(x_0 + h) - v(x_0)}{h}$
vorkommen, da man deren Grenzwert kennt.

(*) $\dfrac{f(x_0 + h) - f(x_0)}{h} = \dfrac{u(x_0 + h) \cdot v(x_0 + h) - u(x_0) \cdot v(x_0)}{h}$.

Deutet man die beiden Produkte im Zähler $u(x_0 + h) \cdot v(x_0 + h)$ und $u(x_0) \cdot v(x_0)$ als Flächeninhalte von Rechtecken mit den Seitenlängen $u(x_0 + h)$ und $v(x_0 + h)$ bzw. den Seitenlängen $u(x_0)$ und $v(x_0)$, so erhält man eine Idee für eine mögliche Umformung der Differenz $u(x_0 + h) \cdot v(x_0 + h) - u(x_0) \cdot v(x_0)$.

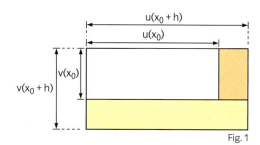
Fig. 1

Die Subtraktion der beiden Rechtecksflächen ergibt:
$u(x_0 + h) \cdot v(x_0 + h) - u(x_0) \cdot v(x_0) = (u(x_0 + h) - u(x_0)) \cdot v(x_0) + u(x_0 + h) \cdot (v(x_0 + h) - v(x_0))$.
Diese Umformung ist nicht nur anschaulich, sondern auch rechnerisch richtig, da lediglich das Produkt $u(x_0 + h) \cdot v(x_0)$ addiert und anschließend wieder subtrahiert wird.
Für den Differenzquotienten (*) gilt damit:

$$\underbrace{\dfrac{f(x_0 + h) - f(x_0)}{h}}_{} = \underbrace{\dfrac{u(x_0 + h) - u(x_0)}{h}}_{} \cdot v(x_0) + u(x_0 + h) \cdot \underbrace{\dfrac{v(x_0 + h) - v(x_0)}{h}}_{}.$$

Für $h \to 0$ ist $f'(x_0) = \lim\limits_{h \to 0} \dfrac{f(x_0 + h) - f(x_0)}{h} = u'(x_0) \cdot v(x_0) + u(x_0) \cdot v'(x_0)$.

Merkregel:
$(u \cdot v)' = u' \cdot v + u \cdot v'$.

> **Produktregel**
> Sind die Funktionen u und v differenzierbar, so ist auch die Funktion $f = u \cdot v$ mit $f(x) = u(x) \cdot v(x)$ differenzierbar, und es gilt:
> $$f'(x) = u'(x) \cdot v(x) + u(x) \cdot v'(x).$$

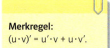

Beispiel 1 Produktregel
Bestimmen Sie die Ableitung der Funktionen f mit $f(x) = (x^2 + 1) \cdot e^x$.
■ Lösung: f ist ein Produkt mit $u(x) = x^2 + 1$ und $v(x) = e^x$, dabei ist $u'(x) = 2x$ und $v'(x) = e^x$.
Mit der Produktregel gilt:
$f'(x) = 2x \cdot e^x + (x^2 + 1) \cdot e^x = (x^2 + 2x + 1) \cdot e^x$.

Beispiel 2 Produktregel mit Kettenregel
Bestimmen Sie die Ableitung der Funktion f mit $f(x) = 5x \cdot (1-x)^2$.

Lösung: f ist ein Produkt mit $u(x) = 5x$ und $v(x) = (1-x)^2$, also $u'(x) = 5$ und $v'(x) = 2(1-x) \cdot (-1)$.
Also ist $f'(x) = 5 \cdot (1-x)^2 + 5x \cdot (-2) \cdot (1-x) = 15x^2 - 20x + 5$.

Beispiel 3 Extremstellen bestimmen
a) Bestimmen Sie die erste und zweite Ableitung der Funktion f mit $f(x) = (2x-3) \cdot e^x$.
b) Untersuchen Sie, ob die Funktion f Extremstellen besitzt und geben Sie ggf. die Hoch- oder Tiefpunkte des Graphen von f an.

Lösung: a) Mit $u(x) = 2x - 3$ und $v(x) = e^x$ ergibt sich $u'(x) = 2$ und $v'(x) = e^x$. Man erhält
$f'(x) = 2e^x + (2x-3) \cdot e^x = (2 + 2x - 3) \cdot e^x = (2x - 1) \cdot e^x$.
Für die zweite Ableitung erhält man mit $u(x) = 2x - 1$ und $v(x) = e^x$, $u'(x) = 2$ und $v'(x) = e^x$.
Somit gilt
$f''(x) = 2e^x + (2x-1) \cdot e^x = (2 + 2x - 1) \cdot e^x = (2x+1) \cdot e^x$.
b) Notwendige Bedingung für Extremstellen: $f'(x) = 0$ prüfen:
$(2x - 1) \cdot e^x = 0$
  $2x - 1 = 0$ oder $e^x = 0$ *Ein Produkt wird null, wenn einer der Faktoren den Wert null hat.*
   $x = 0{,}5$ *e^x ist stets positiv, daher gibt es nur eine Nullstelle der Ableitung.*
Hinreichende Bedingung prüfen: $f'(0{,}5) = 0$ und $f''(0{,}5) = (2 \cdot 0{,}5 + 1) \cdot e^{0{,}5} = 2e^{0{,}5} \approx 3{,}297 > 0$.
Die Funktion hat also bei $x = 0{,}5$ ein Minimum.
Es gilt $f(0{,}5) = (2 \cdot 0{,}5 - 3) \cdot e^{0{,}5} = -2e^{0{,}5} \approx -3{,}297$. Der Tiefpunkt lautet $T(0{,}5 \mid -2e^{0{,}5})$.

Für das Bestimmen höherer Ableitungen und für das Berechnen von Extremstellen ist es hilfreich, den Term nach dem Anwenden der Produktregel zu vereinfachen, indem man z.B. geeignet ausklammert.

Aufgaben

1 Leiten Sie mit der Produktregel ab.
a) $f(x) = x \cdot e^x$
b) $f(x) = 3x \cdot e^x$
c) $f(x) = x^2 \cdot e^x$
d) $f(x) = (3x^3 + x^2) \cdot e^x$
e) $f(x) = -x^4 \cdot e^x$
f) $f(x) = (x^2 + x + 1) \cdot (x^3 + 1)$
g) $f(x) = \frac{2}{x} \cdot e^x$
h) $f(x) = \sqrt{x} \cdot e^x$
i) $f(x) = (3x + 2) \cdot \sqrt{x}$
j) $f(x) = (2\sqrt{x} + 3) \cdot e^x$
k) $f(x) = \sqrt{x} \cdot \frac{1}{x}$
l) $f(x) = e^x \cdot \left(\frac{1}{x^3} + x\right)$

2 Leiten Sie mit der Produkt- und der Kettenregel ab.
a) $f(x) = x \cdot e^{3x}$
b) $f(x) = (3x + 2)^2 \cdot e^x$
c) $f(x) = (3x + 2) \cdot e^{-x}$
d) $f(x) = 8x \cdot e^{x^2}$
e) $f(x) = (8x + 2) \cdot e^{-x^2}$
f) $f(x) = (x^2 + 2)^2 \cdot e^{-4x}$
g) $f(x) = \sqrt{x} \cdot e^{-x^2}$
h) $f(x) = \frac{1}{x} \cdot e^{-x^2}$
i) $f(x) = \sqrt{x^2 + 1} \cdot e^{-x}$
j) $f(x) = (2x - 1)^2 \cdot \sqrt{x}$
k) $f(x) = 0{,}5x^2 \cdot \sqrt{4 - x}$
l) $f(x) = (5 - 4x)^3 \cdot x^{-2}$

3 Bestimmen Sie die erste und die zweite Ableitung der Funktion f und untersuchen Sie f auf Extremstellen.
a) $f(x) = x \cdot e^x$
b) $f(x) = x \cdot e^{-x}$
c) $f(x) = 2x \cdot e^{-x}$
d) $f(x) = (x + 3) \cdot e^x$
e) $f(x) = (-x + 2) \cdot e^x$
f) $f(x) = x^2 \cdot e^x$

4 Bestimmen Sie die Ableitung einmal mithilfe der Kettenregel und einmal mithilfe der Produktregel, indem Sie den Funktionsterm als Produkt schreiben. Vergleichen Sie die Ergebnisse.
a) $f(x) = (3x + 1)^2$
b) $f(x) = (3x^2 + x)^2$
c) $f(x) = (e^x + x)^2$

5 a) Wo steckt der Fehler? $f(x) = (2x - 8) \cdot e^x$; $f'(x) = 2e^x$
b) Ergänzen Sie: $g(x) = (2x - 3) \cdot (8 - x)^2$; $g'(x) = \underline{} \cdot (8 - x)^2 + (2x - 3) \cdot \triangle$.

6 Bestimmen Sie die Ableitung einmal mit der Produktregel und einmal ohne Produktregel, indem Sie zuerst die Terme ausmultiplizieren. Vergleichen Sie die Ergebnisse.
a) $f(x) = \sqrt{x} \cdot \sqrt{x}$
b) $f(x) = (1-2x) \cdot (3x+1)$
c) $f(x) = x^2 \cdot (x+5)$
d) $f(x) = (x^2+x) \cdot (x^3-x)$
e) $f(x) = \left(\frac{1}{x^2}+x\right) \cdot (-x)$
f) $f(x) = \left(\frac{1}{\sqrt{x}}+x^2\right) \cdot \sqrt[3]{x}$

7 Gegeben ist die Funktion f mit $f(x) = (x+3) \cdot e^{-x}$.
a) Berechnen Sie die Nullstellen von f und bestimmen Sie die erste und zweite Ableitung.
b) Untersuchen Sie, ob der Graph von f Hoch- oder Tiefpunkte besitzt und geben Sie diese gegebenenfalls an.
c) Skizzieren Sie mithilfe der Ergebnisse aus den Teilaufgaben a) und b) sowie einer Wertetabelle den Graphen von f.
d) Berechnen Sie die Gleichung der Tangente und der Normale an den Graphen von f im Punkt A(0|3).

Zeit zu überprüfen

8 a) Leiten Sie ab:
$f(x) = (2x-3) \cdot e^x$; $g(x) = x \cdot (1-x)^2$; $h(x) = (2x-3)^3 \cdot 3x$; $i(x) = \frac{1}{x} \cdot e^x$.
b) In welchen Punkten haben die Graphen von f und g waagerechte Tangenten?
c) Bestimmen Sie die Schnittpunkte des Graphen von h mit der x-Achse. Welche Steigung haben die Tangenten an den Graphen von h in diesen Punkten?

---

9 a) Ein Schüler hat beim Ableiten folgenden Term erhalten: $f'(x) = 0{,}5(4x+1)^2 + 4x \cdot (4x+1)$. Welche Funktionen könnte er abgeleitet haben?
b) Für zwei Funktionen g und h ist $(g+h)' = g' + h'$. In einem Lehrbuch findet man bei der Produktregel die Anmerkung: $(g \cdot h)' \neq g' \cdot h'$. Gilt dies für alle Funktionen g und h?
c) Es ist $f_1(x) = (x-1) \cdot (x-2)$, $f_2(x) = (x-1) \cdot (x-2) \cdot (x-3)$ usw. Bilden Sie f_1', f_2' usw. Beschreiben Sie den Zusammenhang zwischen den Ableitungen. Verallgemeinern Sie für n Produkte.

10 a) Bestimmen Sie die erste, zweite und dritte Ableitung der Funktion f mit $f(x) = x \cdot e^x$. Wie lautet vermutlich die vierte, fünfte, … n-te Ableitung?
b) Verfahren Sie wie in Teilaufgabe a) mit den Funktionen $g(x) = (3x-10)e^x$ und $h(x) = (2x+20)e^{-x}$.

Bevor man die zweite Ableitung bildet, sollte man die erste Ableitung vereinfachen.

11 Gegeben ist die Funktion f mit $f(x) = (x-1) \cdot \sqrt{x}$.
a) Bestimmen Sie die Schnittpunkte des Graphen von f mit der x-Achse.
b) Welche Steigung hat die Tangente an den Graphen von f im Punkt P(1|f(1))?
c) In welchen Punkten hat der Graph von f waagerechte Tangenten?
d) Skizzieren Sie den Graphen von f.

12 Bestimmen Sie $f'(x)$ und $f''(x)$ für $f(x) = x^2 \cdot g(x)$, $f(x) = x \cdot g'(x)$ bzw. $f(x) = g(x) \cdot g'(x)$.

Veranschaulichen Sie diesen Zusammenhang an einem Beispiel.

13 Der Graph der Funktion f berührt die x-Achse im Punkt P(2|0). Zeigen Sie, dass der Graph von g mit $g(x) = x \cdot f(x)$ ebenfalls die x-Achse im Punkt P berührt.

14 a) Bestimmen Sie die Ableitung der Funktion f mit $f(x) = (x-1) \cdot \sqrt{x} \cdot e^x$, indem Sie die Produktregel zweimal anwenden.
b) Gegeben sind die Funktionen g, h und k. Leiten Sie eine Produktregel für das Ableiten der Funktion $f(x) = g(x) \cdot h(x) \cdot k(x)$ her.

6 Quotientenregel

$g(x) = \frac{x}{x+1}$ $h(x) = \frac{x+2}{x}$

$f(x) = \frac{1}{(2x+1)^4}$ $i(x) = \frac{e^x}{x}$ $k(x) = \frac{1}{v(x)}$

Wenn man die Quotienten geeignet umformt, kann man sie mit der Produkt- und der Kettenregel ableiten.

Um Quotienten von Funktionen ableiten zu können, fasst man $f = \frac{u}{v}$ als Produkt zweier Funktionen mit $f(x) = \frac{u(x)}{v(x)} = u(x) \cdot \frac{1}{v(x)}$ auf. Auf diese Weise kann man f nach bekannten Ableitungsregeln ableiten. Die Funktion k mit $k(x) = \frac{1}{v(x)} = v^{-1}(x)$ hat nach der Kettenregel die Ableitung $k'(x) = -1 \cdot v^{-2}(x) \cdot v'(x) = -\frac{v'(x)}{v^2(x)}$.

Mithilfe der Produktregel ergibt sich dann für $f(x) = u(x) \cdot \frac{1}{v(x)}$:

$f'(x) = u'(x) \cdot \frac{1}{v(x)} + u(x) \cdot \left(-\frac{v'(x)}{v^2(x)}\right) = \frac{u'(x) \cdot v(x) - u(x) \cdot v'(x)}{v^2(x)}$.

Idee:
Mithilfe von bekannten Regeln neue Regeln herleiten.

Quotientenregel

Sind die Funktionen u und v differenzierbar, so ist auch die Funktion $f = \frac{u}{v}$ mit $f(x) = \frac{u(x)}{v(x)}$ differenzierbar, und es gilt:

$f'(x) = \frac{u'(x) \cdot v(x) - u(x) \cdot v'(x)}{v^2(x)}$ mit $v(x) \neq 0$.

Merkregel:
$\left(\frac{u}{v}\right)' = \frac{u' \cdot v - u \cdot v'}{v^2}$.

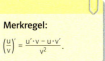
CAS
Produkt- und Quotientenregel

Beispiel Quotientenregel
Bestimmen Sie die Ableitung von f.

a) $f(x) = \frac{2x}{1-x}$ b) $f(x) = \frac{x-1}{(3-x)^2}$

Lösung: a) Mit $u(x) = 2x$ und $v(x) = 1-x$ ist $u'(x) = 2$ und $v'(x) = -1$.
Zuerst u(x) und v(x) ableiten, dann Quotientenregel anwenden.

Mit der Quotientenregel gilt: $f'(x) = \frac{2(1-x) - 2x \cdot (-1)}{(1-x)^2} = \frac{2}{(1-x)^2}$.

b) Mit $u(x) = x-1$ und $v(x) = (3-x)^2$ ist $u'(x) = 1$ und $v'(x) = 2(3-x) \cdot (-1) = -2(3-x)$.
Mit der Quotientenregel erhält man:

$f'(x) = \frac{1 \cdot (3-x)^2 - (x-1) \cdot (-2) \cdot (3-x)}{(3-x)^4} = \frac{(3-x)^2 + 2(x-1) \cdot (3-x)}{(3-x)^4} = \frac{(3-x) \cdot ((3-x) + 2(x-1))}{(3-x)^4}$

$= \frac{(3-x) + 2(x-1)}{(3-x)^3} = \frac{3-x+2x-2}{(3-x)^3} = \frac{x+1}{(3-x)^3}$.

Achtung:
Prüfen Sie, ob u oder v eine Verkettung ist!

Aufgaben

1 Leiten Sie ab und vereinfachen Sie.

a) $f(x) = \frac{5x}{x+1}$ b) $f(x) = \frac{2x}{1+3x}$ c) $f(x) = \frac{1-x}{x+2}$ d) $f(x) = \frac{e^x}{2x-1}$

e) $f(x) = \frac{x+1}{x-1}$ f) $f(x) = \frac{x^2}{8-x}$ g) $f(x) = \frac{0{,}5 - 2x}{e^x}$ h) $f(x) = \frac{0{,}5 x^2}{e^x - 1}$

IV Alte und neue Funktionen und ihre Ableitungen

2 a) $f(x) = \frac{1-x^2}{3x+5}$ b) $f(x) = \frac{\sqrt{x}}{x+2}$ c) $f(x) = \frac{3e^x}{6x-1}$ d) $f(x) = \frac{3x^2}{e^x}$

3 a) $f(x) = \frac{x^2-1}{(x+4)^2}$ b) $f(x) = \frac{e^{3x}}{x-1}$ c) $f(x) = \frac{e^{2x-1}}{x^2}$ d) $f(x) = \frac{\sqrt{2x-3}}{2x}$

Oft ist es nützlich, die Quotientenregel zu vermeiden.

4 Leiten Sie ohne Verwendung der Quotientenregel ab.

a) $f(x) = \frac{3}{5-2x}$ b) $f(x) = \frac{1}{(x^2-1)^3}$ c) $f(x) = \frac{x-2x^2}{x^3}$ d) $f(x) = \frac{6x^2+x-3}{3x}$

5 a) An welcher Stelle hat die Ableitung der Funktion f mit $f(x) = \frac{x+3}{2x}$ den Wert $-0{,}5$?
b) Geben Sie die Gleichung der Tangente im Punkt $P(1|g(1))$ für $g(x) = \frac{x}{x+1}$ an.
c) An welchen Stellen stimmen die Funktionswerte der Ableitungen der Funktion h mit $h(x) = x^2$ und der Funktion m mit $m(x) = -\frac{1}{x^2}$ überein? Was bedeutet dies geometrisch? Erläutern Sie anhand einer Skizze.

6 Berechnen Sie die Funktionswerte und die Ableitung der Funktion f mit $f(x) = \frac{4-x}{2-x}$ an den Stellen -2; 0; $1{,}5$; $2{,}5$ und 6. Skizzieren Sie den Graphen von f mithilfe der berechneten Punkte und den zugehörigen Tangenten.

Zeit zu überprüfen

7 Leiten Sie ab: $f(x) = \frac{3x}{4x+1}$; $g(x) = \frac{1}{(2-x)^2}$; $h(x) = \frac{e^x}{0{,}75x+1}$; $k(x) = \frac{2x^2-3x}{2x^4}$.

8 a) An welcher Stelle hat der Graph von f mit $f(x) = \frac{0{,}5x^2}{x+1}$ Punkte mit waagerechter Tangente?
b) Geben Sie eine Gleichung der Tangente im Punkt $P(2|g(2))$ für $g(x) = \frac{2x}{x-1}$ an.
c) An welcher Stelle hat die Ableitung der Funktion h mit $h(x) = \frac{1-x^2}{x}$ den Wert -5?

9 Die Funktion f mit $f(t) = \frac{2000t+200}{t+1}$; $t \geq 0$, beschreibt modellhaft die Entwicklung eines Tierbestands auf einer Insel (t in Jahren seit Beobachtungsbeginn, f(t) Anzahl der Tiere). Bestimmen Sie die anfängliche momentane Änderungsrate m_0 des Bestands. Wann hat die momentane Änderungsrate auf 10 % von m_0 abgenommen?

Anstelle von momentaner Änderungsrate sagt man auch lokale Änderungsrate.

10 Die Konzentration eines Medikaments im Blut eines Patienten wird durch die Funktion K mit $K(t) = \frac{0{,}16t}{(t+2)^2}$ beschrieben (t in Stunden seit der Medikamenteneinnahme, K(t) in $\frac{mg}{cm^3}$).
a) Berechnen Sie die anfängliche momentane Änderungsrate der Konzentration und vergleichen Sie diese mit der mittleren Änderungsrate in den ersten sechs Minuten.
b) Zu welchem Zeitpunkt ist die Konzentration am höchsten? Wie groß ist die maximale Konzentration? Wann ist die Konzentration auf die Hälfte des Maximalwertes gesunken?

11 a) Gegeben sind die Funktionen f und g mit $f(x) = x^2 + 1$ und $g(x) = \frac{1}{x^2+1}$.
Zeigen Sie, dass beide Graphen im Punkt $P(0|1)$ eine waagerechte Tangente haben.
b) Zeigen Sie: Wenn der Graph einer Funktion h ($h(x) \neq 0$) im Punkt $P(0|1)$ eine waagerechte Tangente hat, dann hat auch der Graph von k mit $k(x) = \frac{1}{h(x)}$ im Punkt $Q(0|k(0))$ eine waagerechte Tangente.
c) Wahr oder falsch? Begründen Sie.
Wenn der Graph einer Funktion h ($h(x) \neq 0$) im Punkt $P(0|1)$ eine waagerechte Tangente hat, dann hat auch der Graph der Funktion m mit $m(x) = \frac{x}{h(x)}$ im Punkt $Q(0|m(0))$ eine waagerechte Tangente.

Wiederholen – Vertiefen – Vernetzen

1 Gegeben ist die Funktion f mit $f(x) = e^{-x}$. In Fig. 1 bis 4 sind die Graphen der Funktionen f_1; f_2; f_3 und f_4 abgebildet mit $f_1(x) = f(x)$; $f_2(x) = f'(x)$; $f_3(x) = x \cdot f(x)$ und $f_4(x) = \frac{1}{f(x)}$.
Ordnen Sie den dargestellten Graphen die richtige Funktion zu und begründen Sie Ihre Antwort.

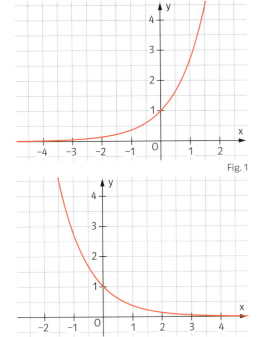

Fig. 1

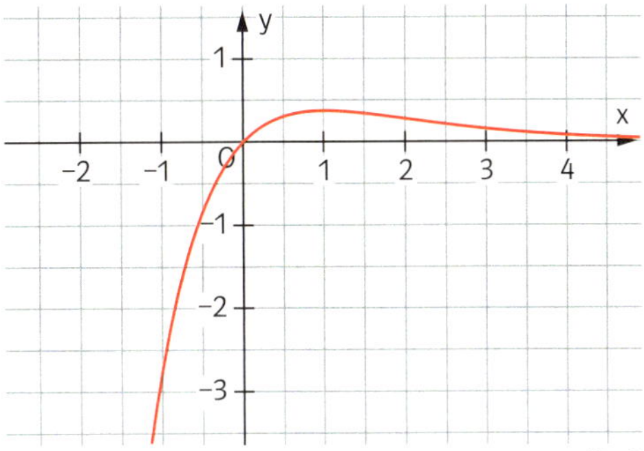

Fig. 2

Fig. 3

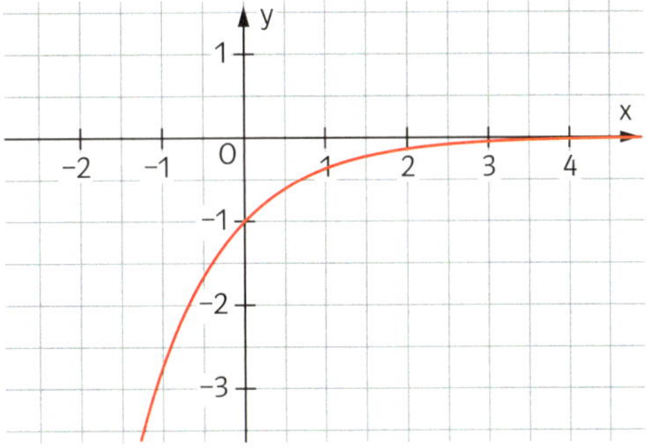

Fig. 4

2 Die Abkühlung einer Tasse Kaffee wird beschrieben durch die Funktion
$T(t) = 70 \cdot e^{-0,045t}$ (t in Minuten und T(t) in °C nach t Minuten).
a) Berechnen Sie, wann die Temperatur des Kaffees noch 60 °C, 50 °C, 40 °C bzw. 30 °C beträgt.
b) Berechnen Sie die Geschwindigkeit der Temperaturabnahme (in °C pro Minute) nach einer Minute, nach fünf Minuten, nach zehn Minuten und nach 30 Minuten. Was fällt auf?
c) Begründen Sie, warum die Funktion T(t) nicht verwendet werden kann, um einen Abkühlungsprozess zu beschreiben, wenn der Kaffee sich in einen Raum mit einer Raumtemperatur von 20 °C befindet.
Bei welcher Raumtemperatur könnte die Funktion T(t) ein sinnvolles Modell für einen Abkühlungsprozess sein?

Anhand eines Experiments kann man überprüfen, ob die Funktion T den Abkühlungsprozess sinnvoll modelliert. Experimentieren Sie mit unterschiedlichen Tassen und Gefäßen.

3 Berechnen Sie die Ableitung mit und ohne Produktregel.
a) $f(x) = (5 - x)^3$ b) $g(x) = 3x \cdot (0,5x + 1)^2$ c) $h(x) = x \cdot \sqrt{1-x}$ d) $i(x) = (1-x) \cdot \sqrt{x}$

Welchen Rechenweg halten Sie jeweils für den günstigeren?

IV Alte und neue Funktionen und ihre Ableitungen

Wiederholen – Vertiefen – Vernetzen

> **INFO** **Wiederholung: Regeln zum Rechnen mit Potenzen und Logarithmen**
>
> **Negative Exponenten**
> Es gilt: $a^{-x} = \frac{1}{a^x}$ z.B. $10^{-3} = \frac{1}{10^3} = \frac{1}{1000}$
>
> **Gebrochene Exponenten und Wurzeln**
> $\sqrt[n]{x^m} = x^{\frac{m}{n}}$ $\qquad\qquad \sqrt[n]{x} = x^{\frac{1}{n}}$
>
> **Potenzgesetze**
> $a^r \cdot a^s = a^{r+s}$ z.B. $e^3 \cdot e^2 = e^{3+2} = e^5$ $\qquad a^r : a^s = a^{r-s}$ z.B. $\frac{e^7}{e^3} = e^{7-3} = e^4$
> $a^s \cdot b^s = (a \cdot b)^s$ z.B. $3^9 \cdot 4^9 = (3 \cdot 4)^9 = 12^9$ $\qquad a^s : b^s = (a : b)^s$ z.B. $\frac{(2e)^4}{e^4} = \left(\frac{2e}{e}\right)^4 = 2^4$
> $(a^r)^s = a^{r \cdot s}$ z.B. $(e^3)^4 = e^{3 \cdot 4} = e^{12}$
>
> **Logarithmengesetze**
> $\log_a(u \cdot v) = \log_a(u) + \log_a(v)$ z.B. $\ln(2e) = \ln(2) + \ln(e)$
> $\log_a\left(\frac{u}{v}\right) = \log_a(u) - \log_a(v)$ z.B. $\ln\left(\frac{e}{4}\right) = \ln(e) - \ln(4)$
> $\log_a(u^r) = r \cdot \log_a(u)$ z.B. $\ln(e^4) = 4\ln(e)$
>
> **Exponentialgleichungen lösen**
> Die Lösung von $a^x = b$ ist $x = \log_a(b)$. $\qquad$ Es gilt $\log_a(b) = \frac{\ln(b)}{\ln(a)}$.

4 Wenden Sie die Potenzgesetze an, um die Funktionsvorschrift in der Form $e^{a \cdot x + b}$ zu schreiben und bestimmen Sie anschließend die Ableitung.
a) $f(x) = e^3 \cdot e^x$
b) $f(x) = (e^x)^3$
c) $f(x) = (e^{x+4})^2$
d) $f(x) = e^x \cdot e^{3x} \cdot e^5$
e) $f(x) = e^7 \cdot e^{-3x} \cdot e^{-6}$
f) $f(x) = e^{-1} \cdot e^{-3} \cdot e^x$
g) $f(x) = (e^{-x} \cdot e^5 \cdot e^{4x})^3$
h) $f(x) = (e^{-4x} \cdot e \cdot e^x)^5$
i) $f(x) = \left(\frac{1}{e^x} \cdot e^{4x} \cdot e^3\right)^2$

5 Fassen Sie mithilfe der Logarithmengesetze zusammen.
a) $\ln(x) + \ln(4) - \ln(2)$
b) $\ln(x) + \ln\left(\frac{1}{x}\right)$
c) $\ln(7) - \ln\left(\frac{1}{7}\right) + \ln(e^2)$
d) $2\ln(\sqrt{x}) : \ln(x)$
e) $\ln(x^2) : \ln(x) - 2$
f) $\ln(x^3) : \ln(x) - \ln(e^2) - \ln(e)$

6 Lösen Sie die Gleichung mithilfe des natürlichen Logarithmus.
a) $e^x = 4$
b) $e^{4x+1} = 1$
c) $e^{2x-5} = 2$
d) $4^x = 2$
e) $2^x = 32$
f) $7^x = 2$
g) $3 \cdot e^{4x+1} = 3$
h) $2 \cdot e^{-x+4} = 2$
i) $e^{-5x+1} = e^7$
j) Welche Gleichungen hätte man auch ohne Taschenrechner lösen können? Wie?

7 Gegeben ist die Funktion f mit $f(x) = 2e^{0,5x+1} - 1$.
Bestimmen Sie die Punkte des Graphen von f mit der Steigung 1, e bzw. 2.

8 Schreiben Sie die Funktionsvorschrift ohne Wurzeln und Brüche und bestimmen Sie dann die Ableitung.
a) $f(x) = \sqrt{x} \cdot e^x$
b) $f(x) = \sqrt[3]{x^2} \cdot e^x$
c) $f(x) = \frac{x^5}{x^7} \cdot e^{2x}$
d) $f(x) = \frac{1}{x^2} \cdot e^{-x}$
e) $f(x) = \frac{\sqrt{x}}{x} \cdot e^{-3x}$
f) $f(x) = \sqrt[3]{x^4} \cdot e^{x^2}$
g) $f(x) = \frac{x^5}{\sqrt[3]{x^7}} \cdot \frac{e^x}{e^{4x+1}}$
h) $f(x) = \frac{\sqrt[4]{x}}{\sqrt[3]{x}} \cdot \frac{e^{-4x}}{e^{x^2}}$
i) $f(x) = \left(\frac{1}{e^x} \cdot e^{4x} \cdot \frac{1}{x}\right)^2$

112 IV Alte und neue Funktionen und ihre Ableitungen

Rückblick

Die natürliche Exponentialfunktion
Die natürliche Exponentialfunktion f mit $f(x) = e^x$ hat als Basis die
Euler'sche Zahl $e = 2{,}71828\ldots$
Es gilt: $f'(x) = e^x = f(x)$.

Exponentialgleichung und natürlicher Logarithmus
Die Exponentialgleichung $e^x = b$ hat als Lösung den natürlichen
Logarithmus von b, kurz $x = \ln(b)$.

Die Exponentialgleichung $a^x = b$; $a, b > 0$ hat die Lösung $x = \frac{\ln(b)}{\ln(a)}$.

Es gilt $e^{\ln(x)} = x$ und $\ln(e^x) = x$.
Jede Exponentialfunktion mit einer beliebigen Basis $a > 0$ lässt sich in
eine Exponentialfunktion zur Basis e umformen. Es gilt $a^x = e^{x \cdot \ln(a)}$.
Für Exponentialfunktionen mit $f(x) = a^x$ ($a > 0$) gilt: $f'(x) = \ln(a) \cdot a^x$.

Graph der natürlichen Exponentialfunktion:

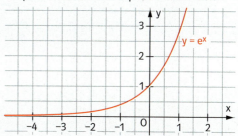

$3^x = 7$ | Logarithmieren
$\ln(3^x) = \ln(7)$ | Logarithmusgesetze anwenden.
$x \cdot \ln(3) = \ln(7)$ | $: \ln(3)$
$x = \frac{\ln(7)}{\ln(3)}$

Ableitungsregeln

Potenzregel
– Für eine Funktion f mit $f(x) = x^r$ mit $r \in \mathbb{R}$ gilt $f'(x) = r x^{r-1}$.

$f(x) = x^4$; $f'(x) = 4x^3$

Faktorregel
– Für die Funktion $f = c \cdot g$ mit $f(x) = c \cdot g(x)$ mit $c \in \mathbb{R}$ gilt
$f'(x) = c \cdot g'(x)$.

$f(x) = 7x^3$; $f'(x) = 7 \cdot 3x^2 = 21x^2$

Summenregel
– Die Funktion $f = u + v$ mit $f(x) = u(x) + v(x)$ heißt Summe von
u und v.
$f'(x) = u'(x) + v'(x)$

$f(x) = x^3 + e^x$
$u(x) = x^3$; $u'(x) = 3x^2$; $v(x) = e^x$; $v'(x) = e^x$
$f'(x) = 3x^2 + e^x$

Kettenregel
– Die Funktion $f = u \circ v$ mit $f(x) = u(v(x))$ heißt Verkettung
von u und v. v heißt innere Funktion, u äußere Funktion.
$f'(x) = u'(v(x)) \cdot v'(x)$

$f(x) = 4(5 - x^2)^3$
$v(x) = 5 - x^2$; $v'(x) = -2x$; $u(x) = 4x^3$;
$u'(x) = 12x^2$
$f'(x) = 12(5 - x^2)^2 \cdot (-2x) = -24x \cdot (5 - x^2)^2$

Produktregel
– Die Funktion $f = u \cdot v$ mit $f(x) = u(x) \cdot v(x)$ heißt Produkt von
u und v.
$f'(x) = u'(x) \cdot v(x) + u(x) \cdot v'(x)$

$f(x) = (1 - x^2) \cdot e^x$
$u(x) = 1 - x^2$; $u'(x) = -2x$; $v(x) = e^x$; $v'(x) = e^x$
$f'(x) = (-2x) \cdot e^x + (1 - x^2) \cdot e^x = (-x^2 - 2x + 1) \cdot e^x$

Quotientenregel
– Die Funktion $f = \frac{u}{v}$ mit $f(x) = \frac{u(x)}{v(x)}$ heißt Quotient von u und v.
$f'(x) = \frac{u'(x) \cdot v(x) - u(x) \cdot v'(x)}{v^2(x)}$

$f(x) = \frac{3x}{2 - x^2}$
$u(x) = 3x$; $u'(x) = 3$; $v(x) = 2 - x^2$; $v'(x) = -2x$
$f'(x) = \frac{3(2 - x^2) - 3x(-2x)}{(2 - x^2)^2} = \frac{6 + 3x^2}{(2 - x^2)^2}$

Prüfungsvorbereitung ohne Hilfsmittel

1 Bilden Sie die Ableitung der Funktion f mit
a) $f(x) = x^2 \cdot e^{-3x}$,
b) $f(x) = x^2 \cdot e^{-3,5x}$,
c) $f(x) = (x + e^x)^2$,
d) $f(x) = \frac{x+1}{e^x}$.

2 Gegeben sind die Funktionen u, v und w mit $u(x) = \sqrt{x}$; $v(x) = \frac{2}{x}$ und $w(x) = 4 - 7e^x$.
Bilden Sie die Funktionen $u \cdot v$; $v \cdot u$; $u \cdot w$; $\frac{u}{w}$; $\frac{w}{u}$; $u \circ v$ und $v \circ w$ und deren Ableitungen.

3 Lösen Sie die Gleichung.
a) $x^3 - 3x^2 + x = 0$
b) $e^{3x} - 5e^x = 0$
c) $e^x = 3 + \frac{10}{e^x}$
d) $4 \cdot 3^{-x} + 5 = 41$

4 Bestimmen Sie die Nullstellen von f.
a) $f(x) = (x^2 + 2) \cdot (3 - x)$
b) $f(x) = e^{2x} - 1$
c) $f(x) = e^{3x-2} - e$
d) $f(x) = e^x - 2e^{-x}$
e) $f(x) = x^3 - x^2 - 12x$
f) $f(x) = (e^{3x} - 2) \cdot (x^3 + 8)$

5 Gegeben ist die Funktion f mit $f(x) = \frac{4x}{x^2 - 4}$.
a) Untersuchen Sie das Monotonieverhalten von f.
b) Zeigen Sie, dass der Punkt W(0|0) Wendepunkt des Graphen von f ist.
c) Geben Sie die Gleichung der zugehörigen Wendetangente an.

6 Gegeben ist die Funktion f mit $f(x) = x \cdot e^x$.
a) Bestimmen Sie den Tiefpunkt des Graphen von f.
b) Bestimmen Sie die Gleichung der Normale an den Graphen von f im Ursprung.
c) Bestimmen Sie den Wendepunkt des Graphen von f.

7 Bestimmen Sie die Gleichung der Tangente an den Graphen von f im Punkt P.
a) $f(x) = \frac{2}{x-1}$; $P(2|f(2))$
b) $f(x) = \frac{1}{2}e^{-2x}$; $P(0|f(0))$
c) $f(x) = -2x \cdot e^{-x}$; $P(-1|f(-1))$

8 Fig. 1 zeigt die Graphen von drei Funktionen.
a) Welcher der Graphen zeigt den Graphen der Funktion f mit $f(x) = 3x \cdot e^{-x^2}$?
b) Geben Sie Terme für die beiden anderen Graphen an.
c) Skizzieren Sie den Graphen von f'.
d) Die drei Graphen gehören zu einer Funktionenschar f_t. Geben Sie eine Gleichung von f_t an.

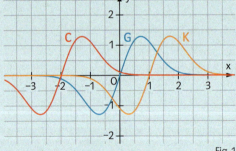

Fig. 1

9 Fig. 2 zeigt den Graphen einer Funktion f. Welche der folgenden Aussagen sind wahr, welche falsch? Begründen Sie Ihre Antwort.
(A) f' hat für $-4 < x < 4$ genau eine Nullstelle.
(B) Der Graph von f hat genau einen Wendepunkt.
(C) f' hat für $-4 < x < 4$ ein Maximum.
(D) Der Graph von f' ist punktsymmetrisch zum Ursprung.

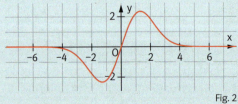

Fig. 2

10 a) Bestimmen Sie an der Stelle $x = 2$ die Gleichung der Tangente und die Gleichung der Normalen an den Graphen von f mit $f(x) = e^x$.
b) Der Graph von f wird am Ursprung gespiegelt. Wie lautet der zugehörige Funktionsterm?

Prüfungsvorbereitung mit Hilfsmitteln

1 Die Funktion f kann als Verkettung $u \circ v$ aufgefasst werden. Geben Sie geeignete Funktionen u und v an. Bestimmen Sie die erste Ableitung.

a) $f(x) = (2x - 5)^3$ b) $f(x) = -\frac{2}{(x+1)^4}$ c) $f(x) = 3\sqrt{2x^2 + 1}$ d) $f(x) = \frac{1}{3e^x}$

2 Gegeben ist die Funktion f mit $f(x) = \frac{x}{x+1}$.
a) Bestimmen Sie die Gleichung der Tangente t an den Graphen von f im Punkt $B(1|f(1))$. Wie lautet die Gleichung der Normalen n in diesem Punkt?
b) Der Graph von f hat zwei Tangenten, die parallel zur 1. Winkelhalbierenden sind. Berechnen Sie die Koordinaten der beiden Berührpunkte.
c) Vom Punkt $R(3|1)$ aus wird die Tangente an den Graphen von f gelegt. Berechnen Sie die Koordinaten des Berührpunkts und geben Sie die Gleichungen der Tangente und der Normalen an.

3 Gegeben sind die Funktionen f und g mit
$f(x) = 2x \cdot e^{2-x}$ und $g(x) = x^2 \cdot e^{2-x}$.
In Fig. 1 sind die zugehörigen Funktionsgraphen dargestellt.
a) Begründen Sie, warum G_f der Graph von f und G_g der Graph von g sein muss.
b) Untersuchen Sie, ob der Hochpunkt des Graphen von g und der Wendepunkt des Graphen von f zusammenfallen.

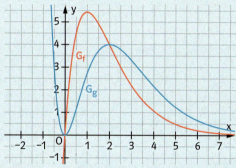

Fig. 1

4 Eine Firma berechnet die täglichen Verkaufszahlen eines Handymodells, das neu eingeführt wird, modellhaft mit der Funktion f_k mit $f_k(t) = k \cdot (t - 15) \cdot e^{-0{,}01t} + k \cdot 15$ (k > 0; t Anzahl der Tage nach Einführung des neuen Modells).
a) Die Firma erwirtschaftet einen Gewinn, wenn täglich mehr als 4500 Handys verkauft werden. Berechnen Sie $k = 200$ die Länge des Zeitraums in dem ein Gewinn erwirtschaftet wird für.
b) Berechnen Sie für $k = 200$ den Zeitpunkt, zu dem die tägliche Verkaufszahl maximal ist und geben Sie die maximale Verkaufszahl an.
c) Zeigen Sie, dass der Zeitpunkt, zu dem die Verkaufszahl maximal ist, unabhängig von k ist.
d) Zeigen Sie, dass der Modellfunktion f_k zufolge die Verkaufszahlen für alle $k > 0$ ständig sinken, nachdem die maximale Verkaufszahl erreicht wurde.

5 In der Pharmakokinetik wird die Konzentration K eines Medikaments im Blut in Abhängigkeit von der Zeit nach Einnahme des Medikaments durch die sogenannte **Bateman-Funktion** K mit
$K(t) = \frac{a \cdot c}{a - b} \cdot (e^{-b \cdot t} - e^{-a \cdot t})$ beschrieben
(t in Stunden nach Einnahme, K(t) in $\frac{mg}{l}$).
Für ein spezielles Medikament ist
$c = 18{,}75 \frac{mg}{l}$; $a = 0{,}8$; $b = 0{,}2$.
a) Berechnen Sie, wann die Konzentration im Blut am höchsten ist.
b) Das Medikament wirkt, wenn die Konzentration über $7 \frac{mg}{l}$ liegt. Berechnen Sie den Zeitraum, in dem das Medikament wirkt.

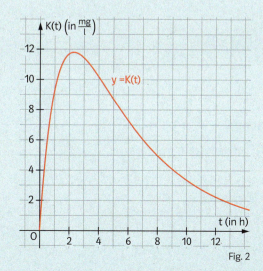

Fig. 2

Lösungen auf Seite 248.

Schlüsselkonzept: Integral

Auf den ersten Blick handelt es sich um unterschiedliche Problemfelder: Die Berechnung von Flächeninhalten, die Ermittlung einer Durchflussmenge aus der Durchflussrate oder des zurückgelegten Weges aus der Geschwindigkeit.

Alle diese Aufgaben lassen sich mit einem Integral lösen.

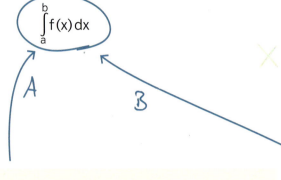

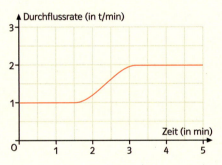

Der Graph zeigt die momentane Durchflussmenge M einer Ölpipeline.

Von 0 bis 4 Minuten durchgeflossene Ölmenge M = ?

Das kennen Sie schon
- Ableitung von zusammengesetzten Funktionen
- Bestimmung und Interpretation von momentanen Änderungsraten

✓ Check-in:
Zur Überprüfung, ob Sie die inhaltlichen Voraussetzungen beherrschen, siehe Seite 226.

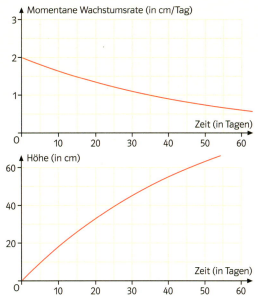

Wie hängen diese Graphen zusammen?

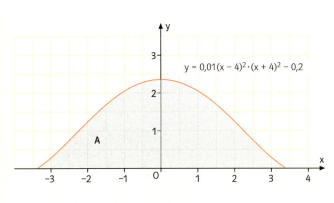

$y = 0{,}01(x-4)^2 \cdot (x+4)^2 - 0{,}2$

Flächeninhalt A = ?

In diesem Kapitel

- werden die Gesamtänderungen (Wirkungen) von Größen bestimmt.
- wird der Begriff Integral eingeführt.
- werden Stammfunktionen bestimmt.
- werden Flächeninhalte berechnet.

1 Rekonstruieren einer Größe

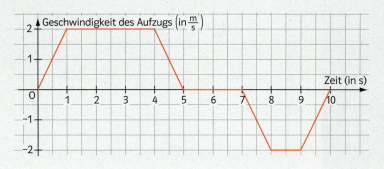

Der Graph zeigt die Geschwindigkeit eines Aufzugs während einer Fahrt in einem Hochhaus. Wenn der Aufzug nach oben fährt, ist die Geschwindigkeit positiv.

Welche Informationen über die Fahrt bezüglich Dauer, Höhenunterschiede, Stockwerkshöhen usw. können Sie dem Graphen entnehmen?

Anstelle von „momentane Änderungsrate" sagt man auch „lokale Änderungsrate".

Beschreibt eine Funktion f eine Größe, dann ist die Ableitung f' die momentane Änderungsrate der Größe. Gilt z. B. für den zurückgelegten Weg eines Körpers $s(t) = 5t^2$, dann ist die Ableitung $s'(t) = 10t$ die Momentangeschwindigkeit. Es stellt sich die Frage, wie man umgekehrt aus einer gegebenen momentanen Änderungsrate die Größe selbst rekonstruieren kann.
Ein zu Beginn leerer Wassertank wird durch dieselbe Leitung befüllt und entleert. In Fig. 1 ist die momentane Durchflussrate f der Leitung für das Intervall [0; 9] dargestellt.

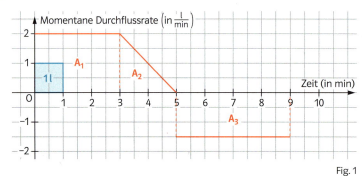

Im Intervall [0; 3] beträgt der Zufluss in jeder Minute 2 l.
In 3 Minuten fließen $2\frac{l}{min} \cdot 3\,min = 6\,l$ in den Tank. Die Zahl 6 ist auch die Maßzahl des Flächeninhalts A_1.
Im Intervall [3; 5] geht der Zufluss während 2 Minuten gleichmäßig von $2\frac{l}{min}$ auf 0 zurück. Hier beträgt die mittlere Zuflussrate $1\frac{l}{min}$.
In 2 Minuten kommen $1\frac{l}{min} \cdot 2\,min = 2\,l$ dazu. Die Zahl 2 entspricht der Maßzahl des Flächeninhalts A_2.
Im Intervall [5; 9] ist die Durchflussrate negativ. Es fließen $1{,}5\frac{l}{min} \cdot 4\,min = 6\,l$ ab. Die Zahl 6 entspricht der Maßzahl des Flächeninhalts A_3. Da die Durchflussrate negativ ist, liegt die Fläche unterhalb der x-Achse.

Fig. 1

Intervall	[0; 3]	[3; 5]	[5; 9]	Insgesamt
Volumenänderung	+6 l	+2 l	−6 l	2 l Zufluss
Flächeninhalt	+6 FE	+2 FE	+6 FE	$A_1 + A_2 + A_3 =$ 14 FE
Orientierter Flächeninhalt	+6 FE	+2 FE	−6 FE	$A_1 + A_2 - A_3 =$ 2 FE

Da der Tank zu Beginn leer war, befinden sich jetzt insgesamt 2 l im Tank.

Fig. 1 zeigt: Eine Flächeneinheit (FE) zwischen dem Graphen der momentanen Durchflussrate und der x-Achse entspricht 1 l zugeflossenem bzw. abgeflossenem Wasser, abhängig davon, ob die Flächeneinheit oberhalb oder unterhalb der x-Achse liegt. Man kann also die Gesamtänderung des Wasservolumens in einem Intervall [a; b] mit Flächeninhalten veranschaulichen, wenn man oberhalb der x-Achse liegende Flächen positiv und unterhalb der x-Achse liegende Flächen negativ zählt. Dieser **orientierte Flächeninhalt** beträgt beim Wassertank $A_1 + A_2 - A_3 = +2$ FE und entspricht einer Volumenänderung von 2 l.

Die momentane Änderungsrate „bewirkt" die Gesamtänderung.

> Ist der Graph einer momentanen Änderungsrate aus geradlinigen Teilstücken zusammengesetzt, so kann man die **Gesamtänderung** der Größe (Wirkung) rekonstruieren, indem man den orientierten Flächeninhalt zwischen dem Graphen der momentanen Änderungsrate und der x-Achse bestimmt.

Beispiel 1 Geschwindigkeit und zurückgelegte Strecke

Bei einem Experiment wurde die Geschwindigkeit v einer kleinen Kugel in Abhängigkeit von der Zeit aufgezeichnet (vgl. Fig. 1). Die Bewegung der Kugel nach rechts wird als positive Geschwindigkeit dargestellt, die Bewegung nach links als negative Geschwindigkeit. Bestimmen Sie mithilfe des orientierten Flächeninhalts unter dem Graphen von v, wo sich die Kugel 5 s nach dem Start (bei t = 0) befindet.

▪ Lösung: Eine Flächeneinheit entspricht einem zurückgelegten Weg von 1 cm.
Zur weiteren Berechnung unterteilt man die Fläche in Rechtecke und Dreiecke.

A_1	A_2	A_3	A_4
4 FE	1 FE	1 FE	2 FE
links	links	rechts	rechts

Der orientierte Flächeninhalt ist
$-A_1 - A_2 + A_3 + A_4 = -2$ FE.
Die Kugel befindet sich 2 cm links vom Startort.

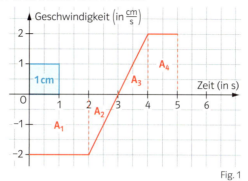

Fig. 1

Beispiel 2 Zufluss- und Abflussrate

In einer Chemiefabrik wird die Produktion einer Chemikalie bis zum geplanten Ausstoß von $2,5 \frac{t}{h}$ hochgefahren. Die Chemikalie fließt in einen zunächst leeren Tank, aus dem nach sechs Stunden für die Weiterverarbeitung konstant $2,5 \frac{t}{h}$ entnommen werden. Die Zuflussrate und die Abflussrate der Chemikalie sind in Fig. 2 dargestellt. Beschreiben Sie für $0 \leq t \leq 12$ die Mengenänderung der Chemikalie im Tank.

▪ Lösung: Vier Karoflächen entsprechen einer Masse von 2 t. *Eine Karofläche entspricht einer Masse von 0,5 t.*

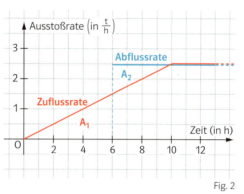

Erfolgen der Zufluss und der Abfluss in getrennten Leitungen, kann man sie beide positiv darstellen.

Fig. 2

0 bis 6 Stunden:	6 bis 10 Stunden:	Ab 10 Stunden:
A_1 = 9 Karos Zunahme	A_2 = 4 Karos Abnahme	Zuflussrate und Abflussrate sind gleich groß.
Es gibt nur einen Zufluss. Die Menge im Tank nimmt bis zur Masse 4,5 t zu.	A_2 entspricht der Differenz von Abfluss und Zufluss. Es fließen 2 t ab; die Menge im Tank nimmt auf 2,5 t ab.	Die Menge im Tank verändert sich nicht; sie bleibt konstant bei 2,5 t.

Aufgaben

1 In den Figuren 3 bis 5 ist die Geschwindigkeit verschiedener Körper dargestellt. Welchen Weg haben die Körper jeweils in 4 s zurückgelegt?

Es sieht gleich aus, aber es ist nicht so!

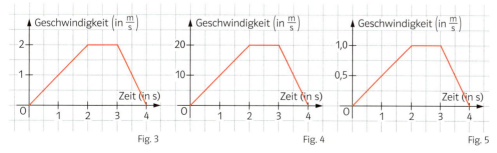

Fig. 3   Fig. 4   Fig. 5

Stückweise linear bedeutet: Der Graph ist aus geradlinigen Stücken zusammengesetzt.

2 Skizzieren Sie die Graphen von drei verschiedenen stückweise linearen Funktionen, sodass der orientierte Flächeninhalt über dem Intervall [0; 6] zwischen dem Graphen jeder Funktion und der x-Achse 6 FE beträgt.

3 In einem Gezeitenkraftwerk strömt bei Flut das Wasser in einen Speicher und bei Ebbe wieder heraus. Das durchfließende Wasser treibt dabei Turbinen zur Stromerzeugung an. Fig. 1 zeigt vereinfacht die Durchflussrate d vom Meer in den Speicher.

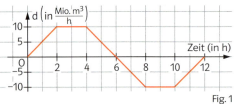

Fig. 1

a) Was bedeutet 1 FE unter dem Graphen von d in diesem Zusammenhang?
b) Wann nimmt die Wassermenge im Speicher am schnellsten zu, wann ist sie maximal, wann minimal? Wie geht es nach zwölf Stunden weiter?
c) Bei einer Springflut strömen 25 % mehr Wasser in den Speicher. Beschreiben Sie, wie sich das auf die Fläche zwischen dem Graphen von d und der x-Achse auswirkt.

Das erste und immer noch größte Gezeitenkraftwerk wurde 1966 in der Bucht von Saint-Malo in Frankreich in Betrieb genommen. Dort beträgt der Tidenhub 12 m. Das Speicherbecken des Kraftwerks fasst ca. 180 Millionen Kubikmeter.

Zeit zu überprüfen

4 Der Graph in Fig. 2 zeigt die Vertikalgeschwindigkeit v eines Segelflugzeugs. Bei $t = 0\,s$ ist das Flugzeug 400 m hoch. Steigt das Flugzeug, so ist v positiv.
a) Wie hoch ist das Flugzeug zu den Zeitpunkten $t = 10\,s$, $t = 20\,s$, $t = 30\,s$ und $t = 40\,s$?
b) Wann fliegt das Flugzeug auf einer Höhe von 395 m?

Fig. 2

Bei Segelflugzeugen wird die Vertikalgeschwindigkeit in $\frac{m}{s}$ angegeben, bei Motorflugzeugen in $\frac{ft}{min}$ (feet pro Minute).

5 Ein Tank besitzt eine Zufluss- und eine Abflussleitung. In Fig. 3 sind die dazugehörigen momentanen Durchflussraten dargestellt. Zu Beginn ist der Tank leer.
Wie viel befindet sich nach 2 Stunden, nach 4 Stunden, nach 6 Stunden und nach 8 Stunden im Tank?

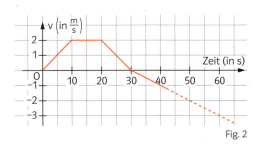

Fig. 3

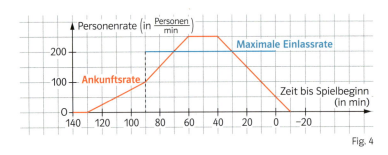

Fig. 4

6 Bei einem Fußballspiel öffnen die Eingänge 90 Minuten vor Spielbeginn. Es können dann 200 Personen pro Minute das Stadion betreten. Die Ankunftsrate der vor dem Stadion eintreffenden Menschen hat man nach Erfahrungswerten modelliert (vgl. Fig. 4).
a) Wie viele Personen warten 90 Minuten, wie viele 70 Minuten vor Spielbeginn auf Einlass?
b) Wann ist die Warteschlange am längsten? Wie viele Personen warten dann?

2 Das Integral

Mit der nebenstehenden Formel kann man aus dem Umfang U_6 des einbeschriebenen regelmäßigen Sechsecks nacheinander den Umfang eines einbeschriebenen regelmäßigen 12-Ecks, eines 24-Ecks usw. berechnen.

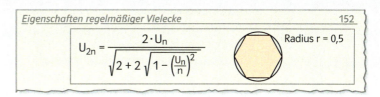

Eigenschaften regelmäßiger Vielecke 152

$$U_{2n} = \frac{2 \cdot U_n}{\sqrt{2 + 2\sqrt{1 - \left(\frac{U_n}{n}\right)^2}}}$$

Radius $r = 0{,}5$

Wenn der Graph der momentanen Änderungsrate einer Größe aus geradlinigen Teilstücken zusammengesetzt ist, kann der orientierte Flächeninhalt zwischen dem Graphen und der x-Achse mithilfe der Inhalte von Rechtecks- und Dreiecksflächen bestimmt werden. Es stellt sich die Frage, wie bei krummlinigen Graphen zur Bestimmung des orientierten Flächeninhalts vorgegangen werden kann.

⊛ CAS
Berechnung einer krummlinigen Fläche

Der Inhalt der Fläche unter dem Graphen von f mit $f(x) = x^2$ soll über dem Intervall $[0; 1]$ bestimmt werden. Dazu füllt man den Inhalt zunächst näherungsweise mit gleich breiten Rechtecken (gelb in Fig. 1).

Einteilung in z. B. vier Teilintervalle

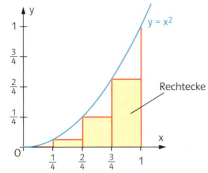

Fig. 1

Der Inhalt der vier Rechtecke beträgt
$A_4 = \frac{1}{4} \cdot 0^2 + \frac{1}{4} \cdot \left(\frac{1}{4}\right)^2 + \frac{1}{4} \cdot \left(\frac{2}{4}\right)^2 + \frac{1}{4} \cdot \left(\frac{3}{4}\right)^2$
$\approx 0{,}2188$.

Eine solche Rechteckssumme nähert den gesuchten Flächeninhalt umso besser an, je kleiner die Teilintervalle sind. In der Tabelle sind einige Werte zusammengestellt.

Anzahl der Teilintervalle	10	100	1000
Rechtecks- summe	A_{10} $\approx 0{,}2850$	A_{100} $\approx 0{,}3284$	A_{1000} $\approx 0{,}3328$

Die Rechtecke in Fig. 1 liegen alle *unter* dem Graphen. Man nennt diese Rechteckssumme **Untersumme** U_4.
Die **Obersumme** O_4 ist größer als der gesuchte Flächeninhalt:

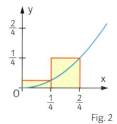

Fig. 2

Zur Untersuchung von A_n für $n \to \infty$ muss A_n in Abhängigkeit von der Anzahl n der Teilintervalle ausgedrückt werden: $A_n = \frac{1}{n} \cdot 0^2 + \frac{1}{n} \cdot \left(\frac{1}{n}\right)^2 + \frac{1}{n} \cdot \left(\frac{2}{n}\right)^2 + \ldots + \frac{1}{n} \cdot \left(\frac{n-1}{n}\right)^2$.

Ausklammern von $\left(\frac{1}{n}\right)^3$ ergibt: $A_n = \left(\frac{1}{n}\right)^3 \cdot [0^2 + 1^2 + 2^2 + \ldots + (n-1)^2]$.

Einsetzen der auf dem Rand angegebenen Formel für die Summe von Quadratzahlen ergibt:
$A_n = \frac{1}{n^3} \cdot \frac{1}{6}(n-1) \cdot n \cdot (2n-1) = \frac{1}{6} \cdot \frac{n-1}{n} \cdot \frac{n}{n} \cdot \frac{2n-1}{n} = \frac{1}{6} \cdot \left(1 - \frac{1}{n}\right) \cdot 1 \cdot \left(2 - \frac{1}{n}\right)$.

Für $n \to \infty$ ergibt sich: $\lim_{n \to \infty} A_n = \frac{1}{6} \cdot 1 \cdot 1 \cdot 2 = \frac{1}{3}$.

Für den gesuchten Flächeninhalt ist es sinnvoll, den Wert $A = \lim_{n \to \infty} A_n = \frac{1}{3}$ festzusetzen.

Summenformel für die Summe der ersten $z-1$ Quadratzahlen:
$1^2 + 2^2 + 3^2 + \ldots + (z-1)^2$
$= \frac{1}{6} \cdot (z-1) \cdot z \cdot (2z-1)$.

Man kann für die Höhe der Rechtecke auch andere Funktionswerte nehmen (Fig. 3). Den Grenzwert einer Rechteckssumme A_n kann man dann allgemein so darstellen:
$\lim_{n \to \infty} A_n = \lim_{n \to \infty} [f(z_1) \cdot (x_2 - x_1) + f(z_2) \cdot (x_3 - x_2) + \ldots + f(z_n) \cdot (x_{n+1} - x_n)]$.

Kürzt man die gleichen Differenzen $x_1 - x_0$, $x_2 - x_1$ usw. mit Δx (lies: Delta x) ab, ergibt sich:
$\lim_{n \to \infty} A_n = \lim_{n \to \infty} [f(z_1) \cdot \Delta x + f(z_2) \cdot \Delta x + \ldots + f(z_n) \cdot \Delta x]$.

Bei differenzierbaren Funktionen ergibt sich unabhängig von der Art der Rechteckssumme immer der gleiche Grenzwert.

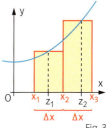

Fig. 3

In Fig. 1 verläuft der Graph der Funktion f teilweise unterhalb der x-Achse. Es wird jeweils beispielhaft der Flächeninhalt eines oberhalb und eines unterhalb der x-Achse liegenden Rechtecks berechnet.
Da die Inhalte von unterhalb der x-Achse liegenden Rechtecken dabei negativ gezählt werden, erhält man bei diesem Vorgehen orientierte Flächeninhalte.

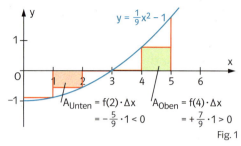
Fig. 1

Damit kann man mittels des Grenzwertes von Rechteckssummen auch bei nicht stückweise linearen Funktionen orientierte Flächeninhalte und Gesamtänderungen von Größen bestimmen.

Definition: Die Funktion f sei auf dem Intervall [a; b] differenzierbar und
$A_n = f(z_1) \cdot \Delta x + f(z_2) \cdot \Delta x + \ldots + f(z_n) \cdot \Delta x$ sei eine beliebige Rechteckssumme zu f über dem Intervall [a; b].
Dann heißt der Grenzwert $\lim_{n \to \infty} A_n$ **Integral** der Funktion f zwischen den Grenzen a und b.
Man schreibt dafür: $\int_a^b f(x)\,dx$ (lies: Integral von f(x) von a bis b).

INFO

Die Integralschreibweise wurde von Gottfried Wilhelm Leibniz (1646–1716) eingeführt. Das Zeichen ∫ ist aus einem S (von Summa) entstanden; dx steht für immer kleiner werdende Intervallbreiten Δx.

$\int_a^b f(x)\,dx$ — obere Grenze, Integrationsvariable, untere Grenze

Im Ausdruck $\int_a^b f(x)\,dx$ wird für f(x) die Bezeichnung **Integrand** und für x die Bezeichnung **Integrationsvariable** verwendet. Die Grenzen a und b heißen untere und obere **Integrationsgrenze**.

Da f stetig ist, würde sich bei einer Untersumme derselbe Grenzwert ergeben (siehe Aufgabe 8).

Beispiel 1 Bestimmung eines Flächeninhalts
Bestimmen Sie den Flächeninhalt A der Fläche zwischen dem Graphen der Funktion f mit $f(x) = x^2$ und der x-Achse über dem Intervall [0; 2] als Grenzwert einer Rechteckssumme.

■ Lösung: Man teilt das Intervall [0; 2] in n Teile der Breite $\frac{2}{n}$. Dann gilt z. B. für O_n:
$O_n = \frac{2}{n} \cdot \left(\left(\frac{2}{n}\right)^2 + \left(2 \cdot \frac{2}{n}\right)^2 + \ldots + \left(n \cdot \frac{2}{n}\right)^2\right)$
$= \frac{2^3}{n^3}(1 + 2^2 + 3^2 + \ldots + n^2)$. Wegen
$1^2 + 2^2 + 3^2 + \ldots + z^2 = \frac{1}{6} z \cdot (z+1) \cdot (2z+1)$
folgt:
$O_n = \frac{8}{n^3} \cdot \frac{1}{6} \cdot n \cdot (n+1) \cdot (2n+1) = \frac{4}{3} \cdot \frac{n+1}{n} \cdot \frac{2n+1}{n}$
$= \frac{4}{3}\left(1 + \frac{1}{n}\right) \cdot \left(2 + \frac{1}{n}\right)$.
Somit ist $\lim_{n \to \infty} O_n = \frac{4}{3} \cdot 1 \cdot 2 = \frac{8}{3}$.
Der gesuchte Flächeninhalt ist $A = \frac{8}{3}$.

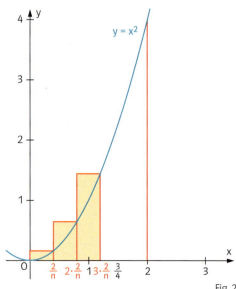
Fig. 2

Beispiel 2 Bestimmung des Integrals mit Dreiecks- und Rechtecksflächen

Bestimmen Sie das Integral $\int_{-2}^{2}(0,5t + 0,5)\,dt$ mittels Dreiecks- und Rechtecksflächen.

■ Lösung: *Man berechnet die Flächeninhalte von Dreiecken und Rechtecken.*
$A_1 = 0,25$; $A_2 = 0,25$; $A_3 = 1$; $A_4 = 1$
Es gilt:
$\int_{-2}^{2}(0,5t + 0,5)\,dt = -A_1 + A_2 + A_3 + A_4 = 2.$

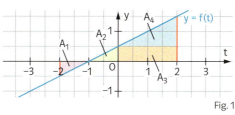

Fig. 1

Beispiel 3 Integral und Gesamtänderung (Wirkung) einer Größe
Die Wachstumsgeschwindigkeit v eines Baumes kann im Alter zwischen 10 und 50 Jahren durch $v(t) = 0,1 \cdot \sqrt{t+4}$ (t in Jahren, v(t) in Metern pro Jahr) beschrieben werden. Veranschaulichen Sie die Höhenzunahme des Baumes zwischen dem zehnten und fünfzigsten Jahr als orientierten Flächeninhalt und bestimmen Sie dafür einen Näherungswert. Drücken Sie die Höhenzunahme mit einem Integral aus.

■ Lösung: Die Höhenzunahme des Baumes entspricht dem orientierten Flächeninhalt A über dem Intervall [10; 50] (Fig. 2). Für A ergibt sich durch Abschätzung: A ≈ 22 FE. Der Baum ist näherungsweise um 22 m gewachsen. Für die Höhenzunahme h gilt:
$h = \int_{10}^{50}(0,1 \cdot \sqrt{t+4})\,dt \approx 22.$

Integrale lassen sich mit einem GTR näherungsweise bestimmen.

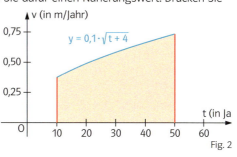

Fig. 2

Aufgaben

1 Bestimmen Sie das Integral mithilfe von Dreiecks- und Rechtecksflächen.

a) $\int_{2}^{5} x\,dx$ b) $\int_{-1}^{1}(2x+1)\,dx$ c) $\int_{-1}^{2} -2t\,dt$ d) $\int_{0}^{4} -2\,dx$ e) $\int_{-5}^{0}(-t-5)\,dt$

2 Bestimmen Sie das Integral mithilfe der in Fig. 3 angegebenen Flächeninhalte.

a) $\int_{-2}^{0} f(x)\,dx$ b) $\int_{-1}^{2} f(x)\,dx$

c) $\int_{0}^{3} f(x)\,dx$ d) $\int_{-2}^{3} f(x)\,dx$

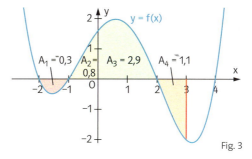

Fig. 3

3 Schreiben Sie den Inhalt der gefärbten Fläche als Integral.

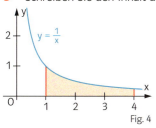

Fig. 4

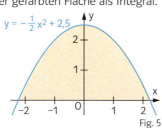

Fig. 5

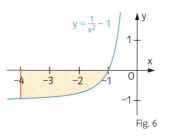

Fig. 6

Zeit zu überprüfen

4 Bestimmen Sie das Integral mittels Dreiecks- und Rechtecksflächen.

a) $\int_0^6 \frac{1}{2}x\, dx$ b) $\int_{-1}^2 (2x-1)\, dx$ c) $\int_{-10}^0 -0{,}5\, dt$

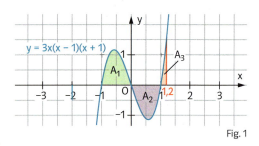

Fig. 1

5 Schreiben Sie den Inhalt der Flächen A_1, A_2 und A_3 in Fig. 1 als Integral und bestimmen Sie dafür jeweils einen Näherungswert.

6 Entscheiden Sie ohne Rechnung, ob das Integral positiv, negativ oder null ist.

a) $\int_{10}^{80} x^2\, dx$ b) $\int_{10}^{11} -x^4\, dx$ c) $\int_{-4}^{2} x^3\, dx$ d) $\int_{-3}^{3} e^x\, dx$ e) $\int_{-2}^{2} x^3\, dx$

7 Zeichnen Sie im Intervall $[-2;\, 2]$ den Graphen einer Funktion f mit

a) $\int_{-2}^{2} f(x)\, dx = 0$,   b) $\int_{-2}^{2} f(x)\, dx = 2$,   c) $\int_{-2}^{2} f(x)\, dx = -4$,   d) $\int_{-2}^{2} f(x)\, dx = \pi$.

8 a) Bestimmen Sie für das Integral $\int_0^2 x^2\, dx$ einen Näherungswert, indem Sie das Intervall $[0;\, 2]$ in zehn gleiche Teile teilen und die in Fig. 2 dargestellte Untersumme U_{10} berechnen.

b) Bestimmen Sie das Integral $\int_0^2 x^2\, dx$ als Grenzwert von U_n für $n \to \infty$.

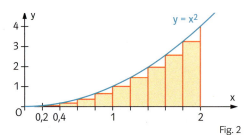

Fig. 2

Für die Aufgabe 8 b) benötigt man die Summenformel von Seite 121.

INFO → Aufgabe 9

Flächeninhalte unter dem Graphen der Funktion f mit $f(x) = ax^3$

Es soll der Inhalt A der Fläche zwischen dem Graphen der Funktion f mit $f(x) = \frac{1}{5}x^3$ und der x-Achse über dem Intervall $[0;\, 3]$ bestimmt werden. Dabei geht man entsprechend vor wie auf Seite 43. Da die Funktion f stetig ist, ergibt sich für jede Rechteckssumme derselbe Grenzwert. Es genügt also z.B. die Betrachtung von Obersummen. Man teilt das Intervall $[0;\, 3]$ in n Teile der Breite $\frac{3}{n}$ (siehe Fig. 3). Dann gilt:

$O_n = \frac{3}{n} \cdot \left(\frac{1}{5} \cdot \left(\frac{3}{n}\right)^3 + \frac{1}{5} \cdot \left(2 \cdot \frac{3}{n}\right)^3 + \ldots + \frac{1}{5} \cdot \left(n \cdot \frac{3}{n}\right)^3 \right)$

$= \frac{3^4}{n^4} \cdot \frac{1}{5} \cdot (1^3 + 2^3 + 3^3 + \ldots + n^3)$.

Wegen $1^3 + 2^3 + 3^3 + \ldots + z^3 = \frac{1}{4} \cdot z^2 \cdot (z+1)^2$ folgt:

$O_n = \frac{81}{n^4} \cdot \frac{1}{5} \cdot \frac{1}{4} \cdot n^2 \cdot (n+1)^2$

$= \frac{81}{20} \cdot \frac{(n+1)^2}{n^2} = \frac{81}{20} \cdot \left(1 + \frac{1}{n}\right) \cdot \left(1 + \frac{1}{n}\right)$.

Somit ist $\lim_{n \to \infty} O_n = \frac{81}{20}$.

Der gesuchte Flächeninhalt ist $A = \frac{81}{20}$.

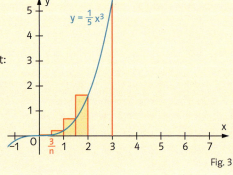

Fig. 3

Zur Bestimmung dieses Flächeninhalts ist folgende Summenformel notwendig:
$1^3 + 2^3 + 3^3 + \ldots + z^3 = \frac{1}{4}z^2 \cdot (z+1)^2$.

9 Zeigen Sie, dass im Beispiel der Infobox bei Verwendung von Untersummen der errechnete Grenzwert der gleiche ist wie bei der Verwendung von Obersummen.

3 Der Hauptsatz der Differenzial- und Integralrechnung

In der Physik unterscheidet man zwischen Bewegungen mit der Beschleunigung 0 und Bewegungen mit konstanter Beschleunigung. Ordnen Sie die Formeln für die Beschleunigung a, die Geschwindigkeit v und den Weg s den beiden Bewegungsformen zu.

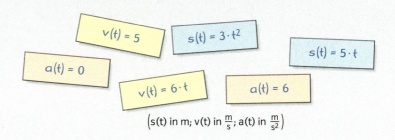

$\left(s(t) \text{ in m}; v(t) \text{ in } \frac{m}{s}; a(t) \text{ in } \frac{m}{s^2}\right)$

Die Berechnung eines Integrals mittels eines Grenzwertes einer Rechteckssumme ist aufwändig. Eine einfachere Berechnungsmethode erhält man, wenn man die Tatsache nutzt, dass die momentane Änderungsrate einer Größe der Ableitung der Gesamtänderung entspricht.

Die gegebene Funktion g mit $g(x) = x^2$ beschreibt die momentane Änderungsrate einer Größe G. Gesucht ist die Gesamtänderung der Größe auf dem Intervall [0; 1].

Bisher ist bekannt: Diese Gesamtänderung entspricht dem Integral $\int_0^1 x^2 dx$, veranschaulicht als Flächeninhalt A in Fig. 1. Auf Seite 121 wurde dieses Integral als Grenzwert bestimmt. Es gilt: $\int_0^1 x^2 dx = \frac{1}{3}$.

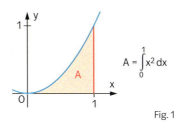

$A = \int_0^1 x^2 dx$

Fig. 1

Andererseits gilt:
Ist ein Funktionsterm G der Größe bekannt, dann kann die Gesamtänderung der Größe G auf dem Intervall [0; 1] als Differenz der Funktionswerte $G(1) - G(0)$ berechnet werden. Die folgende Überlegung zeigt, wie man einen Funktionsterm von G erhalten kann: g ist die momentane Änderungsrate von G, das heißt, g ist die Ableitung der Funktion G. Damit muss die gesuchte Funktion G die Bedingung $G' = g$ erfüllen. Folgende Funktionen kommen für G infrage: $G_1(x) = \frac{1}{3}x^3$; $G_2(x) = \frac{1}{3}x^3 + 1$; $G_1(x) = \frac{1}{3}x^3 + 2$; $G_1(x) = \frac{1}{3}x^3 + 3$ usw.
Man nennt jede dieser Funktionen eine Stammfunktion von g. Bildet man die gesuchte Differenz, ergibt sich in jedem Fall derselbe Wert:
$G_1(1) - G_1(0) = \frac{1}{3} - 0 = \frac{1}{3}$; $G_2(1) - G_2(0) = \left(\frac{1}{3} + 1\right) - (0 + 1) = \frac{1}{3}$; $G_2(1) - G_2(0) = \left(\frac{1}{3} + 2\right) - (0 + 2) = \frac{1}{3}$ usw.
Deshalb genügt es, zur Berechnung eines Integrals eine beliebige Stammfunktion G von g zu verwenden. Es gilt dann: $\int_0^1 g(x) dx = G(1) - G(0)$.

Die Differenzen $G_1(1) - G_1(0)$, $G_2(1) - G_2(0)$ usw. sind immer dann gleich, wenn sich die Funktionen G_1, G_2 usw. nur in einer Konstanten unterscheiden.

> **Definition:** Eine Funktion F heißt **Stammfunktion** zu einer Funktion f auf einem Intervall I, wenn für alle $x \in I$ gilt: **F'(x) = f(x)**.
>
> **Satz 1:** Sind F und G Stammfunktionen von f auf einem Intervall I, dann gibt es eine Konstante c, sodass für alle x in I gilt: $F(x) = G(x) + c$.

Es ist üblich, Stammfunktionen mit Großbuchstaben zu bezeichnen.

Beweis von Satz 1: Da F und G Stammfunktionen von f sind, gilt: $F'(x) = f(x)$ und $G'(x) = f(x)$ und damit $(F - G)'(x) = F'(x) - G'(x) = 0$ auf I. Das bedeutet: Die Funktion $F - G$ muss auf I eine konstante Funktion sein: $F(x) - G(x) = c$, also $F(x) = G(x) + c$.

> **Satz 2: Hauptsatz der Differenzial- und Integralrechnung**
> Die Funktion f sei differenzierbar auf dem Intervall [a; b]. Dann gilt:
> $\int_a^b f(x)\,dx = F(b) - F(a)$ für eine beliebige Stammfunktion F von f auf [a; b].

Bei der Hinführung zum Hauptsatz wurde anschaulich mit Größen gearbeitet. Jetzt wird mit der Definition des Integrals argumentiert.

Beweis von Satz 2: Gegeben ist eine Funktion f und eine beliebige Stammfunktion F von f über [a; b].

Man zeigt: Wenn man das Intervall [a; b] in n gleiche Teile Δx teilt (Fig. 1), dann gibt es in jedem Intervall Δx eine Stelle z_n mit $F(b) - F(a) = \lim_{n\to\infty}[f(z_1)\cdot\Delta x + f(z_2)\cdot\Delta x + \ldots + f(z_n)\cdot\Delta x]$.

Für den Beweis schreibt man die Differenz $F(b) - F(a)$ als Summe von Differenzen:
$F(b) - F(a) = (F(x_1) - F(x_0)) + (F(x_2) - F(x_1)) + (F(x_3) - F(x_2)) + \ldots + (F(x_n) - F(x_{n-1}))$.

In Fig. 2 ist das Intervall $[x_2; x_3]$ vergrößert dargestellt. Dazugezeichnet ist die Sekante durch die Punkte $(x_2 | F(x_2))$ und $(x_3 | F(x_3))$.
Sie hat die Steigung $\frac{F(x_3) - F(x_2)}{x_3 - x_2}$.

Im Intervall $[x_2; x_3]$ gibt es eine Stelle z_3, an der der Graph von F dieselbe Steigung wie die Sekante hat (vgl. Tangente in Fig. 2).

Es gilt: $F'(z_3) = f(z_3) = \frac{F(x_3) - F(x_2)}{x_3 - x_2}$, das heißt,
$F(x_3) - F(x_2) = f(z_3)\cdot(x_3 - x_2) = f(z_3)\cdot\Delta x$.

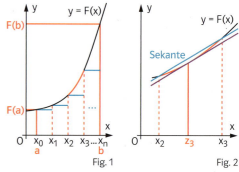

Fig. 1 Fig. 2

Da diese Überlegung für jedes Teilintervall durchführbar ist, gilt:
$F(b) - F(a) = f(z_1)\cdot\Delta x + f(z_2)\cdot\Delta x + f(z_3)\cdot\Delta x + \ldots + f(z_n)\cdot\Delta x$.

Für $n \to \infty$ ist der Grenzwert der rechten Seite der Gleichung gerade das Integral $\int_a^b f(x)\,dx$.

INFO

Gottfried Wilhelm Leibniz
(1646–1716)

Isaac Newton
(1643–1727)

Gottfried Wilhelm Leibniz und Isaac Newton erkannten als Erste, dass sich eine Vielfalt von Problemen auf zwei Grundaufgaben zurückführen lässt: die Ermittlung der Ableitung und die Ermittlung des Integrals. Zudem entdeckten sie unabhängig voneinander bei physikalischen Fragestellungen den Zusammenhang zwischen Ableitung und Integral (in heutiger Terminologie der Hauptsatz der Differenzial- und Integralrechnung). Ein Beweis wie der oben dargestellte wurde erst im 19. Jahrhundert entwickelt.

Bei der Bestimmung einer Stammfunktion F muss man „rückwärts ableiten". Eine Probe bringt Sicherheit: F' muss f ergeben.

Bei der Berechnung eines Integrals wie $\int_1^3 x^2\,dx$ mit dem Hauptsatz wird zunächst eine Stammfunktion F bestimmt, z.B. $F(x) = \frac{1}{3}x^3$. Anschließend werden die Funktionswerte $F(3)$ und $F(1)$ berechnet und dann ihre Differenz gebildet. Für dieses Verfahren verwendet man die folgende Schreibweise: $\int_1^3 x^2\,dx = \left[\frac{1}{3}x^3\right]_1^3 = \frac{1}{3}3^3 - \frac{1}{3}1^3 = 8\frac{2}{3}$.

Beispiel 1 Stammfunktionen

a) Prüfen Sie, welche der Funktionen F mit $F(x) = 0{,}3x^2$; G mit $G(x) = 0{,}2x^3$ und H mit $H(x) = 0{,}2(x^3 - 10)$ eine Stammfunktion von f mit $f(x) = 0{,}6x^2$ ist.

b) Bestimmen Sie zwei verschiedene Stammfunktionen von f mit $f(x) = \frac{1}{2}x^3$. Geben Sie alle Stammfunktionen von f an.

■ Lösung:

a) *Man bestimmt die Ableitung von F, G bzw. H und prüft, ob diese mit f übereinstimmt.*
$F'(x) = 0{,}6x \neq f(x)$; F ist keine Stammfunktion von f.
$G'(x) = 0{,}6x^2 = f(x)$; G ist eine Stammfunktion von f.
$H(x) = 0{,}2x^3 - 2$; $H'(x) = 0{,}6x^2 = f(x)$; H ist eine Stammfunktion von f.

b) *Man sucht eine Funktion, deren Ableitung die Funktion f ergibt.*
Stammfunktionen sind z. B. F mit $F(x) = \frac{1}{8}x^4$ und G mit $G(x) = \frac{1}{8}x^4 + 1$.
Jede Stammfunktion von f hat die Form F mit $F(x) = \frac{1}{8}x^4 + c$ mit einer Konstanten $c \in \mathbb{R}$.

Die Definition und der Satz 1 zu Stammfunktionen bezieht sich auf ein Intervall, auf dem die Funktion definiert ist. Das Intervall kann auch wie in Beispiel 1 aus ganz $\mathbb{R}$ bestehen.

Beispiel 2 Berechnen eines Integrals mit dem Hauptsatz in einfachen Fällen

Berechnen Sie das Integral mithilfe des Hauptsatzes.

a) $\int_0^4 2x \, dx$ b) $\int_{-1}^3 \frac{1}{2}x^2 \, dx$

■ Lösung:

a) Eine Stammfunktion von $f(x) = 2x$ ist $F(x) = x^2$.
Probe: $F'(x) = 2x$
$\int_0^4 2x \, dx = [x^2]_0^4 = 4^2 - 0^2 = 16$

b) Eine Stammfunktion von $f(x) = \frac{1}{2}x^2$ ist $F(x) = \frac{1}{6}x^3$.
Probe: $F'(x) = \frac{1}{2}x^2$
$\int_{-1}^3 \frac{1}{2}x^2 \, dx = \left[\frac{1}{6}x^3\right]_{-1}^3 = \frac{1}{6} \cdot 3^3 - \left(\frac{1}{6} \cdot (-1)^3\right) = \frac{14}{3}$

Aufgaben

1 Geben Sie eine Stammfunktion von f an.
a) $f(x) = x^2$ b) $f(x) = x^3$ c) $f(x) = 3x$ d) $f(x) = x^5$ e) $f(x) = 5x^2$
f) $f(x) = x^4$ g) $f(x) = 0{,}1x^3$ h) $f(x) = x$ i) $f(x) = 2$ j) $f(x) = 2x^5$

2 F ist eine Stammfunktion von f. Geben Sie eine mögliche Zahl für a an.
a) $f(x) = 3x^2$; $F(x) = x^a$ b) $f(x) = 2x$; $F(x) = x^2 - a$
c) $f(x) = 2x$; $F(x) = x^2 + 1 + a$ d) $f(x) = (a+1) \cdot x$; $F(x) = x^{a+1}$

3 Berechnen Sie das Integral mit dem Hauptsatz.
a) $\int_0^4 x^2 \, dx$ b) $\int_2^4 x^2 \, dx$ c) $\int_{-1}^5 2x \, dx$ d) $\int_{10}^{11} 0{,}5x \, dx$ e) $\int_{10}^{20} 5 \, dx$ f) $\int_0^1 x^3 \, dx$

g) $\int_0^3 0{,}5x^2 \, dx$ h) $\int_{-2}^0 \frac{1}{3}x^3 \, dx$ i) $\int_{-2}^{-1} \frac{1}{8}x^4 \, dx$ j) $\int_{-4}^4 0{,}5x^2 \, dx$ k) $\int_{-1}^1 x^5 \, dx$ l) $\int_{90}^{100} 1 \, dx$

Kontrollieren Sie Ihr Ergebnis, indem Sie das Integral mit einem Rechner bestimmen.

4 Bestimmen Sie eine Stammfunktion F zu f mit $F(1) = 100$.
a) $f(x) = 2x$ b) $f(x) = x^2$ c) $f(x) = 5$ d) $f(x) = -x$ e) $f(x) = -10$

Achtung: Rechenfehler!

5 Wie geht es nach $\int_{-2}^{-1}(-2x)\,dx = [-x^2]_{-2}^{-1} = \ldots$ richtig weiter?
(I) $-1^2 - 2^2 = -1 - 4 = -5$
(II) $-(-1)^2 - (-(-2)^2) = -1 - (-4) = 3$
(III) $-1^2 - (-2)^2 = -1 - 4 = -5$
(IV) $(-1)^2 - (-2)^2 = 1 - 4 = -3$

6 Berechnen Sie das Integral mit dem Hauptsatz.

a) $\int_0^4 -x\,dx$ b) $\int_{-1}^1 -2x\,dx$ c) $\int_{-2}^2 -x^2\,dx$ d) $\int_{-4}^{-2} -0{,}5x\,dx$ e) $\int_{-20}^{-10} -1\,dx$ f) $\int_{-1}^0 dx$

Zeit zu überprüfen

7 Prüfen Sie, ob die Funktion F mit $F(x) = 0{,}1x^4 - 0{,}1$ und die Funktion G mit $G(x) = \frac{2}{20}x^4$ eine Stammfunktion von h mit $h(x) = \frac{2}{5}x^3$ ist.

8 Berechnen Sie das Integral mit dem Hauptsatz. a) $\int_{-2}^5 x^2\,dx$ b) $\int_{-2}^{-1} -\frac{1}{2}x^4\,dx$

9 Welches Integral kann mit der Rechnung $[0{,}4x^2]_1^2$ berechnet werden?

I. $\int_1^2 \frac{4}{30}x^3\,dx$ II. $\int_1^2 (0{,}8x + 0{,}8)\,dx$ III. $\int_1^2 0{,}8x\,dx$ IV. $\int_1^2 (x - 0{,}2x)\,dx$

10 Berechnen Sie zu f mit $f(x) = \frac{1}{9}x^2$ mit dem Hauptsatz das Integral $\int_0^3 f(x)\,dx$ und interpretieren Sie das Ergebnis in dem beschriebenen Sachzusammenhang.
I. Der Graph von f und die x-Achse begrenzen eine Fläche über einem Intervall.
II. f beschreibt die Geschwindigkeit eines Autos (x in Sekunden, f(x) in Metern pro Sekunde).
III. f beschreibt die momentane Produktion von Benzin in einer Raffinerie (x in Stunden, f(x) in Tausend Tonnen pro Stunde).

Tipp zu Aufgabe 11: Die Fallgeschwindigkeit ist die momentane Änderungsrate der Fallstrecke.

11 Fällt ein Körper aus der Ruhe im freien Fall, dann gilt für seine Fallgeschwindigkeit v nach der Zeit t: $v(t) = 9{,}81 \cdot t$ (t in Sekunden, v(t) in Metern).
Bestimmen Sie mithilfe eines Integrals, wie weit der Körper in drei Sekunden gefallen ist.

12 Geben Sie drei verschiedene Funktionen f an, sodass $\int_{-1}^1 f(x)\,dx = 0$ gilt. Bestätigen Sie dies durch Berechnung des Integrals mit dem Hauptsatz.

13 Bestimmen Sie die positive Zahl z.

a) $\int_0^z x\,dx = 18$ b) $\int_1^z 4x\,dx = 30$ c) $\int_z^{10} 2x\,dx = 19$ d) $\int_0^{2z} 0{,}4\,dx = 8$

Zeit zu wiederholen

14 Lösen Sie die Gleichungen.
a) $x^2 - x - 2 = 0$ b) $(2x + 3)^3 = 0$ c) $(2x + 3)^3 = 1$ d) $4x^3 - 2x^2 = 0$
e) $2e^{2x} = 6e^x$ f) $x^4 - 13x^2 = -36$ g) $x^3 = -10x^2 - 9x$ h) $e^x - e^{2x} = 0$

15 Bestimmen Sie die Nullstellen von f.
a) $f(x) = -2x^2 + 8x + 1$ b) $f(x) = (x + 3)^2(x + 1)$ c) $f(x) = 4x^2(x^2 - 10) + 4x^2$
d) $f(x) = 4(x - 0{,}5)^4 - 4$ e) $f(x) = e^x - e^2$ f) $f(x) = 0{,}2e^{2x} - 1$

4 Bestimmung von Stammfunktionen

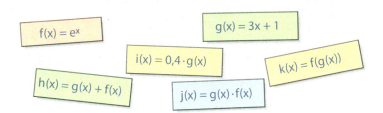

Bilden Sie Stammfunktionen von möglichst vielen der angegebenen Funktionen.

Bei der Berechnung eines Integrals mit dem Hauptsatz muss eine Stammfunktion bestimmt werden. Um bei einer zusammengesetzten Funktion leichter eine Stammfunktion zu finden, geht man wie bei der Ableitung vor: Man bestimmt zunächst Stammfunktionen zu einfachen Funktionen und sucht dann nach Regeln, wie man auch für zusammengesetzte Funktionen eine Stammfunktion finden kann.

In der Tabelle ist zu einigen einfachen Funktionen jeweils eine Stammfunktion angegeben.

	Stammfunktionen von einfachen Funktionen							
$f(x)$	x^3	x^2	x	1	x^{-1}	x^{-2}	x^{-3}	e^x
$F(x)$	$\frac{1}{4}x^4$	$\frac{1}{3}x^3$	$\frac{1}{2}x^2$	x	?	$-x^{-1}$	$-\frac{1}{2}x^{-2}$	e^x

Anhand der Tabelle erkennt man folgende Regel, die man durch Ableiten von F bestätigt:

Zu Funktionen der Form $f(x) = x^z$ $(z \neq -1)$ ist F mit $F(x) = \frac{1}{z+1}x^{z+1}$ eine Stammfunktion.

Man kann zeigen, dass dies auch für reelle Exponenten z $(z \neq -1)$ gilt: Zum Beispiel ist zu f mit $f(x) = \sqrt{x} = x^{\frac{1}{2}}$ die Funktion F mit $F(x) = \frac{1}{\frac{1}{2}+1}x^{\frac{1}{2}+1} = \frac{2}{3}x^{\frac{3}{2}}$ eine Stammfunktion.

Eine Stammfunktion von f mit $f(x) = \frac{1}{x} = x^{-1}$ findet man in Zusammenhang mit dem natürlichen Logarithmus.
Ist g die Funktion mit $g(x) = \ln(x)$ mit $x > 0$, dann gilt: $e^{g(x)} = x$.
Ableiten auf beiden Seiten ergibt: $e^{g(x)} \cdot g'(x) = 1$, also $e^{\ln(x)} \cdot \ln'(x) = 1$ oder $x \cdot \ln'(x) = 1$.
Damit gilt für $x > 0$: $\ln'(x) = \frac{1}{x}$.
Für $x < 0$ ergibt sich: $\ln'(|x|) = \ln'(-x) = \frac{1}{-x} \cdot (-1) = \frac{1}{x}$.
Damit ist die Funktion F mit $F(x) = \ln(|x|)$ eine Stammfunktion von f mit $f(x) = \frac{1}{x}$ $(x \neq 0)$.

Für eine **Summe von Funktionen** wie f mit $f(x) = x^2 + x^3$ findet man eine Stammfunktion, wenn man die Ableitungsregel $(g + h)' = g' + h'$ für Summen von Funktionen beachtet. Danach ist F mit $F(x) = \frac{1}{3}x^3 + \frac{1}{4}x^4$ eine Stammfunktion von f.

Entsprechend kann man bei einem **Produkt aus einer Zahl mit einer Funktion** wie bei $f(x) = 2,8 \cdot x^3$ die Ableitungsregel $(c \cdot f)' = c \cdot f'$ benutzen. Danach ist F mit $F(x) = 2,8 \cdot \frac{1}{4}x^4 = 0,7x^4$ eine Stammfunktion von f.

Für ein Produkt von Funktionen wie $f(x) = x^2 \cdot e^x$ ist eine umgekehrte Verwendung der Ableitungsregel für Produkte aufwändig und wird hier nicht betrachtet.

Bei **Verkettungen** muss man die Kettenregel beachten. Hier werden nur Verkettungen wie $f(x) = (2x - 5)^3$ betrachtet, bei denen die innere Funktion linear ist. Zu f ist F mit $F(x) = \frac{1}{4} \cdot \frac{1}{2} \cdot (2x - 5)^4 = \frac{1}{8} \cdot (2x - 5)^4$ eine Stammfunktion.

Wie weist man nach, dass F eine Stammfunktion von f ist? Durch Ableiten von F! Es muss gelten: $F'(x) = f(x)$.

So findet man zu einer Potenzfunktion eine Stammfunktion:
1. Hochzahl plus 1.
2. Mit dem Kehrwert der neuen Hochzahl multiplizieren.

Achtung:
Für f mit $f(x) = g(x) \cdot h(x)$ gilt **nicht** $F(x) = G(x) \cdot H(x)$.

Die Gesamtheit aller Stammfunktionen einer gegebenen Funktion f nennt man auch das **unbestimmte Integral** $\int f(x)\,dx$ der Funktion f.

Satz 1: Bestimmung von Stammfunktionen

– Zur Funktion f mit $f(x) = x^r$ $(r \neq -1)$ ist F mit $F(x) = \frac{1}{r+1} \cdot x^{r+1}$ eine Stammfunktion.
Zur Funktion f mit $f(x) = x^{-1} = \frac{1}{x}$ ist F mit $F(x) = \ln(|x|)$ eine Stammfunktion.

– Sind G und H Stammfunktionen von g und h, so gilt für zusammengesetzte Funktionen:

Funktion f	$f(x) = g(x) + h(x)$	$f(x) = c \cdot g(x)$	$f(x) = g(c \cdot x + d)$
Stammfunktion F	$F(x) = G(x) + H(x)$	$F(x) = c \cdot G(x)$	$F(x) = \frac{1}{c} G(c \cdot x + d)$

Die zur Bestimmung von Stammfunktionen gültigen Regeln kann man zum Teil auf die Berechnung von Integralen übertragen.

Diese Regeln beschreiben die sogenannte **Linearität** des Integrals.

Satz 2: Rechenregeln für Integrale

a) $\int_a^b c \cdot f(x)\,dx = c \cdot \int_a^b f(x)\,dx$
b) $\int_a^b (g(x) + h(x))\,dx = \int_a^b g(x)\,dx + \int_a^b h(x)\,dx$

Nachweis beispielhaft für a): Es sei F eine Stammfunktion von f. Dann gilt:

$\int_a^b c \cdot f(x)\,dx = [c \cdot F(x)]_a^b = c \cdot F(b) - c \cdot F(a) = c \cdot (F(b) - F(a));$

$c \cdot \int_a^b f(x)\,dx = c \cdot [F(x)]_a^b = c \cdot (F(b) - F(a)).$

Liegt von einer Funktion f nur der Graph vor (Fig. 1), so kann man den Graphen einer Stammfunktion von f skizzieren (Fig. 2). Dabei orientiert man sich wie beim grafischen Ableiten an charakteristischen Punkten des Graphen von f.

1. f hat bei a eine Nullstelle.
(In Fig. 1 an den Stellen $a_1 = -1$; $a_2 = 0$; $a_3 = 1$.)
Dann gilt: $f(a) = F'(a) = 0$. An diesen Stellen hat ein Graph von F waagerechte Tangenten.

2. In Fig. 1 gilt $f(x) = F'(x) > 0$ für $x \in]-1; 0[$. In diesem Intervall ist F streng monoton steigend.
In Fig. 1 gilt $f(x) = F'(x) < 0$ für $x \in]0; 1[$. In diesem Intervall ist F streng monoton fallend.

In Fig. 2 ist der Graph *einer* möglichen Stammfunktion skizziert. Jede Verschiebung in y-Richtung ergibt den Graphen einer weiteren Stammfunktion.

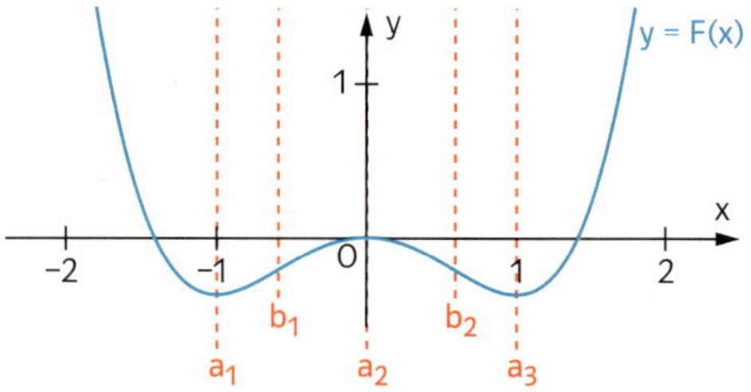

3. f hat bei b eine Extremstelle.
(In Fig. 1 an den Stellen $b_1 \approx -0{,}7$; $b_2 \approx 0{,}7$.)
Dann gilt: $f'(b) = F''(b) = 0$ und $f' = F''$ wechselt bei b das Vorzeichen.
F hat bei b eine Wendestelle.

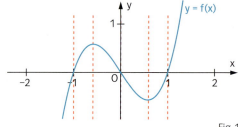

Fig. 1

Fig. 2

Beispiel 1   Der natürliche Logarithmus als Stammfunktion

Berechnen Sie das Integral $\int_1^4 \frac{2}{x}\,dx$.

■ Lösung: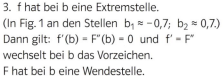

130   V Schlüsselkonzept: Integral

Beispiel 2 Stammfunktionen von zusammengesetzten Funktionen

Bestimmen Sie eine Stammfunktion von f mit $f(x) = \frac{2}{x^2} - (5x+1)^3$.

■ Lösung: $f(x) = g(x) - h(x)$ mit $g(x) = \frac{2}{x^2} = 2x^{-2}$ und $h(x) = (5x+1)^3$

Eine Stammfunktion von g ist G mit $G(x) = 2 \cdot (-1 \cdot x^{-1}) = -2 \cdot x^{-1} = \frac{-2}{x}$.

Eine Stammfunktion zur Verkettung h ist H mit $H(x) = \frac{1}{4} \cdot \frac{1}{5} \cdot (5x+1)^4 = \frac{1}{20}(5x+1)^4$.

Eine Stammfunktion von f ist F mit $F(x) = G(x) - H(x) = \frac{-2}{x} - \frac{1}{20}(5x+1)^4$.

Falls man auf Anhieb keine Stammfunktion findet, kann man zunächst gezielt raten, dann diese Funktion ableiten und daraufhin überlegen, wie die vermutete Stammfunktion korrigiert werden muss.

Beispiel 3 Skizzieren des Graphen einer Stammfunktion

Gegeben ist der Graph der Funktion f (Fig. 1). Skizzieren Sie den Graphen einer Stammfunktion F von f. Beschreiben Sie Ihr Vorgehen für charakteristische Punkte.

■ Lösung: Da $f(a) = 0$ und $f(c) = 0$ ist, hat der Graph von F an diesen Stellen eine waagerechte Tangente. → *Extremstellen*

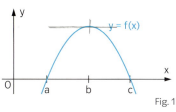
Fig. 1

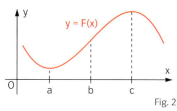
Fig. 2

Da $f(x) > 0$ für $a < x < c$ gilt, ist der Graph von F für $a \le x \le c$ streng monoton steigend.
Da $f(x) < 0$ für $x < a$ und für $x > c$ gilt, ist F für $x < a$ und für $x > c$ streng monoton fallend.
Da $f'(b) = 0$ ist und f' an der Stelle b das Vorzeichen wechselt, hat F an der Stelle b eine Wendestelle.
Einen möglichen Graphen von F zeigt Fig. 2. (Die Graphen weiterer Stammfunktionen sind in y-Richtung verschoben.)

Aufgaben

1 Bestimmen Sie eine Stammfunktion.

a) $f(x) = 0,5x^3$
b) $f(x) = \frac{1}{4}x^{-2}$
c) $f(x) = \frac{2}{5x^2}$
d) $f(x) = (2x+2)^3$

e) $f(x) = \frac{1}{3}x^3$
f) $f(x) = x^2 \cdot x^3$
g) $f(x) = \frac{1}{x^2} + x$
h) $f(x) = (2x+1)^{-2}$

i) $f(x) = \frac{1}{3}e^{x+5}$
j) $f(x) = 1 + e^{0,5x}$
k) $f(x) = e^{\frac{2}{3}x+1}$
l) $f(x) = \frac{5}{2}e^{2x-2}$

2 a) $f(x) = \frac{5}{x}$
b) $f(x) = 3 \cdot \frac{1}{(x+5)}$
c) $f(x) = \frac{-1}{2x}$
d) $f(x) = \frac{1}{(2x-3)}$

3 Berechnen Sie das Integral mit dem Hauptsatz.

a) $\int_0^2 (2+x)^3 dx$
b) $\int_2^3 \left(1+\frac{1}{x^2}\right) dx$
c) $\int_0^2 \frac{1}{(x+1)^2} dx$
d) $\int_0^9 \frac{2}{5}\sqrt{x}\, dx$

e) $\int_{-0,5}^{0} e^{2x+1} dx$
f) $\int_{-1}^{0} e^{-x} dx$
g) $\int_{-1}^{1} \frac{1}{5} e^{\frac{1}{2}x} dx$
h) $\int_{-2}^{2} e^{2+x} dx$

4 a) $\int_1^5 \frac{3}{x} dx$
b) $\int_1^2 \left(1 + \frac{1}{x}\right) dx$
c) $\int_3^4 \frac{1}{2(x+1)} dx$
d) $\int_1^4 \frac{3}{(2x-1)} dx$

Viele Stammfunktionen

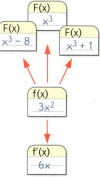

Eine Ableitung
Fig. 3

5 Skizzieren Sie zum Graphen von f den Graphen einer Stammfunktion von f.

a)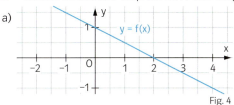
Fig. 4

b)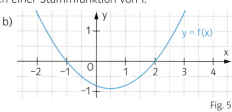
Fig. 5

6 In Fig. 1 ist der Graph einer Funktion f gezeichnet. F ist eine Stammfunktion von f. An welcher der markierten Stellen ist
a) F(x) am größten,
b) F(x) am kleinsten,
c) f'(x) am kleinsten,
d) F'(x) am kleinsten?

7 In Fig. 2 ist der Graph einer Funktion h gezeichnet. H ist eine Stammfunktion von h mit H(a) = 5. Übertragen Sie die Tabelle in Ihr Heft und geben Sie an, ob die Funktionswerte von H, h und h' an den Stellen a, b und c positiv, negativ oder null sind.

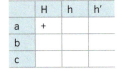

	H	h	h'
a	+		
b			
c			

Zeit zu überprüfen

8 Geben Sie eine Stammfunktion von f an.
a) $f(x) = 0{,}1x^2 - \frac{2}{x^2}$
b) $f(x) = \frac{1}{x-2}$
c) $f(x) = \frac{2}{(2x+1)^2}$

9 Berechnen Sie das Integral mit dem Hauptsatz.
a) $\int_{-1}^{1} \frac{1}{2}(x+1)^3 \, dx$
b) $\int_{0}^{1} \frac{1}{2} e^{2x} \, dx$
c) $\int_{-1}^{0} \frac{1}{(2x-1)^2} \, dx$

10 Fig. 3 zeigt den Graphen einer Funktion f. F ist eine beliebige Stammfunktion von f. Welche der folgenden Aussagen über F ist wahr, welche ist falsch?
A. F ist in I = [0; 2] streng monoton fallend.
B. F hat bei x ≈ 1,2 eine Extremstelle.
C. F hat bei x = –1 ein lokales Minimum.
D. Die Funktionswerte von F sind im Intervall]–1; 0[positiv.
E. F hat bei x ≈ 1,2 eine Wendestelle.

11 Überprüfen Sie, ob F eine Stammfunktion von f ist.
a) $f(x) = e^x \cdot (1+x); \; F(x) = x \cdot e^{2x}$
b) $f(x) = x \cdot e^x; \; F(x) = (x-1) \cdot e^x$

12 Geben Sie eine Stammfunktion von f an. Schreiben Sie dazu den Funktionsterm als Summe.
a) $f(x) = \frac{x^2 + 2x}{x^4}$
b) $f(x) = \frac{x^3 + 1}{2x^2}$
c) $f(x) = \frac{1 + x + x^3}{3x^3}$
d) $f(x) = \frac{(2x+1)^2 - 1}{x}$

CAS Bestimmen einer Stammfunktion

13 Welche Stammfunktion von f hat an der Stelle 0 den Funktionswert 1?
a) $f(x) = (x+2)^2$
b) $f(x) = \frac{1}{x+1}$
c) $f(t) = 2e^{0{,}5t}$
d) $f(t) = \frac{1}{2}e^{2t+1}$

14 Interpretiert man Integrale als orientierte Flächeninhalte (Fig. 4), ist einsichtig, dass gilt:

$$\int_a^b f(x)\,dx + \int_b^c f(x)\,dx = \int_a^c f(x)\,dx.$$

Begründen Sie die Gültigkeit dieser Gleichung mithilfe des Hauptsatzes.

Diese Eigenschaft des Integrals heißt **Intervalladditivität**.

15 Berechnen Sie möglichst geschickt.
a) $\int_{-1}^{3{,}3} 5x^2 \, dx - 10 \int_{-1}^{3{,}3} \frac{1}{2} x^2 \, dx$
b) $\int_{0}^{1} (x - 2\sqrt{x^2+4}) \, dx + 2 \int_{0}^{1} \sqrt{x^2+4} \, dx$
c) $\int_{3}^{3{,}7} \frac{1}{x} \, dx + \int_{3{,}7}^{4} \frac{1}{x} \, dx$

5 Integral und Flächeninhalt

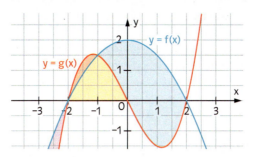

In der Abbildung sind verschiedene Flächen zu den Graphen von f und g mit $f(x) = -\frac{1}{2}x^2 + 2$ und $g(x) = \frac{1}{2}x^3 - 2x$ farbig markiert. Zu welchen dieser Flächen können Sie den Inhalt berechnen?

Bisher wurde das Integral dazu verwendet, Gesamtänderungen von Größen bzw. orientierte Flächeninhalte zu bestimmen. Dabei werden die Inhalte von oberhalb der x-Achse liegenden Flächen positiv, die Inhalte von unterhalb der x-Achse liegenden Flächen negativ gezählt. Daher müssen die Flächeninhalte von Flächen oberhalb der x-Achse und von Flächen unterhalb der x-Achse getrennt berechnet werden.
Die Figuren 1 bis 3 zeigen, wie man die Inhalte solcher Flächen bestimmt.

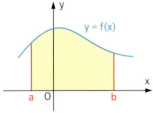

Fig. 1

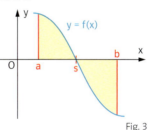

Fig. 2 · Fig. 3

In Fig. 3 kann man auch das Betragszeichen verwenden:
$$\int_a^s f(x)\,dx + \left| \int_s^b f(x)\,dx \right|$$

$$A = \int_a^b f(x)\,dx \qquad A = -\int_a^b f(x)\,dx = \left| \int_a^b f(x)\,dx \right| \qquad A = \int_a^s f(x)\,dx - \int_s^b f(x)\,dx$$

In Fig. 3 liegt die Fläche zum Teil unterhalb und zum Teil oberhalb der x-Achse. Diese Fläche muss deshalb mit zwei Integralen berechnet werden. Falls die Nullstelle s nicht bekannt ist, muss sie vorher bestimmt werden.

In Fig. 4 soll der Inhalt A der Fläche bestimmt werden, die von den Graphen zweier Funktionen f und g begrenzt wird. Es gilt:
$$A = \int_a^b f(x)\,dx - \int_a^b g(x)\,dx = \int_a^b (f(x) - g(x))\,dx.$$
Damit bei der Fläche in Fig. 5 so wie in Fig. 4 vorgegangen werden kann, verschiebt man beide Graphen um d so weit nach oben, bis sie im Intervall [a; b] vollständig oberhalb der x-Achse liegen (Fig. 6).

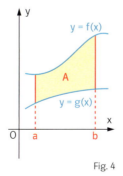

Fig. 4

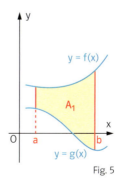

Fig. 5

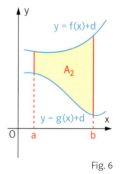

Fig. 6

Da sich bei der Verschiebung der Flächeninhalt nicht ändert, gilt:
$$A_1 = A_2 = \int_a^b (f(x)+d)\,dx - \int_a^b (g(x)+d)\,dx = \int_a^b (f(x)+d-g(x)-d)\,dx = \int_a^b (f(x)-g(x))\,dx.$$
Wenn $f(x) \geq g(x)$ auf [a; b] ist, ist die Berechnungsmethode für Flächeninhalte zwischen Graphen dieselbe, unabhängig davon, ob Teile der Fläche oberhalb bzw. unterhalb der x-Achse liegen.

Bei der Berechnung des **Flächeninhalts zwischen dem Graphen einer Funktion f und der x-Achse** über dem Intervall [a; b] geht man so vor:
1. Man bestimmt die Nullstellen von f auf [a; b].
2. Man untersucht, welches Vorzeichen f(x) in den Teilintervallen hat.
3. Man bestimmt die Inhalte der Teilflächen und addiert sie.

Wird eine **Fläche** über dem Intervall [a; b] **von den Graphen zweier Funktionen f und g begrenzt** und gilt $f(x) \geq g(x)$ für alle $x \in [a; b]$, dann gilt für ihren Inhalt A:
$$A = \int_a^b (f(x) - g(x))\,dx.$$

Soll ein Flächeninhalt wie in Fig. 1 mit einem Rechner berechnet werden, kann man sich die Bestimmung der Nullstellen ersparen, indem man die Betragsfunktion verwendet und nur das Integral $\int_a^c |f(x)|\,dx$ berechnet.

Fig. 1

CAS
Flächeninhalt

Beispiel 1 Flächen teilweise unterhalb, teilweise oberhalb der x-Achse
Gegeben ist die Funktion f mit $f(x) = x^2 - 2x$.
Berechnen Sie den Inhalt der Fläche, die vom Graphen von f, der x-Achse und den Geraden $x = -1$ und $x = 3$ eingeschlossen wird.
a) ohne Rechner   b) mit Rechner

■ Lösung: a) *Es handelt sich um die gefärbte Fläche in Fig. 2.*
Bestimmung der Nullstellen $f(x) = 0$:
$x(x - 2) = 0$; $x_1 = 0$; $x_2 = 2$.

$$A = \int_{-1}^{0}(x^2 - 2x)\,dx - \int_{0}^{2}(x^2 - 2x)\,dx + \int_{2}^{3}(x^2 - 2x)\,dx$$
$$= \left[\frac{1}{3}x^3 - x^2\right]_{-1}^{0} - \left[\frac{1}{3}x^3 - x^2\right]_{0}^{2} + \left[\frac{1}{3}x^3 - x^2\right]_{2}^{3}$$
$$= \frac{4}{3} + \frac{4}{3} + \frac{4}{3} = 4.$$

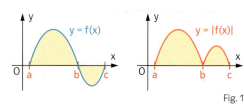

 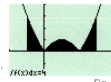
Fig. 3   Fig. 4

b) *Man verwendet statt der Funktion f die Betragsfunktion |f(x)| von f.*
Es ist $A = \int_{-1}^{3} |x^2 - 2x|\,dx = 4$ (Fig. 3 und 4).

Beispiel 2 Fläche zwischen zwei Graphen; die Graphen schneiden sich nicht im Integrationsbereich
Gegeben sind die Funktionen f und g mit $f(x) = e^{-x}$ und $g(x) = 2$ (Fig. 5).
Berechnen Sie den Inhalt A der Fläche, die von den Graphen der Funktionen f und g, der y-Achse und der Geraden $x = 3$ begrenzt wird.

■ Lösung: *Die Fläche ist in Fig. 5 gefärbt.*
Im Intervall [0; 3] ist $g(x) \geq f(x)$. Also gilt:
$$A = \int_0^3 (g(x) - f(x))\,dx = \int_0^3 (2 - e^{-x})\,dx = [2x + e^{-x}]_0^3$$
$$= (6 + e^{-3}) - (0 + e^0) = 5 + e^{-3} \approx 5{,}05.$$

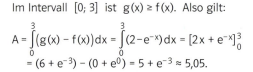

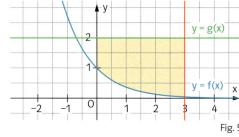
Fig. 5

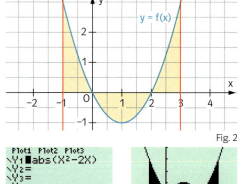

Beispiel 3 Fläche zwischen zwei Graphen; die Graphen schneiden sich im Integrationsbereich
Die Funktionen f und g mit $f(x) = x^3 - 6x^2 + 9x$ und $g(x) = -\frac{1}{2}x^2 + 2x$ schließen eine Fläche ein.
Berechnen Sie den Inhalt A dieser Fläche.

▪ Lösung: *Zunächst müssen die Schnittstellen von f und g bestimmt werden.*
Schnittstellen der Graphen: $x^3 - 6x^2 + 9x = -\frac{1}{2}x^2 + 2x$ bzw. $x(2x^2 - 11x + 14) = 0$.
Lösungen: $x_1 = 0$; $x_2 = 2$; $x_3 = 3{,}5$.
Man verschafft sich einen Überblick, welcher Graph in welchem Intervall oberhalb des anderen Graphen liegt (Fig. 1).

$A_1 = \int_0^2 (f(x) - g(x))dx = \int_0^2 \left(x^3 - \frac{11}{2}x^2 + 7x\right)dx$

$= \left[\frac{1}{4}x^4 - \frac{11}{6}x^3 + \frac{7}{2}x^2\right]_0^2 = \frac{10}{3}$

$A_2 = \int_2^{3,5} (f(x) - g(x))dx = \int_2^{3,5} \left(-x^3 + \frac{11}{2}x^2 - 7x\right)dx$

$= \left[-\frac{1}{4}x^4 + \frac{11}{6}x^3 - \frac{7}{2}x^2\right]_2^{3,5} = \frac{99}{64} \approx 1{,}547$

$A = A_1 + A_2 = \frac{937}{192} \approx 4{,}88$

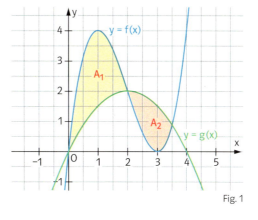

Fig. 1

Mit einem GTR kann man das Integral in Beispiel 3 in einem Schritt berechnen:

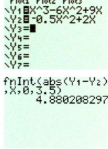

Aufgaben

1 Bestimmen Sie den Inhalt der gefärbten Fläche.

a) 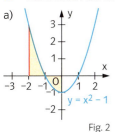 b) 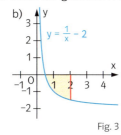 c) 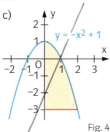 d)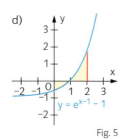

Fig. 2   Fig. 3   Fig. 4   Fig. 5

2 Gegeben sind die Funktionen f und g. Drücken Sie den Inhalt der beschriebenen Fläche mit $A_1, A_2, A_3 \ldots$ aus und berechnen Sie sie mit einem Integral.
Fläche I: Begrenzt vom Graphen von f und der x-Achse.
Fläche II: Begrenzt von den Graphen von f und g.
Fläche III: Im 1. Quadranten begrenzt vom Graphen von f, der x-Achse und der y-Achse.
Fläche IV: Im 3. Quadranten begrenzt vom Graphen von f, der x-Achse und der Geraden $x = -2$.

a) $f(x) = -0{,}5x^2 + 0{,}5$; $g(x) = -1{,}5$ b) $f(x) = -x^2 + 2$; $g(x) = 2x^2 - 1$

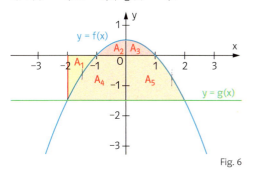 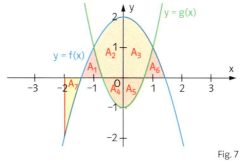

Fig. 6   Fig. 7

3 Wie groß ist die Fläche, die der Graph von f mit der x-Achse einschließt?
a) $f(x) = 0{,}5x^2 - 3x$
b) $f(x) = (x-1)^2 - 1$
c) $f(x) = x^4 - 4x^2$

4 Berechnen Sie den Inhalt der Fläche, die von den Graphen von f und g sowie den angegebenen Geraden begrenzt wird.
a) $f(x) = 0{,}5x$; $g(x) = -x^2 + 4$; $x = -1$; $x = 1$
b) $f(x) = x^3$; $g(x) = x$; $x = 0$; $x = 1$

5 Wie groß ist die Fläche, die von den Graphen von f und g begrenzt wird?
a) $f(x) = x^2$; $g(x) = -x^2 + 4x$
b) $f(x) = -\frac{1}{x^2}$; $g(x) = 2{,}5x - 5{,}25$

Zeit zu überprüfen

6 Berechnen Sie in Fig. 1 den Inhalt der vom Graphen von f und der x-Achse begrenzten Fläche.

7 Berechnen Sie den beschriebenen Flächeninhalt in Fig. 1.
a) Begrenzt von den Graphen von f und g.
b) Begrenzt von den Graphen von f und g und der x-Achse.
c) Begrenzt vom Graphen von f, der y-Achse und der Geraden $y = 4$.

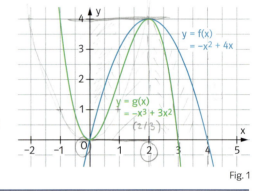
Fig. 1

8 Für jedes $t > 0$ ist eine Funktion f_t gegeben durch $f_t(x) = \frac{t}{x^2}$. Der Graph von f_t schließt mit der x-Achse über dem Intervall $[1; 2]$ eine Fläche $A(t)$ ein.
Bestimmen Sie $A(t)$ in Abhängigkeit von t. Für welches t beträgt dieser Flächeninhalt 8 FE?

9 Für jedes $t > 0$ ist eine Funktion f_t gegeben durch $f_t(x) = x^2 - t^2$. Der Graph von f_t schließt mit der x-Achse eine Fläche $A(t)$ ein.
Bestimmen Sie $A(t)$ in Abhängigkeit von t. Für welche t beträgt der Flächeninhalt 36 FE?

10 Zeigen Sie: Die Tangente an den Graphen von f_a mit $f_a(x) = a \cdot e^x$ ($a > 0$) im Punkt $P_a(0|a)$ schneidet die x-Achse im Punkt $S(-1|0)$. Bestimmen Sie den Inhalt der von der Tangente und dem Graphen begrenzten Fläche über dem Intervall $[-1; 0]$ in Abhängigkeit von a.

11 Beweisen Sie: Der Graph von f mit $f(x) = x^2$, die Tangente an f in $P(a|f(a))$ und die y-Achse begrenzen eine Fläche mit dem Inhalt $A = \frac{1}{3}a^3$.

Zeit zu wiederholen

Rechnen Sie möglichst wenig! Hier ist Argumentieren gefragt.

12 a) Die Graphen in Fig. 2 gehören zu den Funktionen f, g, h und i. Ordnen Sie jeder Funktion den passenden Graphen zu und begründen Sie Ihre Entscheidung.
$f(x) = x^3 - x$; $g(x) = x^4 - 4x^2$; $h(x) = x^3 - 2x^2$; $i(x) = -x^3 + 2x^2$

A) 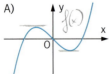 B) C) 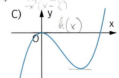 D)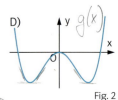

Fig. 2

b) Warum kann kein Graph aus Fig. 2 zur Funktion j mit $j(x) = 3x^2 + 4x - 2$ gehören?

6 Unbegrenzte Flächen – Uneigentliche Integrale

Es sind Holzklötze mit der Breite 1m und den Höhen 1m, $\frac{1}{2}$m, $\frac{1}{4}$m usw. zu einem Turm aufeinandergeschichtet. Dieselben Klötze sind in der zweiten Figur nebeneinandergelegt. Kann man bei „unendlich vielen Klötzen" etwas über die Höhe des Turms und den Flächeninhalt unter dem eingezeichneten Graphen sagen?

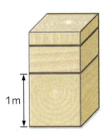
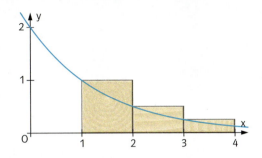

Bisher wurden mithilfe des Integrals die Inhalte von Flächen berechnet, die eine feste untere und eine feste obere Grenze haben. Bei der Fläche in Fig. 1 ist dies nicht der Fall. Diese Fläche ist nach rechts und nach oben unbegrenzt. Es stellt sich die Frage, ob man einer solchen unbegrenzten Fläche einen Flächeninhalt zuordnen kann.

Zur Untersuchung des Flächeninhaltes wird die Problemstellung vereinfacht, indem man eine feste Grenze einfügt. In Fig. 2 ist die Fläche mit der linken Grenze 1 nur noch nach rechts unbegrenzt. In Fig. 3 ist die Fläche mit der rechten Grenze 3 nur noch nach oben unbegrenzt.

Nach rechts unbegrenzte Fläche:

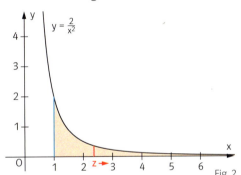

Nach oben unbegrenzte Fläche:

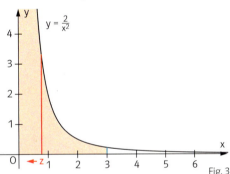

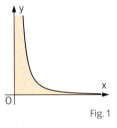

Fig. 1

Um den Inhalt der nach rechts unbegrenzten Fläche in Fig. 2 zu untersuchen, berechnet man zunächst mit der variablen rechten Grenze z den Inhalt der Fläche über dem Intervall [1; z].

$$A(z) = \int_1^z \frac{2}{x^2}\,dx = \left[-\frac{2}{x}\right]_1^z = -\frac{2}{z} + 2 = 2 - \frac{2}{z}$$

Da $A(z) \to 2$ für $z \to +\infty$ gilt, ist der Flächeninhalt der unbegrenzten Fläche in Fig. 1 $A = 2$.

Um den Inhalt der nach oben unbegrenzten Fläche in Fig. 3 zu untersuchen, berechnet man zunächst mit der variablen linken Grenze z den Inhalt der Fläche über dem Intervall [z; 3].

$$A(z) = \int_z^3 \frac{2}{x^2}\,dx = \left[-\frac{2}{x}\right]_z^3 = -\frac{2}{3} + \frac{2}{z}$$

Da $A(z) \to +\infty$ für $z \to 0$ (und $0 < z < 3$) gilt, hat die unbegrenzte Fläche in Fig. 2 keinen endlichen Inhalt.

Da in Fig. 1 der Grenzwert $\lim\limits_{z \to \infty} \int_1^z \frac{2}{x^2}\,dx$ existiert, schreibt man dafür auch: $\int_1^\infty \frac{2}{x^2}\,dx$.

Die entsprechende Schreibweise $\int_0^3 \frac{2}{x^2}\,dx$ ist nicht möglich, da kein Grenzwert existiert.

Bei der Untersuchung von **unbegrenzten Flächen** auf einen Inhalt untersucht man Integrale mit einer variablen Grenze und einer festen Grenze wie $\int_1^z f(x)\,dx$ oder wie $\int_z^3 f(x)\,dx$ auf einen **Grenzwert** für $z \to \pm\infty$ bzw. für $z \to c$ (c ist eine Konstante). Existieren die Grenzwerte, schreibt man: $\lim\limits_{z \to \infty} \int_1^z f(x)\,dx = \int_1^\infty f(x)\,dx$ bzw. $\lim\limits_{z \to c} \int_z^b f(x)\,dx = \int_c^b f(x)\,dx$.

Diese Integrale, die sich als Grenzwert ergeben, nennt man **uneigentliche Integrale**.

Beispiel 1 Fläche, die nach rechts unbegrenzt ist
Gegeben ist die Funktion f mit $f(x) = 2e^{-x}$.
Untersuchen Sie, ob die Fläche zwischen dem Graphen von f und den Koordinatenachsen einen endlichen Inhalt hat (siehe Fig. 1).

■ *Lösung: Es gilt $f(x) > 0$ für alle x. Der Graph von f schneidet daher die x-Achse nicht. Es wird eine variable rechte Grenze z eingeführt.*
Für $z > 0$ gilt
$$A(z) = \int_0^z 2e^{-x}dx = [-2e^{-x}]_0^z = -2e^{-z} + 2.$$
Für $z \to +\infty$ strebt $-2e^{-z} + 2 \to 2$.
Es ist also $\lim_{z \to +\infty} A(z) = 2$; die untersuchte Fläche hat den endlichen Inhalt $A = 2$.

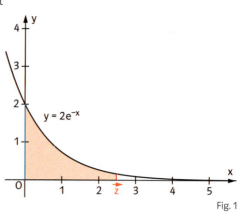
Fig. 1

Beispiel 2 Fläche, die nach oben unbegrenzt ist
Gegeben ist die Funktion f mit $f(x) = \frac{2}{\sqrt{x}}$.
Untersuchen Sie, ob die Fläche, die vom Graphen von f, der x-Achse, der y-Achse und der Geraden $x = 2$ eingeschlossen wird, einen endlichen Inhalt hat (siehe Fig. 2).

■ *Lösung: Es wird eine variable linke Grenze z mit $z > 0$ eingeführt.* Für $z > 0$ gilt
$$A(z) = \int_z^2 \frac{2}{\sqrt{x}}dx = \int_z^2 2x^{-0{,}5}dx$$
$$= [4x^{0{,}5}]_z^2 = [4\sqrt{x}]_z^2 = 4\sqrt{2} - 4\sqrt{z}.$$
Für $z \to 0$ strebt $4\sqrt{2} - 4\sqrt{z} \to 4\sqrt{2}$.
Es gilt also $\lim_{z \to 0} A(z) = 4\sqrt{2}$; die untersuchte Fläche hat den endlichen Inhalt
$A = 4\sqrt{2} \approx 5{,}66$.

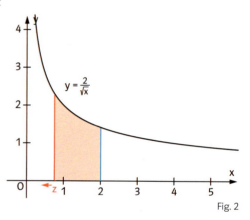
Fig. 2

Beispiel 3 Unbegrenzte Wassermenge bestimmen
Die Schüttung S(t) einer Quelle wird modellhaft beschrieben durch $S(t) = \frac{3}{(t+1)^2}$ ($t \geq 0$; t in Stunden, S(t) in Kubikmetern pro Stunde).

Schüttung ist ein anderer Ausdruck für die momentane Wasserabgabe der Quelle.

a) Fertigen Sie eine Skizze des Graphen von S an. Zeigen Sie, dass die Quelle unaufhörlich Wasser spendet.
b) Treffen Sie eine Aussage über die Wassermenge, die zeitlich unbegrenzt aus der Quelle fließen kann.

■ *Lösung:* a) Skizze siehe Fig. 3.
Für $t > 0$ ist $S(t) > 0$, das heißt, die Quelle spendet unaufhörlich Wasser.
b) Die bis zum Zeitpunkt z ausgetretene Wassermenge W(z) entspricht dem Integral
$$W(z) = \int_0^z \frac{3}{(t+1)^2}dt = \left[\frac{-3}{(t+1)}\right]_0^z = \frac{-3}{(z+1)} + 3.$$
Für $z \to \infty$ gilt: $A(z) \to 3$.

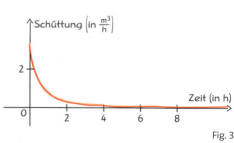
Fig. 3

Bei zeitlich unbegrenzter Schüttung könnte die Quelle insgesamt $3\,m^3$ Wasser liefern.

Aufgaben

1 Untersuchen Sie, ob die gefärbte unbegrenzte Fläche einen endlichen Inhalt A hat. Geben Sie gegebenenfalls A an.

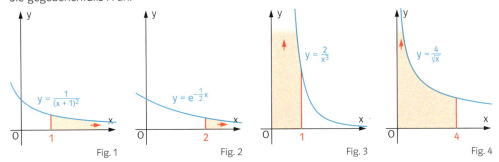

Fig. 1　　Fig. 2　　Fig. 3　　Fig. 4

2 In einem Science-Fiction-Film beträgt die Geschwindigkeit v(t) einer Weltraumrakete $v(t) = \frac{1000}{\sqrt{t+1}}$ $\left(t \geq 0; \text{ t in h; v in } \frac{km}{h}\right)$. Fliegt die Rakete „unendlich weit"?

3 Der Graph der Funktion f mit $f(x) = 2e^x$ schließt mit den Koordinatenachsen eine nach links nicht begrenzte Fläche ein. Zeigen Sie, dass diese Fläche einen endlichen Inhalt A hat.

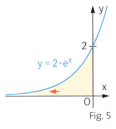

Fig. 5

Zeit zu überprüfen

4 Der Graph von f mit $f(x) = \frac{4}{x^3}$ schließt mit der x-Achse über dem Intervall $[0{,}5; \infty)$ eine nach rechts unbegrenzte Fläche ein. Untersuchen Sie, ob diese Fläche einen endlichen Inhalt A hat. Geben Sie gegebenenfalls A an.

5 Gegeben sind die Funktionen f mit:　I. $f(x) = \frac{1}{x^3}$,　II. $f(x) = \frac{1}{x^2}$,　III. $f(x) = \frac{1}{\sqrt{x}}$.

a) Der Graph jeder Funktion f schließt mit der x-Achse für $x \geq 1$ eine nach rechts unbegrenzte Fläche ein. Untersuchen Sie, ob diese Fläche einen endlichen Inhalt hat.
b) Untersuchen Sie entsprechend die nach oben unbegrenzte Fläche.

Ⓒ CAS
Fläche ins Unendliche

6 a) Wie viel Prozent von $\int_1^\infty e^{-x} dx$ sind $\int_1^a e^{-x} dx$ für a = 2; 5; 10; 20; 50; 100?
b) Bearbeiten Sie a) für die Funktion f mit $f(x) = x^{-2}$ anstatt der Funktion f mit $f(x) = e^{-x}$.

7 Aus der Physik ist bekannt: Um einen Körper der Masse m aus der Höhe h_1 über dem Erdmittelpunkt auf die Höhe h_2 über dem Erdmittelpunkt zu bringen, benötigt man die Arbeit

$W = \int_{h_1}^{h_2} F(s) ds$ mit $F(s) = \gamma \frac{m \cdot M}{s^2}$.

Dabei ist M die Masse der Erde und γ die Gravitationskonstante. Welche Arbeit ist notwendig, um einen Satelliten der Masse m von der Erdoberfläche
a) in eine geostationäre Bahn zu bringen
b) aus dem Anziehungsbereich der Erde „hinauszubefördern"?

Zahlenangaben zu Aufgabe 7:
M = 5,97·10²⁴ kg
γ = 6,67·10⁻¹¹ $\frac{m^3}{kg \cdot s^2}$
m = 1000 kg
Erdradius: h_1 = 6370 km
Höhe einer geostationären Bahn:
h_2 = 4,22·10⁴ km

Eine geostationäre Bahn liegt so über dem Äquator, dass der Satellit immer am gleichen Ort am Himmel zu stehen scheint.

7 Mittelwerte von Funktionen

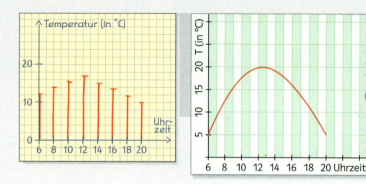

Die Graphen zeigen Temperaturaufzeichnungen von zwei verschiedenen Orten am gleichen Tag.
An welchem Ort war es wärmer?

Statt Mittelwert und im Mittel sagt man auch Durchschnitt und durchschnittlich.

Der Begriff des Mittelwertes $\overline{m}$ von endlich vielen Zahlen ist so festgelegt:
$\overline{m} = \frac{1}{n} \cdot (z_1 + z_2 + \ldots + z_n)$. Der Mittelwert wird oft verwendet, um auf einfache Weise Aussagen über die Wirkung von Größen zu erhalten. So hat z.B. die Durchschnittsnote von Klausuren eine entscheidende Auswirkung auf die Endnote. Der Begriff des Mittelwertes wird nun auf eine Funktion auf einem Intervall [a; b] erweitert.

Die Funktion f mit $f(t) = \frac{90}{(t+5)^2}$ gibt modellhaft die Schüttung einer Quelle an (t in Stunden, f(t) in $\frac{m^3}{h}$, Fig. 1). Im Intervall [0; 10] liefert die Quelle die Wassermenge

$W = \int_0^{10} f(t)\,dt = \left[\frac{-90}{t+5}\right]_0^{10} = 12\,m^3$.

Bei einer konstanten Schüttung von
$\overline{W} = \frac{1}{10} \cdot 12\,\frac{m^3}{h} = 1{,}2\,\frac{m^3}{h}$ hätte sich dieselbe Wassermenge ergeben.

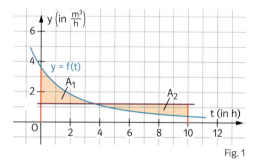

Fig. 1

$\overline{W}$ kann man in Fig. 1 näherungsweise grafisch bestimmen. Dazu legt man eine Parallele zur x-Achse so, dass $A_1 = A_2$ gilt.

Definition: Die Zahl $\overline{m} = \frac{1}{b-a}\int_a^b f(x)\,dx$ heißt **Mittelwert der Funktion f auf [a; b]**.

Beispiel Mittelwert bestimmen
Eine Tierpopulation verändert sich in einem Rhythmus von vier Jahren, modellhaft beschrieben durch
$P(x) = 0{,}2x^3 - 1{,}3x^2 + 2x + 1$
(x in Jahren; P(x) in Tausend).
Aus wie vielen Tieren besteht die Population durchschnittlich?

■ Lösung: $\overline{P} = \frac{1}{4}\int_0^4 f(x)\,dx = \frac{1}{4} \cdot \frac{76}{15} = \frac{19}{15} \approx 1{,}267$

Die mittlere Population beträgt 1267 Tiere.

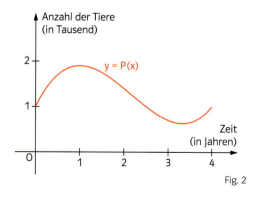

Fig. 2

Aufgaben

1 Skizzieren Sie den Graphen von f. Bestimmen Sie den Mittelwert $\overline{m}$ von Funktion f auf [a; b] und veranschaulichen Sie $\overline{m}$.
a) $f(x) = -x^2 + 4x$; $a = 0$; $b = 4$ b) $f(x) = 10e^{-x}$; $a = 3$; $b = 6$ c) $f(x) = 1 - \left(\frac{2}{x}\right)^2$; $a = 1$; $b = 3$

2 Bestimmen Sie für den Graphen in Fig. 1 grafisch den Mittelwert über [0; 4].

3 Gegeben ist der Graph der Funktion f und der Mittelwert $\overline{m} = 2$ von f auf [1; 5] (Fig. 2). Bestimmen Sie $\int_1^5 f(x)\,dx$ und beschreiben Sie das Größenverhältnis von A_1 zu A_2.

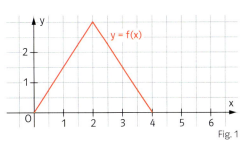

Fig. 1

4 Die Bevölkerungszahl von Mexiko kann mit $B(t) = 67{,}38 \cdot 1{,}026^t$ modelliert werden (t in Jahren seit 1980; B(t) in Millionen). Wie hoch war im Zeitraum von 1980 bis 1990 die durchschnittliche Bevölkerungszahl? Vergleichen Sie mit dem Durchschnitt der Zahlen von 1990 bis 2000.

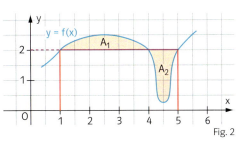

Fig. 2

Zeit zu überprüfen

5 Ein Auto fährt für $0 \le t \le 10$ mit der Geschwindigkeit $v(t) = \frac{1}{3{,}6}t\cdot(20 - t)$ (t in s, v in $\frac{m}{s}$).
a) Zeichnen Sie den Graphen von f und bestimmen Sie ohne Rechnung näherungsweise die mittlere Geschwindigkeit $\overline{v}$.
b) Bestimmen Sie die mittlere Geschwindigkeit $\overline{v}$ rechnerisch.
c) Wie weit ist das Auto in diesen 10s gefahren?

Das Auto in Aufgabe 5 beschleunigt auf $100\,\frac{km}{h}$. Es gilt $1\,\frac{m}{s} = 3{,}6\,\frac{km}{h}$.

6 Geben Sie drei Funktionen an, deren Mittelwert auf dem Intervall [-2; 2] genau 1 ist.

7 Die Produktionskosten eines Werkstücks verkleinern sich mit fortdauernder Produktion. Sie betragen für das x-te Werkstück K(x) mit $K(x) = \frac{1}{15\,000}(x - 600)^2 + 21$ (K(x) in €).
a) Wie hoch sind bei einer Produktion von 400 Stück die gesamten Produktionskosten und die durchschnittlichen Kosten pro Stück?
b) Bei welcher Stückzahl liegt der durchschnittliche Preis zum ersten Mal unter 37€?

Da x hier nur ganzzahlige Werte annimmt, liefert die Formel aus dem Merkkasten nur Näherungswerte.

8 Begründen Sie ohne Verwendung des Integrals, dass der Mittelwert von f mit $f(x) = \sin(x)$ auf $[0; \pi]$ größer als 0,5 ist.

9 Die Tageslänge beträgt in Madrid näherungsweise $H(t) = 9{,}6 + 0{,}45 \cdot 10^{-8} \cdot x^2 \cdot (x - 360)^2$, (t in Tagen nach Jahresbeginn, H(t) in Stunden). Bestimmen Sie die durchschnittliche Tagesdauer im Juni.

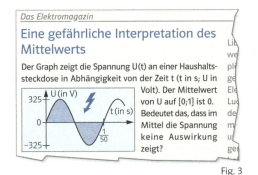

Fig. 3

In Aufgabe 9 wird jeder Monat mit 30 Tagen angesetzt. Der Juni besteht dann aus den Tagen 151 bis 181.

8 Numerische Integration

Zu der Funktion f mit $f(x) = \frac{1}{1+x^2}$ kann man mittels bisher bekannten Funktionen keine Stammfunktion angeben.

Gegeben ist die Funktion f mit $f(x) = \frac{1}{1+x^2}$.
a) Welcher Näherungswert für den Inhalt der in der Figur gefärbten Fläche ergibt sich, wenn man den Graphen der Funktion f zwischen A und B sowie B und C durch Sehnen ersetzt?
b) Welcher Wert ergibt sich, wenn man den Graphen durch die Tangente in B ersetzt?

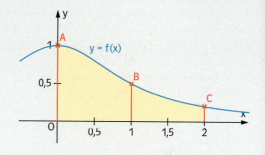

Wenn man zu einer gegebenen Funktion f keine Stammfunktion angeben kann, dann kann man im Allgemeinen das Integral $\int_a^b f(x)\,dx$ nicht exakt berechnen. In solchen Fällen versucht man, einen möglichst guten Näherungswert für das Integral zu berechnen.

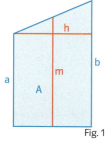

Fig. 1

$A = \frac{a+b}{2} \cdot h$ bzw.
$A = m \cdot h$

Jedes Integral kann durch Rechteckssummen näherungsweise bestimmt werden. Damit gibt zum Beispiel jede Unter- und jede Obersumme einen Näherungswert vor. Man erhält jedoch bessere Näherungswerte, wenn man die Rechtecke durch Sehnentrapeze wie in Fig. 2 oder durch Tangententrapeze wie in Fig. 3 ersetzt. Dabei benützt man die für den Flächeninhalt eines Trapezes geltenden Formeln (siehe Fig. 1).

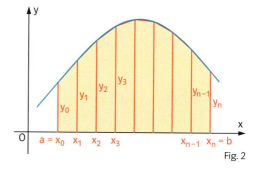

Fig. 2

Zur Bestimmung des Inhalts der Sehnentrapeze in Fig. 2 unterteilt man das Intervall [a; b] zunächst in n gleich lange Teilintervalle. Zur Vereinfachung schreibt man für $f(x_i)$ kurz y_i. Dann gilt für den Inhalt S_n:

$S_n = \frac{b-a}{n} \cdot \left(\frac{y_0 + y_1}{2} + \frac{y_1 + y_2}{2} + \ldots \frac{y_{n-1} + y_n}{2} \right)$

oder

$S_n = \frac{b-a}{2n} \cdot (y_0 + 2y_1 + 2y_2 + \ldots + 2y_{n-1} + y_n)$.

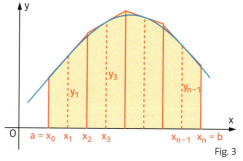

Fig. 3

Für gerade Zahlen n kann man entsprechend den Inhalt T_n der Tangententrapeze in Fig. 3 bestimmen.
Es gilt:
$T_n = \frac{2(b-a)}{n} \cdot (y_1 + y_3 + y_5 + \ldots + y_{n-1})$.

Die Trapezregeln kann man auch bei einem Integral $\int_a^b f(x)\,dx$ mit $f(x) < 0$ oder $a > b$ verwenden.

> Für das Integral $\int_a^b f(x)\,dx$ erhält man einen Näherungswert S_n bzw. T_n mit der
> **Sehnentrapezregel:** $S_n = \frac{b-a}{2n} \cdot (y_0 + 2y_1 + 2y_2 + \ldots + 2y_{n-1} + y_n)$ bzw.
> **Tangententrapezregel** (n gerade): $T_n = \frac{2(b-a)}{n} \cdot (y_1 + y_3 + y_5 + \ldots + y_{n-1})$.

Es liegt nahe, die mittels der Sehnentrapezregel und der Tangententrapezregel erhaltenen Näherungswerte S_n und T_n zu einem einzigen Näherungswert zusammenzufassen. Weil bei der Berechnung jeweils doppelt so viele Sehnentrapeze wie Tangententrapeze verwendet werden, erscheint es sinnvoll, S_n doppelt so stark zu gewichten wie T_n. Für n = 2 erhält man

$$\tfrac{1}{3}(2S_2 + T_2) = \tfrac{1}{3}\left(2\tfrac{(b-a)}{4}(y_0 + 2y_1 + y_2) + \tfrac{2(b-a)}{2}y_1\right) = \tfrac{b-a}{6}(y_0 + 4y_1 + y_2).$$

> **Fassregel von Kepler**
>
> Zur näherungsweisen Bestimmung eines Integrals $\int_a^b f(x)\,dx$ kann man die Funktionswerte an den drei Stellen a, $\tfrac{a+b}{2}$ (Mitte von a und b) und b verwenden:
>
> $$\int_a^b f(x)\,dx \approx \tfrac{b-a}{6} \cdot \left(f(a) + 4 \cdot f\left(\tfrac{a+b}{2}\right) + f(b)\right).$$

Beispiel Integral numerisch berechnen

a) Berechnen Sie für das Integral $\int_1^3 \tfrac{1}{1+x^2}\,dx$ die Näherungswerte S_4 und T_4.
b) Berechnen Sie für das Integral einen Näherungswert K mit der Kepler'schen Fassregel.
c) Bestimmen Sie mit einem Tabellenkalkulationsprogramm S_{40}.

■ Lösung: a) Mit $x_0 = 1$; $x_1 = 1{,}5$; $x_2 = 2$; $x_3 = 2{,}5$ und $x_4 = 3$ ergibt sich $y_0 = \tfrac{1}{2}$; $y_1 = \tfrac{4}{13}$; $y_2 = \tfrac{1}{5}$; $y_3 = \tfrac{4}{29}$ und $y_4 = \tfrac{1}{10}$.
Damit berechnet man:

$S_4 = \tfrac{3-1}{2 \cdot 4} \cdot \left(\tfrac{1}{2} + 2 \cdot \tfrac{4}{13} + 2 \cdot \tfrac{1}{5} + 2 \cdot \tfrac{4}{29} + \tfrac{1}{10}\right) = 0{,}4728$ (4 Dezimalen)

Die Abweichung vom gerundeten genauen Wert von 0,4636 beträgt 2 %.

$T_4 = \tfrac{2(3-1)}{4} \cdot \left(\tfrac{4}{13} + \tfrac{4}{29}\right) = 0{,}4456$ (4 Dezimalen).

Die Abweichung vom gerundeten genauen Wert von 0,4636 beträgt 4 %.

b) Es ist $a = 1$; $f(1) = \tfrac{1}{2}$; $\tfrac{a+b}{2} = 2$; $f(2) = \tfrac{1}{5}$; $b = 3$; $f(3) = \tfrac{1}{10}$.

$K = \tfrac{2}{6} \cdot \left(\tfrac{1}{2} + 4 \cdot \tfrac{1}{5} + \tfrac{1}{10}\right) = \tfrac{7}{15} \approx 0{,}4667$ (4 Dezimalen).

Die Abweichung vom gerundeten genauen Wert von 0,4636 beträgt 0,7 %.

c) Fig. 1 zeigt die mit einer Tabellenkalkulation berechneten Werte.
Es ergibt sich: $S_{40} \approx 0{,}46373928$.

Die Abweichung vom genauen Wert beträgt 0,02 %.

Man kann zeigen, dass der genaue Wert des Integrals im Beispiel auf 6 Dezimalen gerundet den Wert 0,463648 hat.

	A	B	C
1	x_i	y_i	$(y_i + y_{i+1}) \cdot \tfrac{1}{40}$
2	1	0,5	0
3	1,05	0,475624	0,02439061
4	1,1	0,452489	0,02320282
5	1,15	0,430571	0,02207648
6	1,2	0,409836	0,02101016
7	1,25	0,390244	0,020002
8	1,3	0,371747	0,01904978
9	1,35	0,354296	0,01815108
10	1,4	0,337838	0,01730334
11	1,45	0,322321	0,01650396
12	1,5	0,307692	0,01575033
13	1,55	0,293902	0,01503985
14	1,6	0,280899	0,01437001
15	1,65	0,268637	0,01373839
16	1,7	0,257069	0,01314265
17	1,75	0,246154	0,01258058
18	1,8	0,235849	0,01205007
19	1,85	0,226116	0,01154914
20	1,9	0,21692	0,0110759
21	1,95	0,208225	0,01062862
22	2	0,2	0,01020562
40	2,9	0,10627	0,00539722
41	2,95	0,103066	0,0052334
42	3	0,1	0,00507666
43	Näherung S_{40}		0,46373928

Fig. 1

Aufgaben

1 Ermitteln Sie mit beiden Trapezregeln Näherungswerte für das Integral.

a) $\int_1^4 \tfrac{1}{x}\,dx$; n = 6 b) $\int_0^2 \sqrt{1+x}\,dx$; n = 4 c) $\int_0^4 2^x\,dx$; n = 8 d) $\int_{-1}^1 e^{(x^2)}\,dx$;

2 Berechnen Sie das Integral $\int_0^2 f(x)\,dx$ mit dem Hauptsatz und näherungsweise mit der Kepler'schen Fassregel.

a) $f(x) = x$ b) $f(x) = x^2$ c) $f(x) = x^3$ d) $f(x) = x^4$ e) $f(x) = x^5$

3 Berechnen Sie die Integrale $\int_{-1}^1 10x^2 \cdot (x-1)^2 \cdot (x+1)^2\,dx$ und $\int_{-1}^1 x^2 \cdot e^{-x}\,dx$ näherungsweise mit der Kepler'schen Fassregel.

INFO → Aufgabe 4

Numerische Integration – Die Fassregel von Kepler

Spundloch

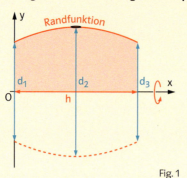

Fig. 1

Kann man das Fassungsvermögen eines Weinfasses aus seinen Abmessungen berechnen? Vor diesem Problem stand der Astronom und Mathematiker Johannes Kepler (1571–1630), als er zu seiner Hochzeit einige Fässer Wein kaufte. Wie sollte er ohne größere Umstände nachprüfen, wie viel Wein in den vollen Fässern war? Die sich aus diesem Problem ergebenden Überlegungen beschrieb Kepler in seiner Schrift „Nova stereometria doliorum vinariorum" (Neue Inhaltsberechnung von Weinfässern).

Eines seiner Ergebnisse war: Wenn man an einem Fass die drei Längen d_1, d_2 (durch das Spundloch) und d_3 misst und daraus die Inhalte der kreisförmigen Querschnittsflächen q_1, q_2 und q_3 berechnet, dann erhält man einen guten Näherungswert für das Volumen V des Fasses mit $V = \frac{1}{6} \cdot h \cdot (q_1 + 4q_2 + q_3)$. Von dieser Formel kommt der Name „Fassregel".

Man kann das Volumen eines Fasses auch mithilfe der nach Keplers Zeit entwickelten Integralrechnung bestimmen. Dabei denkt man sich das Fass durch Rotation der „Randfunktion" um die x-Achse entstanden.

⊚ CAS
Volumen eines Fasses

Man kann die zur Kepler'schen Fassregel führende Problemstellung auch ganz anders angehen. Dabei wird durch die drei gegebenen Punkte A, B und C eine Parabel $f(x) = ax^2 + bx + c$ vom Grad 2 gelegt.
In Fig. 2 ergeben sich die Bedingungen
$\qquad c = 1$ (Punkt A)
$\quad 4a + 2b + 1 = 4$ (Punkt B)
$16a + 4b + 1 = 3$ (Punkt C)
Lösung: $f(x) = -0{,}5x^2 + 2{,}5x + 1$.

Fig. 2

Mit dieser Funktion ergibt sich für den Flächeninhalt die Näherungslösung $\int_0^4 f(x)\,dx = 13\frac{1}{3}$.

Mit der Kepler'schen Fassregel ergibt sich $\frac{1}{6} \cdot 4 \cdot (1 + 4 \cdot 4 + 3) = 13\frac{1}{3}$. Man kann zeigen, dass die Kepler'sche Fassregel und die „Parabelmethode" immer dieselben Ergebnisse liefern.

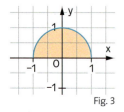

Fig. 3

Flächeninhalt A des Halbkreises $A = \frac{1}{2}\pi \cdot r^2$

4 a) Der in Fig. 3 abgebildete Halbkreis soll durch eine Parabel p vom Grad 2 mittels der Stützstellen A(–1|0), B(0|1) und C(1|0) angenähert werden. Bestimmen Sie p(x) und berechnen Sie das Integral $\int_{-1}^{1} p(x)\,dx$ mithilfe des Hauptsatzes.

b) Der zum Halbkreis in Fig. 3 gehörende Funktionsterm ist $f(x) = \sqrt{1-x^2}$.
Bestimmen Sie das Integral $\int_{-1}^{1} \sqrt{1-x^2}\,dx$ mithilfe der Keplerschen Fassregel und vergleichen Sie mit dem Ergebnis aus Teilaufgabe a).

Wiederholen – Vertiefen – Vernetzen

1 Geben Sie eine Stammfunktion von f an.
a) $f(x) = \frac{1}{3}x^2 + \frac{2}{x^2}$
b) $f(x) = 0{,}2 \cdot (e^x - e^{-x})$
c) $f(x) = 0{,}1 \cdot (0{,}1x + 1)^3$

2 Prüfen Sie, ob F eine Stammfunktion von f ist.
a) $f(x) = x \cdot e^x(2 + x);\ F(x) = x^2 \cdot e^x$
b) $f(x) = \frac{1}{(3x+1)^2};\ F(x) = \frac{-1}{9 \cdot (3x+1)^3}$

Vom Graphen zum Integral

3 Fig. 1 zeigt den Graphen einer Funktion f.
a) Gibt es Stellen, an denen jede Stammfunktion von f ein Minimum hat?
b) Beschreiben Sie, wie man am Graph von f erkennt, ob der Graph einer Stammfunktion F von f einen Hochpunkt hat.
c) Skizzieren Sie den Graphen einer Stammfunktion von f.

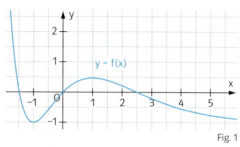
Fig. 1

4 In Fig. 2 und 3 sind jeweils Graphen der momentanen Änderungsrate m einer Größe G gezeichnet. Beurteilen Sie, ob in Fig. 2 die Größe im Zeitraum zwischen 0 s und 4 s und in Fig. 3 zwischen 1 s und 3 s insgesamt zugenommen hat.

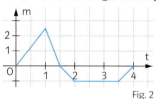
Fig. 2

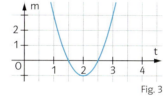
Fig. 3

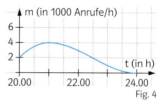
Fig. 4

5 Anlässlich eines im Fernsehen übertragenen Benefizkonzerts können Zuschauer ab 20 Uhr einen Spendenanruf tätigen.
In Fig. 4 ist die Entwicklung der momentanen Anrufrate m dargestellt.
a) Bestimmen Sie einen Schätzwert für die Zahl der Anrufe bis 22 Uhr.
b) Pro Stunde können 3000 Anrufe bearbeitet werden. Zu welcher Zeit ist die Zahl der Anrufer in der Warteschleife am größten?

6 The Quabbin Reservoir in the western part of Massachusetts provides most of Boston's water. The graph in figure 5 represents the flow of water in and out of the Quabbin Reservoir throughout 1993.
(a) Sketch a possible graph for the quantity of water in the reservoir, as a function of time.
(b) When, in the course of 1993, was the quantity of water in the reservoir largest? Smallest? Mark and label these points on the graph you drew in part (a).
(c) When was the quantity of water increasing most rapidly? Decreasing most rapidly? Mark and label these times on both graphs.
(d) By July 1994 the quantity of water in the reservoir was about the same as in January 1993. Draw plausible graphs for the flow into and the flow out of the reservoir for the first half of 1994. Explain your graphs.

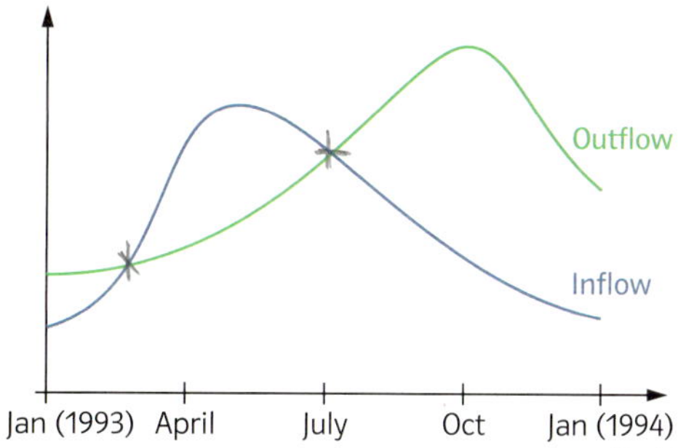

Diese Aufgabe ist einem Schulbuch aus den USA entnommen.

Fig. 5

Wiederholen – Vertiefen – Vernetzen

Parabeln, Flächeninhalte, Rauminhalte

7 Zum Bau von Abwasserkanälen werden 1 m lange vorgefertigte Segmente aus Beton verwendet. Fig. 1 zeigt ein Segment im Querschnitt. Der Ausschnitt ist parabelförmig. Bestimmen Sie das Volumen und die Masse des in einem Segment verarbeiteten Betons.

8 Ein 10 m langer Fußgängertunnel wird nach den Maßen von Fig. 2 aus Beton gefertigt. Der Querschnitt ist parabelförmig. Wie viel Beton wird benötigt?

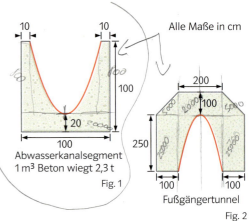

Fig. 1 Abwasserkanalsegment 1 m³ Beton wiegt 2,3 t

Fig. 2 Fußgängertunnel

Begrenzung von Flächen durch Tangenten und Normalen

9 Berechnen Sie den Inhalt der Fläche, die vom Graphen von f, der Tangente in P und der x-Achse begrenzt wird (Fig. 3).
a) $f(x) = 0,5 x^2$; $P(3|4,5)$
b) $f(x) = \frac{1}{x^2} - \frac{1}{4}$; $P(0,5|3,75)$

10 Berechnen Sie den Inhalt der Fläche, die vom Graphen von f, der Normalen in P und der x-Achse begrenzt wird (Fig. 4).
a) $f(x) = -x^2$; $P(1|-1)$ b) $f(x) = x^3$; $P(1|1)$

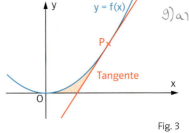

Fig. 3

11 Berechnen Sie den Inhalt der Fläche, die vom Graphen von f mit $f(x) = -x^3 + x$ und der Normalen im Wendepunkt von f eingeschlossen wird.

12 Gegeben ist die Funktion f mit $f(x) = x^3$. Eine Gerade der Form $y = mx$ mit $m \geq 0$ schließt im ersten Quadranten mit dem Graphen von f eine Fläche ein (Fig. 5). Bestimmen Sie m so, dass der Inhalt dieser Fläche 2,25 ist. Drücken Sie dazu die gesuchte Schnittstelle der Graphen und den Flächeninhalt in Abhängigkeit von m aus. Zeigen Sie, dass der Graph von f das rot gefärbte Dreieck für jedes m mit $m \geq 0$ in zwei flächengleiche Teile teilt.

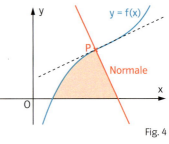

Fig. 4

Parameter bei Flächenberechnung

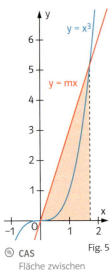
Fig. 5

Fläche zwischen zwei Kurven

Tangente und Flächeninhalt

Zeit zu wiederholen

13 Skizzieren Sie ohne Hilfsmittel einen Graphen der ganzrationalen Funktion f.
a) $f(x) = x^2 - 2$ b) $f(x) = x \cdot (x - 2)$ c) $f(x) = x^2 \cdot (x + 4)$ d) $f(x) = x \cdot (x - 2) \cdot (x + 2)$

14 Ist die Aussage wahr oder falsch? Begründen Sie.
a) Das Verhalten der Funktion f mit $f(x) = -0,1 x^4 + 2 x^3 - 10 x + 20$ für $x \to \infty$ kann man am Koeffizienten $-0,1$ ablesen.
b) Jede ganzrationale Funktion mit ungeradem Grad hat Nullstellen.
c) Eine ganzrationale Funktion f vom Grad n hat n − 1 Extremstellen.

Rückblick

Stammfunktionen
F heißt Stammfunktion von f, falls $F'(x) = f(x)$ ist.
Ist F eine Stammfunktion von f, dann auch G mit $G(x) = F(x) + c$.
Eine Stammfunktion von f mit $f(x) = \ln(x)$ ist F mit $F(x) = x \cdot \ln(x) - x$

Zu f mit $f(x) = 3x^2 + \frac{1}{x^2}$ sind z.B. F mit
$F(x) = x^3 - \frac{1}{x}$ und G mit $G(x) = x^3 - \frac{1}{x} - 2$
Stammfunktionen.

Berechnung von Integralen
Integrale kann man mithilfe von Stammfunktionen berechnen.
Ist F eine beliebige Stammfunktion von f, so gilt:

$\int_a^b f(x)\,dx = F(b) - F(a)$.

$\int_1^4 1{,}5\,x^2\,dx = [0{,}5\,x^3]_1^4 = 32 - 0{,}5 = 31{,}5$

Integral und Flächeninhalt
Flächen zwischen einer Kurve und der x-Achse
Bei der Berechnung des Flächeninhalts ist zu unterscheiden, ob die Fläche oberhalb oder unterhalb der x-Achse liegt.

$A_1 = \int_a^b f(x)\,dx$;

$A_2 = \int_b^c -f(x)\,dx$.

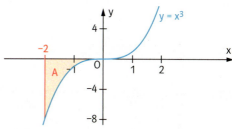

$A = \int_{-2}^{0} -x^3\,dx = [-0{,}25\,x^4]_{-2}^{0} = 0 - (-4) = 4$.

Flächen zwischen zwei Kurven
Zur Berechnung des Flächeninhalts ist zunächst zu klären, welche Kurve in welchen Bereichen oberhalb der anderen Kurve liegt. Dazu müssen die Schnittstellen der Graphen bestimmt werden.

$A_1 = \int_a^b (f(x) - g(x))\,dx$;

$A_2 = \int_b^c (g(x) - f(x))\,dx$.

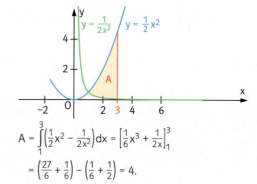

$A = \int_1^3 \left(\frac{1}{2}x^2 - \frac{1}{2x^2}\right) dx = \left[\frac{1}{6}x^3 + \frac{1}{2x}\right]_1^3$

$= \left(\frac{27}{6} + \frac{1}{6}\right) - \left(\frac{1}{6} + \frac{1}{2}\right) = 4$.

Integral und Gesamtänderung (Wirkung) einer Größe
Ist g die momentane Änderungsrate einer Größe, dann kann man die Gesamtänderung $G(b) - G(a)$ der Größe im Intervall $[a; b]$ mit einem Integral berechnen: $G(b) - G(a) = \int_a^b g(t)\,dt$.

Momentaner Schadstoffausstoß g eines Motors: $g(t) = \frac{8}{0{,}01t^2 + 1} + 1$ (t in s, $g(t)$ in $\frac{mg}{s}$).
Gesamter Schadstoffausstoß (in mg) in
$[0; 600\,s]$: $\int_0^{600} \left(\frac{8}{0{,}01t^2 + 1} + 1\right) dt \approx 724$
(mit Rechner).

Uneigentliche Integrale
Es gibt zwei Arten von uneigentlichen Integralen.
Grenzwert von $\int_a^b f(x)\,dx$ für $b \to \infty$

Grenzwert von $\int_z^b f(x)\,dx$ für $z \to a$

Für $b \to \infty$ gilt: $\int_1^b \frac{1}{x^2}\,dx = \left[-\frac{1}{x}\right]_1^b = 1 - \frac{1}{b} \to 1$

Für $z \to 0$ gilt: $\int_z^4 \frac{1}{2\sqrt{x}}\,dx = 2 - \sqrt{z} \to 2$

Prüfungsvorbereitung ohne Hilfsmittel

1 Berechnen Sie das Integral. a) $\int_{-2}^{2} x(x-1)\,dx$ b) $\int_{1}^{10} x^{-1}\,dx$ c) $\int_{0}^{\ln(4)} e^{\frac{1}{2}x}\,dx$

2 Bestimmen Sie eine Stammfunktion von f. a) $f(x) = \frac{1}{4} e^{0{,}1 \cdot x + 1}$ b) $f(x) = \frac{1}{\frac{1}{2}(5x-1)^2}$

3 Bestimmen Sie den Inhalt der Fläche, die der Graph von f mit $f(x) = x^3 - x$ mit der x-Achse einschließt.

4 Untersuchen Sie, ob die nach rechts ins Unendliche reichende Fläche mit der linken Grenze $a = 1$ unter dem Graphen von f mit $f(x) = \frac{10}{x^4}$ einen endlichen Inhalt hat.

5 Skizzieren Sie den Graphen der Funktion f (Fig. 1) in Ihr Heft. Skizzieren Sie dazu einen Graphen
a) der Ableitungsfunktion f′,
b) einer Stammfunktion von f,

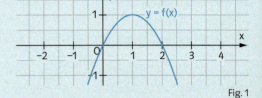
Fig. 1

6 Die Funktion G (Fig. 2) ist eine Stammfunktion von g. Bestimmen Sie aus dem Graphen von G näherungsweise
a) g(2), b) $\int_{1}^{4} g(x)\,dx$.

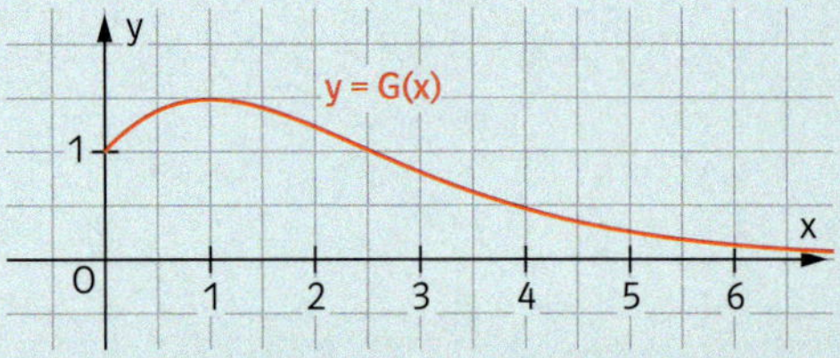

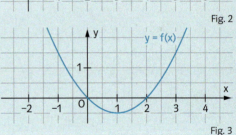
Fig. 2

7 Fig. 3 zeigt den Graphen einer Funktion f. F ist eine Stammfunktion von f. Welche der folgenden Aussagen über F ist wahr, welche ist falsch?
A: F ist in $I = [-1; 0]$ streng monoton fallend.
B: F hat bei $x = 0$ eine Extremstelle.
C: F muss in $[-1; 1]$ eine Nullstelle haben.
D: F hat bei $x = 1$ eine Wendestelle.

Fig. 3

8 Gegeben ist die Funktion f mit
$f_a(x) = -a \cdot x^2 + a$ $(a > 0)$. Der Graph von f schließt mit der x-Achse eine Fläche ein. Bestimmen Sie a so, dass der Flächeninhalt 4 ist.

9 In Fig. 4 ist näherungsweise die Vertikalgeschwindigkeit v eines Ballons in Abhängigkeit von der Zeit aufgetragen. Bei positiven Werten von v steigt der Ballon nach oben.
a) Beschreiben Sie, welchen Flugzustand der Ballon nach 10 Minuten einnimmt.
b) Nach wie vielen Minuten hat der Ballon seine größte Höhe erreicht. Beschreiben Sie diese Höhe mit einem Integral.
c) Beurteilen Sie, ob der Start- und Landepunkt gleich hoch liegen.

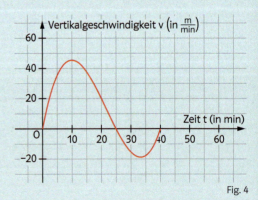
Fig. 4

Prüfungsvorbereitung mit Hilfsmitteln

1 Gegeben ist die Funktion f mit $f(x) = 0{,}5\,x^2 \cdot (x^2 - 4)$.
a) Wie groß ist die Fläche, die der Graph von f mit der x-Achse einschließt?
b) Der Graph von f und die Gerade mit der Gleichung $y = -2$ begrenzen eine Fläche. Berechnen Sie deren Inhalt.
c) Untersuchen Sie, wie sich der Flächeninhalt A aus Teilaufgabe a) verändert, wenn statt der Funktion f die Funktion g mit $g(x) = k \cdot f(x)$ mit $k > 0$ gegeben ist.

2 Gegeben ist die Funktion f mit $f(x) = 1 - e^{2-x}$; $x \in \mathbb{R}$.
a) Untersuchen Sie f auf Schnittpunkte mit den Koordinatenachsen.
Zeigen Sie, dass f streng monoton steigend ist. Skizzieren Sie einen Graph von f.
b) Der Graph von f schließt mit der x-Achse und der y-Achse eine Fläche ein. Berechnen Sie deren Inhalt A.
c) Der Graph von f begrenzt mit der Geraden $x = 2$ und der Geraden $y = 1$ eine nach rechts sich ins Unendliche erstreckende Fläche. Untersuchen Sie, ob diese Fläche einen endlichen Inhalt hat.

3 Ein Behälter enthält zu Beginn $(t = 0)$ $2\,\text{cm}^3$ Öl. Für $t > 0$ wird in einer Zuleitung Öl zugeführt. Für die momentane Zuflussrate f gilt: $f(t) = 0{,}1\,e^{-0{,}1 \cdot t}$ (t in Minuten, f(t) in cm³).
a) Zeigen Sie, dass die Ölmenge dauernd zunimmt.
b) Bestimmen Sie eine Funktion g, die die Ölmenge im Behälter für $t > 0$ in Abhängigkeit von der Zeit beschreibt. Untersuchen Sie, wie groß die Ölmenge werden kann.
c) Wie groß ist die mittlere Zuflussrate der Ölmenge im Behälter während der ersten zehn Minuten?

4 Bei einem Überschuss an elektrischer Energie wird Wasser in einen Speichersee hochgepumpt. Mit diesem Wasser kann man bei Bedarf wieder elektrische Energie erzeugen. In Fig. 1 ist modellhaft die Zuflussrate eines Speichersees an einem Werktag zwischen 0 Uhr und 24 Uhr dargestellt.
a) Bestimmen Sie anhand des Graphen in Fig. 1, zu welchem Zeitpunkt im Verlauf dieses Tages am wenigsten Wasser im Speicher ist.
b) Für die Zuflussrate g gilt:
$g(t) = 0{,}1(t^2 - 24t + 108)$ (t in Stunden, g(t) in Tausend Kubikmetern pro Stunde).
Bestimmen Sie die Zufluss- und Abflussmengen zwischen 0 Uhr und 6 Uhr, 6 Uhr und 18 Uhr und 18 Uhr und 24 Uhr.

5 Der Boden eines 2 km langen Kanals hat die Form einer Parabel (siehe Fig. 2). Dabei entspricht eine Längeneinheit 1 m in der Wirklichkeit.
a) Berechnen Sie den Inhalt der Querschnittsfläche des Kanals.
b) Wie viel Wasser befindet sich im Kanal, wenn er ganz gefüllt ist?
c) Wie viel Prozent der maximalen Wassermenge befindet sich im Kanal, wenn er nur bis zur halben Höhe gefüllt ist?

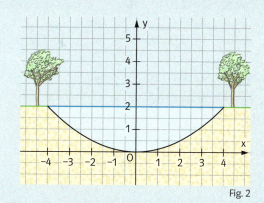

CAS
Kanalquerschnitt

Fig. 2

Lösungen auf Seite 251–252.

Exponentialfunktionen und zusammengesetzte Funktionen

Wachstum ist das zeitliche Verhalten einer Messgröße. Zunächst wird zu einem bestimmten Zeitpunkt t_1 der Wert dieser Größe bestimmt. Zu einem späteren Zeitpunkt t_2 wird der Wert dieser Größe wieder bestimmt. Ist dieser zweite Wert $W(t_2)$ größer als der erste $W(t_1)$, dann spricht man von positivem Wachstum. Dieser Fall entspricht dem allgemeinen Sprachgebrauch.
Ist $W(t_2)$ kleiner als $W(t_1)$, spricht man von negativem Wachstum.
Im Falle $W(t_2) = W(t_1)$ spricht man von Nullwachstum.

aus Wikipedia

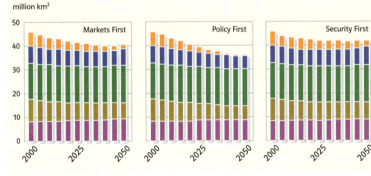

Das kennen Sie schon
- Untersuchung ganzrationaler Funktionen
- Ableitung der Exponentialfunktion
- Ableitungsregeln
- Berechnung von Integralen

☑ **Check-in:**
Zur Überprüfung, ob Sie die inhaltlichen Voraussetzungen beherrschen, siehe Seite 227.

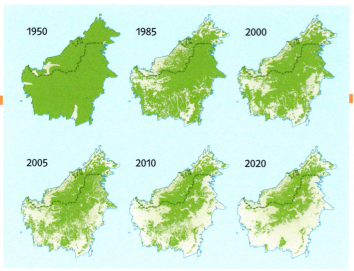

Extent of deforestation in Borneo 1950–2005, and projection towards 2020. The tropical lowland and highland forests of Borneo, including vast expanses of rainforest, have decreased rapidly after the end of the second world war. Forests are burned, logged and clear, and commonly replaced with agricultural land, built-up areas or palm oil plantations. These areas represent habitat for species, such as Orangutan and elephants.
UNEP/GRID-Arendal

Der Zusammenhang von der Abnahme der Waldfläche und der Zunahme der Bioölplantagen wird in den Grafiken dargestellt. Sie unterscheiden sich aufgrund verschiedener Modellannahmen, die entweder die Wirtschaft, die Politik, die Sicherheit oder die Nachhaltigkeit in den Vordergrund stellen.

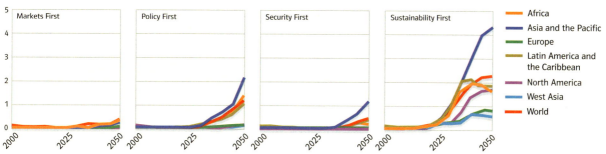

In diesem Kapitel

- werden Funktionenscharen untersucht.
- werden die Eigenschaften von Exponentialfunktionen untersucht.
- werden Funktionen untersucht, die sich aus ganzrationalen Funktionen und Exponentialfunktionen zusammensetzen.
- werden zusammengesetzte Funktionen im Sachzusammenhang untersucht.
- werden Extremwertprobleme gelöst.

1 Funktionenscharen

Ein Vogel ...

... und die ganze Vogelschar.

Oft ist es wichtig, nicht nur ein Objekt, sondern eine ganze Schar ähnlicher Objekte gleichzeitig zu untersuchen.
In Fig. 1 und Fig. 2 sind Parabeln dargestellt, die zu einer Funktionenschar gehören. Was haben die Graphen in Fig. 2 gemeinsam? Was unterscheidet sie?

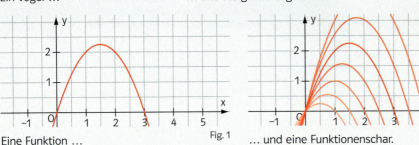

Eine Funktion ... Fig. 1

... und eine Funktionenschar. Fig. 2

Funktionen, die nicht nur von einer Variablen x, sondern auch von **Parametern** abhängen, sind im Kontext linearer oder quadratischer Funktionen bekannt. So hängt z. B. der Verlauf der linearen Funktion f mit $f(x) = 4x + b$ auch von dem Parameter b ab. Die Graphen von f haben alle die Steigung 4 und verlaufen parallel zueinander. Der Parameter b gibt an, wo die y-Achse geschnitten wird. Er kann beliebig gewählt werden, wird aber z. B. beim Ableiten wie eine Zahl und nicht als Variable betrachtet. Im Folgenden werden ganzrationale Funktionen mit Parametern genauer untersucht.

Aus einem quadratischen Stück Pappe mit der Seitenlänge a (in cm) soll eine oben offene Schachtel hergestellt werden (vgl. Fig. 3). Haben die Einschnitte die Länge x (in cm), so erhält man für das Volumen V (in cm³):
$V = x \cdot (a - 2x)^2 = 4x^3 - 4ax^2 + a^2 x$.

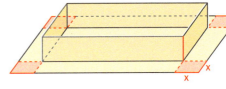
Fig. 3

Dabei hängt das Volumen V von x und a ab. Geht man von einem quadratischen Stück Pappe der festen Länge a aus, so ist das Volumen V nur noch eine Funktion der Variablen x, d. h. $V_a(x) = x \cdot (a - 2x)^2$ mit $D_{V_a} = \left(0; \frac{a}{2}\right)$.
V_a ist eine Schar von Funktionen, a wird als **Parameter** bezeichnet.

Fig. 4 zeigt die Graphen von V_a für verschiedene Werte von a. Anhand der Graphen erkennt man, dass es für jeden Wert von a eine Schachtel mit maximalem Volumen gibt.
Aus $V_a'(x) = 12x^2 - 8ax + a^2 = 0$ erhält man $x_1 = \frac{a}{6}$ und $x_2 = \frac{a}{2}$ ($x_2 \notin D_{V_a}$).
Mit $V_a''(x) = 24x - 8a$ ist $V_a''(x_1) = -4a < 0$.
Damit hat das Volumen an der Stelle $x_1 = \frac{a}{6}$ ein lokales Maximum mit $V_a\left(\frac{a}{6}\right) = \frac{2a^3}{27}$.

Beim Ableiten und Integrieren wird der Parameter wie eine Zahl behandelt.

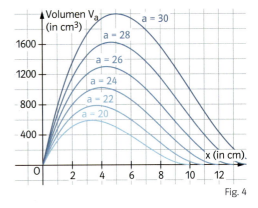
Fig. 4

152 VI Exponentialfunktionen und zusammengesetzte Funktionen

Enthält ein Funktionsterm außer der Variablen x noch einen Parameter a, so gehört zu jedem a eine Funktion f_a, die jedem x den Funktionswert $f_a(x)$ zuordnet. Die Funktionen f_a bilden eine **Funktionenschar**.

Wenn man den Hochpunkt der Graphen der Funktionenschar V_a mit $V_a(x) = 4x^3 - 4ax^2 + a^2x$ in Abhängigkeit von a darstellt, erhält man $H_a\left(\frac{a}{6} \mid \frac{2a^3}{27}\right)$. Durchläuft a alle zugelassenen Werte, so liegen alle Hochpunkte auf einer Kurve (vgl. Fig. 1). Diese Kurve heißt **Ortskurve** oder **Ortslinie** der Hochpunkte H_a. Eine Gleichung der Ortskurve erhält man, indem man aus den Gleichungen $x_H = \frac{a}{6}$ und $y_H = \frac{2a^3}{27}$ den Parameter a eliminiert. Durch Einsetzen von $a = 6x_H$ in $y_H = \frac{2a^3}{27}$ erhält man:
$y_H = \frac{2 \cdot (6x_H)^3}{27} = \frac{2 \cdot 216 \cdot x_H^3}{27} = 16 x_H^3$.

Somit liegen alle Hochpunkte auf dem Graphen der Funktion f mit $f(x) = 16x^3$.

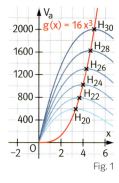
Fig. 1

Beispiel 1 Gemeinsame Punkte einer Schar
Bestimmen Sie die gemeinsamen Punkte aller Graphen von f_a mit $f_a(x) = x^3 - ax^2 - x + a$.
■ Lösung: *Funktionswerte zweier beliebiger Funktionen der Schar mit a_1 und a_2 müssen gleich sein.*
Aus $f_{a_1}(x) = f_{a_2}(x)$ $(a_1 \neq a_2)$ folgt:
$x^3 - a_1x^2 - x + a_1 = x^3 - a_2x^2 - x + a_2$ $\mid -x^3 + x$
$\quad -a_1x^2 + a_1 = -a_2x^2 + a_2$ $\mid -a_1 + a_2x^2$
$\quad a_2x^2 - a_1x^2 = a_2 - a_1$
$\quad x^2 \cdot (a_2 - a_1) = a_2 - a_1$ $\mid :(a_2 - a_1)$
$\quad\quad\quad x^2 = \frac{a_2 - a_1}{a_2 - a_1} = 1$
$\quad\quad\quad x_1 = 1;\ x_2 = -1$

Durch Auflösen nach x erhält man die x-Koordinate des Schnittpunktes zweier beliebiger Funktionen der Schar. Die Lösung hängt nicht von a_1 und a_2 ab.

$f_a(1) = 0$; $f_a(-1) = 0$. Also verlaufen alle Graphen durch $S_1(1 \mid 0)$ und $S_2(-1 \mid 0)$ (vgl. Fig. 2).

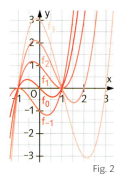
Fig. 2

Beispiel 2 Funktionenschar einer Flugbahn – Ortskurve
Wird ein Ball von einer Höhe von 2 m in einem Winkel von 45° gegenüber der Horizontalen geworfen, so kann dessen Flugbahn mit dem Graphen der Funktion mit
$f_v(x) = 2 + x - 5\frac{x^2}{v^2}$; $v \in \mathbb{R}^+$ modelliert werden. Hierbei ist v (in $\frac{m}{s}$) der Betrag der Abwurfgeschwindigkeit, x (in m) die horizontale Entfernung vom Abwurfpunkt und $f_v(x)$ (in m) die jeweilige Höhe über dem Boden. Auf welcher Ortskurve befinden sich die Hochpunkte der Graphen?
■ Lösung: $f_v'(x) = 1 - \frac{10}{v^2}x$ Aus $f_v'(x) = 0$ folgt $x = \frac{v^2}{10}$. Mit $f_v''(x) < 0$ erhält man $H_v\left(\frac{v^2}{10} \mid 2 + \frac{v^2}{20}\right)$.
$v = \sqrt{10x}$ bzw. $y = 2 + \frac{v^2}{20} = 2 + \frac{1}{2}x$.
Da $v > 0$ ist, spielt im Kontext die 2. Lösung $v = -\sqrt{10x}$ keine Rolle.
Die Hochpunkte liegen auf der Geraden mit $y = 2 + \frac{1}{2}x$ (vgl. Fig. 4).

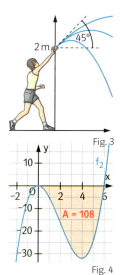
Fig. 3

Fig. 4

Beispiel 3 Integrale von Funktionenscharen
Gegeben ist f_t mit $f_t(x) = x^3 - 3tx^2$ $(t \in \mathbb{R}^+)$. Der Graph von f_t schließt mit der x-Achse im Intervall $[0;\ 3t]$ eine Fläche ein. Für welches t beträgt der Inhalt 108 Flächeneinheiten?
■ Lösung: $\int_0^{3t} (x^3 - 3tx^2)\,dx = \left[\frac{1}{4}x^4 - tx^3\right]_0^{3t} = \frac{(3t)^4}{4} - t \cdot (3t)^3 = \frac{81}{4}t^4 - 27t^4 = -\frac{27}{4}t^4 = -6{,}75\,t^4$

Der gesuchte Flächeninhalt A_t liegt unterhalb der x-Achse. Somit gilt: $A_t = |-6{,}75\,t^4| = 6{,}75\,t^4$.
$6{,}75\,t^4 = 108$; also $t = \sqrt[4]{\frac{108}{6{,}75}} = 2$. Für $t = 2$ beträgt der Flächeninhalt 108 Flächeneinheiten.

Aufgaben

1 Gegeben ist die Funktionenschar f_t ($t \in \mathbb{R}^+$). Bestimmen Sie die Nullstellen sowie Hoch-, Tief- und Wendepunkte und skizzieren Sie die Graphen für $t = 1$, $t = 2$ und $t = 3$.
a) $f_t(x) = x^2 + tx$
b) $f_t(x) = tx^2 - 1$
c) $f_t(x) = x^2 - 2tx + t^2$
d) $f_t(x) = x^3 - tx$
e) $f_t(x) = tx^3 - x$
f) $f_t(x) = (x + t)^3$

2 Gegeben ist die Funktionenschar f_t ($t \in \mathbb{R}\setminus\{0\}$). Bestimmen Sie den Scheitelpunkt sowie die zugehörige Ortskurve. Skizzieren Sie die Graphen für $t = 1$ und $t = -1$. Beschreiben Sie, welchen Einfluss der Parameter t bei den Funktionen jeweils auf den Verlauf des Graphen hat.
a) $f_t(x) = x^2 + tx + 2$
b) $f_t(x) = tx^2 + t^2x$
c) $f_t(x) = tx^2 + x$
d) $f_t(x) = -tx^2 + 4x$
e) $f_t(x) = x^2 + tx + t$
f) $f_t(x) = t^3x^2 + t^2x + t$

3 Gegeben ist die Funktion f_t ($t \in \mathbb{R}^+$). Bestimmen Sie die Steigung des zugehörigen Graphen an der Stelle 0. Für welchen Wert von t ist diese Steigung 1?
a) $f_t(x) = tx^2 + tx$
b) $f_t(x) = tx^3 + 3x^2 - tx$
c) $f_t(x) = t^2x^3 + 3x^2 - tx$
d) $f_t(x) = tx^4 + 3x^2 + t^2x - 4$
e) $f_t(x) = tx^3 + 3x^2 - x$
f) $f_t(x) = 4tx^3 + 3t^2x^2 + t^3x$

4 Gegeben ist die Funktionenschar f_a mit $a \in \mathbb{R}^+$. Bestimmen Sie die Nullstellen in Abhängigkeit von a und berechnen Sie den Inhalt der Fläche, die vom Graphen und der x-Achse eingeschlossen wird. Für welches a ist dieser Inhalt 10 Flächeneinheiten groß?
a) $f_a(x) = x^2 - ax$
b) $f_a(x) = x^3 - ax^2$
c) $f_a(x) = ax^2 - a^2x$
d) $f_a(x) = -x^3 + 2ax$
e) $f_a(x) = x^4 - ax^2$
f) $f_a(x) = ax^3 - a^3x$

5 Gegeben ist die Funktionenschar f_a mit $f_a(x) = x^4 - ax^2$ ($a \in \mathbb{R}$).
a) Zeigen Sie, dass der Graph von f_a für $a \leq 0$ keinen Hochpunkt hat.
b) Bestimmen Sie für $a > 0$ die Ortskurve für die Tiefpunkte und Wendepunkte der Schar.
c) Bestimmen Sie die gemeinsamen Punkte aller Graphen der Funktionenschar.
d) Bestimmen Sie die Steigung der Tangente an den Graphen im Punkt $P(1|f(1))$. Für welchen Wert von a beträgt die Steigung $-0{,}5$?

6 Gegeben ist die Funktionenschar f_a mit $f_a(x) = -x^3 + ax^2 - x - ax$ ($a \in \mathbb{R}$).
a) Bestimmen Sie die gemeinsamen Punkte aller Graphen der Funktionenschar.
b) Zeigen Sie, dass die Graphen der Funktion für alle Werte von a einen Wendepunkt haben. Bestimmen Sie die Koordinaten des Wendepunktes und die zugehörige Ortskurve.

Zeit zu überprüfen

7 Gegeben ist die Funktionenschar f_t mit $f_t(x) = x^3 - 12t^2x$ ($t \in \mathbb{R}^+$).
a) Bestimmen Sie die Hoch- und Tiefpunkte der Graphen der Funktionenschar in Abhängigkeit von t und skizzieren Sie den Graph für $t = 0{,}5$.
b) Auf welcher Ortskurve liegen alle Hoch- und Tiefpunkte der Schar?
c) Bestimmen Sie die gemeinsamen Punkte aller Graphen der Funktionenschar.
d) Die positive x-Achse und die Graphen von f_t schließen eine Fläche ein. Bestimmen Sie den Inhalt dieser Fläche in Abhängigkeit von t.
e) Berechnen Sie, für welchen Wert von t die Fläche aus Teilaufgabe d) 2,25 Flächeneinheiten groß ist.
f) Berechnen Sie die Steigung des Graphen im Ursprung in Abhängigkeit von t. Für welchen Wert von t beträgt dort die Steigung -1?

8 Gegeben ist die Funktionenschar f_a mit $f_a(x) = x^2 - ax^3 + 1$ ($a \in \mathbb{R}^+$).
a) Zeigen Sie, dass die Wendepunkte der Graphen der Funktionenschar alle auf einer Parabel liegen und bestimmen Sie die zugehörige Gleichung.
b) Die Graphen von f_a schließen mit der Geraden $y = 1$ für $x > 0$ eine Fläche ein. Bestimmen Sie den Inhalt dieser Fläche in Abhängigkeit von a und bestimmen Sie, für welchen Wert von a diese Fläche 144 Flächeneinheiten groß ist.

9 Gegeben ist die Funktionenschar f_k mit $f_k(t) = 0{,}5t^3 - 1{,}5kt^2 + 6kt - 6t + 50$ ($k \in \mathbb{R}$).
a) Untersuchen Sie die Graphen der Funktionenschar auf Extrempunkte in Abhängigkeit von k.
b) Zeigen Sie, dass für $k < -7$ der Tiefpunkt des Graphen unterhalb der x-Achse liegt.
c) Zeigen Sie, dass sich alle Graphen der Funktionenschar in zwei Punkten schneiden und bestimmen Sie die Koordinaten dieser beiden Punkte.
d) Bestimmen Sie den Inhalt der Fläche, die von den beiden Graphen von f_{k_1} und f_{k_2} mit $k_1 \neq k_2$ eingeschlossen wird.
e) Die Funktionen f_3 und f_5 geben für $t \in [0; 4]$ näherungsweise die Geschwindigkeit in km/h von zwei Zugvögeln während eines Fluges an (t in Stunden). Entscheiden Sie aufgrund der Ergebnisse aus den Teilaufgaben a) bis c), welcher Vogel innerhalb dieses Zeitraums im Durchschnitt schneller fliegt.
f) Berechnen Sie die mittlere Geschwindigkeit der beiden Vögel im Intervall $[0; 4]$.
g) Berechnen Sie das Integral $\int_0^4 (f_5(t) - f_3(t))\,dt$ und erläutern Sie die Bedeutung im Sachzusammenhang.

10 Die Graphen einer ganzrationalen Funktionenschar zweiten Grades gehen durch die Punkte $P_1(2|0)$ und $P_2(0|4)$.
a) Bestimmen Sie eine Funktionsgleichung der Funktionenschar.
b) Welcher Graph der Funktionenschar geht durch den Punkt $Q(3|1)$?

11 Die Graphen einer ganzrationalen Funktionenschar dritten Grades gehen durch die Punkte $P(0|0)$, $Q(2|0)$ und $R(4|1)$.
a) Bestimmen Sie eine Funktionsgleichung der Funktionenschar.
b) Welcher Graph der Funktionenschar hat im Punkt $P(0|0)$ einen Tiefpunkt?

12 Zwei parallel aufeinander zulaufende Straßen sollen miteinander verbunden werden (vgl. Fig. 1). Wenn die eine Straße auf der x-Achse liegt und die andere auf der Geraden mit der Gleichung $y = 50$, so soll die Funktion f mit $f(x) = \frac{1}{b}(d - x^2)^2$ die neue Verbindungsstraße beschreiben.
a) Bestimmen Sie die Parameter b und d.
b) Mündet die Verbindungsstraße knickfrei in die beiden bestehenden Straßen?
c) Bestimmen Sie den Wendepunkt der Verbindungsstraße.
d) Welchen der beiden Parameter müsste man verändern, wenn die beiden parallelen Straßen statt 50 m einen anderen Abstand hätten?

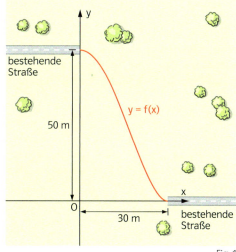

Fig. 1

INFO → Aufgabe 13 – 15

Funktionenscharen mit dem GTR und einem Funktionsplotter untersuchen

Wenn man mit einem GTR oder einem Funktionsplotter den Graphen zu verschiedenen Parametern einer Funktionenschar anzeigen lässt, kann man die Gemeinsamkeiten und Unterschiede der Graphen sowie die Bedeutung des Parameters oft sehr schnell erkennen.

Beim Programm GeoGebra kann man die Spur-Funktion aktivieren, um alle Graphen zu sehen, die bei Veränderung des Schiebereglers entstehen.

Bei Funktionsplottern kann z. B. der Schieberegler für den Parameter definiert werden, den man dann in die Funktionsgleichung einsetzen kann.

Beim GTR können die Werte des Parameters als Liste in den Funktionsterm eingegeben werden.

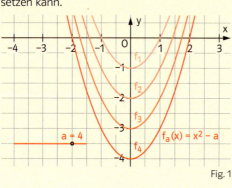
Fig. 1

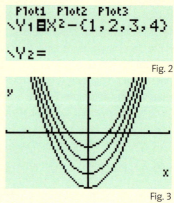
Fig. 2

Fig. 3

13 Gegeben ist die Funktionenschar f_t (t > 0). Zeichnen Sie mithilfe eines Funktionsplotters den Graphen für verschiedene t. Beschreiben Sie die Gemeinsamkeiten und Unterschiede der Graphen. Was bewirkt eine Erhöhung des Parameters t?
a) $f_t(x) = tx^2 - 5$ b) $f_t(x) = (x - t)^3$ c) $f_t(x) = tx^2 - tx + 5$ d) $f_t(x) = tx^3 - t^2x^2 - t^3x$

14 Gegeben ist die Funktionenschar f_k mit $f_k(x) = x \cdot (x^2 - kx + 3k)$.
a) Zeichnen Sie mithilfe eines Funktionsplotters den Graphen von f_k für verschiedene Parameter k zwischen –5 und 15.
b) Welche Vermutung über gemeinsame Punkte aller Scharkurven haben Sie? Beweisen Sie dies.
c) Welche Vermutung über die Anzahl der Extrempunkte haben Sie? Beweisen Sie dies.

15 Ein Seil für eine Bergseilbahn soll zwischen zwei Masten gespannt werden. Die Höhe (in Metern) des durchhängenden Seils über dem Meeresspiegel wird durch die Funktion f_c mit $f_c(x) = \frac{1+c}{1500^2} \cdot x^3 - c \cdot x + 500$ ($0 \le x \le 1500$; $c \ge -1$) beschrieben.

a) Skizzieren Sie mithilfe eines Funktionsplotters den Graphen von f_c für verschiedene Parameter c. Beschreiben Sie die Bedeutung des Parameters c.
b) Stellen Sie aufgrund der Zeichnungen aus Teilaufgabe a) eine Vermutung darüber auf, welche Punkte alle Graphen gemeinsam haben. Beweisen Sie rechnerisch diese Vermutung.
c) Berechnen Sie, für welchen Parameter c das Seil bis auf 400 m über den Meeresspiegel durchhängen würde. Überprüfen Sie ihr Ergebnis mithilfe des Funktionsplotters.
d) Die Vorschriften besagen, dass die prozentuale Steigung nicht größer als 400 % sein darf. Berechnen Sie, wie groß der Parameter c maximal sein darf.

2 Exponentialfunktionen und exponentielles Wachstum

100 Würfel werden geworfen. Alle Sechsen werden aussortiert. Dann werden die übrigen Würfel geworfen und wieder alle Sechsen aussortiert. So geht es weiter.
Nach wie vielen Würfen sind weniger als 10 Würfel übrig?

◉ CAS
Simulation eines
Würfelspiels

Zur Berechnung des Bestands nach n Jahren bei exponentiellem Wachstum kann man die Formel $B(n) = B(0) \cdot q^n$ verwenden, wobei q der Wachstumsfaktor und $B(0)$ der Anfangsbestand ist. Bei kontinuierlichen Wachstumsprozessen kann man im Exponenten beliebige reelle Zahlen einsetzen und den Wachstumsprozess durch eine Exponentialfunktion f mit $f(x) = c \cdot a^x$ $(a \in \mathbb{R}^+)$ beschreiben. Wenn man statt der Basis a die Zahl e verwendet, lassen sich Ableitungen und Integrale bestimmen, die für viele Fragen im Kontext wichtig sein können.

Das Gewicht (in mg) eines Hefepilzes auf einem Nährboden beträgt zu Beginn einer Messung 18 mg und nimmt pro Stunde um ca. 56 % zu. Aus diesen Informationen kann man die Exponentialfunktion $f(x) = 18 \cdot 1{,}56^x$ bestimmen, mit der sich das Gewicht (in mg) des Pilzes nach x Stunden näherungsweise berechnen lässt. Mit dem Ansatz $18 \cdot 1{,}56^x = 18 \cdot e^{k \cdot x}$ erhält man $e^k = 1{,}56$; also $k = \ln(1{,}56) \approx 0{,}447$. Man kann demnach f auch in der Form $f(x) = 18 \cdot e^{\ln(1{,}56) \cdot x}$ schreiben. Mit der Kettenregel erhält man $f'(x) = 18 \cdot \ln(1{,}56) \cdot e^{\ln(1{,}56) \cdot x}$.
Die Ableitung beschreibt im Sachzusammenhang die Wachstumsgeschwindigkeit. Es gilt z.B. $f'(1) \approx 12{,}5$. Also nimmt das Gewicht des Pilzes nach einer Stunde um ca. 12,5 mg pro Stunde zu.

Ein Wachstumsfaktor von 1,56 entspricht einer Zunahme von 56 % pro Zeitschritt.

◉ CAS
Exponentialfunktion
mit Basis e

> Eine **Exponentialfunktion** f mit $f(x) = c \cdot a^x$ $(a > 0)$ kann auch mit der Basis e in der Form $f(x) = c \cdot e^{k \cdot x}$ dargestellt werden. Hierbei gilt: $k = \ln(a)$.

Auch wenn der Bestand abnimmt, spricht man von exponentiellem Wachstum bzw. von exponentieller Abnahme. Dann gilt $a < 1$ und $k < 0$.

Eigenschaften der Exponentialfunktion $f(x) = c \cdot e^{k \cdot x}$

- Es gilt für alle $k \in \mathbb{R}$: $f(0) = c$.
- f hat keine Nullstellen.
- Die Graphen von $f_k(x) = c \cdot e^{k \cdot x}$ und $f_{-k}(x) = c \cdot e^{-k \cdot x}$ spiegeln sich an der y-Achse.
- Für $c > 0$ verläuft der Graph oberhalb der x-Achse und ist links gekrümmt.
- Außerdem gilt:

für $c > 0$ und $k > 0$	für $c > 0$ und $k < 0$
f ist streng monoton steigend	f ist streng monoton fallend
$\lim\limits_{x \to \infty} f(x) = +\infty$	$\lim\limits_{x \to \infty} f(x) = 0$
$\lim\limits_{x \to -\infty} f(x) = 0$	$\lim\limits_{x \to -\infty} f(x) = +\infty$

- Für $c < 0$ verlaufen die Graphen zu $f(x) = c \cdot e^{k \cdot x}$ unterhalb der x-Achse.
Sie ergeben sich durch Spiegelung der entsprechenden Graphen mit $c > 0$ an der x-Achse.

Fig. 1

Beispiel 1 Integrale und exponentielles Wachstum

Die Wachstumsgeschwindigkeit in cm pro Woche einer Pflanze kann näherungsweise durch die Funktion $f(x) = 3{,}8 \cdot 0{,}9^x$ beschrieben werden, wobei x die Zeit in Wochen nach dem Einpflanzen angibt. Die Pflanze war zum Zeitpunkt des Einpflanzens 10 cm hoch.

a) Schreiben Sie die Funktion f mit der Basis e.
b) Zeigen Sie, dass die Funktion F mit $F(x) = \frac{3{,}8}{\ln(0{,}9)} \cdot e^{\ln(0{,}9) \cdot x}$ eine Stammfunktion von f ist.
c) Berechnen Sie die Höhe der Pflanze 10 Wochen nach dem Einpflanzen.
d) Berechnen Sie die durchschnittliche Wachstumsgeschwindigkeit innerhalb der ersten zehn Wochen nach dem Einpflanzen.

■ Lösung: a) $f(x) = 3{,}8 \cdot e^{\ln(0{,}9) \cdot x} \approx 3{,}8 \cdot e^{-0{,}105 \cdot x}$

b) Zu zeigen ist, dass $F'(x) = f(x)$ ist: $F'(x) = \frac{3{,}8}{\ln(0{,}9)} \cdot \ln(0{,}9) \cdot e^{\ln(0{,}9) \cdot x} = 3{,}8 \cdot e^{\ln(0{,}9) \cdot x} = f(x)$.

c) Mithilfe des Integrals lässt sich die Wirkung (hier das Wachstum) berechnen:

$$\int_0^{10} f(x)\,dx = \left[\frac{3{,}8}{\ln(0{,}9)} \cdot e^{\ln(0{,}9) \cdot x}\right]_0^{10} = \frac{3{,}8}{\ln(0{,}9)} \cdot e^{\ln(0{,}9) \cdot 10} - \frac{3{,}8}{\ln(0{,}9)} \cdot e^{\ln(0{,}9) \cdot 0} \approx -12{,}57 - (-36{,}07) \approx 23{,}5.$$

Die Pflanze ist um ca. 23,5 cm in 10 Wochen gewachsen. Aufgrund der Anfangshöhe von 10 cm ist die Pflanze nach 10 Wochen ca. 33,5 cm hoch.

d) Die durchschnittliche Wachstumsgeschwindigkeit während der ersten 10 Wochen wird durch den Mittelwert der Funktion f im Intervall [0; 10] beschrieben.

Man erhält: $\frac{1}{10} \cdot \int_0^{10} f(x)\,dx = \frac{23{,}5}{10} = 2{,}35$.

Also ist die Pflanze in den ersten 10 Wochen durchschnittlich um 2,35 cm pro Woche gewachsen.

Beachten Sie:
Hier beschreibt f die Wachstumsgeschwindigkeit. Daher kann man mithilfe der Integralrechnung die Höhe berechnen.

Erinnerung:
Für den Mittelwert einer Funktion f im Intervall [a; b] gilt: $\frac{1}{b-a} \cdot \int_a^b f(x)\,dx$.

Beispiel 2 Wachstumskonstanten auf mehrere Arten bestimmen

Die Tabelle zeigt Gewichte G(n) in Gramm einer Schildkröte der Art *Testudo hermanni boettgeri* (n bezeichnet die Jahre seit der Geburt). Das Wachstum soll durch eine Exponentialfunktion modelliert werden. Bestimmen Sie auf drei Arten eine geeignete Modellfunktion:

I: mithilfe des Mittelwertes der Quotienten aufeinanderfolgender Werte,
II: mithilfe des Anfangswertes und eines geeigneten weiteren Datenpunktes,
III: mithilfe des Rechners und einer geeigneten Kurvenanpassung.

■ Lösung: Mit f(x) wird das Gewicht in Gramm x Jahre nach der Geburt bezeichnet.

I: Man bestimmt aus den Tabellendaten den Mittelwert $a = 1{,}6$ und $f(0) = 24$; also:
$f(x) = 24 \cdot 1{,}6^x$ bzw. $f(x) = 24 \cdot e^{0{,}47 \cdot x}$.

II: Ansatz: $f(x) = 24 \cdot e^{k \cdot x}$. Man verwendet z.B. den Datenpunkt (5|259) und erhält die Gleichung $24 \cdot e^{k \cdot 5} = 259$ mit der Lösung $k \approx 0{,}4758$. *Es ergibt sich praktisch dasselbe Ergebnis wie bei I.*

III: Man gibt die ersten beiden Spalten der Tabelle in einen Rechner ein. Ein mögliches weitere Vorgehen zeigen die Rechneransichten eines Taschenrechners (statistische Berechnung).

n	G(n)	$\frac{G(n)}{G(n-1)}$
0	24	
1	48	2
2	77	1,7
3	115	1,5
4	173	1,5
5	259	1,5
6	389	1,5

Methode II wird meist verwendet, wenn nur zwei Datenpunkte gegeben sind. In der Regel wird Methode III die „beste" Anpassung liefern. Sie lässt sich auch am Computer mit einem Tabellenkalkulationsprogramm wie z.B. Excel durchführen

◉ CAS
Anleitung Regression

◉ CAS
Funktionsanpassung

Auswahl exponentielle Anpassung (3:STAT;5:e^x)	Dateneingabe	Regression durchführen	Parameterausgabe
1:COMP 2:CMPLX 3:STAT 4:BASE-N 5:EQN 6:MATRIX 7:TABLE 8:VECTOR 1:1-VAR 2:A+BX 3:_+CX2 4:ln X 5:e^X 6:A·B^X 7:A·X^B 8:1/X	X Y 1 48 2 77 24 X Y 4 173 5 259 389	1:Type 2:Data 3:Edit 4:Sum 5:Var 6:MinMax 7:Reg 1:A 2:B 3:r 4:x̂ 5:ŷ	A 28.33507794 B 0.4477613148
Fig. 1	Fig. 2	Fig. 3	Fig. 4

Als Lösung erhält man $f(x) = 28{,}33 \cdot 1{,}5648^x$ bzw. $f(x) = 28{,}33 \cdot e^{0{,}4478 \cdot x}$. *Auch diese Lösung weicht nur wenig von den Ergebnissen bei I und II ab.*

Aufgaben

1 Bestimmen Sie für die Funktionen jeweils f(−1), f(0) und f(1) und skizzieren Sie mithilfe der Eigenschaften von Exponentialfunktionen (siehe Seite 157) den ungefähren Verlauf des zugehörigen Funktionsgraphen. Welche der Graphen sind symmetrisch?
Beschreiben Sie jeweils die Symmetrie und erklären Sie, wie man die Symmetrie an der Funktionsgleichung erkennen kann.

a) $f(x) = e^x$
b) $f(x) = e^{-x}$
c) $f(x) = 2 \cdot e^x$
d) $f(x) = 2 \cdot e^{2x}$
e) $f(x) = 4 \cdot e^{0,5 \cdot x}$
f) $f(x) = 4 \cdot e^{-0,5 \cdot x}$
g) $f(x) = -4 \cdot e^{0,5 \cdot x}$
h) $f(x) = -4 \cdot e^{-0,5 \cdot x}$
i) $f(x) = 2 \cdot e^{0,1 \cdot x}$
j) $f(x) = -2 \cdot e^{0,1 \cdot x}$
k) $f(x) = 0,5 \cdot e^{5 \cdot x}$
l) $f(x) = -0,5 \cdot e^{-5 \cdot x}$

2 Schreiben Sie die Exponentialfunktion jeweils mit der Basis e und bestimmen Sie die erste Ableitung. An welcher Stelle hat der Graph die Steigung 1?

a) $f(x) = 3^x$
b) $f(x) = 7^x$
c) $f(x) = \left(\frac{1}{2}\right)^x$
d) $f(x) = 0,75^x$
e) $f(x) = 4 \cdot 2^x$
f) $f(x) = 0,5 \cdot 0,5^x$
g) $f(x) = -0,5 \cdot 0,3^x$
h) $f(x) = 4 \cdot 2^{0,5x}$

3 Die Anzahl der Bakterien in einer Bakterienkultur kann näherungsweise durch die Funktion f mit $f(x) = 800 \cdot 1,2^x$ angegeben werden, wobei x die Zeit in Stunden nach Beginn der Messung angibt.
a) Bestimmen Sie die Anzahl der Bakterien drei Stunden vor Beginn der Messung und drei Stunden nach Beginn der Messung.
b) Schreiben Sie die Funktion f mithilfe der Basis e und skizzieren Sie den Verlauf des Graphen mithilfe der Funktionswerte f(−1), f(0) und f(1).
c) Bestimmen Sie die erste Ableitung von f und erläutern Sie die Bedeutung im Kontext.
d) Berechnen Sie, ab wann die Bakterienzunahme pro Stunde größer als 1000 ist.

4 Die Wachstumsgeschwindigkeit eines Baumes in cm pro Jahr kann näherungsweise durch die Funktion f mit $f(x) = 90 \cdot 0,87^x$ beschrieben werden, wobei x die Zeit in Jahren nach der Pflanzung angibt. Der Baum ist zum Zeitpunkt der Pflanzung 90 cm hoch.
a) Schreiben Sie die Funktion mit der Basis e und skizzieren Sie den Verlauf des Graphen mithilfe der Funktionswerte f(0) und f(1).
b) Berechnen Sie die Wachstumsgeschwindigkeit nach 10 Jahren.
c) Berechnen Sie, wann die Wachstumsgeschwindigkeit 50 cm pro Jahr beträgt.
d) Zeigen Sie, dass $F(x) = \frac{90}{\ln(0,87)} \cdot e^{\ln(0,87) \cdot x}$ eine Stammfunktion von f ist.
e) Berechnen Sie die Höhe des Baumes nach 20 Jahren.
f) Berechnen Sie die mittlere Wachstumsgeschwindigkeit innerhalb der ersten 20 Jahre.

5 Modellieren Sie die Daten durch exponentielles Wachstum. Bestimmen Sie die Verdoppelungszeit bzw. Halbwertszeit, wenn n in Jahren gemessen wird. Verfahren Sie wie in Beispiel 2 auf Seite 158 mithilfe

a) der Quotienten $\frac{B(n)}{B(n-1)}$,
b) von Anfangswert und Datenpunkt,
c) einer Kurvenanpassung des GTR oder eines Tabellenkalkulationsprogramms.

Erinnerung: Die Zeit, in der sich ein Anfangsbestand verdoppelt bzw. halbiert, heißt Verdopplungszeit bzw. Halbwertszeit.

I

n	0	1	2	3	4	5
B(n)	28	35	44	58	70	90

II

n	0	10	20	30	40	50
B(n)	9,1	8,4	7,7	7,2	6,6	6,1

III

n	0	1	2	3	4	5	6
B(n)	85	66	51	40	30	24	19

Zeit zu überprüfen

6 Die Anzahl der Personen, die pro Minute zu einer Veranstaltung kommen, kann für die ersten 100 Minuten nach Öffnung der Eingangstore durch die Funktion f mit $f(t) = 600\,e^{-0{,}05\cdot t}$ modelliert werden.
a) Wie viele Personen kommen pro Minute eine Stunde nach Öffnen der Tore an?
b) Zeigen Sie, dass $F(t) = -12000\,e^{-0{,}05\cdot t}$ eine Stammfunktion von f ist.
c) Wie viele Personen kommen in den ersten 100 Minuten nach Öffnen der Tore zur Veranstaltung?
d) Wie viele Personen kommen während der ersten 100 Minuten durchschnittlich pro Minute?

7 a) Im Jahre 1950 lebten 2,5 Milliarden Menschen auf der Erde, 1980 waren es 4,5 Milliarden. Modellieren Sie das Bevölkerungswachstum durch eine Exponentialfunktion und bestimmen Sie die Verdoppelungszeit. Interpretieren Sie das Ergebnis.
b) Vergleichen Sie mit den Daten von 2005 (6,4 Milliarden) bzw. 1920 (1,8 Milliarden).
c) 2005 prognostizierten Experten der Vereinten Nationen bis zum Jahr 2050 einen Anstieg auf 9,1 Milliarden. Wie lautet Ihre Prognose?
d) Wie groß war in Ihrem Modell die Wachstumsgeschwindigkeit im Jahr 2000?

Jahr	Aussteller
2002	236
2003	256
2004	291
2005	372
2006	454
2007	560

8 Die Solarmesse „Intersolar" fand in den Jahren 2002 bis 2007 in Freiburg statt. Da die Freiburger Messehallen wegen der ständig zunehmenden Ausstellerzahlen – siehe Tabelle – nicht mehr ausreichten, zog die Messe in den Folgejahren nach München um. Ein „Ableger" der Messe findet inzwischen sogar in Kalifornien statt.
a) Sind die Ausstellerzahlen näherungsweise exponentiell gewachsen?
b) Bestimmen Sie eine Funktion, welche das Wachstum der Ausstellerzahlen modelliert. Beschreiben Sie mithilfe des Graphen, wie gut die Modellierung die Daten annähert. Wie viele Aussteller müsste die Messe nach Ihrem Modell im Jahre 2010 haben?

9 a) Modellieren Sie die Schulden der öffentlichen Haushalte durch exponentielles Wachstum.
b) Untersuchen Sie, wie gut Ihre Näherung ist, und geben Sie ggf. Gründe für Abweichungen an. Welche Prognose machen Sie für 2020? Wie groß ist nach Ihrem Modell die Verdoppelungszeit? Wie groß wären nach Ihrem Modell die Schulden im Jahre 1990 gewesen?

Fig. 1

10 Funktionen vom Typ $f(x) = c\cdot e^{k\cdot x - b}$
a) Skizzieren Sie mit einem Funktionsplotter oder mithilfe einer Wertetabelle die Graphen der Funktionen f_0, f_1 und f_2 mit $f_0(x) = e^{2x}$, $f_1(x) = e^{2x-1}$ und $f_2(x) = e^{2x-2}$.
b) Die Graphen von f_b mit $f_b(x) = e^{2x-b}$ kann man durch eine Verschiebung des Graphen zu f mit $f(x) = e^{2x}$ erhalten. Beschreiben Sie diese Verschiebung. Zeigen Sie mithilfe der Potenzgesetze, dass eine Verschiebung des Graphen von f um b Einheiten nach links einer Streckung um den Faktor e^b in Richtung der y-Achse entspricht.

Zeit zu wiederholen

11 Bestimmen Sie die Lösung des linearen Gleichungssystems.
a) $y = x + 2$
   $y = 2x + 1$
b) $x + y = 4$
   $2x - y = 2$
c) $2x - y = 2$
   $x - 3y = 6$
d) $\frac{1}{2}x + 2y = -\frac{11}{4}$
   $-\frac{5}{4}x + \frac{1}{2}y = 0$

3 Zusammengesetzte Funktionen untersuchen

Die Tabelle zeigt die Funktionswerte der Funktionen f und g mit $f(x) = x^{10}$ und $g(x) = e^x$ zu verschiedenen x-Werten.
Welche Vermutung liegt für das Verhalten von $\frac{f}{g}, \frac{g}{f}, f - g$ für $x \to +\infty$ nahe?
Wie verhalten sich die Funktionen $\frac{f}{g}, \frac{g}{f}, f - g$ für $x \to \infty$, wenn andere Potenzfunktionen f mit $f(x) = x^n$ ($n \in \mathbb{N}$) in Verbindung mit $g(x) = e^x$ betrachtet werden?

x	$f(x) = x^{10}$	$g(x) = e^x$	x	$f(x) = x^{10}$	$g(x) = e^x$
10	$1 \cdot 10^{10}$	22026,5	60	$6{,}05 \cdot 10^{17}$	$1{,}14 \cdot 10^{26}$
20	$1{,}02 \cdot 10^{13}$	$4{,}85 \cdot 10^{8}$	70	$2{,}82 \cdot 10^{18}$	$2{,}52 \cdot 10^{30}$
30	$5{,}90 \cdot 10^{14}$	$1{,}07 \cdot 10^{13}$	80	$1{,}07 \cdot 10^{19}$	$5{,}54 \cdot 10^{34}$
40	$1{,}05 \cdot 10^{16}$	$2{,}35 \cdot 10^{17}$	90	$3{,}49 \cdot 10^{19}$	$1{,}22 \cdot 10^{39}$
50	$9{,}77 \cdot 10^{16}$	$5{,}18 \cdot 10^{21}$	100	$1 \cdot 10^{20}$	$2{,}69 \cdot 10^{43}$

Im Folgenden werden Funktionen untersucht, die sich als Summe, Differenz, Produkt oder Quotient von ganzrationalen Funktionen und Exponentialfunktionen zusammensetzen. Die Lage von Hoch-, Tief- und Wendepunkten lässt sich mithilfe der Ableitungen untersuchen. In den folgenden Beispielen lässt sich das Verhalten von $f(x)$ für $x \to +\infty$ oder $x \to -\infty$ der zusammengesetzten Funktion aus den Eigenschaften der Exponentialfunktion schließen.

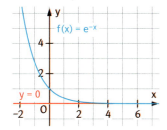

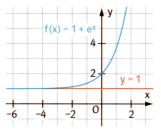

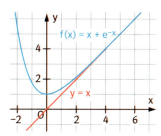

Der Graph der Funktion f mit $f(x) = e^{-x}$ nähert sich für $x \to +\infty$ der x-Achse immer mehr an.
Die Gerade mit der Gleichung $y = 0$ ist eine waagerechte Asymptote für $x \to +\infty$.

Der Graph der Funktion f mit $f(x) = 1 + e^x$ nähert sich für $x \to -\infty$ der Geraden mit der Gleichung $y = 1$ immer mehr an. Die Gerade mit der Gleichung $y = 1$ ist eine waagerechte Asymptote für $x \to -\infty$.

Der Graph der Funktion f mit $f(x) = x + e^{-x}$ nähert sich für $x \to +\infty$ der Geraden mit der Gleichung $y = x$ immer mehr an.
Die Gerade mit der Gleichung $y = x$ ist eine schiefe Asymptote für $x \to +\infty$.

Eine Gerade, die sich einer Kurve immer stärker anschmiegt, heißt **Asymptote**. Der Abstand zwischen der Asymptote und der Kurve wird dabei beliebig klein.

Untersucht man Funktionen wie z. B. f mit $f(x) = x^n \cdot e^{-x}$ mit $n \in \mathbb{N}$ lässt sich das Verhalten für $x \to +\infty$ nicht ohne Weiteres beurteilen, da mit wachsendem x der 1. Faktor gegen unendlich strebt, der 2. Faktor aber gegen null strebt. Man kann zeigen, dass die Exponentialfunktion g mit $g(x) = e^{-x}$ für $x \to +\infty$ schneller gegen null strebt als die Potenzfunktion h mit $h(x) = x^n$ gegen unendlich strebt und dass für $x \to +\infty$ gilt: $x^n \cdot e^{-x} \to 0$.

Die hier betrachteten Zusammenhänge lassen sich mithilfe der Regel von de L'Hôpital herleiten. Wenn Sie hierzu z. B. im Internet recherchieren, können Sie diese Regel als Referat im Unterricht vorstellen.

Satz: Für $x \to +\infty$ gilt für $n \in \mathbb{N}$: $\frac{x^n}{e^x} = x^n \cdot e^{-x} \to 0$ und $x^n \cdot e^x \to +\infty$.

Für $x \to -\infty$ gilt für gerade $n \in \mathbb{N}$: $x^n \cdot e^x \to 0$ und $\frac{x^n}{e^x} = x^n \cdot e^{-x} \to +\infty$.

Für $x \to -\infty$ gilt für ungerade $n \in \mathbb{N}$: $x^n \cdot e^x \to 0$ und $\frac{x^n}{e^x} = x^n \cdot e^{-x} \to -\infty$.

Kurz:
Für $x \to \pm\infty$ dominiert e^x über x^n ($n \in \mathbb{N}$).

Bei der Funktion f mit $f(x) = e^x - x^n$ mit $n \in \mathbb{N}$ streben für $x \to +\infty$ sowohl g mit $g(x) = e^x$ als auch h mit $h(x) = x^n$ gegen unendlich. Man kann zeigen, dass auch hier die Exponentialfunktion dominiert und dass für $x \to +\infty$ gilt: $e^x - x^n \to +\infty$.

Manche Eigenschaften einer Funktion lassen sich unmittelbar am Funktionsterm ablesen und begründen. Zu anderen Eigenschaften, wie die Lage von Extremstellen, benötigt man weitere rechnerische Untersuchungen. Manchmal kommt man auch erst mithilfe einer Skizze zu einer Vermutung, die dann begründet werden kann.

In der folgenden Übersicht sind charakteristische Eigenschaften einer Funktion bzw. deren Graphen zusammengestellt:

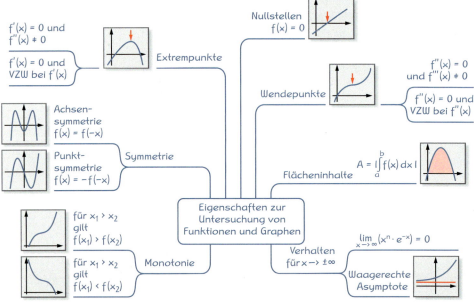

Fig. 1

Für exakte Aussagen über Null-, Extrem- und Wendestellen von Funktionen müssen Gleichungen gelöst werden:

Nullstelle	Extremstelle	Wendestelle
$f(x_0) = 0$	$f'(x_0) = 0$ und bei x_0 VZW von f' oder $f''(x_0) \neq 0$	$f''(x_0) = 0$ und bei x_0 VZW von f'' oder $f'''(x_0) \neq 0$

Bei zusammengesetzten Funktionen braucht man zur Lösung solcher Gleichungen Strategien.

$\frac{a}{b} = 0$,
wenn $a = 0$ und $b \neq 0$.

Ein **Quotient** ist dann gleich null, wenn der Zähler null und der Nenner ungleich null ist. Zur Lösung der Gleichung $\frac{x^2 + 2x - 15}{e^x} = 0$ löst man die Gleichung $x^2 + 2x - 15 = 0$. Es ergibt sich $x_1 = -5$ und $x_2 = 3$.

Da der Nenner für beide x-Werte ungleich null ist, sind die beiden Werte Lösungen der Ausgangsgleichung.

$a \cdot b = 0$,
wenn $a = 0$ oder $b = 0$.

Zur Lösung einer Gleichung wie $e^{2x} - 8e^x = 0$ schreibt man den linken Term $e^{2x} - 8e^x$ als **Produkt**: $e^x \cdot (e^x - 8)$. Das Produkt ist null, wenn einer seiner Faktoren null ist.
Da e^x nie null wird, wird die Gleichung nur für $e^x = 8$ bzw. $x = \ln(8)$ erfüllt.

Die Gleichung $e^{2x} + e^x - 2 = 0$ lässt sich mithilfe einer **Substitution** lösen. Man substituiert e^x mit z und erhält die quadratische Gleichung $z^2 + z - 2 = 0$ mit den Lösungen $z_1 = -2$ und $z_2 = 1$. Mit $x = \ln(z)$ erhält man die Lösung $x = \ln(1) = 0$.

Beispiel 1 Grenzwerte untersuchen

Untersuchen Sie das Verhalten der Funktionswerte von f für $x \to +\infty$ bzw. $x \to -\infty$.

a) $f(x) = 4 - x^5 \cdot e^x$ b) $f(x) = (x^2 - x + 1) \cdot e^{-x}$ c) $f(x) = x^2 \cdot e^{-x^2}$

■ Lösung: a) Für $x \to \infty$ gilt: $f(x) \to -\infty$; für $x \to -\infty$ gilt: $f(x) \to 4$

b) Für $x \to \infty$ gilt: $f(x) \to 0$; für $x \to -\infty$ gilt: $f(x) \to \infty$

c) Für $x \to \infty$ gilt: $f(x) \to 0$; für $x \to -\infty$ gilt: $f(x) \to 0$

Beispiel 2 Nullstellen, Extremstellen bestimmen – Integrale berechnen

a) Bestimmen Sie die Null- und Extremstellen der Funktion f mit $f(x) = x^2 \cdot e^x - 8e^x$.

b) Zeigen Sie, dass F mit $F(x) = (x^2 - 2x - 6) \cdot e^x$ eine Stammfunktion von f ist.

c) Berechnen Sie den Inhalt der Fläche, die der Graph von f mit der x-Achse einschließt.

■ Lösung: a) Nullstellen: $x^2 \cdot e^x - 8e^x = 0$; $e^x \cdot (x^2 - 8) = 0$

Die Gleichung $x^2 - 8 = 0$ hat die Lösungen $x_1 = -\sqrt{8}$ und $x_2 = \sqrt{8}$.

f hat die Nullstellen $x_1 = -\sqrt{8}$ und $x_2 = \sqrt{8}$. *Der Term e^x ist für jedes x ungleich null.*

Extremstellen: $f'(x) = 2x \cdot e^x + x^2 \cdot e^x - 8e^x = (2x + x^2 - 8) \cdot e^x$

Aus $f'(x) = 0$ folgt $x_3 = -4$ und $x_4 = 2$.

$f''(x) = 2e^x + 2x \cdot e^x + 2x \cdot e^x + x^2 \cdot e^x - 8e^x = (x^2 + 4x - 6) \cdot e^x$

$f''(-4) = -6 \cdot e^{-4} < 0$ (da $-6 < 0$ und $e^{-4} > 0$). An der Stelle $x_3 = -4$ hat f ein Maximum, $H(-4 | 0{,}15)$.

$f''(2) = 6 \cdot e^2 > 0$. An der Stelle $x_4 = 2$ hat f ein Minimum, $T(2 | -29{,}56)$.

b) $F'(x) = (2x - 2) \cdot e^x + (x^2 - 2x - 6) \cdot e^x = (2x - 2 + x^2 - 2x - 6) \cdot e^x = (x^2 - 8) \cdot e^x = x^2 \cdot e^x - 8e^x$

Da $F'(x) = f(x)$ gilt, ist F eine Stammfunktion von f.

c) $\int_{-\sqrt{8}}^{\sqrt{8}} (x^2 - 8) \cdot e^x dx = [(x^2 - 2x - 6) \cdot e^x]_{-\sqrt{8}}^{\sqrt{8}} = (8 - 2\sqrt{8} - 6) \cdot e^{\sqrt{8}} - (8 + 2\sqrt{8} - 6) \cdot e^{-\sqrt{8}} \approx -62{,}3$.

Der gesuchte Flächeninhalt A liegt unterhalb der x-Achse (vgl. Fig. 1), daher gilt

$A = \left| \int_{-\sqrt{8}}^{\sqrt{8}} (x^2 - 8) \cdot e^x dx \right| = 62{,}3$.

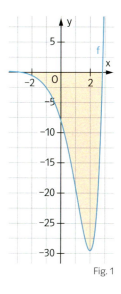

Fig. 1

Aufgaben

1 Untersuchen Sie das Verhalten der Funktionswerte von f für $x \to +\infty$ bzw. $x \to -\infty$.

a) $f(x) = x \cdot e^x$ b) $f(x) = x^2 \cdot e^{-x}$ c) $f(x) = -x^3 \cdot e^x$

d) $f(x) = 5 + x^4 \cdot e^x$ e) $f(x) = 4 + x \cdot e^{-x}$ f) $f(x) = (x^2 + x + 7) \cdot e^x$

g) $f(x) = \frac{x^4}{e^{2x}}$ h) $f(x) = \frac{-x^3}{e^{2x+3}}$ i) $f(x) = \frac{-x^3}{e^x}$

j) $f(x) = (x^3 + x^2 + 7x) \cdot e^{-x}$ k) $f(x) = x^3 \cdot e^{-x} - x^2 \cdot e^{-x}$ l) $f(x) = x^3 - e^{-x}$

Sie können Ihre Ergebnisse mithilfe eines Funktionsplotters kontrollieren.

2 Bestimmen Sie die Nullstellen der Funktion f im Kopf.

a) $f(x) = (x + 4) \cdot e^x$ b) $f(x) = (x - 4) \cdot (x + 2) \cdot e^{-x+4}$ c) $f(x) = (x^2 - 1) \cdot e^x$

d) $f(x) = (x - 1) \cdot (x - 3) \cdot e^{2x}$ e) $f(x) = (x^3 - 8) \cdot e^{4x}$ f) $f(x) = x \cdot (x^2 - 4) \cdot (x^2 - 9)$

3 Berechnen Sie die Nullstellen der Funktion f.

a) $f(x) = (x^2 - 4x + 4) \cdot e^x$ b) $f(x) = (x^2 - 7x + 6) \cdot e^{-x}$ c) $f(x) = (2x^2 - 10x + 8) \cdot e^{2x}$

d) $f(x) = (-x^2 - 4x + 5) \cdot e^{7x}$ e) $f(x) = (x^4 - 9x^2 + 8) \cdot e^{-x}$ f) $f(x) = e^{2x} - 6e^x + 5$

4 Berechnen Sie die Extrem- und Wendestellen der Funktion f.

a) $f(x) = (x + 2) \cdot e^{-x}$ b) $f(x) = (x - 7) \cdot e^x$ c) $f(x) = x^2 \cdot e^{-x}$

d) $f(x) = (x^2 - 3) \cdot e^x$ e) $f(x) = (-x^2 + 4) \cdot e^{-x}$ f) $f(x) = e^{-x^2}$

g) $f(x) = x^4 \cdot e^x$ h) $f(x) = x^2 \cdot e^x - 4x \cdot e^x$ i) $f(x) = x^2 \cdot e^{2x+1} + x \cdot e^{2x+1}$

5 Gegeben ist die Funktion f mit $f(x) = 10x \cdot e^{-\frac{1}{2}x}$.
a) Untersuchen Sie das Verhalten für $x \to +\infty$ und für $x \to -\infty$.
b) Berechnen Sie die Nullstellen, Hoch-, Tief- und Wendepunkte und skizzieren Sie den Verlauf des Graphen von f.
c) Zeigen Sie, dass F mit $F(x) = -20(x+2) \cdot e^{-\frac{1}{2}x}$ eine Stammfunktion von f ist.
d) Berechnen Sie den Inhalt der Fläche, die von f mit den Koordinatenachsen und der Geraden mit der Gleichung $x = 10$ eingeschlossen wird.
e) Der Graph von f schließt mit der x-Achse auf dem Intervall $[0; \infty)$ eine nach rechts unbegrenzte Fläche ein. Untersuchen Sie, ob diese Fläche einen endlichen Inhalt A hat und geben Sie ggf. den Flächeninhalt an.

Zeit zu überprüfen

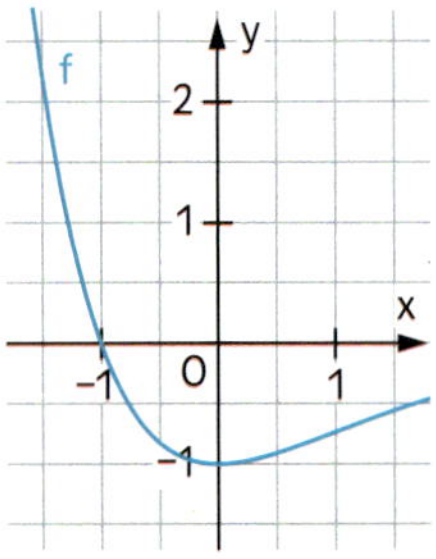

6 Gegeben ist die Funktion f mit $f(x) = (-x-1) \cdot e^{-x}$. Der zugehörige Graph ist in Fig. 1 angegeben.
a) Untersuchen Sie das Verhalten für $x \to +\infty$ und für $x \to -\infty$.
b) Zeigen Sie rechnerisch, dass die Funktion genau eine Nullstelle, eine Wendestelle und eine Extremstelle besitzt.
c) Zeigen Sie, dass F mit $F(x) = (x+2) \cdot e^{-x}$ eine Stammfunktion von f ist.
d) Berechnen Sie den Inhalt der Fläche, die vom Graphen und den Koordinatenachsen eingeschlossen wird.
e) Der Graph von f schließt mit der x-Achse auf dem Intervall $[-1; \infty)$ eine nach rechts unbegrenzte Fläche ein. Untersuchen Sie, ob diese Fläche einen endlichen Inhalt A hat und geben Sie ggf. den Flächeninhalt an.

Fig. 1

7 Gegeben ist die Funktion f mit $f(x) = 2x^2 \cdot e^{-0,6 \cdot x}$.
a) Begründen Sie, warum G_2 aus Fig. 2 nicht der Graph von f sein kann.
b) G_1 stellt den Graphen von f dar. Prüfen Sie, ob G_2 der Graph der Ableitung von f sein kann.
c) Bestimmen Sie rechnerisch die Bereiche, in denen f streng monoton wachsend bzw. fallend ist. Berechnen Sie den Tief- und des Hochpunkt des Graphen von f.
d) Zeigen Sie rechnerisch, dass die Graphen von f und von f' zwei Schnittpunkte haben und geben Sie diese an. Schneiden sich die Graphen rechtwinklig?
e) Zeigen Sie, dass F mit
$F(x) = \left(-\frac{10}{3}x^2 - \frac{100}{9}x - \frac{500}{27}\right)e^{-0,6 \cdot x}$ eine Stammfunktion von f ist.
f) Bestimmen Sie den Inhalt der Fläche, die von den Graphen von f und f' eingeschlossen wird.

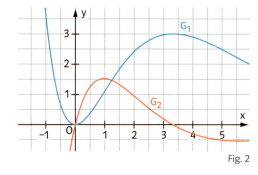

Fig. 2

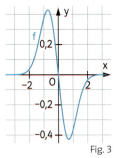

Fig. 3

8 Gegeben ist die Funktion f mit $f(x) = -x \cdot e^{-x^2}$. Der Graph ist in Fig. 3 dargestellt.
a) Zeigen Sie rechnerisch, dass der Graph von f punktsymmetrisch ist.
b) Berechnen Sie die Extremstellen von f.
c) Untersuchen Sie das Verhalten für $x \to +\infty$ und für $x \to -\infty$ und begründen Sie ohne weitere Rechnung, warum der Graph drei Wendepunkte haben muss.
d) Zeigen Sie, dass F mit $F(x) = \frac{1}{2}e^{-x^2}$ eine Stammfunktion von f ist.
e) Zeigen Sie, dass der Inhalt der Fläche, den der Graph von f mit der x-Achse im Intervall $[0; b]$ für $b > 0$ einschließt, stets kleiner als 0,5 Flächeneinheiten ist.

164 VI Exponentialfunktionen und zusammengesetzte Funktionen

4 Zusammengesetzte Funktionen im Sachzusammenhang

Die Figur zeigt baumbedingte Unterschiede des Zuwachses in Meter pro Jahr von Lärchen, Fichten, Tannen und Buchen. Beurteilen Sie folgende Aussagen:
Peter: Die Kurven sind fast gleich.
Fritz: Komisch, die Bäume werden ja immer kleiner.
Hannah: Die Lärche wird am größten.
Rana: Die Buche wächst am langsamsten.
Clara: Die Bäume sind nach 80 Jahren alle etwa 32 Meter hoch.

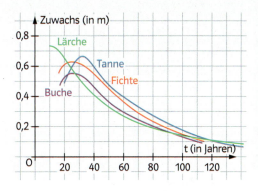

Wenn eine Funktion f als Modell für einen Sachzusammenhang verwendet wird, lassen sich viele Fragen im Sachzusammenhang mithilfe der Funktion f beantworten, indem man z. B. charakteristische Punkte, das Monotonieverhalten, die Krümmung oder ein Integral betrachtet.
Hierbei ist es vor allem wichtig, sich zunächst Klarheit darüber zu verschaffen, welche Bedeutung die charakteristischen Punkte, die Ableitungsfunktionen oder das Integral im Sachzusammenhang haben, um dann die Fragen aus dem Sachzusammenhang in mathematische Fragen zu übersetzen.

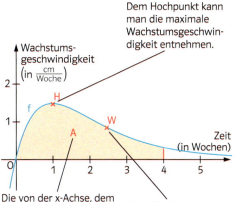

Dem Hochpunkt kann man die maximale Wachstumsgeschwindigkeit entnehmen.

Die von der x-Achse, dem Graphen und der Gerade x = 4 eingeschlossene Fläche entspricht dem Wachstum in den ersten vier Wochen.

Dem Wendepunkt kann man die maximale Abnahme der Wachstumsgeschwindigkeit entnehmen.

Fig. 1

Wenn eine dreimal differenzierbare und integrierbare Funktion f die Wachstumsgeschwindigkeit einer Pflanze in cm/Woche nach t Wochen beschreibt, so ergeben sich z. B. folgende Zusammenhänge:

Frage im Sachzusammenhang	Frage bei der Funktionsuntersuchung	Mögliche Rechenverfahren
Wann ist die Wachstumsgeschwindigkeit am größten?	Wo erreicht die Funktion f ihr Maximum?	Bestimmen von Hochpunkten; Verhalten von f an den Definitionsrändern berücksichtigen.
Wann nimmt die Wachstumsgeschwindigkeit am stärksten ab?	Wo erreicht die Ableitung von f ihr Minimum?	Bestimmen von Wendepunkten; Verhalten von f an den Definitionsrändern berücksichtigen.
Wie viel ist die Pflanze in den ersten vier Wochen gewachsen?	Welchen Flächeninhalt schließt der Graph von f mit der x-Achse im Intervall [0; 4] ein?	Berechnung des Integrals: $\int_0^4 f(t)\,dt$
Wie hoch ist die durchschnittliche Wachstumsgeschwindigkeit innerhalb der ersten vier Wochen?	Welchen Mittelwert hat die Funktion im Intervall [0; 4]?	Berechnung des Mittelwertes der Funktion mithilfe des Integrals: $\frac{1}{4-0} \cdot \int_0^4 f(t)\,dt$

Tipp:
Um die Bedeutung des Integrals zu erkennen, kann man die Einheiten der beiden Achsen miteinander multiplizieren.

Beachten Sie: Um die Höhe der Pflanze nach t Wochen zu berechnen, muss die Anfangshöhe mit der Zunahme addiert werden.

Beispiel Zusammengesetzte Funktion im Sachzusammenhang

Auf einer Teststrecke kann die Geschwindigkeit v eines Testfahrzeuges in den ersten Sekunden mit der Funktion $v(t) = 10t^2 \cdot e^{-0{,}25t}$; $t \in [0, 30]$ (t in s, $v(t)$ in $\frac{km}{h}$) modelliert werden.

a) Welche Angaben zum Geschwindigkeitsverlauf kann man am Funktionsterm erkennen?
b) Berechnen Sie den Hochpunkt des Graphen von v, erklären Sie die Bedeutung der Koordinaten des Hochpunktes im Sachzusammenhang und skizzieren Sie den Graphen von v.
c) Bestimmen Sie die Gleichung einer Funktion f, die die Geschwindigkeit in m/s nach s Sekunden angibt.
d) Zeigen Sie, dass F mit $F(t) = \left(-\frac{100}{9}t^2 - \frac{800}{9}t - \frac{3200}{9}\right) \cdot e^{-0{,}25t}$ eine Stammfunktion von f ist und berechnen Sie die innerhalb der ersten 24 Sekunden zurückgelegte Strecke.

■ Lösung:

a) $v(0) = 0$; die Geschwindigkeit ist zu Beginn der Messung null.
$v(t) > 0$ für $t > 0$; die Geschwindigkeit ist nach dem Start stets positiv.
$\lim\limits_{t \to +\infty} v(t) = 0$: mit der Zeit vermindert sich die Geschwindigkeit nahezu auf null.

b) $v'(t) = 20t \cdot e^{-0{,}25t} - 0{,}25 \cdot 10t^2 \cdot e^{-0{,}25t}$
$= (20t - 2{,}5t^2) \cdot e^{-0{,}25t}$
$v''(t) = (20 - 5t) \cdot e^{-0{,}25t}$
$\quad - 0{,}25 \cdot (20t - 2{,}5t^2) \cdot e^{-0{,}25t}$
$= (20 - 10t + 0{,}625t^2) \cdot e^{-0{,}25t}$

Notwendige Bedingung: $v'(x) = 0$
$(20t - 2{,}5t^2) \cdot e^{-0{,}25t} = 0$
$t_1 = 0$; $t_2 = 8$

Prüfen der hinreichenden Bedingung $v'(x_0) = 0$ und $v''(x_0) < 0$:
$v''(0) = 20 > 0$; $v''(8) = -20 \cdot e^{-2} \approx -2{,}7 < 0$; $v(8) = 640 \cdot e^{-2} \approx 86{,}6$; also ist der Hochpunkt $H(8|86{,}6)$.
An den Definitionsrändern erhält man $v(0) = 0 < 86{,}6$ und $v(30) \approx 4{,}98 < 86{,}6$. Also wird nach acht Sekunden die maximale Geschwindigkeit (ca. 87 km/h) erreicht (Graph siehe Fig. 1).

Fig. 1

Beachten Sie: Damit Integrale im Kontext sinnvoll interpretiert werden können, müssen die Einheiten von t und f(t) zueinander passen. Dies ist z. B. der Fall, wenn die Geschwindigkeit in m/s und die Zeit in s angegeben wird.

c) $f(t) = \frac{10}{3{,}6} t^2 \cdot e^{-0{,}25t}$, denn 1 m/s entsprechen 3,6 km/h.

d) $F'(t) = \left(\frac{-200}{9}t - \frac{800}{9}\right) \cdot e^{-0{,}25t} + \left(\frac{100}{36}t^2 + \frac{200}{9}t + \frac{800}{9}\right) \cdot e^{-0{,}25t} = \frac{100}{36}t^2 \cdot e^{-0{,}25t} = f(t)$

$\int_0^{24} f(t)\,dt = \left[\left(-\frac{100}{9}t^2 - \frac{800}{9}t - \frac{3200}{9}\right) \cdot e^{-0{,}25t}\right]_0^{24} = -\frac{80\,000}{9} \cdot e^{-6} - \left(-\frac{3200}{9}\right) \approx 333{,}52$

Das Fahrzeug legt in den ersten 24 Sekunden etwa 333,52 m zurück.

Aufgaben

Fig. 2

1 Die Funktion f mit $f(x) = \left(\frac{1}{2}x^2 - 2\right) \cdot e^{-\frac{1}{4}x}$ beschreibt den Querschnitt eines Grabens, der im Normalzustand bis zur x-Achse gefüllt ist (eine Längeneinheit im Koordinatensystem entspricht einem Meter). Der Graph ist in Fig. 2 dargestellt.

a) Bestimmen Sie rechnerisch, wie breit der Graben im Normalzustand ist.
b) Zeigen Sie, dass die Funktion $F(x) = (-2x^2 - 16x - 56) \cdot e^{-\frac{1}{4}x}$ eine Stammfunktion von f ist, berechnen Sie $\int_{-2}^{2} f(x)\,dx$ und erklären Sie die Bedeutung dieses Integrals im Sachzusammenhang.
c) Berechnen Sie, wie lang ein Graben mit dem durch f gegebenen Querschnitt ist, wenn er im Normalzustand 190 m³ Wasser enthält.

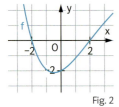

2 Die Funktion f mit $f(x) = 20x \cdot e^{2 - 0,05x}$ beschreibt näherungsweise die Anzahl der Zuschauer, die pro Minute zu einer bestimmten Uhrzeit in ein Fußballstadion kommen. Der Wert $x = 0$ entspricht der Uhrzeit 16:00 Uhr. Das Spiel fängt um 18:00 Uhr an.
a) Bestimmen Sie, um wie viel Uhr der Besucherandrang an den Eingängen am größten ist, wenn man als Modell die Funktion f zugrunde legt.
b) Zeigen Sie, dass die Funktion F mit $F(x) = (-400x - 8000) \cdot e^{2 - 0,05x}$ eine Stammfunktion von f ist und berechnen Sie, wie viele Zuschauer bei Anpfiff des Spiels ungefähr im Stadion sind, wenn man davon ausgeht, dass das Stadion um 16 Uhr noch leer ist.
c) Wie viele Zuschauer kommen von 16 bis 18 Uhr durchschnittlich pro Minute ins Stadion?

3 Nach einem Brand in einer Chemiefabrik steigt die Konzentration von perfluorierten Tensiden (PFT) in einem nahe gelegenen See deutlich an. Durch den Zu- und Ablauf von Wasser verringert sich die PFT-Konzentration im See wieder. Die PFT-Konzentration im See kann in den ersten Wochen mithilfe der Funktion $k(x) = 250x \cdot e^{-0,5x} + 20$ modelliert werden
(x ist die Anzahl der Wochen nach dem Unfall; k ist die Konzentration in $\frac{ng}{l}$).
a) Berechnen Sie den Zeitpunkt, zu dem die PFT-Konzentration am größten ist. Wie hoch ist der höchste Wert der PFT-Konzentration?
b) Berechnen Sie den Zeitpunkt, zu dem die PFT-Konzentration am stärksten abnimmt.
c) Welche PFT-Konzentration wird sich in dem Modell auf lange Sicht einstellen?

Perfluorierte Tenside werden wegen ihrer besonderen physikalisch-chemischen Eigenschaften in einer Vielzahl von Produkten verwendet. PFT stehen im Verdacht, krebserregend zu sein.

ng: Nanogramm

Zeit zu überprüfen

4 Eine Kleinstadt hat im Jahre 2000 mehrere Neubaugebiete eingerichtet. Man rechnet aufgrund dessen damit, dass die Einwohnerzahl der Kleinstadt in den folgenden Jahren zunimmt. Die Funktion f mit $f(x) = 1000 \cdot x^2 \cdot e^{-x}$ soll im Folgenden als Modell für die Zunahme der Einwohnerzahl verwendet werden, wobei $x = 0$ dem Jahr 2000 entspricht.
a) Berechnen Sie, wann die Anzahl der Einwohner in der Kleinstadt am meisten zunimmt.
b) Zeigen Sie, dass F mit $F(x) = (-1000 \cdot x^2 - 2000x - 2000) \cdot e^{-x}$ eine Stammfunktion von f ist.
c) Berechnen Sie, wie sich die Einwohnerzahl der Kleinstadt von 2000 bis 2008 verändert hat.
d) Berechnen Sie den Durchschnitt der jährlichen Zunahme der Einwohnerzahl von 2000 bis 2008.

5 Der Temperaturverlauf während eines Tages kann näherungsweise durch die Funktion t mit $t(x) = x^2 \cdot e^{-0,2x} + 5$ mit $0 \leq x \leq 24$ beschrieben werden, wobei x die Uhrzeit in Stunden und t die Temperatur in °C angibt.
a) Bestimmen Sie den Zeitpunkt mit der höchsten Temperatur sowie die maximale Temperatur.
b) Zeigen Sie, dass T mit $T(x) = (-5x^2 - 50x - 250) \cdot e^{-0,2x} + 5x$ eine Stammfunktion von t ist.
c) Berechnen Sie die mittlere Tagestemperatur.

6 Ein Skateboardfahrer fährt über einen Wall (Fig. 1), der im Querschnitt durch den Graphen der Funktion mit $f(x) = e^{-0,1x^2} - 0,2$ zwischen den Schnittpunkten mit der x-Achse modelliert werden kann (x und f(x) in m).
a) Wie groß ist die maximale Höhe h des Walls? Welche Breite hat der Wall?
b) An welchen Stellen ist die Steigung des Walls am größten?
c) Berechnen Sie, welches Volumen der Wall hat, wenn er eine Tiefe von 2,5 m hat.

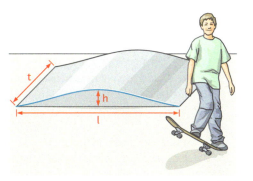

Fig. 1

Verwenden Sie in Aufgabe 6c) z.B. einen GTR oder einen anderen geeigneten Taschenrechner, der Integrale näherungsweise berechnen kann.

5 Extremwertprobleme lösen

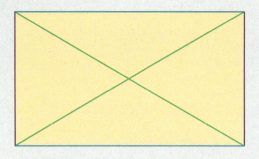

Lässt sich der Umfang eines Rechtecks als Funktion einer einzigen Variablen darstellen, wenn
a) die Rechteckseiten im Verhältnis 2:3 stehen,
b) das Rechteck den Flächeninhalt 20 cm² hat,
c) die Diagonalen einen Winkel von 60° bilden,
d) die Rechteckdiagonale 5 cm lang ist?
Geben Sie, wenn möglich, ein Ergebnis an und erläutern Sie Ihr Vorgehen.

Bei der mathematischen Beschreibung einer Anwendungssituation können mehrere Variablen auftreten. Bei der Untersuchung auf Extremwerte muss man eine Funktion aufstellen, die nur von einer Variablen abhängt. Dies kann mithilfe zusätzlicher Bedingungen erreicht werden.

Die Autobahn A46 macht um den Ortskern der Stadt Erkelenz einen Bogen, der durch die Funktion f mit $f(x) = 2e^{-0{,}24x^2}$ modelliert werden kann (eine Längeneinheit entspricht etwa einem km).

Gesucht ist die kürzeste Entfernung (Luftlinie) vom Ursprung O zur Autobahn.
Die Entfernung von O zur Autobahn kann bestimmt werden, indem man den kürzesten Abstand zwischen O und einem Punkt P auf dem Graphen von f bestimmt. Der Abstand d zwischen O(0|0) und P(u|v) kann mit dem Satz des Pythagoras berechnet werden (vgl. Fig. 1). Es gilt: $d^2 = (u-0)^2 + (v-0)^2$ bzw. $d = \sqrt{u^2 + v^2}$. d hängt von u und v ab.

Fig. 1

Fig. 2

Um den minimalen Abstand zu berechnen, kann man die **Nebenbedingung** $v = f(u) = 2e^{-0{,}24u^2}$ verwenden, denn P liegt auf dem Graphen von f. Durch Einsetzen der Nebenbedingung in $d = \sqrt{u^2 + v^2}$ erhält man die Zielfunktion $d(u) = \sqrt{u^2 + (2e^{-0{,}24u^2})^2} = \sqrt{u^2 + 4e^{-0{,}48u^2}}$. Wenn man mithilfe der Ableitungen die Extremstellen von d berechnet, erhält man für $u \approx 1{,}166$ und $u \approx -1{,}166$ jeweils ein lokales Minimum und für $u = 0$ ein lokales Maximum (vgl. Fig. 2). Da die Funktion d für $u \to \pm\infty$ gegen unendlich strebt, beträgt der minimale Abstand vom Ursprung zur Autobahn ca. 1,86 km, denn $d(1{,}166) = d(-1{,}166) \approx 1{,}86$.

> **Strategie für das Lösen von Extremwertproblemen**
> 1. Beschreiben der Größe, die extremal werden soll, durch eine Formel mit Variablen.
> 2. Aufsuchen von Nebenbedingungen, die Abhängigkeiten zwischen den Variablen enthalten.
> 3. Bestimmen der Zielfunktion, die nur noch von einer Variablen abhängt. Angeben des Definitionsbereichs der Zielfunktion.
> 4. Untersuchen der Zielfunktion auf Extremwerte unter Beachtung der Ränder des Definitionsbereichs. Formulieren des Ergebnisses.

Zur Untersuchung muss die Zielfunktion in Abhängigkeit von einer Variablen dargestellt werden. Welche Variable zweckmäßig ist, zeigt dabei oft erst die Bearbeitung

Beispiel Randextremwert
Das Stück CD ist Teil des Graphen von f mit $f(x) = \frac{7}{16}x^2 + 2$. Für welche Lage von Q wird der Inhalt des Rechtecks RBPQ maximal?

■ Lösung:
1. Flächeninhalt des Rechtecks: $A = (4 - u) \cdot v$
2. Nebenbedingung: $v = f(u)$
3. Zielfunktion:
$A(u) = (4 - u) \cdot \left(\frac{7}{16}u^2 + 2\right)$
$= -\frac{7}{16}u^3 + \frac{7}{4}u^2 - 2u + 8$; $D_A = [0; 4]$
4. $A'(u) = -\frac{21}{16}u^2 + \frac{7}{2}u - 2$, $A''(u) = -\frac{21}{8}u + \frac{7}{2}$;
$A'(u) = 0$: $u_1 = \frac{4}{3} - \frac{4}{21}\sqrt{7}$; $u_2 = \frac{4}{3} + \frac{4}{21}\sqrt{7}$
Wegen $A''(u_1) = \frac{1}{2}\sqrt{7}$; $A''(u_2) = -\frac{1}{2}\sqrt{7}$ liegt bei u_2 ein lokales Maximum vor.
Weiterhin ist $A(u_2) = \frac{200}{27} + \frac{8}{189}\sqrt{7} \approx 7{,}52$.
Randwerte: $A(0) = 8$; $A(4) = 0$.
Wegen $A(0) > A(u_2)$ erhält man für $Q(0|2)$ den größten Flächeninhalt 8.

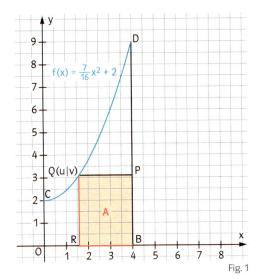

Fig. 1

Aufgaben

1 Gegeben sind f und g mit $f(x) = 0{,}5x^2 + 2$ und $g(x) = x^2 - 2x + 2$.
a) Für welchen Wert $x \in [0; 4]$ wird die Summe der Funktionswerte maximal bzw. minimal? Geben Sie jeweils die globalen Extremwerte an und ob es sich um ein inneres oder ein Randextremum handelt.
b) Beantworten Sie die Fragestellungen aus Teilaufgabe a) für die Differenz der Funktionswerte.

2 Der Punkt $P(u|v)$ in Fig. 2 liegt auf der Strecke $\overline{QR}$.
Für welches u wird der Flächeninhalt des eingezeichneten Rechtecks maximal?

3 Von welchem Punkt des Graphen von f hat der Punkt Q den kleinsten Abstand?
a) $f(x) = \frac{1}{x}$; $Q(0|0)$
b) $f(x) = x^2$; $Q(0|1{,}5)$
c) $f(x) = x^2$; $Q(3|0)$
d) $f(x) = \sqrt{x}$; $Q(a|0)$; $a \geq 0{,}5$

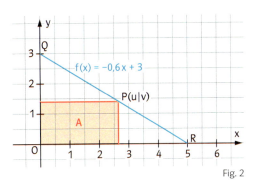

Fig. 2

4 Gegeben ist die Funktion f mit $f(x) = -x^2 + 4$ mit $D_f = [0; 2]$.
Welcher Punkt Q auf dem Graphen von f hat zum Ursprung den kleinsten bzw. größten Abstand?

5 Die Punkte $O(0|0)$, $P(5|0)$, $Q(5|f(5))$, $R(u|f(u))$ und $S(0|f(0))$ des Graphen von f mit $f(x) = -0{,}05x^3 + x + 4$; $0 \leq x \leq 5$, bilden ein Fünfeck (Fig. 3).
Für welches u wird sein Inhalt maximal?

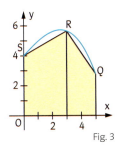

Fig. 3

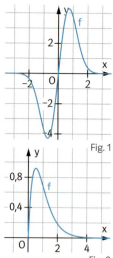

Fig. 1

Fig. 2

Tipp zu Aufgabe 9: Schlagen Sie zunächst die Formeln für das Volumen, die Mantelfläche und die Oberfläche eines Zylinders in einer Formelsammlung nach.

6 Gegeben ist die Funktion f mit $f(x) = e^{-x}$. Der Punkt $P(x|f(x))$ mit $x > 0$ und der Ursprung O sind Eckpunkte eines achsenparallelen Rechtecks.
Wo muss P liegen, damit der Inhalt des Rechtecks maximal wird? Wie groß ist er dann?

7 Gegeben ist eine Funktion f durch $f(x) = 10x \cdot e^{-x^2}$. Fig. 1 zeigt ihren Graphen. Durch den Ursprung O, einen Punkt $A(a|0)$ und $P(a|f(a))$ wird ein Dreieck bestimmt.
Berechnen Sie den maximalen Inhalt, den ein solches Dreieck annehmen kann.

Zeit zu überprüfen

8 Gegeben ist die Funktion f mit $f(x) = 5x \cdot e^{-2x}$. Der Graph ist in Fig. 2 abgebildet. Durch die Eckpunkte $A(a|0)$, $B(a|f(a))$, $C(0|0)$ wird das Dreieck ABC festgelegt.
a) Übertragen Sie den Graphen von f in Ihr Heft, ergänzen Sie das Dreieck ABC für $a = 3$ und berechnen Sie den Flächeninhalt des Dreiecks für $a = 3$.
b) Für welchen Wert von a wird der Inhalt des Dreiecks ABC maximal?

9 Wie müssen die Maße eines zylindrischen Wasserspeichers ohne Deckel mit dem Volumen 1000 l gewählt werden, damit der Blechverbrauch minimal ist?

10 Ein nach oben offener Karton mit quadratischer Grundfläche soll bei einer vorgegebenen Oberfläche von 100 cm² ein möglichst großes Volumen besitzen. Wie müssen die Maße des Kartons gewählt werden? Zeigen Sie, dass es keine weiteren Maxima gibt.

11 Die Tangente und die Normale des Graphen der Funktion f_k mit $f_k(x) = e^{k \cdot x}$ mit $k > 0$ im Punkt $P(0|1)$ begrenzen mit der x-Achse ein Dreieck. Für welchen Wert von k wird der Inhalt dieses Dreiecks minimal? Wie groß ist der Flächeninhalt dieses Dreiecks?

12 An den Graphen der Funktion f mit $f(x) = e^x + 1$ wird in einem Punkt $P(u|f(u))$ die Tangente gelegt; sie schneidet die x-Achse in Q. Wie lang ist die Strecke $\overline{PQ}$ mindestens?

13 Gegeben ist eine Funktionenschar f_t.
Für welchen Wert von t wird die y-Koordinate des Tiefpunktes des Graphen von f_t am kleinsten?
a) $f_t(x) = 3x^2 - 12x + 4t^2 - 6t$; $t \in \mathbb{R}$
b) $f_t(x) = 3x^2 - 2tx + 4t^2 - 11t$; $t \in \mathbb{R}$
c) $f_t(x) = x^3 - 12x + (t-1)^2$; $t \in \mathbb{R}$
d) $f_t(x) = x + \frac{t^2}{x} + \frac{8}{t}$; $t \in \mathbb{R} \setminus \{0\}$

14 1-Liter-Milchtüten haben zum Teil die Form einer quadratischen Säule. Diese Tüten sind aus einem einzigen rechteckigen Stück Pappe durch Falten und Verkleben hergestellt. Fig. 3 zeigt das Netz einer solchen Tüte.
Die Tüten werden bis 2 cm unter dem oberen Rand gefüllt.
Bestimmen Sie den Flächeninhalt der verwendeten Pappe als Funktion der Grundkantenlänge x.
Ist die reale Milchtüte hinsichtlich des Materialverbrauchs optimiert?

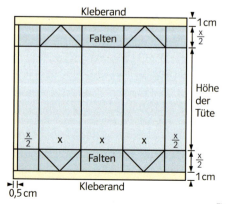

Fig. 3

Wiederholen – Vertiefen – Vernetzen

1 China und Indien hatten 1988 zusammen etwa $1{,}82 \cdot 10^9$ Einwohner und 1989 etwa $1{,}875 \cdot 10^9$ Einwohner.
a) Modellieren Sie mithilfe dieser Daten das Bevölkerungswachstum durch exponentielles Wachstum.
b) Welche Aussage macht Ihr Modell für die Bevölkerungszahl im Jahre 2000? Tatsächlich betrug die Bevölkerungszahl im Jahre 2000 etwa $2{,}3 \cdot 10^9$. Welche Gründe könnte es für die Abweichung Ihres Modells geben?
c) Wann wächst in Ihrem Modell die Bevölkerung auf vier Milliarden?
d) Wie groß ist in Ihrem Modell die Wachstumsgeschwindigkeit im Jahr 2000?

2 Auch in klaren Gewässern nimmt die Beleuchtungsstärke B (in Lux) mit zunehmender Tiefe x (in Metern) ab. Nach einem Meter beträgt sie in einem See nur noch 80 % des Wertes an der Oberfläche.
Der Verlauf der Beleuchtungsstärke in Abhängigkeit von der Tiefe kann als exponentielle Abnahme modelliert werden.
a) Bestimmen Sie eine Modellfunktion B(x) für die Beleuchtungsstärke, wenn an der Oberfläche die Beleuchtungsstärke 4000 Lux beträgt.
Wie hoch ist die Beleuchtungsstärke in 10 m Tiefe? Wie groß ist die „Halbwertstiefe"?
b) In welcher Tiefe beträgt die momentane Änderungsrate der Beleuchtungsstärke −10 (Einheit: Lux pro Meter)?

3 Eine Pflanzung ist von einem Schädling befallen. Zu Beginn der Beobachtung zählt man auf einem Quadratmeter 50 Schädlinge, wobei insgesamt eine Fläche von $200\,m^2$ befallen ist.
Aus Versuchen ist bekannt, dass 100 Schädlinge an einem Tag 120 g Blattmasse fressen.
Man nimmt an, dass sich die Schädlinge in den nächsten 30 Tagen bei einer Verdoppelungszeit von 5 Tagen exponentiell vermehren werden.
a) Wie groß ist die von den Schädlingen in 30 Tagen abgefressene Blattmasse?
b) Mit welcher Geschwindigkeit nimmt die Anzahl der Schädlinge nach 30 Tagen zu?

Vergleich von Wachstumsarten

4 Zwei Populationen wachsen nach verschiedenen Gesetzmäßigkeiten, die sich durch die Funktionen f und g mit $f(t) = 100 \cdot e^{0{,}1 \cdot t}$ bzw. $g(t) = 150 + 10 \cdot t$; $0 \le t \le 10$ beschreiben lassen. Dabei bezeichnen f(t) bzw. g(t) die Anzahl der Individuen zum Zeitpunkt t (in Jahren).
a) Beschreiben Sie, wie sich die Wachstumsgesetzmäßigkeiten unterscheiden.
b) Skizzieren Sie die Graphen der Wachstumsfunktionen.
c) Bestimmen Sie näherungsweise den Zeitpunkt, an dem beide Populationen gleich viele Individuen haben, auf zwei Dezimalstellen.

5 Das Wachstum zweier Populationen lässt sich durch die Funktion f bzw. g beschreiben. Die Funktion f beschreibt exponentielles, die Funktion g lineares Wachstum. Dabei bezeichnen f(t) bzw. g(t) die Anzahl der Individuen der Populationen zum Zeitpunkt t (t in Jahren).
a) Stellen Sie die Gleichungen für f(t) und g(t) auf, wenn der Anfangsbestand zum Zeitpunkt t = 0 jeweils 1500 und der Bestand nach zehn Jahren jeweils 2000 beträgt.
Skizzieren Sie die Graphen der Wachstumsfunktionen für $0 \le t \le 20$.
b) Zu welchem Zeitpunkt innerhalb der ersten zehn Jahre ist der Unterschied zwischen linearem Wachstum und exponentiellem Wachstum am größten?
c) Bestimmen Sie näherungsweise den Zeitpunkt, an dem eine Population doppelt so viele Individuen hat wie die andere.

Wiederholen – Vertiefen – Vernetzen

Jahr	Bevölkerung in Milliarden
1960	3,0
1990	5,3
2000	6,2
2025	8,5
2050	10,0
2100	11,2
2150	11,5

Fig. 1

6 Eine UN-Langzeit-Prognose von 1990 gibt für das Wachstum der Erdbevölkerung die Daten aus der Tabelle am Rand an.
a) Bestimmen Sie eine quadratische Funktion, die sich den Datenpunkten gut anpasst (Zeitnullpunkt: 1960).
b) Die Funktion f mit $f(x) = \dfrac{11{,}6}{1 + 3 \cdot e^{-0{,}032 \cdot x}}$ (x in Jahren ab 1960) ist eine bessere Anpassung als die in Teilaufgabe a) bestimmte Funktion. Begründen Sie weshalb.
Wann ist nach dieser Funktion das Wachstum am größten?
c) Welche Bedeutung hat die Zahl $\dfrac{1}{25}\int_{40}^{65} f(x)\,dx$ für die in Teilaufgabe a) bzw. b) bestimmten Funktionen?

Graphen und Eigenschaften von Exponentialfunktionen und Funktionenscharen

7 Fig. 2 zeigt den Graphen einer Funktion f.
a) Welche der folgenden Aussagen ist wahr, welche falsch? Begründen Sie Ihre Antwort.
(A) f' hat für 0 < x < 3 genau eine Nullstelle. (B) f' hat für 0 < x < 3 ein Maximum.
b) Skizzieren Sie den Graphen der Ableitungsfunktion f' für 0 < x < 3.

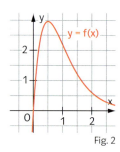

Fig. 2

8 Gegeben sind die Funktionen f_t mit $f_t(x) = e^{t \cdot x} - 1$ (t > 0).
a) Zeigen Sie, dass die Graphen von f_t genau einen gemeinsamen Punkt haben.
b) Für welchen Wert von t ist $f_t(2) = 5$?
c) Für welchen Wert von t schneidet der Graph von f_t' die y-Achse im Punkt $S(0|3)$?
d) Für welchen Wert von t stimmt f_t mit der Funktion g mit $g(x) = 8^x - 1$ überein?
e) Wo schneidet die Normale an den Graphen von f_1 in $P(1|f_1(1))$ die x-Achse?
f) Für welches t schneidet die Normale in $P(1|f_t(1))$ die x-Achse im Punkt $Q(2|0)$?
g) Zeigen Sie, dass f_t monoton wachsend und der Graph von f_t eine Linkskurve ist.

9 Gegeben ist die Funktion f mit $f(x) = (x^2 - 2) \cdot e^{-x}$.
a) Bestimmen Sie die Gleichung von f' und zeigen Sie, dass die Graphen von f und f' sich zweimal schneiden.
b) Untersuchen Sie das Verhalten der Funktionen f und f' für $x \to \pm\infty$.
c) Berechnen Sie die Extremstellen von f und f' und skizzieren Sie die zugehörigen Graphen.
d) Zeigen Sie, dass F mit $F(x) = (-x^2 - 2x) \cdot e^{-x}$ eine Stammfunktion von f ist.
e) Beschreiben Sie die Zusammenhänge bezüglich der Terme von F, f und f'. Welche Vermutung lässt sich daraus für f'' entnehmen? Kontrollieren Sie die Vermutung rechnerisch.
f) Berechnen Sie den Inhalt der Fläche, die von den Graphen von f und f' eingeschlossen wird.
g) Die Gerade x = u mit $u \in [-1; 2]$ schneidet die Graphen von f und f' in den Punkten A und B. Bestimmen Sie u, sodass die Strecke $\overline{AB}$ möglichst groß wird.

Zeit zu wiederholen

10 Zeichnen Sie die Gerade. Geben Sie ihre Gleichung an.
a) g hat den y-Achsenabschnitt 2,5 und die Steigung 0,5.
b) h hat den y-Achsenabschnitt –3 und die Steigung $\frac{1}{3}$.
c) k verläuft zur Geraden g parallel durch den Ursprung.
d) l ist die Gerade, die durch Spiegelung der Geraden g an der y-Achse entsteht.
e) m ist die Gerade, die durch Spiegelung der Geraden h an der x-Achse entsteht.
f) n ist zu h parallel und schneidet g im Punkt $P(1|3)$.

Exkursion

„Licht läuft optimal"

Vermutlich standen Sie in einer fremden Stadt auch schon vor dem Problem, in möglichst kurzer Zeit einen anderen Ort erreichen zu müssen. Falls Sie kein mobiles GPS (Global Positioning System) besitzen, dürfte der folgende Lösungsansatz dem Ihren weitgehend ähnlich gewesen sein. Sie greifen zum Stadtplan (Fig. 1), suchen Start- und Zielpunkt und vergleichen zuerst verschiedene Wegstrecken hinsichtlich ihrer Länge. Berücksichtigen Sie zusätzlich noch „Fortbewegungswiderstände", wie z.B. Verkehrshindernisse, Staus usw., auf verschiedenen Abschnitten, so sind Sie mitten in einer Suche nach einem Extremwert – auf der Suche nach dem Weg mit der kürzesten Fahrzeit.

Fig. 1

Extremwertprobleme in der Natur

Ein Lichtstrahl, der schräg auf eine Wasserfläche fällt, wird in zwei Teile zerlegt. Ein Teil wird von der Oberfläche zurückgeworfen und heißt deshalb „reflektierter Strahl", der andere Teil dringt in das Wasser ein, ändert seine Ausbreitungsrichtung und wird „gebrochener Strahl" genannt (vgl. Fig. 2).

Die Gesetzmäßigkeit, nach der sich die Ausbreitungsrichtung des reflektierten Strahls bestimmen lässt, war bereits Euklid (etwa 300 v. Chr.) bekannt.

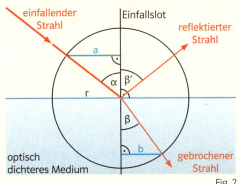

Fig. 2

Reflexionsgesetz
Der einfallende und der reflektierte Strahl liegen in einer Ebene und der Reflexionswinkel β' ist stets gleich dem Einfallswinkel α (Fig. 2).

Willebrordus Snellius (1580–1626)

Das Snellius'sche Brechungsgesetz

Es dauerte schließlich bis ins Jahr 1618, als der niederländische Mathematiker und Physiker Willebrordus Snellius das Brechungsgesetz anhand durchgeführter Experimente entdeckte. Beim Übergang des Lichtes von Luft in Wasser maß er für verschiedene Einfallswinkel α den zugehörigen Brechungswinkel β und stellte Folgendes fest: Trägt man in einem Einheitskreis jeweils die Winkel α und β zusammen mit ihren Gegenkatheten a und b ein, so erhält man für das Verhältnis der Gegenkatheten für jeden Einfallswinkel den gleichen Wert (vgl. Fig. 2).

Da die Gegenkatheten im Einheitskreis den Sinuswerten des zugehörigen Winkels entsprechen, erhält man als Ergebnis, dass $\frac{\sin(\alpha)}{\sin(\beta)}$ konstant ist.

Weiterführende Überlegungen zeigen, dass diese Konstante sich mit den Lichtgeschwindigkeiten in den beiden Stoffen berechnen lässt. Ist c_1 die Lichtgeschwindigkeit in der Luft und c_2 die im Wasser, so erhält man das

Brechungsgesetz: $\frac{\sin(\alpha)}{\sin(\beta)} = \frac{c_1}{c_2} = n$. n wird Brechungszahl genannt.

Das Verhältnis vom Sinus des Einfallswinkels zum Sinus des Brechungswinkels ist nur abhängig von den Lichtgeschwindigkeiten in beiden Stoffen, zwischen denen der Übergang stattfindet.

Lichtgeschwindigkeiten:
Vakuum: $c_0 = 300\,000\,\frac{km}{s}$
Luft: $c_1 = 299\,911\,\frac{km}{s}$
Wasser: $c_2 = 225\,000\,\frac{km}{s}$

Brechungszahl n für den Übergang von Luft in

Wasser	1,33
Eis	1,31
Diamant	2,42

Das Brechungsgesetz ist auch verantwortlich für Sinnestäuschungen beim Blick ins Wasser. Der Beobachter sieht in Fig. 3 die Pflanze bei Position b, obwohl sie sich bei Position a befindet. Das Gehirn geht ähnlich wie beim Blick in den Spiegel davon aus, dass sich das Licht geradlinig ausbreitet, und nicht davon, dass das Licht beim Übergang von Luft in Wasser gebrochen wird.

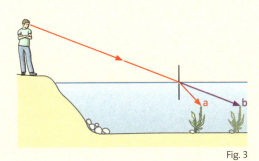

Fig. 3

Exkursion

Pierre de Fermat
(1607–1665)

Auf einem ganz anderen Weg leitete der französische Mathematiker und Jurist Pierre de Fermat das Brechungsgesetz her. Sein Ansatz war rein theoretischer Natur und beinhaltete die Berechnung des Extremwerts einer Funktion.
Er formulierte im Jahr 1657 das nach ihm benannte **Fermat'sche Prinzip**:
„Licht nimmt seinen Weg immer so, dass es ihn in der kürzesten Zeit zurücklegt."

In einem geeigneten Koordinatensystem ist $A(0|a)$ der Ausgangspunkt und $B(d|b)$ der Endpunkt des Lichtstrahls. Die x-Achse verläuft entlang der Wasseroberfläche (vgl. Fig. 1).
Für einen Zusammenhang zwischen der zurückgelegten Strecke und der zugehörigen Laufzeit benötigt man die Lichtgeschwindigkeiten c_1 und c_2 in den beiden Medien.
Die Gesamtlaufzeit $T(x)$, die der Lichtstrahl benötigt, um von A nach B zu gelangen, ergibt sich mithilfe des Satzes des Pythagoras:
$T(x) = \frac{\overline{AX}}{c_1} + \frac{\overline{XB}}{c_2} = \frac{\sqrt{a^2 + x^2}}{c_1} + \frac{\sqrt{(d-x)^2 + (-b)^2}}{c_2}$.

Die Minimalstelle dieser Funktion gibt die kürzeste Laufzeit des Lichtstrahls von A nach B an. Zur Berechnung bestimmt man die Ableitung der Funktion T mithilfe der Kettenregel:
$T'(x) = \frac{2x}{c_1 \cdot 2\sqrt{a^2 + x^2}} + \frac{-2(d-x)}{c_2 \cdot 2\sqrt{(d-x)^2 + (-b)^2}}$.

Aus $T'(x) = 0$ erhält man $\frac{x}{c_1 \cdot \overline{AX}} - \frac{d-x}{c_2 \cdot \overline{XB}} = 0$.

Berücksichtigt man, dass $\sin(\alpha_1) = \frac{x}{\overline{AX}}$ und $\sin(\alpha_2) = \frac{d-x}{\overline{XB}}$ ist, so gilt: $\frac{\sin(\alpha_1)}{c_1} = \frac{\sin(\alpha_2)}{c_2}$.

Da α und α_1 sowie β und α_2 jeweils Wechselwinkel an Parallelen sind, erhält man wieder das **Brechungsgesetz**:
$\frac{\sin(\alpha)}{\sin(\beta)} = \frac{c_1}{c_2}$.

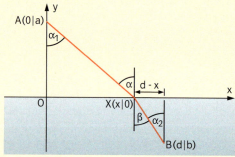

Fig. 1

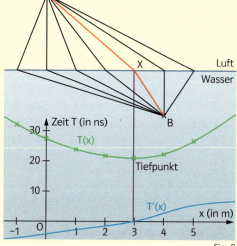

Fig. 2

Dieses Fermat'sche Prinzip kann auch verwendet werden, um das Reflexionsgesetz nachzuweisen oder die Strahlengänge durch optische Linsen zu bestimmen.
Zum ersten Mal wurde hiermit in einer Naturwissenschaft ein Extremalprinzip zur Beschreibung eines physikalischen Phänomens verwendet. Der Erfolg dieser Betrachtungsweise hat in der Folgezeit viele Physiker inspiriert, diese Idee auch auf andere Bereiche zu übertragen. Eine Verallgemeinerung, das „Prinzip der stationären Wirkung", ist eines der fundamentalsten Prinzipien der Natur.

Fermat notierte neben seiner Vermutung:

„Ich habe hierfür einen wahrhaft wunderbaren Beweis gefunden, doch ist der Rand hier zu schmal, um ihn zu fassen."

Der berühmteste mathematische Satz von Fermat ist die für mehr als 400 Jahre sogenannte „Fermat'sche Vermutung". Dieser Satz wurde erst im Jahr 1995 von Andrew Wiles und Richard Taylor bewiesen und heißt seither „Fermats letzter Satz" oder auch „Großer Fermat'scher Satz".

Rückblick

Funktionenscharen
Enthält ein Funktionsterm außer der Funktionsvariablen x noch einen Parameter t, so gehört zu jedem t eine Funktion f_t. Die Funktionen f_t bilden eine Funktionenschar.
Beim Ableiten wird der Parameter wie eine Zahl behandelt.

Ortskurven
Eine Kurve, auf der z.B. alle Hochpunkte der Graphen einer Funktionenschar f_t liegen, nennt man Ortskurve der Hochpunkte. Zum Bestimmen der Ortskurve berechnet man zunächst die Koordinaten des Hochpunktes in Abhängigkeit von t. Dann eliminiert man aus der Darstellung der x- und y-Koordinaten den Parameter t und erhält eine Gleichung mit den Variablen x und y.

$f_t(x) = x^3 - 12t^2 x \cdot t$ mit $t \in \mathbb{R}^+$
$f_t'(x) = 3x^2 - 12t^2$; $f_t''(x) = 6x$
Die Graphen von f_t haben in $H_t(2t\,|-16t^3)$ Hochpunkte.
Auflösen von $x = 2t$ nach t ergibt $t = 0{,}5x$.
Einsetzen in $y = -16t^3$ liefert die Ortskurve:
$y = -16 \cdot (0{,}5t)^3 = -16 \cdot 0{,}125 t^3 = -2x^3$

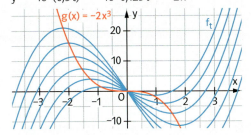

Exponentialfunktionen und exponentielles Wachstum
Mit Exponentialfunktionen der Form $f(x) = c \cdot q^x$ kann man exponentielles Wachstum beschreiben. Hierbei ist q der Wachstumsfaktor und c der Anfangsbestand.
Exponentialfunktionen der Form $f(x) = c \cdot q^x$ lassen sich auch mit der Basis e schreiben. Es gilt: $f(x) = c \cdot q^x = c \cdot e^{\ln(q) \cdot x}$.
Es lassen sich dann auch Ableitungen oder Integrale berechnen, die für viele Fragen im Sachzusammenhang relevant sind.

Im Jahre 2010 hat eine Kleinstadt 5000 Einwohner. Die Bevölkerung nimmt jedes Jahr um 5% zu. Die Funktion f mit $f(x) = 5000 \cdot 1{,}05^x$ beschreibt dann die Einwohnerzahl x Jahre später. Es gilt $f(x) = 5000 \cdot e^{\ln(1{,}05)x}$.
Mit $f'(x) = 5000 \cdot \ln(1{,}05) \cdot e^{\ln(1{,}05)x}$ lässt sich z.B. $f'(5) \approx 311{,}35$ berechnen, d.h. die Bevölkerung nimmt 2015 um etwa 311 Personen zu.

Zusammengesetzte Funktionen
Für $x \to +\infty$ gilt für $n \in \mathbb{N}$: $\frac{x^n}{e^x} = x^n \cdot e^{-x} \to 0$ und $x^n \cdot e^x \to +\infty$.
Für $x \to -\infty$ gilt für gerade $n \in \mathbb{N}$: $x^n \cdot e^x \to 0$ und $\frac{x^n}{e^x} = x^n \cdot e^{-x} \to +\infty$.
Für $x \to -\infty$ gilt für ungerade $n \in \mathbb{N}$: $x^n \cdot e^x \to 0$ und $\frac{x^n}{e^x} \to -\infty$.

Bei der Berechnung von Nullstellen ist zu beachten, dass die Funktion $f(x) = e^x$ keine Nullstellen hat.

$f(x) = (x^2 - 4) \cdot e^{-4x+2}$
Für $x \to +\infty$ gilt $f(x) \to 0$, denn e^{-4x+2} strebt schneller gegen 0 als $x^2 - 4$ gegen unendlich.
Für $x \to -\infty$ gilt $f(x) \to \infty$.
Nullstellenberechnung:
$(x^2 - 4) \cdot e^{-4x+2} = 0$
$x^2 - 4 = 0$ ($e^{-4x+2} > 0$ für alle $x \in \mathbb{R}$)
$x_1 = 2$; $x_2 = -2$

Strategie für das Lösen von Extremwertproblemen
1. Beschreiben der Größe, die extremal werden soll, durch einen Term. Dieser Term kann mehrere Variablen enthalten.
2. Aufsuchen von Nebenbedingungen, die Abhängigkeiten zwischen den Variablen enthalten.
3. Bestimmung der Zielfunktion, die nur noch von einer Variablen abhängt. Angeben des Definitionsbereichs der Zielfunktion.
4. Untersuchung der Zielfunktion auf Extremwerte unter Beachtung der Ränder des Definitionsbereichs. Formulieren des Ergebnisses.

Welche beiden positiven Zahlen mit dem Produkt 10 haben die kleinste Summe?
1. Zu minimieren: $S = u + v$ ($u > 0$; $v > 0$)
2. Nebenbedingung: $u \cdot v = 10$ bzw. $v = \frac{10}{u}$
3. Einsetzen von $v = \frac{10}{u}$ in $S = u + v$ ergibt die Zielfunktion $s(u) = u + \frac{10}{u}$ mit $u \in \mathbb{R}^+$.
4. Mit $s'(u) = 1 - \frac{10}{u^2}$ und $s''(u) = \frac{20}{u^3}$ erhält man ein Minimum von s für $u = \sqrt{10}$. Da für $u \to 0$ und $v \to 0$ die Summe $u + v$ unendlich groß wird, sind die gesuchten Zahlen $u = \sqrt{10}$ und $v = \sqrt{10}$.

Prüfungsvorbereitung ohne Hilfsmittel

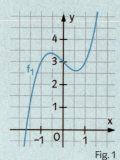

Fig. 1

1 Gegeben ist die Funktionenschar f_t mit $f_t(x) = x^3 - t^2 x + 3$ ($t \in \mathbb{R}^+$).
Der Graph von f_1 ist in Fig. 1 dargestellt.
a) Zeigen Sie, dass alle Graphen von f_t punktsymmetrisch zum Punkt $P(0|3)$ verlaufen.
b) Bestimmen Sie die Koordinaten der Hochpunkte von f_t sowie die zugehörige Ortskurve.
c) Der Graph von f_t, die Gerade $x = -1$ und die Koordinatenachsen schließen eine Fläche ein. Bestimmen Sie den Inhalt dieser Fläche in Abhängigkeit von t.
d) Zeigen Sie dass die Fläche aus Teilaufgabe c) stets größer als zwei Flächeneinheiten ist.
e) Für welchen Wert von t ist die Fläche aus Teilaufgabe c) genau drei Flächeneinheiten groß?

2 Die Gesamtkosten bei der Produktion von x Mengeneinheiten einer Ware sind gegeben durch die Funktion K mit
$K(x) = x^3 - 15 x^2 + 125 x + 375$. Mit einem Preis von p Euro erhält man für den Umsatz die Funktionenschar $U_p(x) = p \cdot x$. Für den Gewinn G gilt $G(x) = U_p(x) - K(x)$.
a) In Fig. 2 sind die Graphen von K und U_{150} angegeben. Erläutern Sie die Bedeutung des Schnittpunktes der Graphen im Sachzusammenhang.
b) Wie verändert sich der Graph von U bei verschiedenen Werten von p? Was bedeutet dies im Sachzusammenhang?
c) Nehmen Sie Stellung zu folgender Aussage: „Der Umsatz steigt, wenn wir den Preis erhöhen."
d) Berechnen Sie für $p = 150$ die Produktionsmenge x, bei der der Gewinn am größten ist.

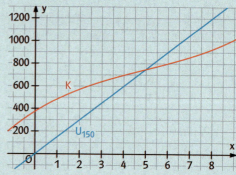

Fig. 2

3 Zu jedem $k \in \mathbb{R}$ ist eine Funktion f_k gegeben durch $f_k(x) = x^2 + k \cdot x - k$. Ihr Graph sei C_k.
a) Zeichnen Sie C_0, C_1, C_{-1} und C_{-2} in ein gemeinsames Koordinatensystem.
b) Bestimmen Sie für ein allgemeines k das globale Minimum der Funktion f_k.
c) Für welchen Wert von k berührt C_k die x-Achse?
d) Welche Funktionen f_k haben zwei verschiedene Nullstellen? Welche haben keine Nullstellen?
e) Zeigen Sie, dass es einen Punkt gibt, durch den alle Kurven C_k gehen. Geben Sie ihn an.

4 Ordnen Sie jedem Graphen (Fig. 3 – 5) die passenden Funktionsgleichungen (Fig. 6) zu. Begründen Sie Ihr Vorgehen.

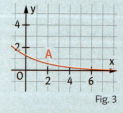
Fig. 3

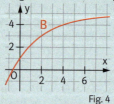
Fig. 4

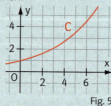
Fig. 5

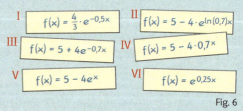
Fig. 6

5 Bei einer neu eröffneten Bäckerei kann die Anzahl der pro Woche verkauften Brötchen durch die Funktion f mit $f(x) = 2000 \cdot x \cdot e^{-0,5x} + 2500$ modelliert werden. Hierbei ist x die Anzahl der Wochen seit Eröffnung der Bäckerei.
a) In welcher Woche wurden die meisten Brötchen verkauft?
b) Mit wie vielen verkauften Brötchen pro Woche kann man auf lange Sicht rechnen?
c) Zeigen Sie, dass F mit $F(x) = (-4000 x - 8000) \cdot e^{-0,5x} + 2500 x$ eine Stammfunktion der Funktion von f ist.
d) Wie viele Brötchen wurden näherungsweise in den ersten acht Wochen verkauft?

Prüfungsvorbereitung mit Hilfsmitteln

1 Fig. 1 zeigt die Graphen der Funktionen
$f(x) = x \cdot e^x$; $g(x) = x^2 \cdot e^x$; $h(x) = x^3 \cdot e^x$ und $i(x) = x^4 \cdot e^x$.
Ordnen Sie die Graphen K_1, K_2, K_3 und K_4 den Funktionen f, g, h und i zu.
Begründen Sie Ihre Entscheidung.

2 Fig. 2 zeigt fünf Graphen der Funktionenschar mit $f_t(x) = e^{-x} \cdot (x - t)$.
a) Ordnen Sie die Funktionen f_0 und f_2 ihren Graphen zu. Begründen Sie.
b) Bestimmen Sie den Hochpunkt der Graphen von f_0 und f_2 und zeigen Sie, dass die Hochpunkte auf dem Graphen von g mit $g(x) = e^{-x}$ liegen.
c) Zeigen Sie, dass sich f_0 und f_2 nicht schneiden.

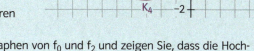
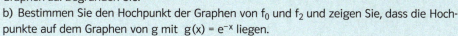
Fig. 1

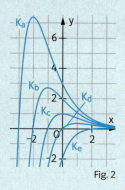
Fig. 2

3 Gegeben ist die Funktion f mit $f(x) = x \cdot e^{-x^2}$.
a) Bestimmen Sie die Schnittpunkte mit den Koordinatenachsen.
b) Untersuchen Sie die Funktion f auf mögliche Symmetrieeigenschaften und bestimmen Sie das Verhalten des Graphen von f für $x \to \infty$ und $x \to -\infty$.
c) Bestimmen Sie die Hoch- und Tiefpunkte des Graphen von f.
d) Zeigen Sie, dass die Funktion F mit $F(x) = -\frac{1}{2} \cdot e^{-x^2}$ eine Stammfunktion von f ist.
e) Berechnen Sie den Inhalt der Fläche, die von der x-Achse, dem Graphen von f und der Geraden $x = 5$ eingeschlossen wird.
f) Zeigen Sie, dass der Inhalt der Fläche A(a), die von der x-Achse, dem Graphen von f und der Geraden $x = a$ eingeschlossen wird, für $a \to \infty$ einen endlichen Wert annimmt.
g) Die Gerade g mit $g(x) = \frac{1}{e} \cdot x$ schneidet den Graphen von f in drei Punkten. Bestimmen Sie diese Schnittpunkte sowie den Inhalt der Flächen, die von den Graphen von g und f eingeschlossen werden.
h) Die Punkte $A(0|0)$, $B(a|0)$ und $C(a|f(a))$ bilden ein Dreieck ($a > 0$). Berechnen Sie den Wert von a, für den dieses Dreieck einen maximalen Flächeninhalt hat.

4 In einer Tasse ist Kaffee mit der Anfangstemperatur von 90 °C. Die Zimmertemperatur beträgt 20 °C. Die momentane Änderungsrate der Temperatur des Kaffees (in °C pro Minute) wird beschrieben durch
$g(t) = -\frac{42}{5} \cdot e^{-\frac{3}{25}t}$; $t \geq 0$; t in Minuten.
a) Wieso hat die Funktion g keine Nullstelle? Begründen Sie, dass die Funktion g streng monoton wächst. Was bedeutet das für den Abkühlungsvorgang?
b) Zeigen Sie, dass G mit $G(t) = 70 e^{-\frac{3}{25}t}$ eine Stammfunktion von g ist.
c) Bestimmen Sie $\lim_{z \to \infty} \int_0^z g(t) dt$ und interpretieren Sie das Ergebnis.

5 Gegeben ist die Funktion f mit $f(x) = e^{-0,25x}$.
a) Skizzieren Sie den Graphen von f.
b) Der Punkt P liegt auf dem Graphen von f und bildet mit dem Ursprung, einem Punkt Q auf der x-Achse und einem Punkt R auf der y-Achse ein Rechteck. Berechnen Sie die Koordinaten von P so, dass der Flächeninhalt dieses Rechtecks möglichst groß ist.

Lösungen auf Seite 254–255.

Sinus, Kosinus, Tangens – Trigonometrische Funktionen

Viele Vorgänge in Natur und Technik sind von immer wiederkehrenden Phänomenen geprägt.
- Sonnenstand: Tag – Nacht
- Wasserstand: Ebbe – Flut
- Schwimmtechnik: Zugphase – Gleitphase
- Verbrennungsmotor: Ansaugen – Verdichten – Ausstoßen

Ebbe und Flut

Zwischen Hochwasser (Flut) und Niedrigwasser liegt ein Zeitraum von 6 h 12 min.
Der mittlere Tidenhub (Unterschied zwischen Hoch- und Niedrigwasser) beträgt 2,40 m.
Wie sind die Achsen zu beschriften?

Das kennen Sie schon

- Sinus, Kosinus und Tangens im rechtwinkligen Dreieck
- Sinus und Kosinus am Einheitskreis
- Ableitungen von Grundfunktionen

☑ **Check-in:**
Zur Überprüfung, ob Sie die inhaltlichen Voraussetzungen beherrschen, siehe Seite 228.

Länge eines Tages im Jahresverlauf in Stunden $L(t) = 12 + 6{,}24 \cdot \sin\left(\frac{\pi}{6}t\right)$, $t = 0$ entspricht dem 1. März, t in Monaten. Berechnen Sie die Tageslänge am 1. Juni, am 21. Juni und am 21. Dezember.

Das Riesenrad im Wiener Prater ist rund 60 m hoch und benötigt für einen Umlauf etwa vier Minuten. Wie sieht der Graph einer Funktion aus, die der Zeit die Höhe der Gondel zuordnet?

Die Geschwindigkeit eines Weltklasse-Marathon-Läufers kann mit der Funktion v mit $v(t) = 0{,}4 \cdot \sin(6\pi t) + 5{,}6$ modelliert werden (t in Sekunden, v(t) in $\frac{m}{s}$).
Welche Schrittfrequenz hat der Läufer?

In diesem Kapitel

- werden Winkel im Bogenmaß eingeführt.
- werden die Sinus- und Kosinusfunktion definiert und deren Ableitung bestimmt.
- werden Periode und Amplitude erläutert.
- werden periodische Vorgänge modelliert.

1 Trigonometrische Funktionen – Bogenmaß

Jan und Philipp kommen beide mit dem Fahrrad zur Schule.
Jan hat ein Mountainbike (26 Zoll Raddurchmesser) und Philipp ein Trekkingrad (28 Zoll Raddurchmesser). Der Tacho von Jan hat für den Weg von Zuhause zur Schule 28 Radumdrehungen gezählt, der von Philipp nur 27. Wer hat den längeren Schulweg?

Kreisumfang:
$U = 2\pi r$
Kreisbogenlänge:
$b = \frac{\alpha}{360°} \cdot U$

Durch den Punkt P_α in Fig. 1 wird zusammen mit der positiven x-Achse ein Kreisbogen b festgelegt. Für seine Länge gilt:
$b = \frac{\alpha}{360°} \cdot 2\pi r$. Das Verhältnis $x = \frac{b}{r}$ hängt also nicht vom Radius des Kreises, sondern nur von α ab und heißt **Bogenmaß** von α. Daraus folgt $x = \frac{\alpha}{360°} \cdot 2\pi$. Man kann x an einem Kreis mit Radius 1 veranschaulichen (Fig. 1).
Bogenmaße werden oft als Vielfache oder Teile von π angegeben (Fig. 4).
Kennt man einen Winkel im Bogenmaß, so kann man mithilfe der Gleichung
$\alpha = \frac{x}{2\pi} \cdot 360°$ sein Gradmaß berechnen.

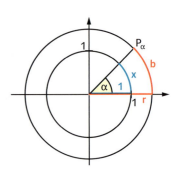

Fig. 1

x	α
0	0°
$\frac{\pi}{6}$	30°
$\frac{\pi}{4}$	45°
$\frac{\pi}{3}$	60°
$\frac{\pi}{2}$	90°
$\frac{2\pi}{3}$	120°
$\frac{3\pi}{4}$	135°
π	180°
$\frac{3\pi}{2}$	270°
2π	360°

Fig. 4

> Jeden Winkel kann man entweder im **Gradmaß** α oder im **Bogenmaß** x angeben.
> Dabei gilt: $\alpha = \frac{x}{2\pi} \cdot 360°$ und $x = \frac{\alpha}{360°} \cdot 2\pi$.

Eine Bogenlänge von 3π entspricht einer 1,5-fachen Drehung (540°), ein negatives Bogenmaß entspricht einer Drehung gegen den Uhrzeigersinn.

Das Bogenmaß kann man zur Definition der Sinus- und der Kosinusfunktion verwenden.
Die Funktion f mit $f(x) = \sin(x)$ ordnet jeder Bogenlänge x einen Sinuswert zu. Ebenso wird durch die Funktion g mit $g(x) = \cos(x)$ jeder Bogenlänge x ein Kosinuswert zugeordnet. Wie beim Gradmaß sind das die Koordinaten des Punktes P_x (Fig. 2).
Es gilt: $P_x(\cos(x) | \sin(x))$.
Die so definierten Funktionen sin und cos heißen **trigonometrische Funktionen**.

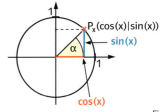

Fig. 2

In einem Koordinatensystem mit gleicher Einteilung der beiden Achsen sehen die Graphen der Funktionen f mit $f(x) = \sin(x)$ und g mit $g(x) = \cos(x)$ so aus (vgl. Aufgaben 10 und 11):

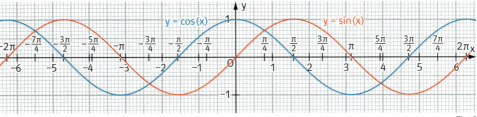

Fig. 3

> Fasst man eine reelle Zahl als Bogenmaß eines Winkels auf, so werden dadurch die **trigonometrischen Funktionen** f und g mit $f(x) = \sin(x)$ und $g(x) = \cos(x)$ für alle reellen Zahlen definiert.
> Für ihre Funktionswerte gilt: $-1 \leq f(x) \leq 1$ und $-1 \leq g(x) \leq 1$.
> Beide Funktionen sind periodisch mit der Periodenlänge 2π.

Eigenschaften der Sinusfunktion und der Kosinusfunktion

Eigenschaft	Für alle reellen Zahlen x gilt
Periodenlänge 2π	$\sin(x + k \cdot 2\pi) = \sin(x)$ mit $k \in \mathbb{Z}$ $\cos(x + k \cdot 2\pi) = \cos(x)$ mit $k \in \mathbb{Z}$
Nullstellen	$\sin(x) = 0$, wenn $x = k\pi$ mit $k \in \mathbb{Z}$ $\cos(x) = 0$, wenn $x = \frac{\pi}{2} + k\pi$ mit $k \in \mathbb{Z}$
größte Funktionswerte	$\sin(x) = 1$, wenn $x = \frac{\pi}{2} + k \cdot 2\pi$ mit $k \in \mathbb{Z}$ $\cos(x) = 1$, wenn $x = k \cdot 2\pi$ mit $k \in \mathbb{Z}$
kleinste Funktionswerte	$\sin(x) = -1$, wenn $x = \frac{3}{2}\pi + k \cdot 2\pi$ mit $k \in \mathbb{Z}$ $\cos(x) = -1$, wenn $x = \pi + k \cdot 2\pi$ mit $k \in \mathbb{Z}$

Mit dem Quotienten $\tan(x) = \frac{\sin(x)}{\cos(x)}$ wird die **Tangensfunktion** $x \rightarrow \tan(x)$ definiert.
Die Nullstellen der Kosinusfunktion $\left(\ldots -\frac{3}{2}\pi, -\frac{1}{2}\pi, \frac{1}{2}\pi, \frac{3}{2}\pi, \ldots\right)$ sind die Definitionslücken der Tangensfunktion. An diesen Stellen hat der Graph jeweils eine senkrechte Asymptote. Die Periodenlänge ist π (siehe Fig. 1).

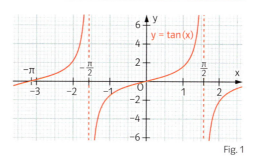
Fig. 1

Beispiel 1 Umrechnung Gradmaß – Bogenmaß
a) Bestimmen Sie das Gradmaß zum Bogenmaß: $\frac{\pi}{2}$; $\frac{3}{4}\pi$; $\frac{7}{6}\pi$.
b) Geben Sie die Winkel im Bogenmaß an: 8°; 30°; 240°.
■ Lösung: a) $\alpha_1 = \frac{\frac{\pi}{2}}{2\pi} \cdot 360° = 90°$; $\alpha_2 = \frac{\frac{3}{4}\pi}{2\pi} \cdot 360° = 135°$; $\alpha_3 = \frac{\frac{7}{6}\pi}{2\pi} \cdot 360° = 210°$
b) $x_1 = \frac{8°}{360°} \cdot 2\pi = \frac{2}{45}\pi \approx 0{,}14$; $x_2 = \frac{30°}{360°} \cdot 2\pi = \frac{1}{6}\pi \approx 0{,}52$; $x_3 = \frac{240°}{360°} \cdot 2\pi = \frac{4}{3}\pi \approx 4{,}19$

Fig. 2

Beispiel 2 Bestimmen von Werten mit dem Taschenrechner
Bestimmen Sie mithilfe des Taschenrechners auf drei Nachkommastellen gerundete Werte für alle reellen Zahlen x zwischen 0 und 2π, für die gilt:
a) $\sin(x) = 0{,}7$, b) $\tan(x) = 2$.
■ Lösung: *Der Taschenrechner muss auf RAD umgestellt werden, wenn mit dem Bogenmaß gerechnet werden soll.*
a) Der Taschenrechner liefert $x_1 \approx 0{,}775$. Zweite Lösung: $x_2 = \pi - x_1 \approx 2{,}366$.
b) Der Taschenrechner liefert $x_1 \approx 1{,}107$. Zweite Lösung: $x_2 = x_1 + \pi \approx 4{,}249$.

Beispiel 2 wird mithilfe der Eigenschaften der trigonometrischen Funktionen (siehe oben) gelöst.

Beispiel 3 Bestimmen von Werten ohne den Taschenrechner
Bestimmen Sie mithilfe von Fig. 3 alle reellen Zahlen x, für die gilt:
a) $\cos(x) = \frac{1}{2}\sqrt{3}$, b) $\sin(x) = \frac{1}{2}\sqrt{3}$.
■ Lösung: *Bestimmen Sie zunächst die Werte im Intervall $[0; 2\pi]$.*
a) $x_1 = \frac{\pi}{6}$; $x_2 = 2\pi - \frac{\pi}{6} = \frac{11}{6}\pi$. Also gilt: $x_k = \frac{\pi}{6} + k \cdot 2\pi$ oder $x_m = \frac{11}{6}\pi + m \cdot 2\pi$ ($k, m \in \mathbb{Z}$).
b) $x_1 = \frac{\pi}{3}$; $x_2 = \pi - \frac{\pi}{3} = \frac{2}{3}\pi$. Also gilt: $x_k = \frac{\pi}{3} + k \cdot 2\pi$ oder $x_m = \frac{2}{3}\pi + m \cdot 2\pi$ ($k, m \in \mathbb{Z}$).

Merkhilfe

x	sin(x)	cos(x)
0	$\frac{1}{2}\sqrt{0} = 0$	$\frac{1}{2}\sqrt{4} = 1$
$\frac{\pi}{6}$	$\frac{1}{2}\sqrt{1} = \frac{1}{2}$	$\frac{1}{2}\sqrt{3}$
$\frac{\pi}{4}$	$\frac{1}{2}\sqrt{2}$	$\frac{1}{2}\sqrt{2}$
$\frac{\pi}{3}$	$\frac{1}{2}\sqrt{3}$	$\frac{1}{2}\sqrt{1} = \frac{1}{2}$
$\frac{\pi}{2}$	$\frac{1}{2}\sqrt{4} = 1$	$\frac{1}{2}\sqrt{0} = 0$

Fig. 3

Aufgaben

1 Geben Sie die Winkel im Bogenmaß als Vielfache von π an.
a) 180°; 90°; 270°; 45°; 135°; 225°; 315° b) 1°; 5°; 10°; 60°; 100°; 300°; 360°

2 Geben Sie die Winkel im Gradmaß an.
a) π; $\frac{\pi}{2}$; $\frac{\pi}{4}$; $\frac{3}{4}\pi$; $\frac{5}{4}\pi$; $\frac{\pi}{3}$; $\frac{2}{3}\pi$; $\frac{\pi}{6}$; $\frac{5}{6}\pi$; $\frac{11}{6}\pi$ b) $\frac{\pi}{10}$; $\frac{3}{10}\pi$; $\frac{7}{10}\pi$; $\frac{\pi}{18}$; $\frac{5}{18}\pi$; $\frac{\pi}{180}$; $\frac{7}{180}\pi$; $\frac{7}{18}\pi$

3 Bestimmen Sie das Gradmaß zum Bogenmaß.
a) 2,3; 4,7; −2,1; −3,6; 5,8; −5,4 b) 6,8; 13,4; 34,8; −102,9; 435,8; 1024

4 Bestimmen Sie mit dem Taschenrechner. Runden Sie auf Tausendstel.
a) cos(5,86) b) sin(−2,55) c) cos(−8,21) d) tan(6,2)

5 Bestimmen Sie die Funktionswerte ohne Taschenrechner.
a) $\sin\left(\frac{\pi}{4}\right)$ b) $\cos\left(\frac{\pi}{4}\right)$ c) $\tan\left(\frac{\pi}{4}\right)$ d) $\cos\left(-\frac{2}{3}\pi\right)$

6 Bestimmen Sie mithilfe des Taschenrechners auf drei Nachkommastellen gerundete Werte für alle reellen Zahlen x mit $0 \leq x \leq 2\pi$, für die gilt:
a) sin(x) = 0,9396; b) sin(x) = 0,5519; c) cos(x) = 0,6294; d) cos(x) = −0,8870.

Zeit zu überprüfen

7 a) Bestimmen Sie das Gradmaß zum Bogenmaß: $\frac{3}{2}\pi$; $\frac{1}{8}\pi$; $\frac{7}{18}\pi$.
b) Geben Sie die Winkel im Bogenmaß als Vielfache von π an: 20°; 200°; 350°.
c) Bestimmen Sie mithilfe von Fig. 3 von Seite 181 alle reellen Zahlen x, für die gilt:
$\sin(x) = \frac{1}{2}$; $\cos(x) = \frac{1}{2}$.

8 Bestimmen Sie alle reellen Zahlen x. Runden Sie auf drei Nachkommastellen.
a) sin(x) = 0,63 b) cos(x) = −0,55 c) $\sin(x) = -\frac{1}{2}$ d) $\cos(x) = -\frac{1}{2}\sqrt{2}$

9 Bestimmen Sie die Lösungen im Intervall $[0; 2\pi]$. Runden Sie ggf. auf 2 Dezimalen.
a) tan(x) = 0 b) tan(x) = 1 c) tan(x) = 2 d) tan(x) = 1000

10 Fig. 1 verdeutlicht, wie man Funktionswerte der Sinusfunktion grafisch ermitteln und damit Punkte des Graphen konstruieren kann. Zeichnen Sie so den Graphen der Sinusfunktion in einem Koordinatensystem. Wählen Sie als Einheit 2 cm.

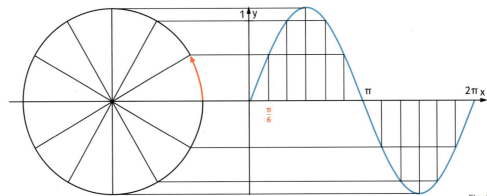

Fig. 1

11 Zeichnen Sie den Graphen der Kosinusfunktion wie in Aufgabe 10.

2 Die Ableitung der Sinus- und Kosinusfunktion

In den Grafiken sollen jeweils die Graphen von f (rot) und f' (blau) abgebildet sein. Überprüfen Sie, ob dies tatsächlich der Fall ist. Welche Stellen betrachten Sie besonders genau?

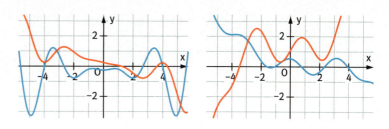

Zeichnet man an den Stellen $x = 0; \frac{\pi}{4}; \frac{\pi}{2}; \frac{3\pi}{4}; \ldots$ am Graphen der Sinusfunktion Tangenten ein (Fig. 1) und bestimmt näherungsweise deren Steigung (Fig. 2), so erhält man einen Überblick über den Verlauf der Ableitungsfunktion. Trägt man die Werte als Punkte in ein Koordinatensystem ein (Fig. 3), so vermutet man, dass die Ableitung der Sinusfunktion die Kosinusfunktion ist (Fig. 4).
Ein analoges Vorgehen lässt vermuten, dass die Ableitungsfunktion der Kosinusfunktion die Funktion g' mit $g'(x) = -\sin(x)$ ist. Beide Vermutungen kann man rechnerisch nachweisen.

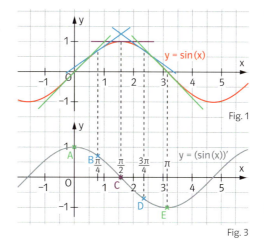

x	Tangenten-steigung
0	1
$\frac{\pi}{4}$	0,7
$\frac{\pi}{2}$	0
$\frac{3\pi}{4}$	−0,7
…	…

Fig. 2

Fig. 1

Fig. 3

Fig. 4

Satz: Für die Sinusfunktion f mit $f(x) = \sin(x)$ gilt: $f'(x) = \cos(x)$.
Für die Kosinusfunktion g mit $g(x) = \cos(x)$ gilt: $g'(x) = -\sin(x)$.

Beispiel 1 Ableiten der Sinus- und Kosinusfunktion
Bestimmen Sie die erste, die zweite und die dritte Ableitung der Funktion f.
a) $f(x) = 4\sin(x) + 2$
b) $f(x) = \frac{1}{2}x^2 - \cos(x)$

Lösung: a) $f'(x) = 4\cos(x); f''(x) = -4\sin(x); f'''(x) = -4\cos(x)$
b) $f'(x) = x + \sin(x); f''(x) = 1 + \cos(x); f'''(x) = -\sin(x)$

Beispiel 2 Tangentengleichung
Gegeben ist die Funktion f mit $f(x) = \sin(x)$.
a) Ermitteln Sie die Gleichung der Tangente in $P\left(\frac{\pi}{4} \Big| \frac{\sqrt{2}}{2}\right)$ an den Graphen von f.
b) Bestimmen Sie alle Stellen, an denen der Graph von f eine waagerechte Tangente hat.

Lösung: a) Ansatz für die Tangentengleichung: $y = m \cdot x + c$.
Ableitung: $f'(x) = \cos(x)$. Steigung der Tangente: $m = f'\left(\frac{\pi}{4}\right) = \frac{\sqrt{2}}{2}$.
$P\left(\frac{\pi}{4} \Big| \frac{\sqrt{2}}{2}\right)$ und $m = f'\left(\frac{\pi}{4}\right) = \frac{\sqrt{2}}{2}$ einsetzen: $\frac{\sqrt{2}}{2} = \frac{\sqrt{2}}{2} \cdot \frac{\pi}{4} + c$.
Mit $c = \frac{\sqrt{2}}{2} - \frac{\sqrt{2}}{8} \cdot \pi$ erhält man $y = \frac{\sqrt{2}}{2} \cdot x + \frac{\sqrt{2}}{2} - \frac{\sqrt{2}}{8} \cdot \pi \approx 0{,}707 \cdot x + 0{,}152$.
b) Es muss $f'(x) = 0$ gelten. $\cos(x) = 0$ für $x = \frac{\pi}{2} + z \cdot \pi; z \in \mathbb{Z}$.
Der Graph von f besitzt waagerechte Tangenten für $x = \frac{\pi}{2} + z \cdot \pi, z \in \mathbb{Z}$.

Aufgaben

1 Bestimmen Sie die Ableitung der Funktion f.
a) $f(x) = 12 \cdot \sin(x)$
b) $f(x) = -2 \cdot \cos(x)$
c) $f(x) = \sqrt{5} \cdot \cos(x)$
d) $f(x) = \frac{1}{\pi} \cdot \sin(x)$
e) $f(x) = 5x^3 - \sin(x)$
f) $f(x) = 2 \cdot \cos(x) - \sin(x)$

2 Bestimmen Sie die Steigung des Graphen der Funktion f an der Stelle $x = \pi$.
a) $f(x) = -9 \cdot \sin(x)$
b) $f(x) = 5 + \cos(x)$
c) $f(x) = 5x - \cos(x)$
d) $f(x) = x^2 - \frac{1}{2} \cdot \cos(x)$
e) $f(x) = \frac{1}{x} + \frac{\sin(x)}{2}$
f) $f(x) = \frac{2}{x^2} + 2 \cdot \sin(x)$

3 Bestimmen Sie rechnerisch die Gleichung der Tangente an den Graphen von f im Punkt P.
a) $f(x) = \cos(x)$; $P\left(\frac{7}{4}\pi \mid ?\right)$
b) $f(x) = 3 \cdot \sin(x)$; $P\left(\frac{5\pi}{3} \mid ?\right)$
c) $f(x) = x + 2 \cdot \sin(x)$; $P\left(\frac{\pi}{4} \mid ?\right)$

4 Bestimmen Sie die Hoch- und Tiefpunkte des Graphen von f.
a) $f(x) = \sin(x)$; $x \in [0; 2\pi]$
b) $f(x) = \sin(x) + \cos(x)$; $x \in [0; 2\pi]$
c) $f(x) = 2 \cdot \sin(x) - \cos(x)$; $x \in [0; 2\pi]$
d) $f(x) = 4 \cdot \cos(x) + 2x$; $x \in [0; 2\pi]$

Zeit zu überprüfen

5 Bestimmen Sie die erste und die zweite Ableitung der Funktion f.
a) $f(x) = -8 \cdot \sin(x)$
b) $f(x) = \frac{2 \cdot \cos(x)}{3}$
c) $f(x) = \frac{1}{x^2} - \sin(x)$

6 Bestimmen Sie die Gleichung der Tangente an den Graphen der Kosinusfunktion im Punkt P.
a) $P\left(\frac{\pi}{4} \mid ?\right)$
b) $P\left(-\frac{3\pi}{2} \mid ?\right)$
c) $P\left(\frac{\pi}{6} \mid ?\right)$
d) $P\left(-\frac{\pi}{6} \mid ?\right)$

---

7 In welchen Punkten hat der Graph der Sinusfunktion in $[0; 2\pi]$ eine Steigung wie
a) die 1. Winkelhalbierende,
b) die x-Achse.

8 In welchen Punkten $P(x_0 \mid f(x_0))$ und $Q(x_0 \mid g(x_0))$ mit $0 \leq x \leq 2\pi$ haben die Graphen von f und g parallele Tangenten? Runden Sie auf vier Dezimalen.
a) $f(x) = 2 \cdot \sin(x)$; $g(x) = x^2$
b) $f(x) = \sin(x) + 2 \cdot \cos(x)$; $g(x) = x^3$

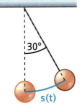

Fig. 1

9 Ein Pendel führt eine Bewegung aus, die näherungsweise durch eine Zeit-Weg-Funktion s mit $s(t) = 10 \cdot \sin(t)$ (s in cm, t in s) angegeben werden kann (Fig. 1).
a) Nach welcher Zeitspanne ist das Pendel wieder in der Ausgangssituation (Nulllage)?
b) Zu welchen Zeitpunkten sind die Ausschläge maximal? Zeigen Sie, dass dort das Pendel die Momentangeschwindigkeit $0 \frac{cm}{s}$ hat.
c) Welche Geschwindigkeit hat der Körper beim Durchgang durch die Nulllage?

10 In Fig. 2 sind die Graphen von drei verschiedenen Funktionen dargestellt. Welche dieser Funktionen haben als Ableitungsfunktion die Sinusfunktion?

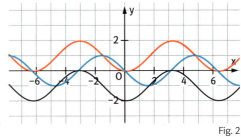

Fig. 2

3 Eigenschaften von trigonometrischen Funktionen

Am 21. Juni geht die Sonne am Polarkreis nicht unter. Sechs Monate später hingegen geht die Sonne einen Tag lang nicht auf. Welche Periode und Amplitude müsste eine Sinusfunktion haben, die die Tageslänge modelliert?

Für einen Gegenstand, der an einer Feder schwingt, kann man die Funktion f: Zeit t → Höhe h aufstellen. Vernachlässigt man die Reibung, so erreicht die Feder nach einer bestimmten Zeitspanne p immer wieder die gleiche Höhe h. Es gilt damit für alle t und für ein festes p: $h(t+p) = h(t)$. Die kleinste positive Zahl, die man für p einsetzen kann, heißt Periodenlänge bzw. Periode.

Fig. 1

Viele periodische Vorgänge können näherungsweise durch eine Sinusfunktion beschrieben werden. Dazu muss die Funktion f mit $f(x) = \sin(x)$ an die Gegebenheit angepasst werden.

Grundfunktion: $f(x) = \sin(x)$
Amplitude 1; Periode 2π

Amplitude ändern
$$g(x) = \mathbf{a} \cdot \sin(x)$$
Beispiel: $g(x) = 1{,}5 \cdot \sin(x)$ (Fig. 2)
Amplitude 1,5; Periode 2π

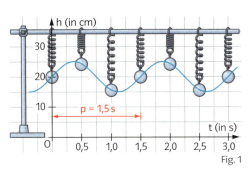

Fig. 2

Die Funktion $g_1(x) = -1{,}5\sin(x)$ hat auch die Amplitude 1,5.

Periode ändern
$$h(x) = \sin(\mathbf{b}x)$$
Beispiel: $h(x) = 1{,}5 \cdot \sin(\mathbf{2}x)$ (Fig. 3)
Amplitude 1,5; Periode $\frac{1}{2} \cdot (2\pi) = \pi$.

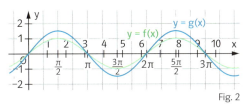

Fig. 3

Allgemein gilt:
Periode $p = \frac{1}{b} \cdot (2\pi)$

Verschieben in x-Richtung
$$i(x) = \sin(x - \mathbf{c})$$
Beispiel: $i(x) = 1{,}5 \cdot \sin(2(x - 1))$ (Fig. 4)
Der Graph von i ist gegenüber dem Graphen von h um 1 in x-Richtung verschoben.
Amplitude 1,5; Periode $\frac{1}{2} \cdot (2\pi) = \pi$.

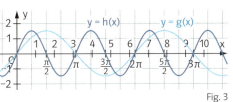

Fig. 4

Beachten Sie:
Der Graph von
$i_1(x) = 1{,}5 \cdot \sin(2x - 1)$
$= 1{,}5 \cdot \sin(2(x - 0{,}5))$
ist um 0,5 in x-Richtung verschoben.

Verschieben in y-Richtung
$$k(x) = \sin(x) + \mathbf{d}$$
Beispiel: $k(x) = 1{,}5 \cdot \sin(2(x - 1)) + 0{,}5$ (Fig. 5)
Der Graph von k ist gegenüber dem Graphen von i um 0,5 in y-Richtung verschoben.
Amplitude 1,5; Periode $\frac{1}{2} \cdot (2\pi) = \pi$.

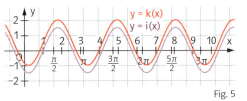

Fig. 5

Allgemein gilt:

f(x) = sin(x − 3) + 1
a = 1; b = 1; c = 3; d = 1
Verschiebung um 3 in
x- und um 1 in y-Richtung.

> Für die Funktion f mit $f(x) = a \cdot \sin(b(x - c)) + d$ mit $a; b; c; d \in \mathbb{R}; b > 0$ gilt:
> 1. f hat die Periode $p = \frac{2\pi}{b}$.
> 2. f hat die Amplitude $|a|$.
> 3. Der Graph von f ist gegenüber dem Graphen der Sinusfunktion um c in x-Richtung und um d in y-Richtung verschoben.

Die Kosinusfunktion wird in den Aufgaben 7, 8 und 9 behandelt.

Entsprechende Aussagen über Periodenlänge, Amplitude und Verschiebungen gelten für die Kosinusfunktion f mit $f(x) = a \cdot \cos(b(x - c)) + d$ mit $a; b; c; d \in \mathbb{R}; b > 0$.

Beispiel Schrittweises Zeichnen von Graphen
Zeichnen Sie mithilfe des Graphen von $g(x) = \sin(x)$ den Graphen von f mit
$f(x) = -1{,}5 \cdot \sin\left(0{,}5 \cdot \left(x + \frac{\pi}{2}\right)\right) - 1$.

■ Lösung:

Hinweis:
$x + \frac{\pi}{2} = x - \left(-\frac{\pi}{2}\right)$

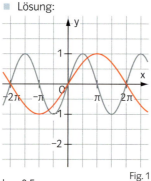

Fig. 1
b = 0,5;
Periodenlänge $\frac{2\pi}{0{,}5} = 4\pi$

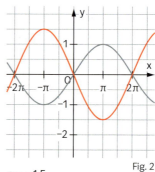

Fig. 2
a = −1,5;
Amplitude 1,5

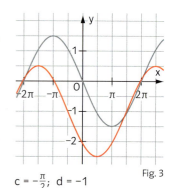

Fig. 3
$c = -\frac{\pi}{2}$; d = −1
Verschiebung in x-Richtung um $-\frac{\pi}{2}$ und in y-Richtung um −1

Aufgaben

1 Bestimmen Sie die Amplitude und die Periode.
a) $f(x) = 2\sin(3x)$
b) $f(x) = 3\sin(0{,}5 \cdot x)$
c) $f(x) = 0{,}1\sin(100x)$
d) $f(x) = -2\sin(x - 2)$
e) $f(x) = 0{,}5 \cdot \sin(4 \cdot (x - 3))$
f) $f(x) = -\sin(4(x + 0{,}2))$

2 Bestimmen Sie den Faktor b so, dass f die angegebene Periode hat.
a) $f(x) = \sin(bx); p = \pi$
b) $f(x) = \sin(bx); p = 4\pi$
c) $f(x) = \sin(bx); p = 3$
d) $f(x) = \sin\left(\frac{x}{b}\right); p = 2$
e) $f(x) = \sin(b(x - 2)); p = 2\pi$
f) $f(x) = -\sin\left(\frac{x}{2b}\right); p = \pi$

Tipp:
Bei Aufgabe 3 gibt es mehrere Lösungen.

3 Bestimmen Sie c so, dass P auf dem Graphen von f liegt.
a) $f(x) = c \cdot \sin(x); P\left(\frac{\pi}{2} | 2\right)$
b) $f(x) = \sin(cx); P(\pi | 1)$
c) $f(x) = \sin(x + c); P(1 | 0)$

Tipp:
Bei den Aufgaben 4 g) – i) können die Funktionsterme zunächst umgeformt werden.

4 Skizzieren Sie den Graphen von f.
a) $f(x) = 2\sin(2x)$
b) $f(x) = 3\sin(0{,}5x) + 1$
c) $f(x) = 2\sin(3(x - \pi))$
d) $f(x) = -\sin\left(\frac{x - \pi}{2}\right) + 2$
e) $f(x) = 0{,}5\sin(2(x + \pi)) - 0{,}5$
f) $f(x) = 3 - \sin(x - 1)$
g) $f(x) = 4 + \sin(x + 2) : 2$
h) $f(x) = 3 \cdot (\sin(x) - 2)$
i) $f(x) = \sin(2x + 2)$

Zeit zu überprüfen

5 Bestimmen Sie die Amplitude sowie die Periode und skizzieren Sie den Graphen von f.
a) $f(x) = -3\sin(0,5x) - 1$
b) $f(x) = -\sin\left(2\left(x - \frac{\pi}{4}\right)\right) + 2$
c) $f(x) = -2\sin(3(x-2))$

6 Geben Sie anhand der Graphen die Periode, die Amplitude und die zugehörige Funktionsgleichung an.

a)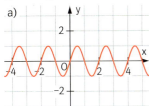
Fig. 1

b)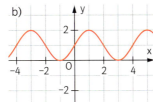
Fig. 2

c)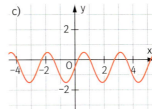
Fig. 3

d)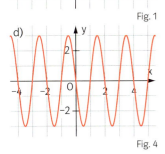
Fig. 4

e)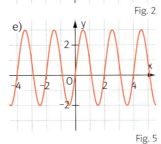
Fig. 5

f)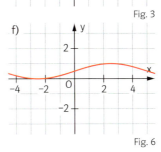
Fig. 6

7 Skizzieren Sie den Graphen von f.
a) $f(x) = 3\cos(0,5x)$
b) $f(x) = 1,5\cos(2x) - 2$
c) $f(x) = 3\cos(2(x-\pi))$
d) $f(x) = -\cos\left(2\left(x - \frac{\pi}{2}\right)\right) + 1$
e) $f(x) = 1,5\cos(x+\pi) - 3$
f) $f(x) = 2\cos\left(0,5\left(x + \frac{\pi}{2}\right)\right) - 2$

8 Bilden Sie die Ableitung der Funktion f.
a) $f(x) = -2\sin(3x) + 10$
b) $f(x) = -\cos(3(x-2))$
c) $f(x) = 0,2\sin(5(x+1)) - 4$
d) $f(x) = 2 + \cos\left(\frac{x}{3}\right)$
e) $f(x) = 1 - \cos(2(x-2))$
f) $f(x) = x + \sin(2x) - 4$

9 Berechnen Sie.
a) $\int_0^\pi (2\sin(x) + 1)\,dx$
b) $\int_0^{4\pi} (-\sin(x) - 2)\,dx$
c) $\int_0^{\frac{\pi}{2}} 3\sin(2x)\,dx$
d) $\int_0^\pi 3\cos(x)\,dx$
e) $\int_{-\pi}^0 3\sin(0,5(x-\pi))\,dx$
f) $\int_{-\pi}^\pi (-5\cos(3x) + x)\,dx$

10 Bestimmen Sie die Nullstellen und die Extremstellen von f im angegebenen Intervall I.
a) $f(x) = 9 \cdot \sin(2 \cdot x);\ I = [0;\pi]$
b) $f(x) = 2\sin(x - \pi);\ I = [-\pi;\pi]$
c) $f(x) = -7 \cdot \sin(0,1 \cdot x);\ I = [0;10\pi]$
d) $f(x) = 100 \cdot \cos(2 \cdot (x + \pi));\ I = [0;2\pi]$

11 Gegeben ist die Funktion f mit $f(x) = 2 \cdot \sin(\pi x) + 1$. Die Funktion f hat die Periode p. Entscheiden Sie, ob die folgenden Aussagen wahr oder falsch sind. Korrigieren Sie falsche Aussagen.
(A) $p = 2$.
(B) Für $x = \frac{p}{4}$ besitzt der Graph von f einen Hochpunkt.
(C) $T(1,5\,|\,0)$ ist ein Tiefpunkt des Graphen von f.
(D) Der Graph von f ist symmetrisch zur Geraden $y = 2$.
(E) Der Graph von f ist punktsymmetrisch zum Punkt $S(0\,|\,1)$.

4 Funktionsanpassung bei trigonometrischen Funktionen

Die Geschwindigkeit eines Kraulschwimmers kann näherungsweise mit folgender Funktion modelliert werden: $v(t) = 0{,}3 \cdot \sin(9t) + 1{,}8$ (Zeit t in s und Geschwindigkeit v(t) in $\frac{m}{s}$). Dabei entspricht eine Periodenlänge einem Armzug. Wie viele Armzüge macht der Schwimmer in einer Minute? Zwischen welchen Werten schwankt seine Geschwindigkeit? Warum schwankt die Geschwindigkeit periodisch?

Viele Vorgänge in Natur und Technik lassen sich mit einer Funktion f mit
f(x) = a · sin [b(x − c)] + d modellieren.
Dabei besteht die Aufgabe darin, die Parameter a, b, c und d aus den angegebenen Daten zu bestimmen (vgl. Fig. 1).

Fig. 1

Beispiel 1 Modellieren mit einer Sinusfunktion
Die Wassertiefe bei der Einfahrt zu einer Anlegestelle eines kleineren Hafens variiert laufend infolge der Gezeiten. Am Tage der Beobachtung ist Flut um 4:20 Uhr bei einer Wassertiefe von 5,2 m; Ebbe ist um 10:32 Uhr bei einer Wassertiefe von 2,0 m.
a) Geben Sie eine von der Zeit abhängige Funktion an, die die Wassertiefe modelliert.
b) Ein größeres Schiff benötigt mindestens 3 m Wassertiefe, um anzulegen. In welcher Zeit am Nachmittag ist dies möglich?
c) Wann fällt der Wasserspiegel am schnellsten?

Tipp:
Beim Modellieren ist eine Skizze hilfreich.

■ Lösung: a) Ansatz:
$w(t) = a \cdot \sin[b(t-c)] + d$

$a = \frac{5{,}2 - 2{,}0}{2} = 1{,}6$; $d = \frac{5{,}2 + 2{,}0}{2} = 3{,}6$;

$p = 2 \cdot \left(10\frac{32}{60} - 4\frac{20}{60}\right) = 2 \cdot 6\frac{1}{5} = 12{,}4$; also

$b = \frac{2\pi}{p} \approx 0{,}507$; $c = \frac{3}{4} \cdot 12{,}4 = 9{,}3$.

Man erhält:
$w(t) = 1{,}6 \cdot \sin[0{,}507(t - 9{,}3)] + 3{,}6$.

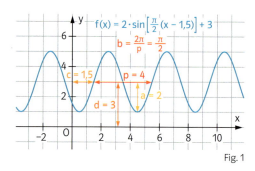

Fig. 2

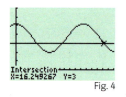
Fig. 3

b) Gesucht sind die Zeiten, für die gilt:
$w(t) \geq 3$. Mit dem GTR erhält man $t_1 \approx 8{,}54$
und $t_2 \approx 16{,}26$. Da der Startpunkt der Sinuskurve bei 4:20 Uhr liegt, entspricht das
8,54 h + 4,33 h = 12,87 h, d.h. ca. 12:52 Uhr und 16,26 h + 4,33 h = 20,58 h, d.h. ca. 20:35 Uhr.
Man erhält eine Wassertiefe von mehr als 3 m zwischen etwa 12:52 Uhr und 20:35 Uhr.
c) Das Minimum der Funktion w' ermittelt man mit dem GTR zu t = 3,1. *Daraus errechnet sich die Zeit:* 3,10 h + 4,33 h = 7,43 h, d.h. ca. 7:26 Uhr.
Der Wasserspiegel fällt am raschesten um ca. 7:26 Uhr und dann wieder nach p = 12,4 h um ca. 19:50 Uhr.

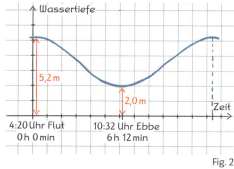
Fig. 4

Beispiel 2 Funktionsanpassung mit einer Sinusfunktion
Die Tabelle zeigt die Monatsmittelwerte der Temperaturen in der Stadtmitte von Stuttgart.

Jan.	Feb.	März	Apr.	Mai	Juni	Juli	Aug.	Sep.	Okt.	Nov.	Dez.
1,2	2,4	5,9	9,5	13,7	17,1	18,8	18,1	15,0	10,2	5,5	2,2

Modellieren Sie die Tabellenwerte mit einer Sinusfunktion. Begründen Sie Ihr Vorgehen und überprüfen Sie mit dem GTR ihr Ergebnis.

■ *Lösung: Zur Gewinnung eines Überblicks werden die Tabellenwerte in einem Koordinatensystem dargestellt (Fig. 1).*

1) $p = 12$ (in Monaten). Begründung: Da man davon ausgehen kann, dass die Temperaturunterschiede im Wesentlichen jahreszeitlich bedingt sind, kann man einen periodischen Verlauf mit der Periode $p = 12$ vermuten.
Daraus ergibt sich $b = \frac{2\pi}{p} \approx 0{,}52$.

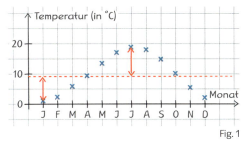
Fig. 1

2) $a = 8{,}8$ (in °C). Begründung: a ergibt sich als halbe Differenz der maximalen Temperatur 18,8 °C und der minimalen Temperatur 1,2 °C.
3) $d = 1{,}2 + a = 10$ (Verschiebung in Richtung der y-Achse).
4) $c = 4$ (Verschiebung in x-Richtung, siehe Skizze in Fig. 1).
Modellierung: $f(x) = 8{,}8 \cdot \sin[0{,}52(x - 4)] + 10$.
Überprüfung mit dem GTR:
Genaue Übereinstimmung mit den Tabellenwerten für Januar und Juli: Maximale Abweichung ca. 5 % (im April).

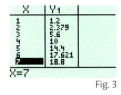
Fig. 3
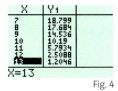
Fig. 4
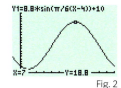
Fig. 2

Aufgaben

1 Ein Rad mit Radius 2 m dreht sich gleichförmig entgegen dem Uhrzeigersinn. Für eine Umdrehung benötigt es 8 Sekunden. Der Punkt P befindet sich auf dem Radrand und zum Zeitpunkt $t = 0$ an der Stelle B. Bestimmen Sie eine Funktion f, die den Abstand des Punktes P von der Strecke $\overline{AB}$ in Abhängigkeit von der Zeit angibt. Skizzieren Sie einen Graphen von f.

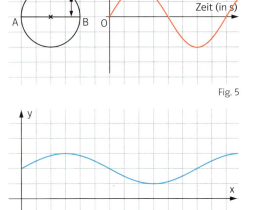
Fig. 5

2 Der Wasserstand in Spiekeroog schwankt durch den Gezeiteneinfluss zwischen 3 m (Hochwasser) und 1 m (Niedrigwasser) und ist periodisch mit $p = 12$ Stunden.
a) Fig. 6 zeigt eine Modellierung des Wasserstandes mit einer Sinusfunktion. Übertragen Sie den Graphen ins Heft, ergänzen Sie die Beschriftungen an den Achsen und bestimmen Sie einen Funktionsterm.
b) Eine andere Modellierung mit einer Sinusfunktion beginnt zum Zeitpunkt $t = 0$ mit Hochwasser. Skizzieren Sie dazu einen Graphen und bestimmen Sie einen Funktionsterm.

Fig. 6

Hochwasser:
Höchster Wasserstand

Niedrigwasser:
Niedrigster Wasserstand
Mittelwasser:
Mittelwert von Hoch- und Niedrigwasser.

3 Die Tabelle gibt zu verschiedenen Uhrzeiten die Temperatur (in °C) und die Luftfeuchtigkeit (in %) am 23. Mai 2007 in Dortmund an.

Uhrzeit	0	2	4	6	8	10	12	14	16	18	20	22
Temperatur	17	15	14	13	16	20	24	26	24	24	22	20
Luftfeuchtigkeit	66	76	77	83	76	66	58	50	44	43	46	55

Modellieren Sie den Temperaturverlauf und den Verlauf der Luftfeuchtigkeit jeweils mit einer Sinusfunktion.

4 Als Tageslänge bezeichnet man die Zeit zwischen Sonnenauf- und Sonnenuntergang. In Stuttgart war am 21.6.2007 Sonnenaufgang um 5:22 Uhr und Sonnenuntergang um 21:27 Uhr, am 21.12.2007 war Sonnenaufgang um 8:13 Uhr und Sonnenuntergang um 16:25 Uhr.
a) Modellieren Sie den Verlauf der Tageslängen in Stuttgart.
b) Beurteilen Sie die Qualität der Modellierung anhand weiterer Daten aus der folgenden Tabelle.

Datum	1.1.07	1.2.07	1.3.07	1.4.07	1.5.07	1.6.07	1.7.07	1.8.07	1.9.07	1.10.07	1.11.07	1.12.07
Sonnenaufgang	8:16	7:54	7:06	7:02	6:04	5:25	5:24	5:56	6:39	7:22	7:09	7:55
Sonnenuntergang	16:37	17:21	18:06	19:54	20:38	21:18	21:30	21:02	20:06	19:03	17:04	16:29

c) Welche Tageslänge hat im Jahr 2012 der Tag der Deutschen Einheit in Stuttgart?

Das Team des Achters besteht aus acht Ruderinnen bzw. Ruderern und einer Steuerfrau bzw. einem Steuermann.

5 Der Ruderachter ist mit Geschwindigkeiten von bis zu $30 \frac{km}{h}$ das schnellste von reiner Menschenkraft angetriebene Boot. Analysiert man die Fahrt des Boots, so lässt sich erkennen, dass es sich nicht gleichförmig bewegt: Beim Eintauchen der Ruderblätter ist die Geschwindigkeit des Bootes etwas kleiner als beim Herausziehen der Ruderblätter. Bei einer Regatta wird die Geschwindigkeit eines Bootes (A) mithilfe der Funktion $f_c(t) = 0{,}2 \cdot \sin(c \cdot t) + 7$ modelliert (Zeit t in s, Geschwindigkeit $f_c(t)$ in $\frac{m}{s}$).
a) Bestimmen Sie die maximale, die minimale und die mittlere Geschwindigkeit des Boots.
b) Die Ruderer machen während der Regatta pro Sekunde einen Schlag. Bestimmen Sie den Parameter c.
c) Zu welchen Zeitpunkten ist die Änderungsrate der Geschwindigkeit am größten?
d) Welchen Weg legt das Boot in den ersten zehn Sekunden zurück?
e) Die Geschwindigkeit eines zweiten Bootes (B) kann bei der Regatta mit der Funktion $g(t) = 0{,}3 \cdot \sin(5 \cdot (t-1)) + 6{,}8$ modelliert werden. Beschreiben Sie, inwiefern sich die Fahrten der beiden Boote (A) und (B) unterscheiden.
f) Wie lange benötigen beide Boote für eine Streckenlänge von 500 Metern?

Der Anstieg des CO_2-Gehaltes in der Luft ist mitverantwortlich für den Treibhauseffekt.

ppm: parts per million

Wie ließen sich die Schwankungen des Sinusanteils von f begründen?

6 Auf Hawaii gibt es seit 1958 kontinuierliche Aufzeichnungen des CO_2-Gehaltes in der Luft. Für die Jahre 2000 bis 2003 kann der CO_2-Gehalt mit der Funktion
$f(x) = 3 \cdot \sin\left(\frac{\pi}{6} \cdot (x-6)\right) + 0{,}15x + 370$ modelliert werden (f: CO_2-Gehalt in ppm; x: Monat seit Januar 2000).
a) Bestimmen Sie die Periode des Sinusanteils von f.
b) In welchen Monaten war der Anstieg des CO_2-Gehaltes am größten? In welchen war er am kleinsten?

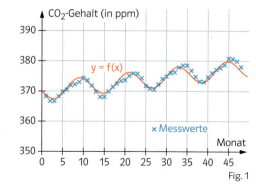

Fig. 1

c) In welchem Jahr wird der CO_2-Gehalt Modell erstmals die 500-ppm-Grenze überschreiten?
d) Begründen Sie, warum sich das Modell nicht auf beliebig große Zeiträume erweitern lässt.

Wiederholen – Vertiefen – Vernetzen

Zusammenhänge zwischen Sinus, Kosinus und Tangens

1 a) Zeigen Sie mit einem Kongruenzsatz, dass das rote und das blaue Dreieck zueinander kongruent sind. Begründen Sie damit $\sin(x) = \cos\left(x - \frac{\pi}{2}\right)$.
b) Wie kann man die in Teilaufgabe a) nachgewiesene Identität auch mit dem Graphen der Sinus- und Kosinusfunktion begründen?

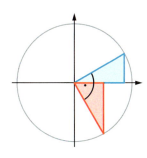

Fig. 1

2 Schreiben Sie als Sinusfunktion.
a) $f(x) = 2\cos(3x)$ b) $f(x) = \cos(-2x)$ c) $f(x) = -2\cos(x + \pi)$ d) $f(x) = 2\cos(2x - \pi)$

Tipp: Verwenden Sie Aufgabe 1.

3 a) Skizzieren Sie den Graphen der Sinusfunktion im Intervall $[0; 2\pi]$. Konstruieren Sie ohne GTR aus dem vorhandenen Graphen den Graphen der Funktion f mit $f(x) = (\sin(x))^2$.
b) Verfahren Sie ebenso mit der Kosinusfunktion und der Funktion g mit $g(x) = (\cos(x))^2$.
c) Vergleichen Sie die Graphen der Funktionen f und g und überlegen Sie sich, wie der Graph von h mit $h(x) = (\sin(x))^2 + (\cos(x))^2$ aussehen könnte.
d) Begründen Sie das Ergebnis aus Teilaufgabe c) durch Überlegungen an einem rechtwinkligen Dreieck.

4 Für den Tangens gilt: $\tan(x) = \frac{\sin(x)}{\cos(x)}$.
Begründen Sie über die Ähnlichkeit von Dreiecken, dass die Länge der Strecke $\overline{DE}$ dem Tangens des Winkels x im Bogenmaß entspricht.

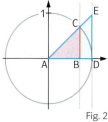

Fig. 2

5 Je zwei Funktionsterme und ein Graph gehören zusammen. Ordnen Sie zu.
$f(x) = \frac{1}{2}\sin(2x)$; $g(x) = 2\cos(x)$; $h(x) = -2\sin\left(x - \frac{\pi}{2}\right)$; $i(x) = 2\sin(x - \pi) + 1$;
$j(x) = -2\sin(x) + 1$; $k(x) = \frac{1}{2}\cos\left(2x - \frac{\pi}{2}\right)$

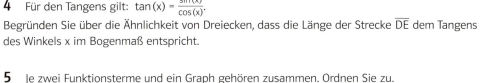

Fig. 3

Untersuchung von Funktionen, in denen Sinus vorkommt.

6 In Fig. 4 sind die Graphen von f, g sowie von h_1 und h_2 dargestellt mit: $g(x) = \sin(x)$; $h_1(x) = 5e^{-0,1x}$ und $h_2(x) = -5e^{-0,1x}$.
a) Bestimmen Sie die Gleichung der Funktion f.
b) Welche Situation könnten die Funktionen f und g beschreiben?

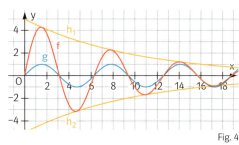

Fig. 4

Wiederholen – Vertiefen – Vernetzen

7 Gegeben ist die Funktion f mit $f(x) = x \cdot \sin(x^2)$; ihr Graph sei K.
a) Untersuchen Sie K auf Symmetrie sowie auf gemeinsame Punkte mit den Koordinatenachsen. Zeigen Sie, dass $f'(0) = 0$ ist und skizzieren Sie K für $x \in [-4; 4]$.
b) Die Tangente an K in $P(\sqrt{\pi} \mid 0)$ umschließt mit K und der y-Achse ein Flächenstück. Berechnen Sie dessen Inhalt.
c) Zeigen Sie, dass die erste Winkelhalbierende eine Tangente an K mit unendlich vielen Berührpunkten ist. Geben Sie diese Berührpunkte an.

Funktionen im Sachzusammenhang

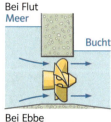
Bei Flut

Bei Ebbe

Fig. 1

8 Die Tiefe des Meeres zwischen dem Festland und einer vorgelagerten Insel hängt von der Zeit ab und kann näherungsweise durch die Funktion f mit $f(t) = 2 + 1{,}7 \cdot \sin(\frac{\pi}{6}t)$ beschrieben werden (t in Stunden nach Mitternacht; f(t) in Meter).
In welchem Zeitintervall kann man zur Insel laufen, wenn man durch höchstens 40 cm tiefes Wasser laufen möchte?

9 Bei dem Gezeitenkraftwerk St. Malo strömt Wasser aufgrund der Gezeiten durch Turbinen; bei Flut vom Meer in die Bucht, bei Ebbe umgekehrt von der Bucht ins Meer. Eine Gezeitenperiode beträgt durchschnittlich 12 h 25 min. Der maximale Wasserdurchfluss durch die Turbinen beträgt 18 000 Kubikmeter Wasser pro Sekunde.
a) Modellieren Sie den Wasserdurchfluss mithilfe einer Sinusfunktion, wenn um 9:00 Uhr der Durchfluss von der Bucht ins Meer maximal ist.
b) Wie groß ist der Wasserdurchfluss durch die Turbinen um 10:00 Uhr bzw. um 17:22 Uhr?
c) Welche Wassermenge fließt zwischen 7:00 Uhr und 12:00 Uhr durch die Turbinen?
d) Wie groß ist der durchschnittliche Wasserdurchfluss zwischen 8:00 Uhr und 10:30 Uhr?

10 Bei dem Gestänge in Fig. 2 benötigt der Punkt P vier Sekunden für eine Umdrehung auf dem Kreis um O mit dem Radius 1. Der Punkt Q bewegt sich auf der Waagerechten durch O. Die Strecke $\overline{PQ}$ hat die Länge 1. Ermitteln Sie die Funktion f, die der verstrichenen Zeit den Abstand des Punktes Q von O zuordnet und zeichnen Sie den Graphen von f.

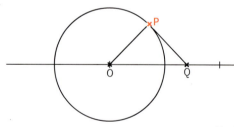

Fig. 2

Zeit zu wiederholen

11 Bestimmen Sie die Länge der Raumdiagonalen eines Würfels, wenn die Seitenlänge 4 cm lang ist.

12 Ein Zelt hat die Form einer Pyramide mit gleich langen Seitenkanten und einer quadratischen Grundfläche mit der Seitenlänge 4,6 m.
a) Die Pyramide ist 6,0 m hoch. Bestimmen Sie die Länge der Seitenkante.
b) Wie hoch wäre die Pyramide, wenn die Seitenkante 5,2 m lang wäre?

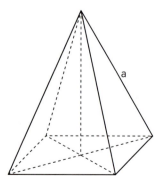

Rückblick

Winkel im Bogenmaß
Jeder Winkel kann entweder im Gradmaß α oder im Bogenmaß x angegeben werden.
Dabei gilt: $\alpha = \frac{x}{2\pi} \cdot 360°$ bzw. $x = \frac{\alpha}{360°} \cdot 2\pi$.
Das Bogenmaß x kann am Einheitskreis veranschaulicht werden.

x	α
0	0°
$\frac{\pi}{4}$	45°
$\frac{\pi}{2}$	90°
π	180°
2π	360°

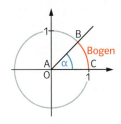

Trigonometrische Funktionen
Die Funktionen
f: x → sin(x)   (Sinusfunktion)
g: x → cos(x)   (Kosinunsfunktion)
h: x → tan(x) = $\frac{\sin(x)}{\cos(x)}$ (Tangensfunktion)
heißen die trigonometrischen Funktionen.
Diese Funktionen sind periodisch.

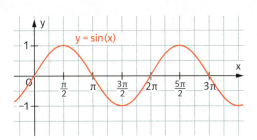

Bei der Sinus- und Kosinusfunktion beträgt die Periodenlänge 2π, bei der Tangensfunktion π.
Die Nullstellen der Kosinusfunktion sind Definitionslücken der Tangensfunktion.

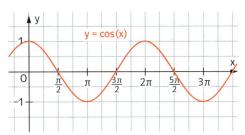

Für die Ableitung von Sinus- und Kosinusfunktion gilt:
f(x) = sin(x);   f'(x) = cos(x)
g(x) = cos(x);   g'(x) = −sin(x)

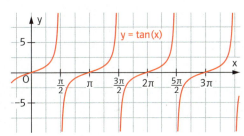

Periode und Amplitude
Für die allgemeine Sinusfunktion f mit
f(x) = a · sin(b(x − c)) + d   gilt:
f hat die Periode $\frac{2\pi}{b}$.
f hat die Amplitude |a|.
Der Graph von f ist gegenüber dem Graphen der Sinusfunktion um c in x-Richtung und um d in y-Richtung verschoben.

$f(x) = \frac{1}{2}\sin(\pi(x-1)) + 1$
Periode: 2
Amplitude: $\frac{1}{2}$
Verschiebung in x-Richtung um 1
Verschiebung in y-Richtung um 1

Prüfungsvorbereitung ohne Hilfsmittel

1 Für welche $x \in [0; 2\pi]$ gilt
a) $\sin(x) = \frac{1}{2}$,
b) $\cos(x) = -1$,
c) $\sin(x) = \frac{1}{2}\sqrt{2}$,
d) $\cos(x) = 2$,
e) $\tan(x) = 0$,
f) $\sin(x) = \cos(x)$,
g) $\tan(x) = -1$,
h) $\sin(x) > \frac{1}{2}$?

2 Bestimmen Sie die Gleichung der Tangente an den Graphen der Sinusfunktion im Punkt B.
a) $B\left(\frac{\pi}{6} \mid \frac{1}{2}\right)$
b) $B(\pi \mid 0)$
c) $\left(-\frac{\pi}{4} \mid -\frac{1}{2}\sqrt{2}\right)$

3 a) In welchen Punkten im Intervall $[0; 2\pi]$ ist die Steigung des Graphen der Sinusfunktion am größten?
b) In welchen Punkten besitzt der Graph der Kosinusfunktion im Intervall $[0; 2\pi]$ waagerechte Tangenten?

4 Bestimmen Sie die Periode und die Amplitude von f. Geben Sie außerdem die Koordinaten je eines Hoch- und eines Tiefpunktes des Graphen von f an.
a) $f(x) = 2\sin(2x)$
b) $f(x) = \sin(x - \pi) + 2$
c) $f(x) = \sin(\pi(x - 1)) + 1$
d) $f(x) = -1{,}5\sin(x + \pi)$

5 Geben Sie zu den Graphen der Funktionen Amplitude, Periode und einen Funktionsterm an.

a)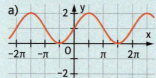
b)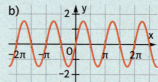
c)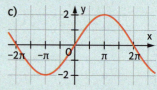

6 Begründen Sie die folgenden Zusammenhänge mithilfe der Graphen der Sinus- bzw. Kosinusfunktion.
a) $\cos(\pi - x) = -\cos(\pi - x)$
b) $\sin\left(\frac{\pi}{2} - x\right) = \sin\left(\frac{\pi}{2} + x\right)$
c) $\sin\left(x + \frac{\pi}{2}\right) = \cos(x)$

7 Geben Sie den Term für eine Sinusfunktion an, die folgende Eigenschaften hat.
a) Die Periode der Funktion ist π, die Amplitude ist 2 und der Graph ist punktsymmetrisch zum Ursprung.
b) Die Periode der Funktion ist 2, die Amplitude ist 1 und der Graph ist symmetrisch zur y-Achse.
c) Die Periode der Funktion ist 5, die Amplitude ist 3 und $H(2 \mid 4)$ ist ein Hochpunkt des Graphen.
d) $H(1 \mid 4)$ und $T(4 \mid 1)$ sind zwei aufeinanderfolgende Extrempunkte des Graphen.

8 Fig. 1 zeigt den Graphen der Funktion f in einem Koordinatensystem ohne Einheiten. Der angegebene Funktionsterm von f bezieht sich auf eine bestimmte Wahl der Einheiten, wobei die Skalierung auf der x- und der y-Achse identisch sein soll. Bestimmen Sie die Werte für a und b.
a) $f(x) = 1{,}5 \cdot \sin\left(\frac{\pi}{2}(x - a)\right) + b$
b) $f(x) = a \cdot \sin(b(x + 4)) + 4$

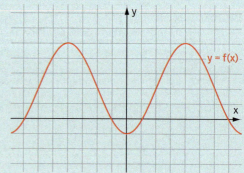

Fig. 1

Prüfungsvorbereitung mit Hilfsmitteln

1 Gegeben ist die Funktion f mit $f(x) = 3 \cdot \sin(0,5 \cdot (x - \pi)) - 1$.
a) Bestimmen Sie die Periode von f.
b) Weisen Sie nach, dass der Graph von f symmetrisch zur y-Achse ist.
c) Bestimmen Sie den Flächeninhalt, der durch den Graphen von f für $x \geq 0$ und den beiden Koordinatenachsen begrenzt wird.

2 Gegeben ist die Funktion f mit $f(x) = 3 \cdot \sin\left(\frac{\pi}{4}x\right)$.
a) Geben Sie den Hochpunkt H des Graphen im Intervall [0; 4] an und stellen Sie die Gleichung der Ursprungsgeraden g durch H auf.
b) Der Graph von f und die Gerade g umschließen eine Fläche. Berechnen Sie deren Inhalt.

3 Gegeben ist die Funktion f mit $f(x) = 2 + 2 \cdot \cos(x)$.
a) Berechnen Sie die Koordinaten der Wendepunkte des Graphen im Intervall [0; 2π] und geben Sie die Gleichungen der Normalen in diesen Punkten an.
b) Der Graph von f und die Normalen in den Wendepunkten begrenzen einen Fläche. Berechnen Sie den Inhalt dieser Fläche.

4 Die Funktion $w(t) = 2,1 \cdot \sin(0,507(t - 5,33)) + 4,4$, (w(t) in Metern, t in Stunden) gibt den Wasserstand in einem Gezeitenkraftwerk in Abhängigkeit von der Uhrzeit an. Dabei entpsricht 0:00 Uhr dem Zeitpunkt t = 0.
a) Wie hoch sind die Wasserstände um 6:00 Uhr, 14:00 Uhr und 20:00 Uhr?
b) Geben Sie die Wasserstände bei Ebbe und Flut und die zugehörigen Uhrzeiten an.
c) Um wie viel Uhr nimmt der Wasserstand am schnellsten ab? Warum ist dieser Zeitpunkt interessant?

5 An einem Sommertag in Stuttgart wurden um 14.00 Uhr als höchste Temperatur 30 °C gemessen. Am frühen Morgen dieses Tages betrug die tiefste Temperatur 16 °C.
a) Bestimmen Sie die Parameter a, c und d so, dass die Funktion f mit
$f(t) = a \cdot \sin\left(\frac{1}{12}\pi(t - c)\right) + d$ die Temperatur in °C in Abhängigkeit von der Zeit t
(in Stunden nach Mitternacht) beschreibt.
b) Um wie viel Uhr ist die Temperaturänderung maximal?

6 a) Modellieren Sie die Tageslängen für Oslo und Rom mit einer Sinusfunktion. Gehen Sie von 30 Tagen pro Monat und 360 Tagen im Jahr aus. t = 1 entspricht dem 1. Januar.
b) In Rom beträgt die tatsächliche Tageslänge am 1. März 11 h 16 min, in Oslo 10 h 31 min. Berechnen Sie für beide Werte die prozentuale Abweichung von den mit der Funktion bestimmten theoretischen Werten.

	längster Tag (21.6.)	kürzester Tag (21.12.)
Oslo	18 h 49 min	15 h 14 min
Rom	5 h 55 min	9 h 08 min

7 Die Geschwindigkeit eines Weltklasse-Marathon-Läufers kann mit der Funktion v mit
$v(t) = 0,4 \cdot \sin(6\pi x) + 5,6$ modelliert werden (t in Sekunden, v(t) in $\frac{m}{s}$).
a) Berechnen Sie $\int_0^{60} v(t)\,dt$. Interpretieren Sie das Ergebnis im Sachzusammenhang.
b) Wie lange benötigt der Läufer für einen Marathon (42,2 km), wenn er die komplette Strecke in diesem Tempo läuft?
c) Die Geschwindigkeit eines zweiten Läufers schwankt zwischen 21,6 $\frac{km}{h}$ und 19,44 $\frac{km}{h}$ und er macht 192 Schritte pro Minute. Modellieren Sie seine Laufgeschwindigkeit mit einer Sinusfunktion.
d) Welcher Läufer ist schneller? Nach welcher Zeit hat der schnellere Läufer einen Vorsprung von 100 m?

Folgen und Grenzwerte

Bei einer Rechnung wie $10 - 3 \cdot 4 + 3$ benötigt man drei Rechenschritte um als Ergebnis die Zahl 1 zu erhalten. Man kann Zahlen nicht nur durch endlich viele Rechenschritte, sondern als Grenzwert eines Prozesses mit unendlich vielen Schritten erhalten.

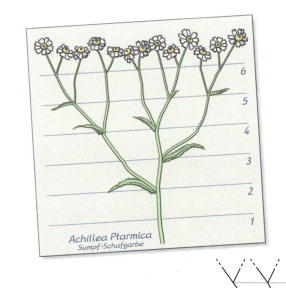

Wie viele Triebenden hat die Sumpf-Schafgarbe am Ende des siebten Monats?
Wie könnte ein Term für n Monate aussehen?

Das kennen Sie schon
- Wertetabellen von Funktionen
- Graphen von Funktionen
- Potenzrechnungen
- Exponentialgleichungen

☑ **Check-in:**
Zur Überprüfung, ob Sie die inhaltlichen Voraussetzungen beherrschen, siehe Seite 229.

Der Broccoli Romanesco hat einen ähnlichen Aufbau wie die „Quadratpflanze".

Wenn man geschickt stapelt beträgt der Überhang des oberen Buches maximal:

Bei zwei Büchern: $\frac{1}{2}$ der Buchlänge

Bei drei Büchern: $\frac{1}{2} + \frac{1}{4} = \frac{3}{4}$ der Buchlänge

Bei vier Büchern: $\frac{1}{2} + \frac{1}{4} + \frac{1}{6}$ der Buchlänge

Bei fünf Büchern: $\frac{1}{2} + \frac{1}{4} + \frac{1}{6} + \frac{1}{10}$ der Buchlänge

usw.

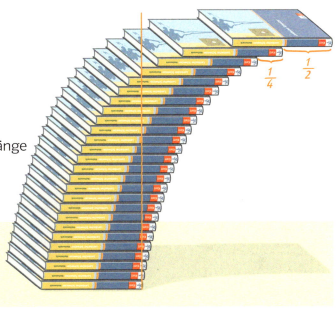

In diesem Kapitel

- werden Folgen eingeführt.
- werden Eigenschaften von Folgen untersucht.
- wird der Begriff des Grenzwerts einer Folge eingeführt.
- werden Grenzwerte von Funktionen untersucht.

1 Folgen

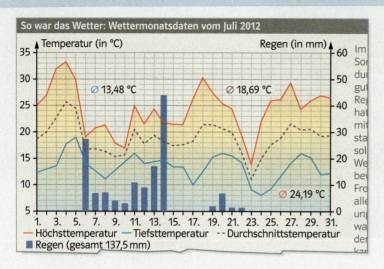

Beschreiben Sie Besonderheiten der grafischen Darstellung.
Handelt es sich bei den Zuordnungen
(1) Tagesnummer → Höchsttemperatur und
(2) Tagesnummer → Regenmenge
jeweils um eine Funktion?
Ist es korrekt, die Messpunkte für die Temperaturhöchstwerte durch Strecken zu verbinden?

Wenn man rationale Zahlen addiert, subtrahiert, multipliziert oder dividiert erhält man als Ergebnis nie eine Zahl wie $\sqrt{2}$ oder π. Solche irrationalen Zahlen kann man mit unendlichen **Zahlenfolgen** erfassen. Auch zur Beschreibung von Wachstumsvorgängen und bei der Untersuchung von Funktionen sind Zahlenfolgen von Bedeutung.

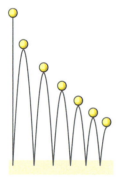

Fällt ein Ball aus der Höhe h (in Metern) auf einen glatten Boden und erreicht er nach jedem Aufprall wieder das 0,8-Fache der vorherigen Höhe, so kann man diesem Vorgang eine Folge von Zahlen wie folgt zuordnen:

Höhe nach dem 1. Aufprall: $\quad h_1 = h \cdot 0{,}8;$
Höhe nach dem 2. Aufprall: $\quad h_2 = h_1 \cdot 0{,}8;$
…
Höhe nach dem n-ten Aufprall: $\quad h_n = h_{n-1} \cdot 0{,}8.$

Im Folgenden ist
$\mathbb{N}^* = \{1; 2; 3; \ldots\}$ und
$\mathbb{N} = \{0; 1; 2; \ldots\}$.

Hier ist die Höhe nach dem n-ten Aufprall berechenbar, wenn man die (n − 1)-te Höhe kennt. Man spricht von einer **rekursiven Darstellung der Zahlenfolge**.
Man kann aber h_n auch direkt angeben:
$h_1 = h \cdot 0{,}8,$
$h_2 = h_1 \cdot 0{,}8 = (h \cdot 0{,}8) \cdot 0{,}8 = h \cdot 0{,}8^2,$
$h_3 = h_2 \cdot 0{,}8 = (h \cdot 0{,}8^2) \cdot 0{,}8 = h \cdot 0{,}8^3,$
…
$h_n = h_{n-1} \cdot 0{,}8 = (h \cdot 0{,}8^{n-1}) \cdot 0{,}8 = h \cdot 0{,}8^n.$

In diesem Fall erhält man eine **explizite Darstellung** der Zahlenfolge. Hierbei ist zu jedem $n \in \mathbb{N}^*$ der Wert h_n direkt berechenbar. Den Graphen zeigt Fig. 1.

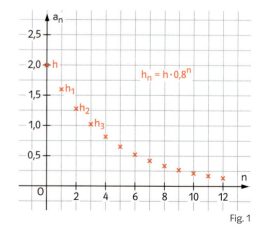

Fig. 1

Die Folgenglieder a_n sind in der Regel keineswegs natürliche Zahlen.

Definition: Hat eine Funktion f als Definitionsmenge die Menge $\mathbb{N}^*$ oder eine unendliche Teilmenge von $\mathbb{N}^*$, so nennt man f eine Zahlenfolge. Der Funktionswert f(n) wird mit a_n bezeichnet und heißt das n-te Glied der Folge. Für die Funktion f schreibt man (a_n).

Beispiel 1 Explizit gegebene Zahlenfolge
Erstellen Sie zu der Zahlenfolge (a_n) mit
$a_n = \frac{n + (-1)^n}{n}$, $n \in \mathbb{N}^*$, eine Wertetabelle und
den Graphen.
Um welche Zahl schwanken die Glieder a_n?
■ Lösung:

1	2	3	4	5	6	7	8	9	10
0	$\frac{3}{2}$	$\frac{2}{3}$	$\frac{5}{4}$	$\frac{4}{5}$	$\frac{7}{6}$	$\frac{6}{7}$	$\frac{9}{8}$	$\frac{8}{9}$	$\frac{11}{10}$

Die Glieder schwanken um den Wert $a = 1$.

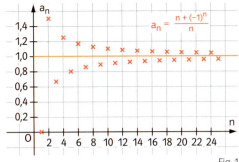

Fig. 1

Beispiel 2 Zinseszins, rekursive und explizite Darstellung
Ein Kapital von 1000 € wird zu einem Zinssatz von 4% pro Jahr angelegt. Der Zins wird nach jedem Jahr dem Kapital zugeschlagen. Das angesparte Kapital wird mit $K_0 = 1000$ €, K_1 (nach einem Jahr), K_2 (nach zwei Jahren) usw. bezeichnet.
a) Begründen Sie, dass man das Kapital K_{n+1} mit der Formel $K_{n+1} = 1{,}04 \cdot K_n$ berechnen kann. Bestimmen Sie den Wert des Kapitals nach drei Jahren.
b) Bestimmen Sie aus der rekursiven Darstellung $K_{n+1} = 1{,}04 \cdot K_n$ eine explizite Darstellung für den Wert des Kapitals nach n Jahren. Berechnen Sie K_{20}.
c) Nach wie viel Jahren hat sich das Kapital zum ersten Mal verdoppelt?

■ Lösung: a) Es gilt: $K_{n+1} = K_n + \frac{4}{100} \cdot K_n = \left(1 + \frac{4}{100}\right) \cdot K_n = 1{,}04 \cdot K_n$. Somit ist $K_3 = 1124{,}86$ €.

b) Es gilt: $K_n = 1{,}04^n \cdot 1000$.

Somit ist $K_{20} = 1{,}04^{20} \cdot 1000 = 2191{,}12$ €.

c) Gesucht ist n mit $1{,}04^n = 2$.
Somit ist $n = \frac{\lg(2)}{\lg(1{,}04)} \approx 17{,}67$. Nach 18 Jahren hat sich das Kapital zum ersten Mal verdoppelt.
Es beträgt: $K_{18} = 2025{,}81$ €.

Beispiel 3 Wachstum
In einem gleichseitigen Dreieck mit der Seitenlänge 1 cm wird jede Seite in drei gleich lange Teilstrecken zerlegt und über der mittleren Teilstrecke jeweils ein gleichseitiges Dreieck errichtet (Fig. 2–4). Die Grundseite wird gelöscht. Dieses Verfahren wird mehrmals wiederholt.
a) Berechnen Sie den Umfang der „Schneeflocke" nach der 10-ten Durchführung dieser Änderung.
b) Ab welchem n ist der Umfang der Schneeflocke größer als der Erdumfang (40 000 km)?

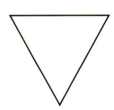

Fig. 2

■ Lösung: a) Das Ausgangsdreieck hat den Umfang $u_0 = 3$ (in cm). Da jede Seite pro Änderung um $\frac{1}{3}$ länger wird, gilt für den Umfang nach der n-ten Änderung: $u_n = \frac{4}{3} u_{n-1}$ mit $n = 1, 2, 3, \ldots$
Diese rekursive Darstellung der Folge kann man explizit angeben:
$u_n = \frac{4}{3} u_{n-1} = \frac{4}{3} \cdot \left(\frac{4}{3} u_{n-2}\right) = \left(\frac{4}{3}\right)^2 \cdot u_{n-2} = \ldots = \left(\frac{4}{3}\right)^{n-1} \cdot u_1 = \left(\frac{4}{3}\right)^n \cdot u_0 = 3 \cdot \left(\frac{4}{3}\right)^n$

Fig. 3

Daraus erhält man nach der 10-ten Änderung den Umfang
$\frac{1\,048\,576}{19\,683} \approx 53{,}2732$ (in cm).

b) In der Ungleichung $3 \cdot \left(\frac{4}{3}\right)^n > 4 \cdot 10^9$ sind die zugehörigen n zu berechnen.
Aus $\left(\frac{4}{3}\right)^{n-1} > 10^9$ errechnet man $n - 1 \ge \frac{\lg(10^9)}{\lg\left(\frac{4}{3}\right)} \approx 72{,}0353$.

Somit ist nach 73-maliger Teilung der Seiten ein Vieleck mit einem Umfang von mehr als 40 000 km entstanden.

Fig. 4

Aufgaben

1 Berechnen Sie die ersten zehn Glieder der Zahlenfolge (a_n).
Beschreiben Sie das Verhalten für große Werte von n.

a) $a_n = \frac{2n}{5}$ b) $a_n = \frac{1}{n}$ c) $a_n = (-1)^n$ d) $a_n = \left(\frac{1}{2}\right)^n$ e) $a_n = 2$ f) $a_n = \sin\left(\frac{\pi}{2}n\right)$

Rekursive Folgen lassen sich sehr gut mit dem Computer bearbeiten.

2 Berechnen Sie die ersten zehn Glieder der rekursiv dargestellten Zahlenfolge (a_n).
Versuchen Sie eine explizite Darstellung der Folge anzugeben.

a) $a_1 = 1$; $a_{n+1} = 2 + a_n$
b) $a_1 = 1$; $a_{n+1} = 2 \cdot a_n$
c) $a_1 = \frac{1}{2}$; $a_{n+1} = \frac{1}{a_n}$
d) $a_1 = 0$; $a_2 = 1$; $a_{n+2} = a_n + a_{n+1}$

*Eine negative Inflationsrate heißt **Deflation**.*

3 Eine Ware mit dem heutigen Preis von 1,00 € wird durch eine jährliche Inflation von konstant 5% laufend teurer.
a) Berechnen Sie zu einer Inflationsrate von 5% und einer beliebigen Jahreszahl n den zugehörigen Warenpreis und erstellen Sie einen Graphen für die ersten 20 Jahre.
b) Berechnen Sie den Zeitraum, nach dem sich der Preis der Ware verdoppelt hat.

Zeit zu überprüfen

4 Berechnen Sie die ersten fünf Glieder der Zahlenfolge (a_n).
a) $a_n = \frac{2n}{n+1}$
b) $a_1 = 0$; $a_{n+1} = 2a_n - 2$
c) $a_1 = 2$; $a_{n+1} = 2a_n - 2$

5 Ein Haus mit einem ursprünglichen Wert von 200 000 € verliert jährlich 2% vom Vorjahreswert. Bestimmen Sie eine explizite Darstellung für den Wert des Hauses nach n Jahren.

Wie intelligent ist eine solche Aufgabe aus mathematischer Sicht?

6 Intelligenztests bestehen zu einem Teil darin, aus den ersten Folgengliedern eine Bildungsvorschrift für weitere Glieder zu ermitteln. Ermitteln Sie entsprechend eine Bildungsvorschrift für a_n und berechnen Sie jeweils a_{10} und a_{20}.
Wie verhält sich die Folge für große n?

	a_1	a_2	a_3	a_4	a_5
a)	1	-2	3	-4	5
b)	0	$\frac{1}{2}$	$\frac{2}{3}$	$\frac{3}{4}$	$\frac{4}{5}$
c)	16	-8	4	-2	1
d)	-4	-1	2	5	8
e)	3	$4\frac{1}{2}$	$3\frac{2}{3}$	$4\frac{1}{4}$	$3\frac{4}{5}$

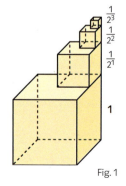

Fig. 1

7 Von zwei gleich großen Würfeln der Kantenlänge 1 wird einer in 8 gleich große Würfel zerlegt und einer der dabei erhaltenen Würfel wie in Fig. 1 auf den anderen gestellt. Dieses Verfahren wird wiederholt.
a) Berechnen Sie das Volumen des entstandenen Körpers nach der 1., der 2. und der 3. Teilung.
b) Geben Sie das n-te Glied der Zahlenfolge (V_n) an, die jedem n das Volumen V_n des entstandenen Körpers zuordnet.

8 Gegeben ist eine Folge (a_n) mit $a_{n+1} = \sqrt{a_n} - 0{,}25$ mit $a_1 = 1$, $n = 1, 2, 3, \ldots$
Berechnen Sie die ersten Glieder der Zahlenfolge. Erstellen Sie dazu einen Graphen.
Können Sie eine Annäherung an einen Wert mit wachsendem n feststellen?

2 Eigenschaften von Folgen

Gegeben sind die Zahlenfolgen
$(a_n) = \left(\frac{1}{n}\right)$, $\quad (b_n) = \left(-\frac{1}{n}\right)$, $\quad (c_n) = (n)$, $\quad (d_n) = \left(3 + \frac{1}{n}\right)$,
$(e_n) = ((-1)^n)$, $\quad (f_n) = \left(1 - \frac{1}{2n}\right)$, $\quad (g_n) = (1 + n^2)$.
Sortieren Sie die Folgen nach gemeinsamen Eigenschaften, die Sie für wichtig halten.

Bei Zahlenfolgen sind drei Eigenschaften besonders wichtig.
(1) Zahlenfolgen können wie Funktionen monoton sein, d.h. mit wachsendem n werden die Folgenglieder entweder größer oder kleiner.
(2) Ihre Glieder können möglicherweise nur in einem endlichen Intervall [s; S] liegen.
(3) Zahlenfolgen können sich einem sogenannten Grenzwert beliebig annähern.
Zunächst werden nur die Eigenschaften (1) und (2) behandelt.

Streng monoton steigend: Es geht immer bergauf.

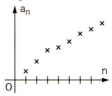

In der Zahlenfolge (a_n) mit $a_n = 0{,}8^n$ werden die Folgenglieder laufend kleiner (Fig. 1), d.h. es ist $a_{n+1} < a_n$ für alle $n \in \mathbb{N}^*$. Man legt fest:

> **Definition 1:** Eine Zahlenfolge (a_n) heißt
> **monoton steigend**, wenn für alle Folgenglieder $a_{n+1} \geq a_n$ ist,
> **monoton fallend**, wenn für alle Folgenglieder $a_{n+1} \leq a_n$ ist.

Monoton fallend: Es geht bergab oder bleibt eben.

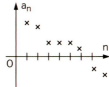

Bemerkung: Das Wort **streng** wird vorangestellt, wenn das Gleichheitszeichen nicht gilt.

Die Zahlenfolge (a_n) mit $a_n = 0{,}8^n$ hat noch eine weitere Eigenschaft: Alle ihre Glieder sind größer als $s = 0$ und kleiner oder gleich $S = 1$. Es gilt also: $s < a_n \leq S$.
Die Ungleichung gilt auch für andere Werte von s und S; z.B. gilt: $-0{,}4 \leq a_n \leq 1{,}4$ für alle $n \in \mathbb{N}^*$ (Fig. 1).

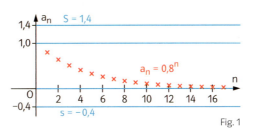

Fig. 1

Beschränkt: Kein Glied überschreitet S oder unterschreitet s.

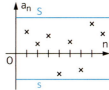

> **Definition 2:** Eine Zahlenfolge (a_n) heißt
> **nach oben beschränkt**, wenn es eine Zahl S gibt, sodass für alle Folgenglieder $a_n \leq S$ ist,
> **nach unten beschränkt**, wenn es eine Zahl s gibt, sodass für alle Folgenglieder $a_n \geq s$ ist.
> S nennt man eine obere Schranke, s eine untere Schranke der Folge.
> Eine nach oben und unten beschränkte Folge heißt **beschränkte Folge**.

Beispiel 1 Monotonie und Beschränktheit
Untersuchen Sie auf Monotonie und Beschränktheit.
a) (a_n) mit $a_n = \frac{2}{n}$ b) (b_n) mit $b_n = \frac{2 \cdot (-1)^n}{n}$

Lösung: a) Da $\frac{2}{n+1} < \frac{2}{n}$ ist für alle $n \in \mathbb{N}^*$, ist (a_n) streng monoton fallend.
(a_n) ist nach oben beschränkt, z.B. durch $S = a_1 = 2$, da die Folgenglieder wegen der Monotonie laufend kleiner werden. (a_n) ist auch nach unten, z.B. durch die Zahl 0, beschränkt wegen $a_n \geq 0$.
Damit ist (a_n) beschränkt.
b) (b_n) ist nicht monoton, da $b_1 < b_2$, aber $b_2 > b_3$ ist. (b_n) ist nach unten beschränkt, z.B. durch $s = -2$, und nach oben, z.B. durch $S = 1$; damit ist (b_n) beschränkt.

Beispiel 2 Nachweis der Monotonie mithilfe der Differenz

Gegeben ist die Zahlenfolge (a_n) mit $a_n = \frac{1-2n}{n}$, $n \in \mathbb{N}^*$.

a) Zeichnen Sie einen Graphen. b) Untersuchen Sie (a_n) auf Monotonie und Beschränktheit.

Lösung: a) $a_n = \frac{1-2n}{n} = \frac{1}{n} - 2 = -2 + \frac{1}{n}$ (Fig. 1)

b) Um die Monotonie nachweisen zu können, bildet man die Differenz $a_{n+1} - a_n$.

$a_{n+1} - a_n = \frac{1-2(n+1)}{n+1} - \frac{1-2n}{n}$

$= \left(-2 + \frac{1}{n+1}\right) - \left(-2 + \frac{1}{n}\right) = -\frac{1}{n(n+1)}$

Sie ist negativ für alle $n \in \mathbb{N}^*$, daher ist $a_{n+1} < a_n$; (a_n) ist streng monoton fallend.

Die Zahlenfolge ist auch beschränkt: Eine obere Schranke ist $S = a_1 = -1$; eine untere Schranke ist $s = -2$, da $a_n = -2 + \frac{1}{n} > -2$ ist für alle $n \in \mathbb{N}^*$.

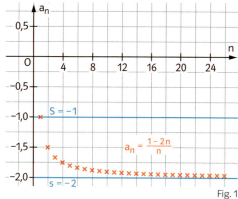

Fig. 1

Aufgaben

Hat eine Folge (a_n) nur positive Glieder, so ist manchmal folgendes Kriterium für die Monotonie nützlich:
Ist $\frac{a_{n+1}}{a_n} \geq 1$ $\left(\frac{a_{n+1}}{a_n} \leq 1\right)$ für alle $n \in \mathbb{N}^*$, so ist (a_n) monoton steigend (monoton fallend).

Sind Monotonie und Beschränktheit unabhängige Eigenschaften einer Zahlenfolge?

1 Untersuchen Sie die Folge (a_n) auf Monotonie und Beschränktheit.

a) $a_n = 1 + \frac{1}{n}$ b) $a_n = \left(\frac{3}{4}\right)^n$ c) $a_n = (-1)^n$ d) $a_n = 1 + \frac{(-1)^n}{n}$ e) $a_n = \frac{8n}{n^2+1}$

2 Kreuzen Sie die zugehörige Eigenschaft an.

Folge (a_n) mit	$a_n = n$	$a_n = (-1)^n \cdot n$	$a_n = \frac{(-1)^n}{n}$	$a_n = 1 + \frac{1}{n}$
nach oben beschränkt				
nach unten beschränkt				
beschränkt				
monoton				

Können Sie eine Aussage über das Verhalten von (a_n) für größer werdendes n machen?

Zeit zu überprüfen

3 Geben Sie die ersten 5 Folgenglieder an und untersuchen Sie die Folge auf Monotonie und Beschränktheit.

a) $a_n = \left(\frac{5}{4}\right)^n$ b) $a_n = (-1)^n \cdot \frac{1}{n}$ c) $a_n = \frac{2n+1}{n+1}$ d) $a_n = 1 + \frac{1}{n^2}$

4 Geben Sie jeweils 3 Zahlenfolgen in expliziter Darstellung an, die

a) monoton steigend sind, b) monoton fallend sind,
c) nicht monoton sind, d) nicht nach oben beschränkt sind,
e) streng monoton fallend und nach unten beschränkt sind,
f) streng monoton steigend und nicht nach oben beschränkt sind.

5 Sind die folgenden Aussagen wahr oder falsch? Geben Sie, wenn möglich, ein Beispiel an. Begründen Sie Ihre Antwort.

a) Eine beschränkte Zahlenfolge muss nicht monoton sein.

b) Ist eine Zahlenfolge (a_n) streng monoton fallend, so ist (a_n) immer nach oben beschränkt.

c) Gilt für alle $n \in \mathbb{N}^*$ einer Zahlenfolge (a_n) sowohl $a_n > 0$ als auch $\frac{a_{n+1}}{a_n} \leq 1$, so ist (a_n) streng monoton fallend.

3 Grenzwert einer Folge

Gegeben ist die Zahlenfolge (a_n) mit $a_n = \frac{2n-1}{n}$.
Zeichnen Sie den Graphen bis $n = 20$ in ein Achsenkreuz.
Berechnen Sie für großes n einige Folgenglieder. Welchem Wert nähern sich die Glieder mit zunehmendem n an?
Berechnen Sie alle Folgenglieder a_n, die sich um weniger als $\frac{1}{100}$ bzw. 10^{-6} von 2 unterscheiden.

Die Abweichung der Zahl x von einer Zahl a ist $|x - a|$.

Bei Zahlenfolgen (a_n) soll das Annähern der Folgenglieder a_n an eine Zahl g im Folgenden analysiert und definiert werden. Der Gedankengang wird an einem Beispiel erläutert.

Bei der Zahlenfolge (a_n) mit $a_n = \frac{n + (-1)^n}{n} = 1 + \frac{(-1)^n}{n}$, $n \in \mathbb{N}^*$, nähern sich die Glieder mit wachsender Nummer n der Zahl 1 (Fig. 1). Das bedeutet, dass der Abstand $|a_n - 1| = \left|\frac{(-1)^n}{n}\right| = \frac{1}{n}$ der Folgenglieder von der Zahl 1 laufend kleiner wird.

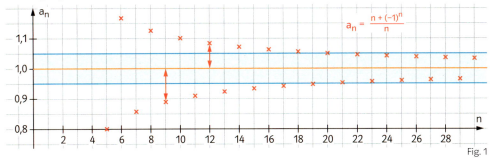
Fig. 1

*Alle Folgenglieder a_n mit einer Nummer größer als 20 haben von 1 einen kleineren Abstand als 0,05.
Es ist nämlich $|a_n - 1| = \frac{1}{n} < 0,05$ für $n > \frac{1}{0,05} = 20$.*

Man kann sogar angeben, für welche Nummern der Abstand kleiner ist als eine vorgegebene Zahl ε. Ist z.B. ε = 0,01, so ergeben sich aus $|a_n - 1| = \frac{1}{n} < \frac{1}{100}$ die Nummern $n > 100$. Für $ε = 10^{-10}$ ist dies für $n > 10^{10}$ der Fall. Entsprechend haben für irgendein positives ε wegen $|a_n - 1| = \frac{1}{n} < ε$ alle Folgenglieder mit den Nummern $n > \frac{1}{ε}$ einen kleineren Abstand als ε von 1. Dies sind **fast alle** Folgenglieder. Unter „fast alle" versteht man dabei, dass nur endlich viele die Bedingung nicht erfüllen.

> **Definition:** Eine Zahl g heißt **Grenzwert** der Zahlenfolge (a_n), wenn bei Vorgabe irgendeiner positiven Zahl ε **fast alle** Folgenglieder die Ungleichung $|a_n - g| < ε$ erfüllen. Fast alle bedeutet dabei, dass es nur endlich viele Ausnahmen gibt.

Bemerkung: Zum Nachweis, dass fast alle Folgenglieder die Ungleichung $|a_n - g| < ε$ erfüllen, muss man eine Nummer angeben, ab der alle Folgenglieder die Ungleichung erfüllen.

Für das obige Beispiel gilt:

ε	0,01	$\frac{1}{1000}$	10^{-10}	ε
Nummer	100	1000	10^{10}	$\frac{1}{ε}$

Man schreibt für den Grenzwert g einer Zahlenfolge (a_n) kurz
$g = \lim\limits_{n \to \infty} a_n$ (gelesen: g ist der Limes von a_n für n gegen unendlich) oder auch
$a_n \to g$ für $n \to \infty$ (gelesen: a_n geht gegen g für n gegen unendlich).

limes (lat.): Grenze

Folgen, die einen Grenzwert haben, nennt man **konvergente** Folgen.
Folgen ohne Grenzwert nennt man **divergente** Folgen.
Hat eine Folge (a_n) den Grenzwert 0, so nennt man (a_n) **Nullfolge**.

convergere (lat.): zusammenlaufen

divergere (lat.): auseinanderlaufen

Bei der Folge (a_n) mit $a_n = (-1)^n + \frac{1}{n}$ liegen unendlich viele Glieder beliebig nahe bei 1 und unendlich viele beliebig nahe bei -1.
Damit ist die Folge divergent.

Eine Folge (a_n) kann höchstens einen Grenzwert haben. Fig. 1 zeigt, dass bei zwei vermuteten Grenzwerten g_1 und g_2 mit
$g_1 > g_2$ und der Wahl von $\varepsilon = \frac{g_1 - g_2}{2}$ nur noch endlich viele Glieder nahe genug bei g_1 liegen können, wenn fast alle in der Nähe von g_2 liegen.

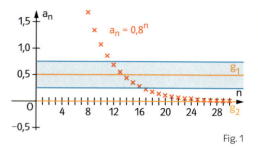

Fig. 1

Satz 1: Eine Zahlenfolge kann höchstens einen Grenzwert haben.

Mit der Definition des Grenzwertes kann man keinen Grenzwert berechnen, wohl aber nachprüfen, ob eine Zahl Grenzwert einer Folge ist oder nicht.

Zum Nachweis eines Grenzwertes kann folgende Aussage sehr nützlich sein:
(a_n) hat genau dann den Grenzwert g, wenn $(a_n - g)$ eine Nullfolge ist. Die Aussage stimmt mit der Definition des Grenzwertes überein, da $|a_n - g| < \varepsilon$ mit $|(a_n - g) - 0| < \varepsilon$ äquivalent ist.
Für den Nachweis der Konvergenz mithilfe der Definition muss eine konkrete Vermutung für g vorliegen. Man kann die Konvergenz aber auch ohne eine Vermutung nachweisen.

Satz 2: Wenn eine Folge **monoton und beschränkt** ist, dann ist sie auch **konvergent**.

Der Beweis für monoton fallende und nach unten beschränkte Folgen verläuft völlig analog.

Beweis: (a_n) sei monoton steigend und nach oben beschränkt. Dann gibt es eine obere Schranke S, für die gilt: $a_n \leq S$ für alle $n \in \mathbb{N}^*$. Unter den oberen Schranken S von (a_n) ist die kleinste obere Schranke g, deren Existenz durch das sogenannte Vollständigkeitsaxiom gegeben ist, der Grenzwert von (a_n).
Gibt man nämlich irgendeine positive Zahl ε vor, so ist $g - \varepsilon$ keine obere Schranke von (a_n) mehr. Damit gibt es sicher ein Folgenglied a_{n_0} mit $g - \varepsilon < a_{n_0} \leq g$. Da (a_n) monoton steigend ist, gilt $g - \varepsilon < a_n \leq g$ für alle $n > n_0$. Dies besagt aber, dass für fast alle Folgenglieder gilt: $-\varepsilon < a_n - g \leq 0$ oder $|a_n - g| < \varepsilon$. Damit ist nach Definition g Grenzwert der Folge (a_n).

INFO

Ein Axiom ist ein nicht zu beweisender Grundsatz.

Vollständigkeitsaxiom:
Jede nach oben beschränkte, nicht leere Teilmenge von $\mathbb{R}$ besitzt in $\mathbb{R}$ ein Supremum.

Erläuterungen:
Gegeben ist eine nicht leere Menge reeller Zahlen, etwa $M = \{x \mid -2 < x < 6\}$. Dann heißt S eine **obere Schranke** von M, wenn für alle $x \in M$ gilt: $x \leq S$. Für M sind etwa $S = 100$ oder $S' = \sqrt{37}$ obere Schranken. Die kleinste aller möglichen Schranken wird als **Supremum** der Menge M bezeichnet. So ist das Supremum von M die Zahl 6. Für $M' = \{x \mid 0 < x \leq 6\}$ fällt das Supremum von M mit dem Maximum zusammen.

Eine **Intervallschachtelung** reeller Zahlen ist eine Folge von Intervallen
$I_n = \{x \mid a_n \leq x \leq b_n; x \in \mathbb{R}\}$
mit den Eigenschaften
(1) $a_n \leq b_n$ für alle $n \in \mathbb{N}^*$
(2) Die Folge (a_n) ist monoton steigend.
(3) Die Folge (b_n) ist monoton fallend.
(4) $(b_n - a_n)$ ist eine Nullfolge.

Dass das Vollständigkeitsaxiom in der Menge $\mathbb{Q}$ der rationalen Zahlen nicht gilt, zeigt das Beispiel der Menge $M = \{x \mid x^2 < 2, x \in \mathbb{Q}\}$. Da es keine rationale Zahl mit $x^2 = 2$ gibt, gibt es auch keine rationale Zahl, die Supremum der Menge M sein kann. Im Bereich der reellen Zahlen $\mathbb{R}$ hat M aber eine kleinste obere Schranke, nämlich $\sqrt{2}$.

Es lässt sich zeigen, dass zum Vollständigkeitsaxiom folgende Aussagen äquivalent sind:
(1) Jede monotone und beschränkte Folge reeller Zahlen ist konvergent (s. obiger Beweis).
(2) Zu jeder Intervallschachtelung $[a_n; b_n]$ reeller Zahlen gibt es genau eine innere Zahl $c \in \mathbb{R}$ mit der Eigenschaft $a_n \leq c \leq b_n$ für alle $n \in \mathbb{N}^*$.

Beispiel 1 Gewinnen und Überprüfen einer Vermutung zum Grenzwert

Stellen Sie eine Vermutung über den Grenzwert der Zahlenfolge (a_n) mit $a_n = \frac{2n-1}{n+1}$ auf und überprüfen Sie diese mithilfe der Definition. Ab welcher Nummer weichen die Folgenglieder um weniger als 0,01 vom Grenzwert ab?

■ Lösung: Es ist $a_{1000} = \frac{1999}{1001} \approx 1{,}997003$; $a_{100\,000} = \frac{199\,999}{100\,001} \approx 1{,}999\,970$; $a_{1\,000\,000} = \frac{1\,999\,999}{1\,000\,001} \approx 1{,}999\,997$.

Vermutung: Grenzwert $g = 2$.

Zum Nachweis gibt man ein positives ε vor und berechnet die Abweichung von $g = 2$:

$\left|\frac{2n-1}{n+1} - 2\right| < \varepsilon$ wird nach n aufgelöst. Dies ergibt die äquivalenten Ungleichungen:

$\left|\frac{2n-1}{n+1} - \frac{2n+2}{n+1}\right| < \varepsilon$; $\left|\frac{-3}{n+1}\right| < \varepsilon$; $\frac{3}{n+1} < \varepsilon$; $n+1 > \frac{3}{\varepsilon}$; $n > \frac{3}{\varepsilon} - 1$.

Damit erfüllen fast alle Folgenglieder a_n, nämlich alle mit Nummern größer als $\frac{3}{\varepsilon} - 1$, die Bedingung $\left|\frac{2n-1}{n+1} - 2\right| < \varepsilon$. Eine kleinere Abweichung als $\varepsilon = 0{,}01$ vom Grenzwert 2 haben alle Folgenglieder mit Nummern größer als 299.

$\frac{3}{2}$ ist nicht Grenzwert dieser Zahlenfolge, da für ein ε mit $\varepsilon > 0$ der Reihe nach folgt:

(*) $\left|\frac{2n-1}{n+1} - \frac{3}{2}\right| < \varepsilon$

$\frac{n-5}{2n+2} < \varepsilon$

$n - 5 < 2n\varepsilon + 2\varepsilon$

$n \cdot (1 - 2\varepsilon) < 2\varepsilon + 5$

$n < \frac{2\varepsilon + 5}{1 - 2\varepsilon}$.

Damit erfüllen für kleines ε nur endlich viele Glieder die Bedingung (*).

Beispiel 2 Nullfolgen

Zeigen Sie, dass die Folge (a_n) eine Nullfolge ist.

a) $a_n = \frac{1}{n^k}$ mit $k > 0$ \qquad b) $a_n = q^n$ mit $|q| < 1$

■ Lösung: a) Gibt man einen „Abstand" ε vor ($\varepsilon > 0$), so ergeben sich aus $\left|\frac{1}{n^k} - 0\right| < \varepsilon$ die äquivalenten Ungleichungen:

$\frac{1}{n^k} < \varepsilon$; $\frac{1}{\varepsilon} < n^k$; $n > \left(\frac{1}{\varepsilon}\right)^{\frac{1}{k}}$.

Zu vorgegebenem $\varepsilon > 0$ weichen alle Folgenglieder mit Nummern größer als $\left(\frac{1}{\varepsilon}\right)^{\frac{1}{k}}$ weniger als ε von 0 ab.

b) Man wählt ein beliebiges positives ε. Dann ergeben sich die äquivalenten Ungleichungen:

$|q^n - 0| < \varepsilon$; $|q|^n < \varepsilon$; $n \cdot \lg(|q|) < \lg(\varepsilon)$.

Wegen $\lg|q| < 0$ ergibt sich daraus: $n > \frac{\lg(\varepsilon)}{\lg(|q|)}$.

Zu vorgegebenem $\varepsilon > 0$ weichen alle Folgenglieder mit Nummern größer als $\frac{\lg(\varepsilon)}{\lg(|q|)}$ weniger als ε von 0 ab.

Folgen, deren Glieder Brüche mit konstantem Zähler sind und deren Nenner eine positive Potenz von n ist, sind Nullfolgen, z.B.

$\left(\frac{1}{n}\right)$, $\left(\frac{3}{n^2}\right)$, $\left(\frac{1}{\sqrt{n}}\right)$, $\left(\frac{3}{4n^{\frac{2}{3}}}\right)$, ...

Die Folge (a_n) mit $a_n = a_1 \cdot q^n$ heißt **geometrische Zahlenfolge**.

Beispiel 3 Nachweis mit Nullfolge

Untersuchen Sie, ob die Folge (a_n) einen Grenzwert hat.

a) $a_n = \frac{3 + (-1)^n \cdot n^2}{n^2}$ \qquad b) $a_n = \sqrt{a + \frac{1}{n}}$; $a \geq 0$

■ Lösung: a) Es ist $\frac{3 + (-1)^n \cdot n^2}{n^2} = \frac{3}{n^2} + (-1)^n$. $\left(\frac{3}{n^2}\right)$ ist eine Nullfolge, $((-1)^n)$ liefert die Werte 1 und -1.

Es liegen beliebig viele Glieder nahe bei 1 wie auch bei -1 (Fig. 1). (a_n) ist also divergent.

b) Vermutung: $\lim_{n \to \infty} \sqrt{a + \frac{1}{n}} = \sqrt{a}$.

Aus $\sqrt{a + \frac{1}{n}} - \sqrt{a} = \frac{\left(\sqrt{a + \frac{1}{n}} - \sqrt{a}\right) \cdot \left(\sqrt{a + \frac{1}{n}} + \sqrt{a}\right)}{\left(\sqrt{a + \frac{1}{n}} + \sqrt{a}\right)} = \frac{\left(a + \frac{1}{n}\right) - a}{\sqrt{a + \frac{1}{n}} + \sqrt{a}} = \frac{\frac{1}{n}}{\sqrt{a + \frac{1}{n}} + \sqrt{a}}$ und $0 < \frac{\frac{1}{n}}{\sqrt{a + \frac{1}{n}} + \sqrt{a}} < \frac{\frac{1}{n}}{2\sqrt{a}}$

folgt: $0 < \sqrt{a + \frac{1}{n}} - \sqrt{a} < \frac{1}{2n\sqrt{a}}$. Da $\left(\frac{1}{2n\sqrt{a}}\right)$ eine Nullfolge ist, gilt: $\lim_{n \to \infty} \sqrt{a + \frac{1}{n}} = \sqrt{a}$.

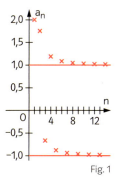

Fig. 1

Beispiel 4 Konvergenz einer monotonen und beschränkten Folge

Zeigen Sie, dass die Folge (a_n) mit $a_n = \frac{1}{10^1} + \frac{1}{10^2} + \frac{1}{10^3} + \ldots + \frac{1}{10^n}$ konvergent ist.

■ Lösung: Die Folge ist monoton steigend, da $a_{n+1} - a_n = \frac{1}{10^{n+1}} > 0$ ist. Die Folge ist nach oben beschränkt wegen $0 < a_n < 1$ für alle $n \in \mathbb{N}^*$. Damit ist die Folge nach Satz 2 konvergent.

$a_1 = 0{,}1$
$a_2 = 0{,}11$
$a_3 = 0{,}111$
$a_4 = 0{,}1111$
...
Was ist wohl der Grenzwert?

Aufgaben

1 a) Zeichnen Sie den Graphen der Folge (a_n) mit $a_n = \frac{6n+2}{3n}$ bis $n = 15$. Lesen Sie alle Glieder ab, die vom vermuteten Grenzwert weniger als 0,2 abweichen.
b) Ab welchem Glied ist die Abweichung vom vermuteten Grenzwert kleiner als 10^{-6}?

2 Geben Sie die Glieder der Zahlenfolge (a_n) an, die um weniger als 0,1 von 1 abweichen.
a) $a_n = \frac{1+n}{n}$ b) $a_n = \frac{n^2-1}{n^2}$ c) $a_n = 1 - \frac{100}{n}$ d) $a_n = \frac{n-1}{n+2}$ e) $a_n = \frac{2n^2-3}{3n^2}$

3 Zeigen Sie mithilfe der Definition, dass die Folge $\left(\frac{1-2n}{3n}\right)$ konvergent ist. Von welchem Glied ab unterscheiden sich die Folgenglieder vom Grenzwert um weniger als $\frac{1}{100}$ bzw. 10^{-6}?

4 Zeigen Sie, dass die Differenzenfolge ($a_n - g$) eine Nullfolge ist.
a) $\left(\frac{3n-2}{n+2}\right)$; $g = 3$ b) $\left(\frac{n^2+n}{5n^2}\right)$; $g = 0{,}2$ c) $\left(\frac{2^{n+1}}{2^n+1}\right)$; $g = 2$ d) $\left(\frac{3 \cdot 2^n + 2}{2^{n+1}}\right)$; $g = \frac{3}{2}$

Zeit zu überprüfen

5 a) Stellen Sie eine Vermutung zum Grenzwert g der Folge $a_n = \frac{n+4}{2n}$ auf.
b) Ab welcher Nummer gilt $|a_n - g| < 0{,}001$?
c) Weisen Sie die Konvergenz von (a_n) mit der Definition nach.

Zu Aufgabe 6: Besteht ein Zusammenhang zwischen Nichtbeschränktheit und Konvergenz von Folgen?

6 Ordnen Sie den Astenden Folgen mit den an den Ästen angegebenen Eigenschaften zu.

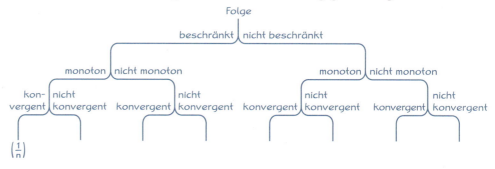

7 Weisen Sie nach, dass die Zahlenfolge (a_n) nicht konvergent ist.
a) $a_n = 1 + n^2$ b) $a_n = (-1)^n \cdot (n+2)$ c) $a_n = \frac{n^2+1}{n+2}$ d) $a_n = 2 - (1+(-1)^n)$

8 Zeigen Sie durch Nachweis der Monotonie und der Beschränktheit, dass die Folge (a_n) konvergent ist. Stellen Sie eine Vermutung über ihren Grenzwert auf und bestätigen Sie diese.
a) $a_n = \frac{n+1}{5n}$ b) $a_n = \frac{\sqrt{5n}}{\sqrt{n+1}}$ c) $a_n = \frac{n\sqrt{n}+10}{n^2}$ d) $a_n = \frac{n}{n^2+1}$

9 Gegeben ist die Folge (a_n) mit
$a_n = 1 + \frac{1}{2} + \frac{1}{3} + \frac{1}{4} + \ldots + \frac{1}{n}$.
a) Zeigen Sie: (a_n) ist monoton steigend.
b) Berechnen Sie mithilfe eines Computerprogramms a_{100}, a_{1000}, $a_{10\,000}$ und $a_{100\,000}$ und versuchen Sie, eine Aussage über die Konvergenz der Folge zu machen.

Berechnung von a_{100} mit DERIVE: sum(1/n,n,1,100)

c) Zeigen Sie, dass gilt: $\frac{1}{n} + \frac{1}{n+1} + \frac{1}{n+2} + \ldots + \frac{1}{2n} > \frac{1}{2}$ für alle $n \in \mathbb{N}^*$.

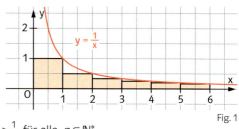

Fig. 1

4 Grenzwertsätze

Gegeben ist die Zahlenfolge (a_n) mit $a_n = \frac{9n^2 + 4}{3n^2}$.
Weisen Sie nach, dass die Zahlenfolge den Grenzwert 3 hat.
Schreiben Sie den Bruch als Summe zweier Brüche und schließen Sie dann auf den Grenzwert.
Erweitern Sie Zähler und Nenner mit $\frac{1}{n^2}$ und zeigen Sie, dass Sie auch so auf den Grenzwert
$g = 3$ schließen können.

Die Definition des Folgengrenzwertes ermöglicht nicht die Berechnung von Grenzwerten. Sie dient lediglich dazu, den Nachweis zu führen, ob eine Folge die Zahl g als Grenzwert hat oder nicht. Es wird nun ein Verfahren vorgestellt, Grenzwerte von Folgen zu berechnen.

Die Folge (a_n) mit $a_n = \frac{2n + 10}{5n}$ hat den Grenzwert $\frac{2}{5}$, da die Folge $\left(\frac{2n+10}{5n} - \frac{2}{5}\right) = \left(\frac{2}{n}\right)$ eine Nullfolge ist. Man kann aber $a_n = \frac{2n+10}{5n}$ auch zerlegen in $a_n = \frac{2}{5} + \frac{2}{n}$. Die Folge (a_n) kann somit als Summe der konstanten Folge (b_n) mit $b_n = \frac{2}{5}$ und der Nullfolge (c_n) mit $c_n = \frac{2}{n}$ aufgefasst werden, also
$\left(\frac{2n+10}{5n}\right) = \left(\frac{2}{5}\right) + \left(\frac{2}{n}\right)$.

Die konstante Folge (b_n) mit $b_n = b$ hat den Grenzwert b, da für alle Folgenglieder bei vorgegebener Abweichung $\varepsilon > 0$ gilt: $|b - b| < \varepsilon$.
Von den Grenzwerten der Einzelfolgen kann man auf den Grenzwert der Summenfolge schließen:
$\lim_{n \to \infty} \frac{2n+10}{5n} = \lim_{n \to \infty} \left(\frac{2}{5} + \frac{2}{n}\right) = \lim_{n \to \infty} \frac{2}{5} + \lim_{n \to \infty} \frac{2}{n} = \frac{2}{5} + 0 = \frac{2}{5}$.

Dieses Vorgehen ist zulässig und lässt sich sogar verallgemeinern:

> **Satz: (Grenzwertsätze)**
> Sind die Folgen (a_n) und (b_n) konvergent und haben sie die Grenzwerte a und b, so sind auch die Folgen $(a_n \pm b_n)$, $(a_n \cdot b_n)$ und, sofern $b_n \neq 0$ und $b \neq 0$ sind, auch die Folge $\left(\frac{a_n}{b_n}\right)$ konvergent. Es gilt:
> $$\lim_{n \to \infty} (a_n \pm b_n) = \lim_{n \to \infty} a_n \pm \lim_{n \to \infty} b_n = a \pm b$$
> $$\lim_{n \to \infty} (a_n \cdot b_n) = \lim_{n \to \infty} a_n \cdot \lim_{n \to \infty} b_n = a \cdot b$$
> $$\lim_{n \to \infty} \frac{a_n}{b_n} = \frac{\lim_{n \to \infty} a_n}{\lim_{n \to \infty} b_n} = \frac{a}{b}, \quad b_n \neq 0 \text{ und } b \neq 0$$

Beweis (beispielhaft für die Summe von Grenzwerten):
Nach Voraussetzung gilt: $\lim_{n \to \infty} a_n = a$ und $\lim_{n \to \infty} b_n = b$, d.h. bei beliebig vorgegebenem positivem ε gilt für fast alle Folgenglieder: $|a_n - a| < \frac{\varepsilon}{2}$ und $|b_n - b| < \frac{\varepsilon}{2}$. (Da ε eine beliebige positive Zahl ist, kann man ε auch durch $\frac{\varepsilon}{2}$ ersetzen. $\frac{\varepsilon}{2}$ ist dann ebenfalls eine beliebige positive Zahl.)
Daraus ergibt sich
$|(a_n + b_n) - (a + b)| = |(a_n - a) + (b_n - b)| \leq |a_n - a| + |b_n - b| < \frac{\varepsilon}{2} + \frac{\varepsilon}{2} = \varepsilon$.
Damit haben fast alle Summenfolgen-Glieder $a_n + b_n$ von der Summe $a + b$ eine kleinere Abweichung als ein beliebig vorgegebener Wert ε. Die Summenfolge $(a_n + b_n)$ hat somit den Grenzwert $a + b$.

Bemerkung: Ist eine Folge konvergent mit dem Grenzwert g, so gilt: $\lim_{n \to \infty} a_n = \lim_{n \to \infty} a_{n-1} = g$.
Hiermit lässt sich häufig der Grenzwert einer rekursiv definierten Folge bestimmen.

Prüfen Sie an Zahlenbeispielen nach:
Es ist für alle reellen Zahlen x und y stets:
$|x + y| \leq |x| + |y|$

Beispiel 1 Anwendung der Grenzwertsätze

Berechnen Sie den Grenzwert der Zahlenfolge (a_n) für $a_n = \frac{4n^2 - 17}{3n^2 + n}$.

Man erweitert bei Brüchen Zähler und Nenner mit dem Kehrwert der höchsten auftretenden Potenz von n.

■ Lösung: Es ist $a_n = \frac{4n^2 - 17}{3n^2 + n} = \frac{4 - \frac{17}{n^2}}{3 + \frac{1}{n}}$.

Wegen $\lim\limits_{n \to \infty} 4 = 4$, $\lim\limits_{n \to \infty} \frac{17}{n^2} = 0$, $\lim\limits_{n \to \infty} 3 = 3$, $\lim\limits_{n \to \infty} \frac{1}{n} = 0$ gilt:

$\lim\limits_{n \to \infty} a_n = \lim\limits_{n \to \infty} \frac{4 - \frac{17}{n^2}}{3 + \frac{1}{n}} = \frac{\lim\limits_{n \to \infty} 4 - \lim\limits_{n \to \infty} \frac{17}{n^2}}{\lim\limits_{n \to \infty} 3 + \lim\limits_{n \to \infty} \frac{1}{n}} = \frac{4 - 0}{3 - 0} = \frac{4}{3}$.

Beispiel 2 Bestimmung des Grenzwertes einer konvergenten rekursiv beschriebenen Folge

Die Folge (a_n) mit $a_1 = 3$ und $a_n = \frac{a_{n-1}^2 + 1}{a_{n-1} + 2}$ ist konvergent mit dem Grenzwert g. Bestimmen Sie g.

■ Lösung: Da die Folge (a_n) den Grenzwert g hat, gilt: $\lim\limits_{n \to \infty} a_n = \lim\limits_{n \to \infty} a_{n-1} = g$.
Mithilfe der Grenzwertsätze ergibt sich:

$\lim\limits_{n \to \infty} a_n = \lim\limits_{n \to \infty} \frac{a_{n-1}^2 + 1}{a_{n-1} + 2} = \frac{\left(\lim\limits_{n \to \infty} a_{n-1}\right)^2 + 1}{\left(\lim\limits_{n \to \infty} a_{n-1}\right) + 2}$.

Also gilt: $g = \frac{g^2 + 1}{g + 2}$ oder $g^2 + 2g = g^2 + 1$ und folglich $g = \frac{1}{2}$.

Aufgaben

1 Zerlegen Sie die Folge (a_n) in eine konstante Folge plus eine Nullfolge und geben Sie ihren Grenzwert an.

a) $a_n = \frac{8 + n}{4n}$ b) $a_n = \frac{8 + \sqrt{n}}{4\sqrt{n}}$ c) $a_n = \frac{8 + 2^n}{4 \cdot 2^n}$ d) $a_n = \frac{6 + n^4}{\frac{1}{4}n^4}$ e) $a_n = \frac{4 + n^3}{n^3}$

2 Berechnen Sie den Grenzwert der Zahlenfolge (a_n) durch Umformen und Anwenden der Grenzwertsätze.

a) $a_n = \frac{1 + 2n}{1 + n}$ b) $a_n = \frac{7n^3 + 1}{n^3 - 10}$ c) $a_n = \frac{n^2 + 2n + 1}{1 + n + n^2}$ d) $a_n = \frac{\sqrt{n} + n + n^2}{\sqrt{2n} + n^2}$ e) $a_n = \frac{n^5 - n^4}{6n^5 - 1}$

f) $a_n = \frac{\sqrt{n+1}}{\sqrt{n+1} + 2}$ g) $a_n = \frac{(5-n)^4}{(5+n)^4}$ h) $a_n = \frac{(2+n)^{10}}{(1+n)^{10}}$ i) $a_n = \frac{(1+2n)^{10}}{(1+n)^{10}}$ j) $a_n = \frac{(1+2n)^k}{(1+3n)^k}$

3 Bestimmen Sie den Grenzwert.

a) $\lim\limits_{n \to \infty} \frac{2^n - 1}{2^n}$ b) $\lim\limits_{n \to \infty} \frac{2^n - 1}{2^{n-1}}$ c) $\lim\limits_{n \to \infty} \frac{2^n}{1 + 4^n}$ d) $\lim\limits_{n \to \infty} \frac{2^n - 3^n}{2^n + 3^n}$ e) $\lim\limits_{n \to \infty} \frac{2^n + 3^{n+1}}{2 \cdot 3^n}$

Zeit zu überprüfen

4 Berechnen Sie den Grenzwert der Zahlenfolge (a_n) durch Umformen und Anwenden der Grenzwertsätze.

a) $a_n = \frac{n - 3}{4n}$ b) $a_n = \frac{n \cdot (n+1)}{4n^2}$ c) $a_n = \frac{4 + 3^n}{3^n}$ d) $a_n = \frac{3^n}{4 + 3^n}$

5 Bestimmen Sie wie in Beispiel 2 den Grenzwert der rekursiv beschriebenen Folge (a_n), wenn die Existenz des Grenzwertes von (a_n) gesichert ist.

a) $a_1 = 0$; $a_n = \frac{2}{5}a_{n-1} - 2$ b) $a_1 = -2$; $a_n = -\frac{2}{3}a_{n-1} + 4$ c) $a_1 = -\frac{1}{2}$; $a_n = \frac{1 - a_{n-1}}{2 + a_{n-1}}$

d) $a_1 = 1$; $a_n = \frac{2 - a_{n-1}^2}{3 + a_{n-1}}$ e) $a_1 = -4$; $a_n = \sqrt{a_{n-1} + 4}$ f) $a_1 = 4$; $a_n = \sqrt{\frac{8}{a_{n-1}}}$

5 Grenzwerte von Funktionen

Für die Gegenstandsweite x und die Bildweite f(x) (jeweils in cm) einer Fotolinse mit der Brennweite 5 cm gilt nach der Linsengleichung für $x > 5$: $f(x) = \frac{5x}{x-5}$.

a) Berechnen Sie die Bildweiten für x = 6, 7, ... bis 10. Wie verhält sich diese Folge $(f(x_n))$, wenn die Gegenstandsweiten größer werden?
b) Wie verhält sich die Folge $(f(x_n))$, die entsteht, wenn man $x_1 = 10$ setzt und diesen Wert bei jedem Schritt verdoppelt ($x_{n+1} = 2x_n$)?
c) Untersuchen Sie $(f(x))$ in der Nähe von x = 5 mithilfe einer gegen 5 konvergierenden Folge (x_n).

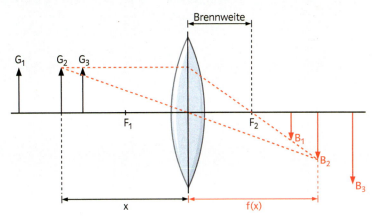

Vielfach ist es notwendig, das Verhalten einer Funktion f für $x \to \infty$ oder $x \to -\infty$ zu untersuchen. Aber auch das Verhalten in der Nähe einer Stelle x_0, an der eine Funktion nicht definiert ist, muss man kennen, wenn man einen Funktionsverlauf beschreiben will. Beide Probleme werden mithilfe von Folgen gelöst. Das Vorgehen wird am Beispiel der Funktion f mit
$f(x) = \frac{2x^2 - 8}{(x-2)\cdot(x+3)}$, $D_f = \mathbb{R} \setminus \{2; -3\}$, erläutert.

5.1 Grenzwerte für $x \to \infty$ und $x \to -\infty$

Setzt man bei einer Funktion f mit einer rechts unbeschränkten Definitionsmenge für x nacheinander 1, 2, 3, ... ein, so entsteht eine Folge f(1), f(2), f(3), ... von Funktionswerten. Man nennt die Folge (n) Urbildfolge und die Folge (f(n)) Bildfolge.

Für die Funktion f mit $f(x) = \frac{2x^2 - 8}{(x-2)\cdot(x+3)}$ erhält man mit der Urbildfolge (n) die Bildfolge $\left(\frac{2n^2 - 8}{(n-2)\cdot(n+3)}\right)$, n = 3, 4, 5, ...

Wegen $\frac{2(n^2 - 4)}{(n-2)\cdot(n+3)} = \frac{2n+4}{n+3} = \frac{2 + \frac{4}{n}}{1 + \frac{3}{n}}$ ergibt sich mithilfe der Grenzwertsätze der Grenzwert g = 2 für $n \to \infty$ (Fig. 1). Wählt man andere nach oben unbeschränkte Urbildfolgen, so ändert sich der Grenzwert der Bildfolge nicht, wie die Tabelle (Fig. 2) zeigt. Offensichtlich ist für alle Folgen (x_n) mit $x_n \to \infty$ der Grenzwert der Bildfolge (f(n)) derselbe.
Mithilfe von Urbildfolgen, die nach unten unbeschränkt sind, wie etwa (–n), wird das Verhalten einer Funktion mit nach links unbeschränkter Definitionsmenge untersucht (Fig. 1). Auch hier ist für alle Urbildfolgen der Grenzwert der Bildfolge 2.

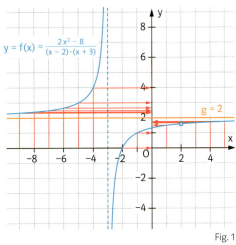

Fig. 1

Urbildfolge	(n)	(n^2)	$(\sqrt{n})$	$(2n-1)$	(3^n)	(n^n)
Bildfolge	$\left(\frac{2n+4}{n+3}\right)$	$\left(\frac{2n^2+4}{n^2+3}\right)$	$\left(\frac{2\sqrt{n}+4}{\sqrt{n}+3}\right)$	$\left(\frac{2n+1}{n+1}\right)$	$\left(\frac{2\cdot(3^n+2)}{3^n+3}\right)$	$\left(\frac{2n^n+4}{n^n+3}\right)$
Grenzwert	2	2	2	2	2	2

Fig. 2

VIII Folgen und Grenzwerte

> **Definition 1:** Eine Zahl g heißt **Grenzwert der Funktion f für** $x \to +\infty$ ($x \to -\infty$), wenn für jede Urbildfolge (x_n) mit $x_n \to +\infty$ ($x_n \to -\infty$) und $x_n \in D_f$ die Bildfolge $(f(x_n))$ denselben Grenzwert g hat. Man schreibt dann
> $$\lim_{x \to +\infty} f(x) = g \quad \text{bzw.} \quad \lim_{x \to -\infty} f(x) = g.$$

Man nennt deshalb die Gerade mit der Gleichung y = g eine **Asymptote** des Graphen.

Der Graph der Funktion f mit $\lim_{x \to +\infty} f(x) = g$ nähert sich mit zunehmendem x der Geraden mit der Gleichung y = g beliebig dicht an, genauer: $\lim_{x \to +\infty} (f(x) - g) = 0$.

Beispiel 1 Grenzwertbestimmung durch Umformung
Untersuchen Sie, ob der Grenzwert $\lim_{x \to -\infty} \frac{3x^2 - x}{x^2}$ existiert.

■ Lösung: Es ist $\frac{3x^2 - x}{x^2} = \frac{3 - \frac{1}{x}}{1}$. Da $\left(\frac{1}{x_n}\right)$ eine Nullfolge für jede Folge (x_n) mit $x_n \to -\infty$ ist, gilt wegen der Grenzwertsätze für Folgen: $\lim_{x \to -\infty} \frac{3x^2 - x}{x^2} = \lim_{x_n \to -\infty} \frac{3 - \frac{1}{x_n}}{1} = 3$

Der formale Nachweis für die Divergenz kann auf zwei Arten erfolgen.
1. Man gibt zwei Urbildfolgen an, deren Bildfolgen verschiedene Grenzwerte besitzen.
2. Man gibt eine Urbildfolge an, deren zugehörige Bildfolge keinen Grenzwert besitzt.
Mit den Urbildfolgen $(n \cdot \pi)$ bzw. $\left(\frac{\pi}{2} + 2n\right)$ erhält man die Bildfolgen (0) bzw. (1).

Beispiel 2 Kein Grenzwert
Zeigen Sie, dass f mit $f(x) = \sin(x)$ keinen Grenzwert für $x \to +\infty$ besitzt.

■ Lösung: Formaler Nachweis:
Wählt man die Folge $\left(n \cdot \frac{\pi}{2}\right)$ mit $n \in \mathbb{N}^*$, so erhält man die Bildfolge $\sin\left(n \cdot \frac{\pi}{2}\right)$, die nacheinander die Werte 1; 0; –1; 0 annimmt; sie besitzt keinen Grenzwert (Fig. 1).

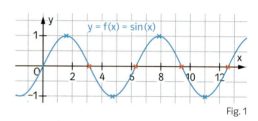

Fig. 1

Aufgaben

1 Geben Sie die Grenzwerte für $x \to +\infty$ und (wenn möglich) für $x \to -\infty$ an.
a) $f(x) = \frac{2}{x+1}$ b) $f(x) = \frac{1}{\sqrt{x}}$ c) $f(x) = \frac{x^3}{x^5} - 3$ d) $f(x) = \frac{4}{x + \sqrt{x+1}} + \frac{1}{3}$ e) $f(x) = \frac{1}{2^x + 1}$

2 Berechnen Sie die Grenzwerte für $x \to +\infty$ und (wenn möglich) für $x \to -\infty$. Erweitern Sie dazu die Terme geeignet, um die Grenzwertsätze für Folgen anwenden zu können.
a) $f(x) = \frac{6x+5}{4+3x}$ b) $f(x) = \frac{2x^3 + 4x}{3x^3 + 6x + 1}$ c) $f(x) = \frac{\sqrt{x} - 8}{\sqrt{x}}$ d) $f(x) = \frac{x+12}{2x^2 - 1}$ e) $f(x) = \frac{2x - 19}{\sqrt{x^2 + 19}}$

3 Untersuchen Sie das Verhalten von f für $x \to +\infty$ und (wenn möglich) für $x \to -\infty$.
a) $f(x) = \frac{x^2 + 4x + 1}{x^2 + x - 1}$ b) $f(x) = \frac{x^4 - x^2}{6x^4 + 1}$ c) $f(x) = \frac{x^4 - x^2}{6x^5 - 1}$ d) $f(x) = \frac{x^4 + x^2}{5x^3 + 3}$ e) $f(x) = \frac{\sqrt{x} - 8}{\sqrt{x}}$
f) $f(x) = \frac{(3+x)^2}{(3-x)^2}$ g) $f(x) = \frac{(3+x)^3}{(3-x)^3}$ h) $f(x) = \frac{3^{x-1}}{3^x - 1}$ i) $f(x) = (3 + 6^x) \cdot 3^{-x}$

Zeit zu überprüfen

4 Bestimmen Sie die Grenzwerte für $x \to +\infty$ und für $x \to -\infty$. Formen Sie dazu die Terme so um, dass die Grenzwertsätze verwendet werden können.
a) $f(x) = \frac{3x}{2x+5}$ b) $f(x) = \frac{3x}{2x^2 + 5}$ c) $f(x) = \frac{(x+1)^2}{2x^2 + 5}$ d) $f(x) = \frac{x^2 - 1}{1 - x^2}$

5 Nennen Sie je zwei Funktionen f mit dem Grenzwert g für $x \to +\infty$ bzw. für $x \to -\infty$.
a) g = 0 b) g = 2 c) g = $\sqrt{3}$ d) g = –1 e) g = $-\frac{1}{4}$

5.2 Grenzwerte für $x \to x_0$

Die Funktion f mit $f(x) = \frac{2x^2 - 8}{(x-2) \cdot (x+3)}$, $D_f = \mathbb{R} \setminus \{2; -3\}$, ist an den Stellen $x_0 = 2$ und $x_1 = -3$ nicht definiert. Damit existieren nur die Funktionswerte $f(2)$ bzw. $f(-3)$ nicht, jedoch alle Funktionswerte in unmittelbarer Umgebung dieser Stellen.

Um das Verhalten zunächst für $x \to 2$ zu untersuchen, betrachtet man Urbildfolgen (x_n) mit $x_n \neq 2$ und $x_n \to 2$ und bestimmt die Grenzwerte der zugehörigen Bildfolgen. Fig. 1 zeigt Beispiele.

Urbildfolge	$\left(2 + \frac{1}{n}\right)$	$\left(2 - \frac{1}{n}\right)$	$\left(2 + \frac{(-1)^n}{n^2}\right)$	$(2 + (0{,}6)^n)$	$\left(\frac{4n^2 + 3n + 1}{2n^2}\right)$
Bildfolge	$\frac{2 \cdot \left(4 + \frac{1}{n}\right)}{5 + \frac{1}{n}}$	$\frac{2 \cdot \left(4 - \frac{1}{n}\right)}{5 - \frac{1}{n}}$	$\frac{2 \cdot \left(4 + \frac{(-1)^n}{n}\right)}{5 + \frac{(-1)^n}{n}}$	$\frac{2 \cdot (4 + 0{,}6^n)}{5 + 0{,}6^n}$	$\frac{2 \cdot \left(8 + \frac{3}{n} + \frac{1}{n^2}\right)}{10 + \frac{3}{n} + \frac{1}{n^2}}$
Grenzwert	$\frac{8}{5}$	$\frac{8}{5}$	$\frac{8}{5}$	$\frac{8}{5}$	$\frac{8}{5}$

Fig. 1

Man stellt fest, dass für jede der gewählten Folgen (x_n) der Grenzwert der Bildfolge $\frac{8}{5}$ ist. Dies erkennt man auch aus Fig. 1.

Das Verhalten an der Stelle $x_1 = -3$ untersucht man z.B. mithilfe der Urbildfolge $\left(-3 + \frac{1}{n}\right)$.

Man erhält die nach unten unbeschränkte Bildfolge $(2 - 2n)$. Für die Urbildfolge $\left(-3 - \frac{1}{n}\right)$ hingegen erhält man die nach oben unbeschränkte Bildfolge $(2 + 2n)$ (Fig. 2).

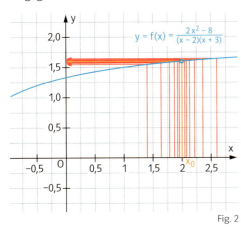

Fig. 2

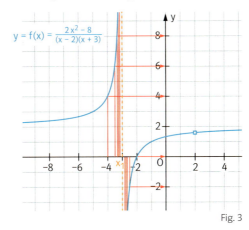

Fig. 3

Definition 2: Eine Zahl g heißt **Grenzwert der Funktion f für** $x \to x_0$, wenn für jede Urbildfolge (x_n) mit $x_n \in D_f$ und $x_n \to x_0$ die Bildfolge $(f(x_n))$ denselben Grenzwert g hat. Man schreibt dann
$$\lim_{x \to x_0} f(x) = g.$$

Damit man Folgen (x_0) mit $x_n \to x_0$ bilden kann, muss es beliebig nahe bei x_0 Zahlen geben, die zu D_f gehören. Dazu muss x_0 entweder zur Definitionsmenge gehören oder eine ausgeschlossene isolierte Stelle sein, wie z.B. bei $D_f = \mathbb{R} \setminus \{x_0\}$.

Da der Grenzwert von Funktionen auf den von Folgen zurückgeführt wird, gelten die Grenzwertsätze für Folgen auch für Funktionen.

Satz: Hat für $x \to x_0$ die Funktion u den Grenzwert a und die Funktion v den Grenzwert b, dann hat für $x \to x_0$ die Funktion
(1) $u + v$ den Grenzwert $a + b$
(2) $u - v$ den Grenzwert $a - b$
(3) $u \cdot v$ den Grenzwert $a \cdot b$
(4) $\frac{u}{v}$ den Grenzwert $\frac{a}{b}$, falls $b \neq 0$ ist.

Der Satz gilt auch für $x \to +\infty$ und für $x \to -\infty$.

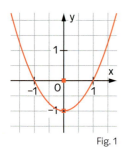

Fig. 1

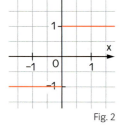

Fig. 2

Beispiel 3 Grenzwert ungleich Funktionswert

Untersuchen Sie, ob die Funktion f mit $f(x) = \begin{cases} x^2 - 1 & \text{für } x \neq 0 \\ 0 & \text{für } x = 0 \end{cases}$ an der Stelle $x_0 = 0$ einen Grenzwert besitzt.

■ Lösung: Für jede Nullfolge (x_n) gilt: $\lim_{x \to 0}(x^2 - 1) = \lim_{x \to 0}(x_n^2 - 1) = -1$. Damit existiert der Grenzwert der Funktion an der Stelle $x_0 = 0$. Dieser stimmt aber nicht mit dem Funktionswert $f(0) = 0$ an dieser Stelle überein (Fig. 1).

Beispiel 4 Kein Grenzwert

Wie verhält sich die Funktion f mit $f(x) = \frac{|x|}{x}$ für $x \to 0$?

■ Lösung: Für alle Nullfolgen (x_n) mit $x_n > 0$ haben die Bildfolgen den Grenzwert 1. Für alle Nullfolgen (x_n) mit $x_n < 0$ haben die Bildfolgen den Grenzwert -1, da $\frac{|x|}{x} = \frac{-x}{x} = -1$ ist. Damit existiert kein Grenzwert für $x \to 0$ (Fig. 2).

Beispiel 5 Grenzwertsätze

Bestimmen Sie $\lim_{x \to 2}(x \cdot (x + 1))$ und $\lim_{x \to 2}\frac{x}{x+1}$.

■ Lösung: Wegen $\lim_{x \to 2} x = 2$ und $\lim_{x \to 2}(x + 1) = 3$ ergibt sich: $\lim_{x \to 2}(x \cdot (x + 1)) = 6$ und $\lim_{x \to 2}\frac{x}{x+1} = \frac{2}{3}$.

Aufgaben

6 Untersuchen Sie das Verhalten von f für $x \to 0$.

a) $f(x) = \frac{x}{x}$ b) $f(x) = \frac{x^3}{x}$ c) $f(x) = \frac{x}{x^3}$ d) $f(x) = \frac{2^x}{3^x}$ e) $f(x) = \frac{2^x - 1}{3^x}$

7 Untersuchen Sie, ob die Funktion f an den Definitionslücken Grenzwerte besitzt. Skizzieren Sie den Graphen von f.

a) $f(x) = \frac{x}{x - 1}$ b) $f(x) = \frac{x^2 - 1}{x - 1}$ c) $f(x) = \frac{x^3 - 1}{x - 1}$ d) $f(x) = \frac{x^2 - a^2}{x - a}$ e) $f(x) = \frac{x^4 - 16}{x - 2}$

8 Berechnen Sie den Grenzwert mithilfe der Grenzwertsätze für Funktionen.

a) $\lim_{x \to 5}(x^2 - 2x)$ b) $\lim_{x \to -3}(x^4 - 5x^2 + 10)$ c) $\lim_{x \to -2}\left(x^3 - \frac{1}{x}\right)$ d) $\lim_{x \to -3}\left(\frac{10}{x^3} + x - \frac{20}{x}\right)$

9 Existiert der Grenzwert $x \to x_0$ an der „Nahtstelle" x_0?

a) $f(x) = \begin{cases} x^2 & \text{für } x \leq 3 \\ 12 - x & \text{für } x > 3 \end{cases}$ b) $f(x) = \begin{cases} x^2 + 4x & \text{für } x \leq -1 \\ 2^x - 3 & \text{für } x > -1 \end{cases}$

Zeit zu überprüfen

10 Untersuchen Sie, ob die Funktion f an der Stelle a einen Grenzwert g besitzt. Bestimmen Sie diesen gegebenenfalls.

a) $f(x) = \frac{1}{x - 2}$; $a = 0$ b) $f(x) = \frac{1}{x - 2}$; $a = 2$ c) $f(x) = \frac{x^2 - 4}{x - 2}$; $a = 1$

---

11 Gegeben ist die Funktion f mit $f(x) = \sin\left(\frac{1}{x}\right)$ mit $D_f = \mathbb{R} \setminus \{0\}$.

Zeigen Sie, dass f keinen Grenzwert für $x \to 0$ hat, wohl aber für $x \to +\infty$.

Es gibt auch sehr schwierig zu bestimmende Grenzwerte:

$\lim_{x \to 0}\frac{\sin(2x)}{\sin(x)}$; $\lim_{x \to 0}\frac{\sin(2x)}{\sin(3x)}$

$\lim_{x \to 0}\frac{\sin(2x)}{\tan(x)}$; $\lim_{x \to 0}\frac{\sin(2x)}{x}$

Versuchen Sie es einmal mithilfe des Computers.

Wiederholen – Vertiefen – Vernetzen

Folgen

1 Gegeben ist die Folge (a_n) mit $a_n = \frac{4n-4}{2n}$.
a) Berechnen Sie die ersten 10 Folgenglieder und zeichnen Sie den Graphen.
b) Untersuchen Sie die Folge auf Monotonie und Beschränktheit.
c) Weisen Sie mithilfe der Definition nach, dass die Zahlenfolge den Grenzwert 2 hat, und geben Sie alle Folgenglieder an, die vom Grenzwert um weniger als 0,001 abweichen.

2 Untersuchen Sie die Zahlenfolge (a_n) auf Monotonie und Beschränktheit.
a) $a_n = \sqrt{n+1}$ b) $a_n = \frac{n+1}{n}$ c) $a_n = \frac{n+1}{n+2}$ d) $a_n = \left(\frac{2}{3}\right)^n$ e) $a_n = \sqrt[n]{a}$ mit $a > 1$

3 Welche Folge ist eine Nullfolge? Begründen Sie Ihre Antwort.
a) $\left(\frac{1}{\sqrt{n}}\right)$ b) (2^{1-n}) c) $\left(\frac{2n+1}{3n+4}\right)$ d) $(\sin(n))$ e) $\left(\sin\left(\frac{1}{n}\right)\right)$ f) (n^{-n})

4 Berechnen Sie den Grenzwert der Folge (a_n) mithilfe der Grenzwertsätze nach entsprechender Umformung.
a) $a_n = \frac{n^2 - 7n - 1}{10n^2 - 7n}$ b) $a_n = \frac{n^3 - 3n^2 + 3n - 1}{5n^3 - 8n + 5}$ c) $a_n = \frac{n + (-1)^n}{n^2 + (-1)^n}$ d) $a_n = \frac{\sqrt{n^3 + 3n - 1}}{\sqrt{4n^3 + 5}}$
e) $a_n = \frac{\sqrt{n}}{\sqrt{5n}}$ f) $a_n = \frac{2^{n+1}}{2^n + 1}$ g) $a_n = \frac{3^{n+1}}{5^n}$ h) $a_n = \frac{(2n+1)^2}{2^{n^2+1}}$

5 Berechnen Sie die Grenzwerte nach Umformung des Terms.
a) $\lim_{n \to \infty} (\sqrt{n+100} - \sqrt{n})$ b) $\lim_{n \to \infty} \sqrt{n} \cdot (\sqrt{n+10} - \sqrt{n})$ c) $\lim_{n \to \infty} (\sqrt{4n^2 + 3n} - 2n)$

6 Eine Stahlkugel, die aus 1m Höhe vertikal auf eine Stahlplatte fällt, erreicht nach dem Auftreffen 95% der vorherigen Höhe (Fig. 2).
a) Welche Höhe erreicht die Kugel nach dem fünften Aufschlag noch?
b) Nach wie vielen Aufschlägen erreicht sie gerade noch die halbe Höhe?
c) Welchen Weg hat die Kugel bis zum fünften Aufschlag zurückgelegt?

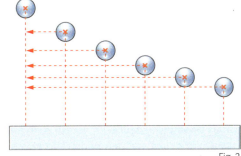

Fig. 2

7 Ein Quadrat der Seitenlänge 1m wächst wie in Fig. 3 angedeutet. Täglich kommt eine Generation neuer Quadrate hinzu. Die täglich hinzukommenden Quadrate haben nur noch $\frac{1}{3}$ der Seitenlänge der vorangegangenen Generation.
a) Zeigen Sie, dass der Flächeninhalt den Grenzwert 1,5 m² hat. Beachten Sie dazu die Anordnung der dazukommenden Flächen in Fig. 1.
b) Berechnen Sie die Länge des Randes der Quadratpflanze nach der 5. Generation. Wann hat der Rand eine Länge von 1 km?

Zu Aufgabe 7:

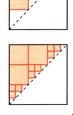

Fig. 1

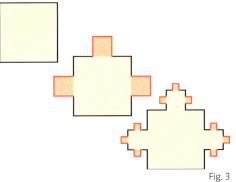

Fig. 3

Wiederholen – Vertiefen – Vernetzen

Grenzwerte bei Funktionen

8 Berechnen Sie die Grenzwerte der Funktion f für $x \to +\infty$ und $x \to -\infty$, sofern sie existieren.
a) $f(x) = \frac{2x^3 + x}{3x^4}$
b) $f(x) = \frac{(x+1)^2}{x^2 + 1}$
c) $f(x) = \frac{2\sqrt{x} + 1}{\sqrt{x}}$
d) $f(x) = \frac{(x+1)^2}{\sqrt{x^4 + 1}}$

9 Zeigen Sie, dass sich aus $\lim_{x \to x_0} x = x_0$ mithilfe der Grenzwertsätze ergibt:
a) $\lim_{x \to x_0} x^2 = x_0^2$,
b) $\lim_{x \to x_0} \frac{4x - 1}{x^2 + 1} = \frac{4x_0 - 1}{x_0^2 + 1}$,
c) $\lim_{x \to x_0} \frac{x+1}{x^2 - 1} = \frac{1}{x_0 - 1}$ für $x_0 \in \mathbb{R} \setminus \{-1; 1\}$.

10 Berechnen Sie.
a) $\lim_{x \to 2} \frac{(x-2)^2}{x-2}$
b) $\lim_{x \to 2} \frac{x^2 - 4}{x - 2}$
c) $\lim_{x \to 2} \frac{x-2}{x^2 - 4}$
d) $\lim_{x \to 2} \frac{x^2 - 4}{x^4 - 16}$

11 An welcher bzw. welchen Stellen ist die Funktion f nicht definiert? Untersuchen Sie das Verhalten der Funktion f in der Nähe dieser Stellen.
a) $f(x) = \frac{x^2 - 2x + 1}{x - 1}$
b) $f(x) = \frac{3x^2 + 11x - 4}{x^2 - 16}$
c) $f(x) = \frac{x^4 - 1}{x^2 - 1}$
d) $f(x) = \frac{x^6 - 1}{x^2 - 1}$

12 a) Zeichnen Sie den Graphen der Funktion f mit $f(x) = \sqrt{x}$.
b) $P(a|b)$ mit $a \neq 0$ sei ein beliebiger Punkt des Graphen. Berechnen Sie die Steigung $m_{\overline{OP}}$ der Sekante $\overline{OP}$ in Abhängigkeit von a. Wie verhält sich $m_{\overline{OP}}$ für $a \to 0$? Deuten Sie das Ergebnis am Graphen.
c) Berechnen Sie $\lim_{x \to +\infty} m_{\overline{OP}}$. Deuten Sie das Ergebnis am Graphen.

13 In Fig. 1 liegt der Punkt $P(a|b)$ auf der Geraden g mit der Gleichung $y = 0{,}5x + 1$.
a) Berechnen Sie die Steigung m der Strecke $\overline{AP}$ in Abhängigkeit von a.
b) Welchem Grenzwert nähert sich m, wenn sich P auf g immer weiter von der y-Achse entfernt? Vergleichen Sie Ihr Ergebnis mit der Zeichnung.

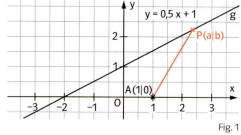

Fig. 1

Interpretieren Sie die Ergebnisse.

14 a) Gegeben ist der Graph der Funktion f mit $f(x) = \frac{1}{x+1}$. In einem Punkt $P(u|f(u))$ des Graphen sind die Parallelen zu den Koordinatenachsen gezeichnet; sie bilden mit den Koordinatenachsen ein Rechteck. Bestimmen Sie seinen Inhalt und berechnen Sie den zugehörigen Grenzwert für $u \to \infty$.
b) Bearbeiten Sie die Fragestellung von Teilaufgabe a) für die Funktion g mit $g(x) = \frac{1}{x^2 + 1}$.
c) Bearbeiten Sie die Fragestellung von Teilaufgabe a) für die Funktion h mit $h(x) = \frac{1}{\sqrt{x} + 1}$.

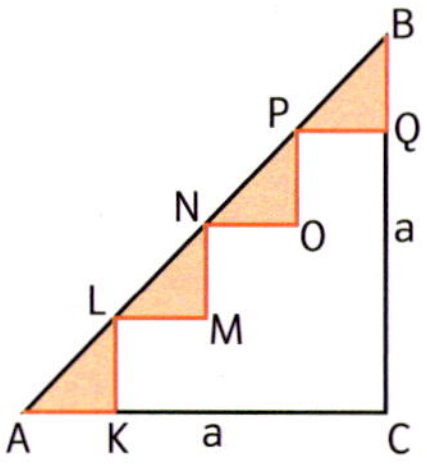

15 a) In einem gleichschenklig-rechtwinkligen Dreieck ABC mit der Kathetenlänge a ist die Hypotenuse in n gleiche Abschnitte geteilt und eine Treppenfigur eingezeichnet (Fig. 2). Die Länge des Polygonzuges AKLMNOPQB ist gleich 2a. Zeigen Sie, dass für jedes n die Länge des entsprechend gebildeten Polygonzuges 2a ist.
b) Nach Teilaufgabe a) ist der Grenzwert des Polygonzuges 2a. Der Polygonzug nähert sich mit wachsendem n beliebig dicht der Hypotenuse. Folglich wäre die Länge der Hypotenuse 2a. Nach dem Satz des Pythagoras ist ihre Länge jedoch $a \cdot \sqrt{2}$. Wo steckt der Fehler?
c) Bestimmen Sie den Inhalt der gefärbten Fläche in Abhängigkeit von n und berechnen Sie ihren Grenzwert für $n \to \infty$.

Fig. 2

Exkursion in die Theorie

Eine übergeordnete Beweismethode: Die vollständige Induktion

Die auf der Kante stehenden „Dominosteine" in Fig. 1 sollen die unendlich vielen natürlichen Zahlen darstellen.
Man kann die Dominosteine so aufstellen, dass beim Umwerfen nur eines Steines zwangsläufig alle unendlich vielen Steine umfallen müssen.

Fig. 1

Nebenstehend wurde die Funktion f mit $f(x) = x \cdot e^x$ dreimal abgeleitet.
Aufgrund der Ergebnisse vermutet man z.B. für die 6. Ableitung ohne weitere Rechnung:
$f^{(6)}(x) = (6 + x) \cdot e^x$.
Es liegt die Behauptung nahe: Für jede natürliche Zahl n gilt für die n-te Ableitung
$f^{(n)}(x) = (n + x) \cdot e^x$.

$f(x) = x \cdot e^x$
1. Ableitung (mit der Produktregel):
   $f'(x) = 1 \cdot e^x + x \cdot e^x = (1 + x) \cdot e^x$
2. Ableitung:
   $f''(x) = 1 \cdot e^x + (1 + x) \cdot e^x = (2 + x) \cdot e^x$
3. Ableitung:
   $f'''(x) = 1 \cdot e^x + (2 + x) \cdot e^x = (3 + x) \cdot e^x$

Die vollständige Induktion kann auch für Beweise aus der Geometrie verwendet werden. Siehe dazu den Themenband Analytische Geometrie.

Die Behauptung $f^{(n)}(x) = (n + x) \cdot e^x$ ist eine Aussage zu jeder einzelnen der unendlich vielen natürlichen Zahlen. Diese unendlich vielen Aussagen kann man nicht alle einzeln nachweisen. Man benötigt eine neue Überlegung, die von der Richtigkeit der Behauptung überzeugt. Dazu orientiert man sich an den Dominosteinen in Fig. 1. und denkt sich folgende Entsprechungen von Dominosteinen und Ableitungen:

Der Dominostein Nr. 1 fällt um **entspricht** Die Aussage $f^{(1)}(x) = (1 + x) \cdot e^x$ ist richtig.
Der Dominostein Nr. 2 fällt um **entspricht** Die Aussage $f^{(2)}(x) = (2 + x) \cdot e^x$ ist richtig.
usw.

Die Überzeugung, dass alle Dominosteine umfallen werden, beruht auf zwei Voraussetzungen:
1. Der erste Stein muss umfallen.
   Das ist garantiert, wenn ihn der Spieler umwirft.
2. Wenn irgendein Stein umgefallen ist, z.B. derjenige mit der Nummer k, dann muss auch der nächste Stein umfallen, also derjenige mit der Nummer k + 1.
   Das ist garantiert, wenn man jeden Stein so aufgestellt hat, dass sein Fall auch den Fall des nachfolgenden Steines zur Folge haben muss.

Die Überzeugung, dass die Behauptung $f^{(n)}(x) = (n + x) \cdot e^x$ für alle $n \in \mathbb{N}$ gilt, beruht auf zwei Voraussetzungen:
1. Die Aussage $f^{(1)}(x) = (1 + x) \cdot e^x$ ist richtig.
   Das ist garantiert, wenn man es durch nachrechnen bestätigt.
2. Wenn für eine Zahl k die Aussage $f^{(k)}(x) = (k + x) \cdot e^x$ richtig ist, dann ist auch die Aussage $f^{(k+1)}(x) = (k + 1 + x) \cdot e^x$ richtig.
   Das ist garantiert, wenn man die Aussage $f^{(k+1)}(x) = (k + 1 + x) \cdot e^x$ aus der Aussage $f^{(k)}(x) = (k + x) \cdot e^x$ herleiten kann, z.B. so:
   $f^{(k+1)}(x) = \left[f^{(k)}(x)\right]' = \left[(k + x) \cdot e^x\right]'$
   $= 1 \cdot e^x + (k + x) \cdot e^x = (k + 1 + x) \cdot e^x.$

Bei der zweiten Voraussetzung ist wichtig, dass der Nachweis nicht nur z.B. von k = 1 auf k + 1 = 2 oder von k = 2 auf k + 1 = 3 geführt wird, sondern für alle Zahlen k gültig ist.

Beweisverfahren der vollständigen Induktion

Mit folgenden zwei Schritten kann man eine Aussage für alle natürlichen Zahlen beweisen:
(I) **Induktionsanfang:** Man beweist die Aussage für eine erste natürliche Zahl, z.B. n = 1.
(II) **Induktionsschritt:** Man nimmt an, dass die Aussage für eine natürliche Zahl k gilt, und beweist unter dieser Voraussetzung, dass die Aussage auch für die nachfolgende Zahl k + 1 gilt.

VIII Folgen und Grenzwerte

Exkursion in die Theorie

Ein Induktionbeweis beinhaltet zwei Teilbeweise:

Induktionsbeweis
→ Teilbeweis für den Induktionsanfang
→ Teilbeweis für den Induktionsschritt.

Kettenschluss

Typisch für einen Induktionsbeweis: Es wird die Voraussetzung aus dem Induktionsschritt verwendet.

Typisch für einen Induktionsbeweis: Man muss mit algebraischen Umformungen die Gleichwertigkeit von Termen nachweisen

Induktion: Man trifft aufgrund von Einzelbeobachtungen eine allgemeine Aussage.

Vollständige Induktion: Ein mathematisches Beweisprinzip, mit dem man Aussagen nachweist, die für unendlich viele natürliche Zahlen gelten.

Primzahlliste:
2, 3, 5, 7, 11, 13, 17, 19, 23, 29, 31, 37, **41**, 43, **47**, **53**, 59, **61**, 67, **71**, 73, 79, **83**, 89, **97**, 101, 103, 107, 109, **113**, 127, **131**, 137, 139, 149, **151**, 157, 163, 167, **173**, 179, 181, 191, 193, **197**, 199, 211, **223**, 227, 229, 233, 239, 241, **251**, 257, 263, 269, 271, 277, **281**, 283, 293, 307, 311, **313**, 317, 331, 337, **347**, …

Ein Beweisbeispiel: Beweis einer Summenformel
Behauptung: $2^0 + 2^1 + 2^2 + 2^3 + 2^4 + \ldots + 2^n = 2^{n+1} - 1$
Zunächst macht man sich die Behauptung für einige konkrete Beispiele klar, z. B.

n = 0.	Summe	$2^0 = 1$	$2^{0+1} - 1 = 2 - 1 = 1.$
n = 1.	Summe	$2^0 + 2^1 = 1 + 2 = 3$	$2^{1+1} - 1 = 4 - 1 = 3.$
n = 2.	Summe	$2^0 + 2^1 + 2^2 = 1 + 2 + 4 = 7$	$2^{2+1} - 1 = 8 - 1 = 7.$

Beweis der Behauptung mit vollständiger Induktion:
Induktionsanfang
Zu zeigen: Die Behauptung gilt für eine erste Zahl.
Beweis: Für n = 0 besteht die Summe nur aus dem Summanden 2^0 mit dem Wert 1.
Die Formel ergibt für n = 0 den Wert $2^{0+1} - 1 = 1$. Die Behauptung ist für n = 0 richtig.

Induktionsschritt
Zu zeigen: Wenn für eine Zahl k gilt:
Voraussetzung(*) $2^0 + 2^1 + 2^2 + 2^3 + 2^4 + \ldots + 2^k = 2^{k+1} - 1,$
dann gilt auch die Formel $2^0 + 2^1 + 2^2 + 2^3 + 2^4 + \ldots + 2^k + 2^{k+1} = 2^{k+2} - 1$
Beweis: $\underbrace{2^0 + 2^1 + 2^2 + 2^3 + 2^4 + \ldots + 2^k}_{} + 2^{k+1}$

$= 2^{k+1} - 1 \quad + 2^{k+1}$ (*) wird verwendet
$= 2 \cdot 2^{k+1} - 1$ algebraische Umformungen
$= 2^{k+2} - 1.$

Damit ist gezeigt: Für alle $n \in \mathbb{N}$ gilt $2^0 + 2^1 + 2^2 + 2^3 + 2^4 + \ldots + 2^n = 2^{n+1} - 1.$

Aufgaben

1 Zeigen Sie mit vollständiger Induktion die Summenformel für $n \in \mathbb{N}$ und $n \geq 1$.
a) Summe der ersten n natürlichen Zahlen: $1 + 2 + 3 + \ldots + n = \frac{1}{2} n \cdot (n + 1)$
b) Summe der ersten n Quadratzahlen: $1^2 + 2^2 + 3^2 + \ldots + n^2 = \frac{1}{6} n \cdot (n + 1) \cdot (2n + 1)$
c) Summe der ersten n geraden natürlichen Zahlen: $2 + 4 + 6 + \ldots + 2n = n \cdot (n + 1)$
d) Summe der ersten n ungeraden natürlichen Zahlen: $1 + 3 + 5 + \ldots + 2n - 1 = n^2.$

2 Zeigen Sie mit vollständiger Induktion.
a) Die n-te Ableitung von f mit $f(x) = 3x \cdot e^x$ ist $f^{(n)}(x) = (3n + 3x) \cdot e^x.$
b) Die n-te Ableitung von f mit $f(x) = (x + 4) \cdot e^x$ ist $f^{(n)}(x) = (n + 4 + x) \cdot e^x.$
c) Die n-te Ableitung von f mit $f(x) = x \cdot e^{2x}$ ist $f^{(n)}(x) = (2^n \cdot x + n \cdot 2^{n-1}) \cdot e^{2x}.$

Wo steckt der Fehler?
Herr M. war Hobbymathematiker mit besonderem Interesse für Primzahlen.
In nächtelanger Arbeit hatte er sich eine Liste der Primzahlen erstellt. Nun war ihm eine Sensation gelungen: Er glaubte, die erste Formel gefunden zu haben, die beim Einsetzen einer natürlichen Zahl größer als 0 eine Primzahl erzeugt: $p(n) = n^2 - n + 41$ ergibt für $n \geq 1$ immer eine Primzahl.
Der Beweis mit vollständiger Induktion erschien ihm dann nicht mehr schwer.
Beweis: Induktionsanfang: p(1) = 41 ist eine Primzahl.
    Induktionsschritt: Es werden jetzt die nächstfolgenden Zahlen 2, 3, … eingesetzt.
    n = 2 eingesetzt ergibt p(2) = 43. Das ist eine Primzahl.
    n = 3 eingesetzt ergibt p(3) = 47. Das ist eine Primzahl.
    n = 4 eingesetzt ergibt p(4) = 53. Das ist eine Primzahl.
    Man sieht, dass man beim Einsetzen der jeweils nächsten Zahl immer wieder eine Primzahl erhält.
Er ärgerte sich nur ein wenig, weil seine Formel manche Primzahlen übersprang.
Trotzdem: Jetzt würde er weltberühmt werden.

Rückblick

Zahlenfolge
Hat eine Funktion f als Definitionsmenge die Menge $\mathbb{N}^*$ oder eine unendliche Teilmenge von $\mathbb{N}^*$, so nennt man f eine Zahlenfolge.
Der Funktionswert f(n) wird mit a_n bezeichnet und heißt das n-te Glied der Folge.
Für die Funktion f schreibt man (a_n).

Eine Folge (a_n) kann explizit oder rekursiv geschrieben werden.

Die Folge (a_n) mit $a_n = 1 + \frac{1}{n}$, $n \in \mathbb{N}^*$ ist explizit gegeben;
$a_1 = 2$; $a_2 = \frac{3}{2}$; $a_3 = \frac{4}{3}$; $a_4 = \frac{5}{4}$; ...
Die Folge (a_n) mit $a_1 = 4$ und $a_{n+1} = \frac{1}{2} a_n$; $n \in \mathbb{N}^*$ ist rekursiv gegeben;
$a_1 = 4$; $a_2 = 2$; $a_3 = 1$; $a_4 = \frac{1}{2}$; $a_5 = \frac{1}{4}$; ...

Eigenschaften von Folgen
Eine Folge (a_n) heißt monoton steigend, wenn $a_{n+1} \geq a_n$ gilt für jedes $n \in \mathbb{N}^*$; streng monoton steigend, wenn $a_{n+1} > a_n$ gilt für jedes $n \in \mathbb{N}^*$; monoton fallend, wenn $a_{n+1} \leq a_n$ gilt für jedes $n \in \mathbb{N}^*$; streng monoton fallend, wenn $a_{n+1} < a_n$ gilt für jedes $n \in \mathbb{N}^*$.

Eine Folge (a_n) heißt
nach oben beschränkt, wenn es eine Zahl S gibt mit $a_n \leq S$ für jedes $n \in \mathbb{N}^*$;
nach unten beschränkt, wenn es eine Zahl s gibt mit $a_n \geq s$ für jedes $n \in \mathbb{N}^*$;
beschränkt, wenn sie nach oben und nach unten beschränkt ist.

Die Folge (a_n) mit $a_n = \frac{3n-1}{2n}$ für $n \geq 1$ ist streng monoton steigend, da gilt:
$a_{n+1} - a_n = \frac{3(n+1)-1}{2(n+1)} - \frac{3n-1}{2n} = \frac{3n+2}{2(n+1)} - \frac{3n-1}{2n}$
$\frac{(3n+2) \cdot n}{2(n+1) \cdot n} - \frac{(3n-1) \cdot (n+1)}{2n \cdot (n+1)} = \frac{1}{2n \cdot (n+1)} > 0$.
Die Folge (a_n) ist nach oben beschränkt, da
$a_n = \frac{3n-1}{2n} = \frac{3}{2} - \frac{1}{2n} < \frac{3}{2}$;
$S = \frac{3}{2}$ ist eine obere Schranke.
Die Folge ist nach unten beschränkt, da sie streng monoton steigend ist; $s = a_1 = 1$ ist eine untere Schranke.
Die Folge (a_n) ist beschränkt.

Grenzwert einer Zahlenfolge
Eine Zahl g heißt Grenzwert der Zahlenfolge (a_n), wenn bei Vorgabe irgendeiner positiven Zahl ε fast alle Folgenglieder die Ungleichung $|a_n - g| < \varepsilon$ erfüllen. Fast alle bedeutet dabei, dass es nur endlich viele Ausnahmen gibt.
(a_n) heißt dann konvergent. Man schreibt: $g = \lim\limits_{n \to \infty} a_n$.
Eine Folge mit dem Grenzwert 0 heißt Nullfolge.
Eine monotone und beschränkte Folge ist konvergent.

Gegeben: (a_n) mit $a_n = 1 + \frac{1}{n}$; $n \in \mathbb{N}^*$.
Vermutung: (a_n) hat den Grenzwert $g = 1$.
Nachweis:
Es gilt: $|a_n - g| = \left|\left(1 + \frac{1}{n}\right) - 1\right| = \left|\frac{1}{n}\right| = \frac{1}{n}$.
Zu gegebenem $\varepsilon > 0$ ist $|a_n - 1| = \frac{1}{n} < \varepsilon$, falls $n > \frac{1}{\varepsilon}$. Es sind nur endlich viele natürliche Zahlen kleiner als die Zahl $\frac{1}{\varepsilon}$, fast alle sind größer.
Damit ist $\lim\limits_{n \to \infty} a_n = \lim\limits_{n \to \infty}\left(1 + \frac{1}{n}\right) = 1$.

Grenzwertsätze
Haben zwei konvergente Folgen (a_n) und (b_n) die Grenzwerte a und b, so gilt: $\lim\limits_{n \to \infty}(a_n \pm b_n) = \lim\limits_{n \to \infty} a_n \pm \lim\limits_{n \to \infty} b_n = a \pm b$.
$\lim\limits_{n \to \infty}(a_n \cdot b_n) = \lim\limits_{n \to \infty} a_n \cdot \lim\limits_{n \to \infty} b_n = a \cdot b$
$\lim\limits_{n \to \infty} \frac{a_n}{b_n} = \frac{\lim\limits_{n \to \infty} a_n}{\lim\limits_{n \to \infty} b_n} = \frac{a}{b}$, $b_n \neq 0$ und $b \neq 0$

Mit den Grenzwertsätzen kann man Grenzwerte berechnen.
$\lim\limits_{n \to \infty} \frac{2n^2 - \sqrt{n} + 6}{n^2} = \lim\limits_{n \to \infty}\left(2 - \frac{1}{\sqrt{n^3}} + \frac{6}{n^2}\right)$
$= \lim\limits_{n \to \infty} 2 - \lim\limits_{n \to \infty} \frac{1}{n\sqrt{n}} + \lim\limits_{n \to \infty} \frac{6}{n^2} = 2 - 0 + 0 = 2$

Grenzwerte von Funktionen für $x \to x_0$
Eine Zahl g heißt Grenzwert der Funktion f für $x \to x_0$, wenn für jede Urbildfolge (x_n) mit $x_n \in D_f$, $x_n \neq x_0$ und $x_n \to x_0$ die Bildfolge $(f(x_n))$ denselben Grenzwert g hat. Man schreibt dann
$\lim\limits_{x \to x_0} f(x) = g$.

Gesucht ist $\lim\limits_{x \to -2} \frac{x^2 + 3x + 2}{x + 2}$.
Man wählt eine beliebige Zahlenfolge (x_n) mit $x_n \to -2$. Dann gilt für die Bildfolge:
$\lim\limits_{x_n \to -2} \frac{x_n^2 + 3x_n + 2}{x_n + 2} = \lim\limits_{x_n \to -2} \frac{(x_n + 1) \cdot (x_n + 2)}{x_n + 2}$
$= \lim\limits_{x_n \to -2}(x_n + 1) = \lim\limits_{x_n \to -2} x_n + \lim\limits_{x_n \to -2} 1 = -2 + 1$
$= -1$

Prüfungsvorbereitung ohne Hilfsmittel

1 a) Was versteht man unter einer Nullfolge? Geben Sie ein Beispiel an.
b) Zeigen Sie, dass die Folge (a_n) mit $a_n = \frac{1}{n+4}$ eine Nullfolge ist.

2 Die Folge (a_n) ist eine Nullfolge. Untersuchen Sie die Folge (b_n) auf Konvergenz. Geben Sie gegebenenfalls den Grenzwert an.
a) $b_n = 2 + a_n$
b) $b_n = 2 \cdot a_n$
c) $b_n = \frac{2}{a_n}$
d) $b_n = \frac{2}{2+a_n}$

3 a) Nennen Sie Eigenschaften von Zahlenfolgen.
b) Welche Eigenschaften hat die Folge (a_n) mit $a_n = 1 - \left(\frac{5}{9}\right)^n$? Begründen Sie diese.

4 Gegeben ist die Folge (a_n) mit $a_n = \frac{2n+1}{n}$.
a) Berechnen Sie die ersten 6 Folgenglieder und zeichnen Sie einen Graphen.
b) Begründen Sie, dass die Folge konvergent ist, und geben Sie den Grenzwert g an.
c) Ab welchem Folgenglied ist die Abweichung vom Grenzwert g kleiner als 0,001?

5 Geben Sie eine rekursiv beschriebene Folge an und berechnen Sie weitere drei Folgenglieder.

6 Geben Sie eine Folge an,
a) die den Grenzwert 3 hat,
b) die divergent ist,
c) die einen Grenzwert hat, aber nicht monoton ist,
d) die streng monoton fallend ist,
e) die nach oben beschränkt ist und streng monoton steigt.

7 Ist die Aussage wahr? Argumentieren Sie.
a) Hat eine Folge den Grenzwert 0, so muss sie unendlich viele negative Glieder haben.
b) Eine Folge mit nur negativen Gliedern kann keine positive Zahl als Grenzwert haben.
c) Die Folge $((-1)^n)$ hat zwei Grenzwerte.
d) Eine nicht monotone Folge kann beschränkt und konvergent sein.

8 Berechnen Sie den Grenzwert mithilfe der Grenzwertsätze.
a) $\lim\limits_{n \to \infty} \left(2 - \frac{1}{\sqrt{n}}\right)$
b) $\lim\limits_{n \to \infty} \frac{6n+9}{2n+1}$
c) $\lim\limits_{n \to \infty} \frac{5n+9}{2n^2-5}$
d) $\lim\limits_{n \to \infty} \frac{0{,}5^n + 9}{0{,}9^n + 1}$

9 Auf einem Konto mit einem festen Zinssatz von 5,2 % befinden sich zu Beginn eines Jahres 2500 €.
a) Geben Sie für das Guthaben nach 5 Jahren einen Term an.
b) Am Ende eines jeden Jahres werden 200 € abgehoben. Geben Sie für die Entwicklung des Kontostandes eine rekursive Darstellung an.

10 Fig. 1 zeigt die ersten Glieder der sogenannten „Quadratwurzelschnecke". Geben Sie eine explizite und eine rekursive Darstellung für die Folgenglieder der Quadratwurzelschnecke an.

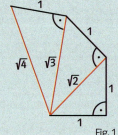
Fig. 1

11 Bestimmen Sie den Grenzwert.
a) $\lim\limits_{x \to 0} \frac{6x - 4x^2}{4x + 3x^2}$
b) $\lim\limits_{h \to 0} \frac{(4+h)^2 - 16}{h}$
c) $\lim\limits_{x \to 2} \frac{(x-2)^2}{x^2 - 4}$
d) $\lim\limits_{x \to -3} \frac{x^2 + 2x - 3}{2x^2 + 2x - 12}$

12 Berechnen Sie den Grenzwert der Funktion f für $x \to +\infty$.
a) $f(x) = 4 + \frac{1}{x}$
b) $f(x) = \frac{x_2 + \sqrt{3}}{2x^2}$
c) $f(x) = \frac{x^2 + 2x}{2x^3 + 1}$
d) $f(x) = \frac{2 + \sqrt{x}}{2\sqrt{x}}$

Prüfungsvorbereitung mit Hilfsmitteln

1 In Fig. 1 werden die Halbkreisbögen nach rechts immer weiter fortgesetzt. Ermitteln Sie rechnerisch den ersten Halbkreisbogen, dessen Länge 1 Millionstel der Länge des Anfangsbogens ist.

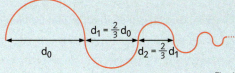

Fig. 1

2 Auf einem Konto mit dem festen Jahreszinssatz von 3,5 % befinden sich am Jahresbeginn 100 €. Es wird kein Geld abgehoben.
a) Berechnen Sie den Kontostand am Ende des ersten (zweiten, dritten, vierten, fünften) Jahres.
b) Geben Sie eine explizite Darstellung für den Kontostand K_n nach n Jahren an. Bestimmen Sie den Kontostand nach 10 Jahren und nach 20 Jahren.
c) Nach wie vielen Jahren hat sich der Kontostand verdoppelt?

3 Auf einem Konto mit dem festen Jahreszinssatz von 3 % befinden sich am Jahresbeginn 1000 €. Es wird kein Geld abgehoben, aber am Ende jeden Jahres werden 200 € eingezahlt.
a) Berechnen Sie den Kontostand am Ende des ersten, zweiten und dritten Jahres.
b) Geben Sie eine rekursive Beschreibung für die Entwicklung des Kontostandes nach n Jahren an.

4 Ein Land hat zurzeit 5 Millionen Einwohner. Die Wachstumsrate beträgt 1 %; außerdem hat das Land jährlich 10 000 Einwanderer.
Berechnen Sie die Einwohnerzahlen nach 10 bzw. 20 Jahren, wenn sich die Entwicklung der Einwohnerzahl in diesen Zeiträumen nicht ändert.

5 Ein Autotank fasst 60 Liter Dieselkraftstoff. Er wurde mit verunreinigtem Diesel der Marke SLE vollgetankt. Da der Motor Probleme macht, will der Besitzer in Zukunft den Tank nur mit gutem Kraftstoff der Marke ELO füllen. Nachdem 40 Liter des minderen Kraftstoffs verbraucht sind, tankt er 40 Liter Markenkraftstoff. Nachdem er vom vollen Tank 40 Liter verbraucht hat, tankt er wieder den Kraftstoff von ELO usw.
a) Wie viel Liter des SLE-Kraftstoffs befinden sich nach 3-maligem bzw. 5-maligem Tanken von ELO-Kraftstoff noch im Tank?
b) Wie oft muss getankt werden, bis der Anteil des SLE-Kraftstoffs auf höchstens 0,01 Liter im Tank gefallen ist?
Ermitteln Sie diese Zahl zunächst mithilfe einer Tabelle und dann rechnerisch durch Lösen einer Ungleichung.

6 In Fig. 2 besitzt die linke Fläche den Inhalt $a_1 = 3$ und den Umfang $b_1 = 8$, die mittlere, grüne Fläche den Inhalt a_2 und den Umfang b_2, die nächste grüne Fläche den Inhalt a_3 und den Umfang b_3 usw. Bestimmen Sie eine explizite und eine rekursive Beschreibung der Folgen (a_n) und (b_n).

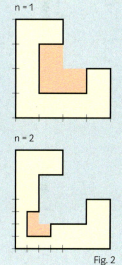

Fig. 2

7 a) Wie ist der Grenzwert einer Zahlenfolge definiert?
b) Zeigen Sie mithilfe der Definition des Grenzwertes einer Zahlenfolge, dass die Folge (a_n) mit $a_n = \frac{5-3n}{n+1}$ konvergent ist.

8 Eine Folge wird rekursiv beschrieben durch $a_1 = 2$; $a_2 = 3$ und $a_{n+1} = 3a_n - 2a_{n-1}$.
a) Berechnen Sie die ersten sieben Folgenglieder.
b) Bestimmen Sie eine explizite Darstellung der Folge.

Check-in

Check-in: Grundlagen überprüfen und trainieren

Bevor Sie die einzelnen Kapitel durcharbeiten, sollten Sie sich vergewissern, dass Sie die notwendigen Grundlagen besitzen. Diese entsprechen bei jedem Kapitel den in der Checkliste dargestellten Kompetenzen. Übertragen Sie diese Checklisten in Ihr Heft und schätzen Sie zunächst ein, ob Sie glauben, dass Sie die einzelnen beschriebenen Aufgabentypen beherrschen. Kontrollieren Sie dann Ihre Selbsteinschätzung, indem Sie die entsprechenden Aufgaben rechnen und anschließend Ihre Ergebnisse mit den Lösungen hinten im Buch vergleichen.

Wenn es anschließend noch Themen geben sollte, die Sie nicht so gut beherrschen, sollten Sie diese Inhalte nacharbeiten. Dies kann beispielsweise mithilfe der hier anschließenden Beispiele zum Nacharbeiten erfolgen.

Kapitel I

Checkliste

Aufgabe		Das kann ich gut.	Ich bin noch unsicher.	Das kann ich noch nicht.	Beispiele
1	Ich kann mithilfe von zwei Punkten die Gleichung einer Geraden ermitteln.				Seite 231, Beispiel 1
2	Ich kann die Steigung einer Geraden im Koordinatensystem ablesen.				Seite 231, Beispiel 2
3	Ich kann mithilfe der Steigung und einem Geradenpunkt die Gleichung einer Geraden angeben.				Seite 231, Beispiel 3
4	Ich kann Terme der Form $(a + b)^2$ ausmultiplizieren.				Seite 231, Beispiel 4
5	Ich kann Bruchterme vereinfachen.				Seite 231, Beispiel 5

Aufgaben

Die Aufgaben 1–5 beziehen sich auf die Punkte 1–5 der Checkliste.

1 Ermitteln Sie die Gleichung der linearen Funktion, deren Graph durch die Punkte P und Q geht.

a) P(0|1), Q(6|5)   b) P(–3|3), Q(–1|–3)   c) P(–6|–3), Q(9|7)   d) P(–6|–1), Q(2|3)

2 Bestimmen Sie die Steigung der Geraden.

a)
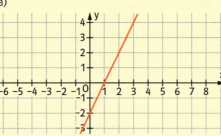

b)
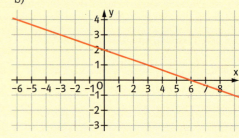

c)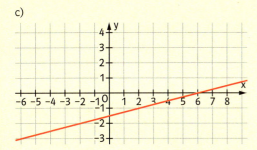

d)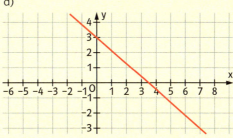

3 Geben Sie eine Gleichung der Geraden mit der Steigung m und dem Geradenpunkt P an.

a) m = 2, P(0|2)   b) m = 1, P(1|1)   c) m = $\frac{1}{3}$, P$\left(2\left|\frac{2}{3}\right.\right)$ d) m = $\frac{2}{5}$, P(-2|7)

4 Multiplizieren Sie aus.

a) $(2 + x)^2$ b) $(y - 5)^2$ c) $(2x + 3)^2$ d) $(3 - 5b)^2$

5 Vereinfachen Sie die Brüche so weit wie möglich.

a) $\frac{2\sqrt{2} + 2\sqrt{2}}{5\sqrt{2}}$ b) $\frac{27\sqrt{7} - 5\sqrt{7}}{11}$ c) $\frac{7h - h^2 + h^4}{h}$ d) $\frac{4b^3 + 4b + b^2}{b}$

Kapitel II

Checkliste

Aufgabe		Das kann ich gut.	Ich bin noch unsicher.	Das kann ich noch nicht.	Beispiele
1	Ich kann die Nullstellen einer Funktion durch Ablesen und durch Anwenden einer Lösungsformel für quadratische Gleichungen bestimmen.				Seite 232, Beispiel 6
2	Ich kann Funktionen ableiten.				Seite 26, Beispiel
3	Ich kann mit der Schreibweise für Intervalle umgehen.				Seite 9
4	Ich kann die Graphen von Potenzfunktionen der Form $f(x) = a \cdot x^n$ ($n \in \mathbb{N}$) skizzieren.				Seite 232, Beispiel 7
5	Ich kann die Graphen von Potenzfunktionen der Form $f(x) = a \cdot x^{-n}$ ($n = 1; 2$) skizzieren.				Seite 233, Beispiel 7
6	Ich kann zu einem Funktionsgraphen den Graphen der Ableitungsfunktion skizzieren.				Seite 23, Beispiel 1
7	Ich kann zu einem Term Intervalle angeben, für die der Term positiv, null oder negativ ist.				Seite 233, Beispiel 9

Aufgaben

Die Aufgaben 1–7 beziehen sich auf die Punkte 1–7 der Checkliste.

1 Bestimmen Sie die Nullstellen der folgenden Funktionen durch Ablesen oder Anwendung einer Lösungsformel für quadratische Gleichungen. Bei einigen Funktionen müssen Sie zuvor gegebenenfalls ausklammern.
a) $f(x) = (x - 3) \cdot (x + 1)$
b) $f(x) = x \cdot (2x - 8)$
c) $f(x) = x^2 - 4x + 3$
d) $f(x) = 3x^2 + 6x - 9$
e) $f(x) = x^2 - 2x$
f) $f(x) = x^2 - 5$
g) $f(x) = x^2 + 5$
h) $f(x) = (x + 5)^2$

2 Bestimmen Sie die Ableitung der Funktion f.
a) $f(x) = 4x^3 - 5x^2 + 7$
b) $f(x) = -15x^5 + 3x^4 - 20x^3$
c) $f(x) = \frac{1}{x}$
d) $f(x) = \frac{1}{x^2}$
e) $f_t(x) = tx^2 - 2x + t$
f) $f(x) = \sqrt{5}\,x^4 - \pi x + 4$

3 a) Geben Sie die dargestellten Intervalle mit der Intervallschreibweise an.

I.

II.

b) Entscheiden Sie, welche Intervallschreibweisen richtig bzw. falsch sind.
I. [–3; 4)
II. (–1,5; –4]
III. (4; 2)
IV. [2; 2]

4 Dargestellt ist jeweils ein Ausschnitt des Graphen der Funktionen f, g und h mit $f(x) = x^2$, $g(x) = x^3$ und $h(x) = x^4$. Ordnen Sie die Graphen den Funktionen zu und skizzieren Sie den Graphen innerhalb des angegebenen Intervalls I.

a) $I = [-1{,}5; 2]$ b) $I = [-3; 3]$ c) $I = [-2; 2]$

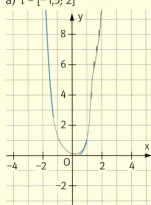
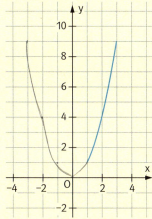
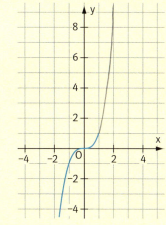

5 Ordnen Sie den Funktionen f, g und h mit $f(x) = \frac{2}{x}$, $g(x) = -\frac{1}{x^2}$ und $h(x) = -x^{-1}$ den zugehörigen Graphen A, B oder C zu.

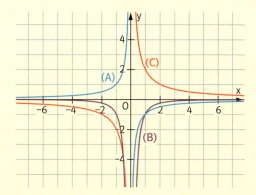

6 Skizzieren Sie jeweils die Graphen der Ableitungsfunktion f' zu den gegebenen Graphen von f.

a)   b)   c)   d)

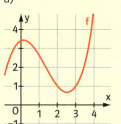
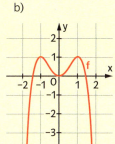
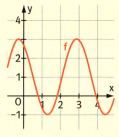
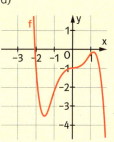

7 Bestimmen Sie, für welche x-Werte die Ungleichung erfüllt ist.

a) $5 \cdot (x + 4) > 0$ b) $\frac{1}{3} \cdot (2x - 6) < 0$ c) $2 \cdot (x - 4) + 5 > 0$

d) $(x - 2) \cdot (x + 4) < 0$ e) $6x^2 > 0$ f) $x^2 \cdot \left(-\frac{1}{4}x - 2\right) > 0$

Lösungen auf Seite 260.

Kapitel III

Checkliste

Aufgabe		Das kann ich gut.	Ich bin noch unsicher.	Das kann ich noch nicht.	Beispiele
1	Ich kann Gleichungen durch Ausklammern lösen.				Seite 39, Beispiel 1
2	Ich kann einfache Funktionen ableiten.				Seite 26, Beispiel
3	Ich kann Hoch- und Tiefpunkte der Graphen einfacher Funktionen berechnen.				Seite 45, Beispiel
4	Ich kann Wendepunkte der Graphen einfacher Funktionen berechnen.				Seite 55, Beispiel 1
5	Ich kann Terme mit Variablen aufstellen, die einen Sachzusammenhang beschreiben.				Seite 59, Beispiel 2

Aufgaben

Die Aufgaben 1–5 beziehen sich auf die Punkte 1–5 der Checkliste.

1 Lösen Sie die Gleichung.
a) $x^2 - 4x = 0$
b) $x^3 - 2x^2 + x = 0$
c) $5x^2 + 25x = x^2 - 3x$

2 Bestimmen Sie die Ableitung der Funktion f.
a) $f(x) = -2x^2 + 4x - 2$
b) $f(x) = x^3 - 3x^2$
c) $f(x) = \frac{1}{4}x^4 + 7$

3 Berechnen Sie die Hoch- und Tiefpunkte des Graphen von f.
a) $f(x) = -x^2 + 4$
b) $f(x) = x^2 + 4x - 7$
c) $f(x) = \frac{1}{3}x^3 - x^2$

4 Berechnen Sie die Wendepunkte des Graphen von f.
a) $f(x) = x^3 - x$
b) $f(x) = x^3 + x$
c) $f(x) = x^4 - 6x^2$

5 a) Geben Sie die Länge h der Höhe in einem gleichseitigen Dreieck in Abhängigkeit von der Seitenlänge a an (Fig. 1).

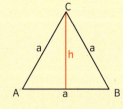

Fig. 1

b) Geben Sie die Länge d der Diagonalen im Rechteck (Fig. 2) in Abhängigkeit von a an.

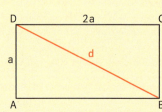

Fig. 2

Kapitel IV

Checkliste

Aufgabe		Das kann ich gut.	Ich bin noch unsicher.	Das kann ich noch nicht.	Beispiele
1	Ich kann die Potenzgesetze zur Termumformung anwenden.				Seite 233, Beispiel 10
2	Ich kann Graphen von Exponentialfunktionen skizzieren.				Seite 233, Beispiel 11
3	Ich kann die Logarithmengesetze zur Termumformung anwenden.				Seite 234, Beispiel 12
4	Ich kann Exponentialgleichungen lösen.				Seite 234, Beispiel 13
5	Ich kann eine Funktion mithilfe der Summenregel, der Faktorregel und der Potenzregel ableiten.				Seite 26, Beispiel
6	Ich kann die Gleichung der Tangente an den Graphen in einem Punkt P angeben.				Seite 20, Beispiel

Aufgaben

1 Vereinfachen Sie mithilfe der Potenzgesetze.
a) $3^5 \cdot 3^8$
b) $3^{2x} \cdot 3^{x+1}$
c) $(3^5)^8$
d) $\frac{3^5}{3^8}$
e) $\frac{x^5}{x^7}$
f) $\frac{a^3 \cdot a^2}{a^8}$

2 Skizzieren Sie den Graphen der Funktion f.
a) $f(x) = 0{,}5^x$
b) $f(x) = 0{,}7^x$
c) $f(x) = 2{,}7^x$
d) $f(x) = 3 \cdot 1{,}2^x$

3 Vereinfachen Sie.
a) $\log_{10}(100)$
b) $\log_{10}\left(\frac{1}{10}\right)$
c) $\log_{10}\left(\frac{1}{10^5}\right)$
d) $\log_{10}(0{,}001)$
e) $\log_{10}(x^2) - \log_{10}(x)$
f) $\log_{10}(a^3) : \log_{10}(a^2)$

4 Lösen Sie die Gleichung. Geben Sie die Lösung, falls nötig, mithilfe des Logarithmus an.
a) $10^x = 1000$
b) $10^x = 7$
c) $10^{x+3} = 7$
d) $5 \cdot 10^{x+3} = 10$

5 Leiten Sie ab.
a) $f(x) = 5x^8$
b) $f(x) = -2x^3 + 8x$
c) $f(t) = 0{,}5t^3 + 5t^2 - 3t$
d) $f(x) = \frac{2}{x} + 5$
e) $f(x) = 3\sqrt{x} - \frac{1}{2}x^2$
f) $f_a(x) = ax^3 + 2x^2$

6 a) Bestimmen Sie die Gleichung der Tangente an den Graphen von f mit $f(x) = x^3 + 2x$ im Punkt $P(1|f(1))$.
b) In welchen Punkten hat der Graph von f mit $f(x) = 0{,}25x^4 - 2x^3$ waagerechte Tangenten? Wie lautet jeweils die Gleichung der Tangente?

Check-in

Kapitel V

Checkliste

Aufgabe		Das kann ich gut.	Ich bin noch unsicher.	Das kann ich noch nicht.	Beispiele
1	Ich kann mittlere Änderungsraten und momentane Änderungsraten bei Anwendungen interpretieren.				Seite 15
2	Ich kann die Ableitung von Funktionen bestimmen.				Seite 26, Beispiel
3	Ich kann zu einem gegebenen Graphen einer Funktion f den Graph der Ableitungsfunktion f' skizzieren.				Seite 23, Beispiel 1
4	Ich kann Zusammenhänge zwischen dem Graphen einer Funktion f und dem Graphen der Ableitungsfunktion f' erkennen und beschreiben.				Seite 23, Beispiel 1

Aufgaben

Die Aufgaben 1–4 beziehen sich auf die Punkte 1–4 der Checkliste.

1 Ein Schlitten fährt einen Hang hinunter. Er hat nach der Zeit t die Strecke $f(t) = 0{,}1 \cdot t^2$ zurückgelegt (t ≥ 0 in Sekunden; f(t) in Metern).
a) Bestimmen Sie die mittlere Änderungsrate von f im Intervall [2; 5] und die momentane Änderungsrate zum Zeitpunkt t = 2.
b) Erläutern Sie die Bedeutung der in Teilaufgabe a) berechneten Größen im Zusammenhang mit der Schlittenfahrt. Welche Folgerungen kann man über den Verlauf der Schlittenfahrt ziehen?

2 Bestimmen Sie die Ableitung der Funktion f.
a) $f(x) = 3x^3 - \frac{1}{2}x^2 + 1$
b) $f(x) = \frac{4}{x}$
c) $f(x) = 0{,}5 \cdot e^x - 1$
d) $f(x) = (x+1) \cdot e^x$
e) $f(x) = 40 \cdot e^{0{,}2x - 1}$
f) $f(x) = \frac{2x}{(x-1)^2}$

3 Skizzieren Sie in Ihrem Heft zu dem gegebenen Graphen der Funktion f den Graphen der Ableitungsfunktion f'.

a)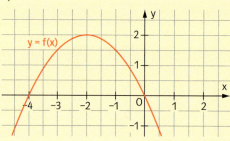

b)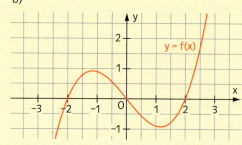

4 In Fig. 1 ist der Graph der Ableitungsfunktion f′ einer Funktion f gegeben. Welche Aussagen sind wahr, welche falsch? Begründen Sie.
a) Der Graph von f hat im Intervall $[-2; -1]$ einen Hochpunkt.
b) Die Funktion f ist im Intervall $[-2; -1]$ streng monoton steigend.
c) Der Graph von f hat im abgebildeten Bereich einen Tiefpunkt bei $x_1 = -2{,}5$.
d) Es gibt an den Graph von f im Intervall $[-3; 1]$ eine Tangente, die parallel zur ersten Winkelhalbierenden ist.

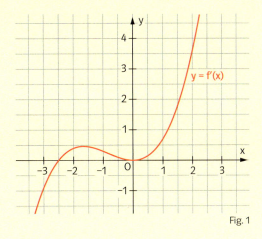

Fig. 1

Kapitel VI

Checkliste

Aufgabe		Das kann ich gut.	Ich bin noch unsicher.	Das kann ich noch nicht.	Beispiele
1	Ich kann Nullstellen ganzrationaler Funktionen berechnen.				Seite 39, Beispiel 1
2	Ich kann die Ableitungsfunktion einer aus Exponentialfunktion und ganzrationaler Funktion zusammengesetzten Funktion berechnen.				Seite 95, Beispiel
3	Ich kann mithilfe der Ableitungsfunktionen Hoch- und Tiefpunkte des Graphen einer ganzrationalen Funktion berechnen.				Seite 45, Beispiel
4	Ich kann mithilfe der Ableitungsfunktionen Wendepunkte des Graphen einer ganzrationalen Funktion berechnen.				Seite 55, Beispiel 1
5	Ich kann den Flächeninhalt berechnen, den der Graph einer ganzrationalen Funktionen mit der x-Achse einschließt.				Seite 134, Beispiel 1

Aufgaben

Die Aufgaben 1–5 beziehen sich auf die Punkte 1–5 in der Checkliste.

1 Berechnen Sie die Nullstellen der Funktion f.
a) $f(x) = x^2 - 3x + 2$
b) $f(x) = x^3 - x$
c) $f(x) = x^3 - 2x^2 + 2x - 1$

2 Berechnen Sie die Ableitung der Funktion f.
a) $f(x) = (x^2 - 2x + 1) \cdot e^{-x}$
b) $f(x) = (-x^2 + 4x) \cdot e^{-\frac{1}{2}x^2}$
c) $f_t(x) = (-t \cdot x^2 + 1) \cdot e^{tx}$

Lösungen auf Seite 262.

Check-in

3 Berechnen Sie die Hoch- und Tiefpunkte des Graphen von f.
a) $f(x) = x^3 - x$
b) $f(x) = x^4 - 2x^2 + 5$
c) $f(x) = x^3 - 3x^2 + 3x + 2$

4 Berechnen Sie die Wendepunkte des Graphen von f.
a) $f(x) = x^3 - 2x^2 + 5x$
b) $f(x) = -x^4 + 4x^2 + 1$
c) $f(x) = x^4 + 4x^3$

5 Berechnen Sie den Inhalt der Flächen, die vom Graphen von f und der x-Achse eingeschlossen werden.
a) $f(x) = x^2 - 4$
b) $f(x) = x^3 - x^2$
c) $f(x) = 0{,}5x^3 - x$

Kapitel VII

Checkliste

Aufgabe		Das kann ich gut.	Ich bin noch unsicher.	Das kann ich noch nicht.	Beispiele
1	Ich kann die Definition von Sinus und Kosinus für Winkel angeben.				Seite 234, Beispiel 14

Aufgaben

1 In Fig. 1 sind im Einheitskreis die Winkel α, β und γ eingezeichnet. Bestimmen Sie die Kosinus- und die Sinuswerte zu den eingezeichneten Winkeln.

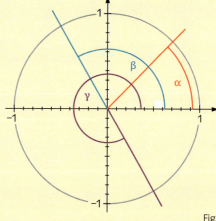

Fig. 1

Kapitel VIII

Checkliste

Aufgabe		Das kann ich gut.	Ich bin noch unsicher.	Das kann ich noch nicht.	Beispiele
1	Ich kann den Wert von Bruchtermen bestimmen, wenn für die Variable natürliche Zahlen eingesetzt werden.				Seite 231, Beispiel 5
2	Ich kann Terme berechnen, die Potenzen mit ganzen Zahlen enthalten.				Seite 233, Beispiel 10
3	Ich kann die Bestimmung von Prozentwerten als Multiplikation ausführen.				Seite 235, Beispiel 16
4	Ich kann einfache anschauliche Wachstumsprozesse mithilfe eines Terms beschreiben.				Seite 158, Beispiel 1

Aufgaben

1 Setzen Sie für die Variable die Zahlen 0, 1, 2, 3, 10 und 100 ein und berechnen Sie.

a) $\frac{x+1}{2x}$ b) $\frac{n}{n^2-1}$ c) $\frac{-n+2}{n}$ d) $-\frac{1}{x}+x$

Die Aufgaben 1–4 beziehen sich auf die Punkte 1–4 der Checkliste.

2 Berechnen Sie.

a) $2 \cdot 3^2$ b) $3 \cdot 3^{-2}$ c) $(-1)^5 \cdot 2^5$ d) $(-1)^6 \cdot 2^6$

3 a) Mit welcher Zahl muss man 200 multiplizieren, damit das Ergebnis 20% von 200 ergibt?
b) Mit welcher Zahl muss man 180 multiplizieren, damit das Ergebnis 4% von 180 ergibt?
c) Mit welcher Zahl muss man 600 multiplizieren, damit das Ergebnis 3% mehr als 600 ergibt?
d) Mit welcher Zahl muss man 150 multiplizieren, damit das Ergebnis 7% weniger als 150 ergibt?

4 a) Die abgebildeten Figuren sind mit Streichhölzern gelegt. Geben Sie zu jeder Figurenfolge die Anzahl der Streichhölzer in Abhängigkeit von der Figurennummer an.

 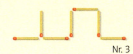

Nr. 1 Nr. 2 Nr. 3

b) Geben Sie die Anzahl der Kekse in Abhängigkeit von der Figurennummer an.

Nr. 1 Nr. 2 Nr. 3 Nr. 4

Lösungen auf Seite 262.

Beispiele zum Nacharbeiten

Beispiel 1 Gleichung einer Geraden mithilfe von zwei Punkten ermitteln
Der Graph der linearen Funktion f geht durch die Punkte P(2|4) und Q(8|1).
Geben Sie einen Funktionsterm der Funktion f an.

■ Lösung:
Steigung $m = \frac{y_Q - y_P}{x_Q - x_P} = \frac{1-4}{8-2} = \frac{-3}{6} = -\frac{1}{2}$.

1. Möglichkeit: Punkt-Steigungsform
$f(x) = m \cdot (x - x_P) + y_P = \frac{1}{2}(x-2) + 4 = \frac{1}{2}x - 1 + 4 = \frac{1}{2}x + 3$

2. Möglichkeit: Punktprobe
Ansatz: $f(x) = \frac{1}{2}x + c$
Punkt P(2|4) einsetzen: $4 = \frac{1}{2} \cdot 2 + c$ bzw. $4 = 1 + c$, also $c = 3$.
$f(x) = \frac{1}{2}x + 3$.

Beispiel 2 Steigung einer Geraden ablesen
Bestimmen Sie die Steigung der Geraden.

■ Lösung:
Man sucht Geradenpunkte, deren Koordinaten man gut ablesen kann.
Die Punkte P(1|1) und Q(3|2,5) liegen auf der Geraden.
Die Gerade hat die Steigung
$m = \frac{y_Q - y_P}{x_Q - x_P} = \frac{2,5 - 1}{3 - 1} = \frac{1,5}{2} = \frac{3}{4}$.

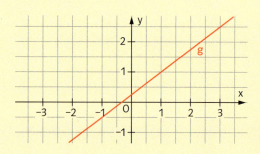

Beispiel 3 Punkt-Steigungsform einer Geraden
Die Gerade g hat die Steigung 2 und geht durch den Punkt P(−1|6).
Bestimmen Sie eine Gleichung für g.

■ Lösung:
Man setzt in die Punkt-Steigungs-Form $y = m \cdot (x - x_P) + y_P$ die Steigung $m = 2$ und den Punkt P(−1|6) ein:
$y = 2(x + 1) + 6 = 2x + 2 + 6$.
Die Gerade hat die Gleichung $y = 2x + 8$.

Beispiel 4 Terme ausmultiplizieren
Multiplizieren Sie aus.
a) $(2x + 1)^2$ b) $(3 - a)^2$

■ Lösung:
a) $(2x + 1)^2 = (2x + 1) \cdot (2x + 1) = 4x^2 + 2x + 2x + 1 = 4x^2 + 4x + 1$
b) $(3 - a)^2 = (3 - a) \cdot (3 - a) = 9 - 3a - 3a + a^2 = 9 - 6a + a^2$

Die binomischen Formeln sparen Rechenarbeit:
$(a \pm b)^2 = a^2 \pm 2ab + b^2$.

Beispiel 5 Bruchterme vereinfachen
Vereinfachen Sie so weit wie möglich.
a) $\frac{a^2 - (a+h)^2}{h}$ b) $\frac{5 - (5+a)}{10 + 2a} \cdot \frac{1}{a}$

■ Lösung:
a) $\frac{a^2 - (a+h)^2}{h} = \frac{a^2 - (a^2 + 2ah + h^2)}{h} = \frac{-2ah - h^2}{h} = \frac{-h \cdot (2a + h)}{h} = -(2a + h)$

b) $\frac{5 - (5+a)}{10 + 2a} \cdot \frac{1}{a} = \frac{5 - 5 - a}{10 + 2a} \cdot \frac{1}{a} = \frac{-a}{10 + 2a} \cdot \frac{1}{a} = -\frac{1}{10 + 2a}$

Beispiel zum Nacharbeiten

Beispiel 6 Quadratische Gleichungen lösen
Bestimmen Sie die Lösungen der quadratischen Gleichung.
a) $(x - 2) \cdot (x + 7{,}2) = 0$ b) $x^2 + 6x = 0$ c) $5x^2 + 3x - 8 = 0$

■ Lösung:
a) Setzt man die beiden Faktoren jeweils gleich 0, so kann man die Lösungen $x = 2$ bzw. $x = -7{,}2$ direkt ablesen.
b) Aus $x^2 + 6x = x \cdot (x + 6) = 0$ erhält man $x = 0$ bzw. $x = -6$.
c) Aus der Gleichung $5x^2 + 3x - 8 = 0$ liest man die Koeffizienten $a = 5$, $b = 3$ und $c = -8$ ab und setzt diese Zahlen in eine Lösungsformel für eine quadratische Gleichung ein.

$$x_{1/2} = \frac{-3 \pm \sqrt{3^2 - 4 \cdot 5 \cdot (-8)}}{2 \cdot 5} = \frac{-3 \pm \sqrt{169}}{10} = \frac{-3 \pm 13}{10}$$

also $x_1 = \frac{-3 + 13}{10} = 1$ bzw. $x_2 = \frac{-3 - 13}{10} = -1{,}6$.

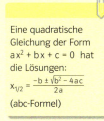

Eine quadratische Gleichung der Form $ax^2 + bx + c = 0$ hat die Lösungen:
$x_{1/2} = \frac{-b \pm \sqrt{b^2 - 4ac}}{2a}$
(abc-Formel)

Beispiel 7 Potenzfunktionen
Betrachten Sie die Graphen von Potenzfunktionen der Form $f(x) = a \cdot x^n$ ($n \in \mathbb{N}$, $a \neq 0$).
a) Wie unterscheiden sich die Graphen von Potenzfunktionen mit geradem Exponenten von solchen mit ungeradem Exponenten?
b) Welcher Zusammenhang besteht zwischen Graphen der Funktionen f mit $f(x) = a \cdot x^n$ und Graphen der Funktionen g mit $g(x) = -a \cdot x^n$?

■ Lösung:
a)

Potenzfunktionen mit geradem Exponenten und $a > 0$	Potenzfunktionen mit ungeradem Exponenten und $a > 0$
Für alle x ist $f(x) \geq 0$, d.h. der Graph verläuft „oberhalb" der x-Achse.	Für alle $x \geq 0$ ist $f(x) \geq 0$ und für alle $x < 0$ ist $f(x) < 0$.
Der Graph ist symmetrisch zur y-Achse.	Der Graph ist symmetrisch zum Ursprung.
Der Tiefpunkt aller Graphen ist $O(0\mid 0)$.	Alle Graphen verlaufen durch den Ursprung $O(0\mid 0)$.
Für x-Werte, die betragsmäßig immer größer werden, wachsen die Funktionswerte über alle Grenzen.	Für immer größer werdende x-Werte wachsen die Funktionswerte über alle Grenzen. Für immer kleiner werdende x-Werte unterschreiten die Funktionswerte alle Grenzen.
Typische Graphen zeigt Fig. 1	Typische Graphen zeigt Fig. 2

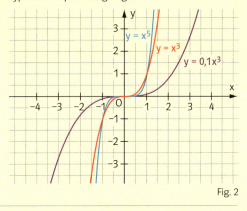

Fig. 1   Fig. 2

b) Der Graph von $g(x) = -a \cdot x^n$ ergibt sich durch Spiegelung des Graphen von $f(x) = a \cdot x^n$ an der x-Achse.

Beispiel zum Nacharbeiten

Beispiel 8 Graphen von Potenzfunktionen
Stellen Sie die Funktionen f und g mit
$f(x) = x^{-1}$ und $g(x) = -\frac{1}{4}x^{-2}$ mit positiven
Exponenten dar und skizzieren Sie den
zugehörigen Graphen.

■ Lösung:

$f(x) = x^{-1} = \frac{1}{x}$ und $g(x) = -\frac{1}{4}x^{-2} = -\frac{1}{4} \cdot \frac{1}{x^2} = -\frac{1}{4x^2}$

Die Graphen zeigt Fig. 1.

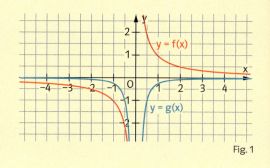

Fig. 1

Beispiel 9 Ungleichungen lösen
Für welche x-Werte ist die Ungleichung erfüllt?
a) $12 \cdot (x - 3) > 0$
b) $3(x + 2) - 9 < 0$
c) $x^2 < 0$

■ Lösung:

a) Aus $12 \cdot (x - 3) > 0$ folgt $x - 3 > 0$ bzw. $x > 3$, d.h. für alle $x > 3$ ist die Ungleichung erfüllt.
b) Aus $3(x + 2) - 9 < 0$ folgt $3(x + 2) < 9$ bzw. $x + 2 < 3$ und hieraus $x < 1$.
c) $x^2 < 0$ ist für kein x erfüllbar.

Beispiel 10 Potenzgesetze anwenden
Vereinfachen Sie die Terme.
a) $7^3 \cdot 7^5$
b) $\frac{7^3}{7^5}$
c) $(7^3)^5$
d) $\frac{y^{15}}{y^{11} \cdot y^3}$

■ Lösung:

a) $7^3 \cdot 7^5 = 7^{3+5} = 7^8$ (Bei gleicher Basis werden die Hochzahlen addiert.)

b) $\frac{7^3}{7^5} = 7^{3-5} = 7^{-2} \left(= \frac{1}{7^2}\right)$ (Bei gleicher Basis werden die Hochzahlen subtrahiert.)

c) $(7^3)^5 = 7^{3 \cdot 5} = 7^{15}$ (Die Hochzahlen werden multipliziert.)

d) $\frac{y^{15}}{y^{11} \cdot y^3} = \frac{y^{15}}{y^{11+3}} = \frac{y^{15}}{y^{14}} = y^{15-14} = y^1 = y$

Beispiel 11 Graphen von Exponentialfunktionen
Skizzieren Sie den Graphen der Funktion f.
a) $f(x) = 0{,}6^x$
b) $f(x) = 1{,}8^x$
c) $f(x) = 2 \cdot 1{,}8^x$

■ Lösung:

a)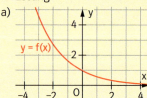
b)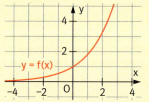
c)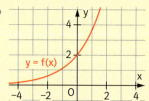

Achsenschnittpunkt: $P(0|1)$
Für $x \to +\infty$ geht $f(x) \to 0$
Für $x \to -\infty$ geht $f(x) \to +\infty$

Achsenschnittpunkt: $P(0|1)$
Für $x \to +\infty$ geht $f(x) \to +\infty$
Für $x \to -\infty$ geht $f(x) \to 0$

Achsenschnittpunkt: $P(0|2)$
Für $x \to \infty$ geht $f(x) \to +\infty$
Für $x \to -\infty$ geht $f(x) \to 0$

Beispiel 12 Logarithmengesetze anwenden
Vereinfachen Sie die Terme.
a) $\log_{10}(10\,000)$
b) $\log_{10}\left(\frac{1}{10^8}\right)$
c) $\log_{10}(0{,}01)$
d) $\log_{10}(9) + \log_{10}\left(\frac{1}{9}\right)$
e) $\log_{10}(x^3) + \log_{10}(x)$
f) $\log_{10}(a^4) : \log_{10}(a)$

■ Lösung:
a) $\log_{10}(10\,000) = \log_{10}(10^4) = 4$
b) $\log_{10}\left(\frac{1}{10^8}\right) = \log_{10}(10^{-8}) = -8$
c) $\log_{10}(0{,}01) = \log_{10}(10^{-2}) = -2$
d) $\log_{10}(9) + \log_{10}\left(\frac{1}{9}\right) = \log_{10}\left(9 \cdot \frac{1}{9}\right) = \log_{10}(1) = 0$
e) $\log_{10}(x^3) + \log_{10}(x) = 3 \cdot \log_{10}(x) + \log_{10}(x) = 4 \cdot \log_{10}(x)$
Alternativ:
$\log_{10}(x^3) + \log_{10}(x) = \log_{10}(x^3 \cdot x) = \log_{10}(x^4) = 4 \cdot \log_{10}(x)$
f) $\log_{10}(a^4) : \log_{10}(a) = 4 \cdot \log_{10}(a) : \log_{10}(a) = 4$

$\log_{10}(u \cdot v)$
$= \log_{10}(u) + \log_{10}(v)$
$\log_{10}(u^v) = v \cdot \log_{10}(u)$

Beispiel 13
Lösen Sie die Exponentialgleichungen.
a) $2^x = 64$
b) $2^x = 20$
c) $3 \cdot 2^{x-5} = 51$

■ Lösung:
a) $2^x = 64$
$2^x = 2^6$
$x = 6$

Lösung: 6

b) $2^x = 20$ (logarithmieren)
$x = \log_2(20)$

Lösung: $\log_2(20)$

c) $3 \cdot 2^{x-5} = 51$ $\quad |:3$
$2^{x-5} = 17$ $\quad$ (logarithmieren)
$x - 5 = \log_2(17)$ $\quad |+5$
$x = \log_2(17) + 5$

Lösung: $\log_2(17) + 5$

Beispiel 14 Seitenverhältnisse
a) Drücken Sie $\sin(\alpha)$, $\cos(\beta)$ und $\tan(\beta)$ als Seitenverhältnis aus.
b) Drücken Sie $\frac{q}{p}$ und $\frac{p}{r}$ als Sinus, Kosinus oder Tangens aus.

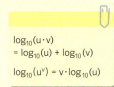

Fig. 2

■ Lösung:
a) $\sin(\alpha) = \frac{q}{r}$ $\quad$ (q: Gegenkathete von α; r: Hypotenuse)
$\cos(\beta) = \frac{q}{r}$ $\quad$ (q: Ankathete von β; r: Hypotenuse)
$\tan(\beta) = \frac{p}{q}$ $\quad$ (p: Gegenkathete von β; q: Ankathete von β)
b) $\frac{q}{p} = \tan(\alpha)$ $\quad$ (q: Gegenkathete von α; p: Ankathete von α)
$\frac{p}{r} = \cos(\alpha)$ $\quad$ (p: Ankathete von α; r: Hypotenuse)
$\frac{p}{r} = \sin(\beta)$ $\quad$ (p: Gegenkathete von β; r: Hypotenuse)

Beispiel 15 Prozentwerte berechnen
Mit welcher Zahl muss man 500 multiplizieren, damit das Ergebnis 20 % von 500 ergibt?
■ Lösung:
40 % von 500 sind $0{,}4 \cdot 500 = 80$. Somit muss man 500 mit 0,4 multiplizieren.

Abiturvorbereitung Analysis

1 Die Funktion f mit $f(t) = 0{,}4t^3 - 6t^2 + 20t + 100$ gibt näherungsweise die Herzfrequenz eines Sportlers (in Schläge pro Minute) während einer Trainingseinheit auf einem Fahrrad an, wobei $t \in [0; 11]$ die Zeit in Minuten seit Beginn der Trainingseinheit angibt.
a) Berechnen Sie, wann die Herzfrequenz am höchsten war.
b) Berechnen Sie, wann die Herzfrequenz am stärksten abgenommen hat.
c) Berechnen Sie $\int_0^{11} f(t)\,dt$ und erläutern Sie die Bedeutung dieses Integrals im Sachzusammenhang.

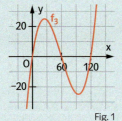

Fig. 1

2 Die Funktion f_k mit $f_k(x) = 0{,}0001k \cdot x^3 - 0{,}018k \cdot x^2 + 0{,}72k \cdot x$ beschreibt für $k > 0$ und $x \in [0; 120]$ die momentane Änderungsrate der Länge einer Warteschlange am Eingang eines Museums in Personen pro Minute (x in Minuten). Zum Zeitpunkt $x = 0$ (10 Uhr) stehen 100 Personen in der Schlange. Der Graph für $k = 3$ ist in Fig. 1 dargestellt.
a) Zeigen Sie, dass die x-Koordinate des Hochpunktes und des Tiefpunktes von f_k nicht von k abhängt.
b) Berechnen Sie, zu welchem Zeitpunkt die Schlange am längsten ist.
c) Zeigen Sie: Die Schlange ist nach 120 Minuten wieder genauso lang wie am Anfang.
d) Geben Sie eine Funktion an, mit der sich die Länge der Schlange zum Zeitpunkt x berechnen lässt.
e) Erklären Sie, welche Bedeutung eine Vergrößerung des Parameters für k im Sachzusammenhang hat.
f) Berechnen Sie, für welchen Wert von k die längste Warteschlange aus genau 500 Personen besteht.

3 Die Funktion f mit $f(x) = (x^2 - 5x) \cdot e^{-\frac{1}{3}x}$ beschreibt für $x \in [0; 5]$ den Querschnitt eines Grabens, der bis zur x-Achse gefüllt ist (eine LE entspricht 1 m).
a) Berechnen Sie wie breit und wie tief der Graben ist.
b) Berechnen Sie die steilste Stelle des Grabens.
c) Zeigen Sie, dass die Funktion F mit $F(x) = (-3x^2 - 3x - 9)e^{-\frac{x}{3}}$ eine Stammfunktion von f ist.
d) Berechnen Sie, wie viel Wasser in den Graben passt, wenn er 100 m lang ist.

Fig. 2

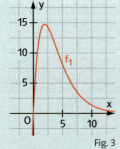

Fig. 3

4 Durch die Funktion f mit $f(t) = 20t \cdot e^{-0{,}5t}$ wird für $t \in [0;12]$ die Konzentration eines Medikaments im Blut eines Patienten beschrieben (t in Stunden seit der Einnahme und f(t) in mg/l. Der Graph ist in Fig. 3 abgebildet.
a) Berechnen Sie den Zeitpunkt, zu dem die Konzentration des Medikaments im Blut am größten ist.
b) Berechnen Sie den Zeitpunkt, zu dem die Wirkstoffkonzentration am stärksten abfällt.
c) Zeigen Sie, dass die Funktion F mit $F(t) = (-40t - 80) \cdot e^{-0{,}5t}$ eine Stammfunktion von f ist.
d) Die mittlere Konzentration des Medikaments innerhalb der ersten s Stunden nach Einnahme kann durch das Integral $\frac{1}{s} \cdot \int_0^s f(t)\,dt$ berechnet werden. Berechnen Sie die mittlere Konzentration des Medikaments innerhalb der ersten 10 Stunden nach Einnahme.
e) Für $t > 12$ kann die Konzentration des Medikaments durch die Tangente an den Graphen von f in P(12|f(12)) beschrieben werden. Bestimmen Sie die Gleichung der Tangente und berechnen Sie, wann das Medikament vollständig abgebaut ist.

Abiturvorbereitung Analysis

5 Ein Körper mit einer Anfangstemperatur von 50°C kühlt in einem Raum mit der konstanten Temperatur 20°C ab. Die Funktion T mit $T(t) = 20 + 30 \cdot e^{-t}$ beschreibt die Temperatur des Körpers in °C nach t Minuten an. Der Graph ist in Fig. 1 abgebildet.

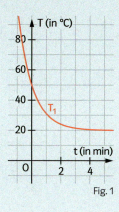
Fig. 1

a) Berechnen Sie die Temperatur des Körpers nach 3 Minuten.
b) Berechnen Sie den Zeitpunkt, zu dem der Körper eine Temperatur von 21°C hat.
c) Berechnen Sie die Ableitung von T und erklären Sie die Bedeutung der Ableitung im Sachzusammenhang.
d) Berechnen Sie den Zeitpunkt, zu dem die Temperatur des Körpers nur noch um 0,1°C pro Minute sinkt.
e) Untersuchen Sie, wie sich der Graph von T für t gegen Unendlich verhält. Erklären Sie die Bedeutung dieses Sachverhalts im gegebenen Kontext.
f) Bestimmen Sie eine Stammfunktion von T.
g) Die mittlere Temperatur des Körpers innerhalb der ersten m Minuten lässt sich durch das Integral 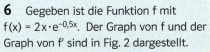 berechnen. Bestimmen Sie die mittlere Temperatur des Körpers innerhalb der ersten 5 Minuten des Abkühlungsprozesses.
h) Begründen Sie, dass folgende Aussage richtig ist:
Die mittlere Temperatur innerhalb der ersten t Minuten des Abkühlungsprozesses eines Körpers ist kleiner als der Mittelwert zwischen der Anfangstemperatur und der Temperatur nach t Minuten.

6 Gegeben ist die Funktion f mit $f(x) = 2x \cdot e^{-0,5x}$. Der Graph von f und der Graph von f′ sind in Fig. 2 dargestellt.
a) Begründen Sie, warum der Graph A aus Fig. 1 zur Funktion f und der Graph B zur Ableitungsfunktion f′ gehört.
b) Berechnen Sie den Hochpunkt des Graphen von f.

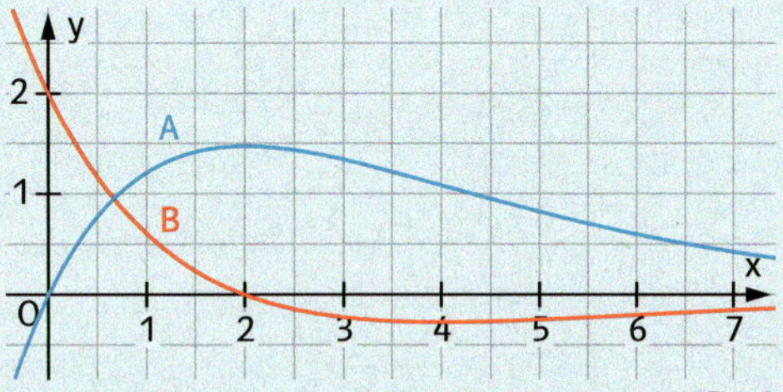

Fig. 2

c) Zeigen Sie, dass die Funktion F mit $F(x) = (-4x - 8) \cdot e^{-0,5x}$ eine Stammfunktion von f ist.
d) Berechnen Sie den Inhalt der Fläche, die vom Graphen von f, der x-Achse und der Geraden x = 10 eingeschlossen wird.
e) Zeigen Sie, dass die vom Graphen von f und der positiven x-Achse eingeschlossene Fläche endlich ist.
f) Berechnen Sie den Schnittpunkt der Graphen von f und f′.
g) Die Punkte $P(x|f(x))$ und $Q(x|f'(x))$ verbindet für $x > \frac{2}{3}$ eine Strecke, die parallel zur y-Achse verläuft. Berechnen Sie, für welchen Wert von t die Strecke am größten ist.

7 Gegeben ist die Funktion f mit $f(x) = (2x + 1) \cdot e^{-x}$. Der Graph ist in Fig. 3 dargestellt.
a) Berechnen Sie die Schnittpunkte des Graphen mit den Koordinatenachsen.
b) Bestimmen Sie die Gleichung der Tangente an den Graphen im Schnittpunkt mit der y-Achse.
c) Berechnen Sie den Hochpunkt und den Wendepunkt des Graphen.
d) Zeigen Sie, dass die Funktion F mit $F(x) = (-2x - 3) \cdot e^{-x}$ eine Stammfunktion von f ist.
e) Der Graph von f schließt mit der x-Achse und der Gerade x = u eine Fläche ein. Bestimmen Sie den Inhalt A(4) dieser Fläche für u = 4. Bestimmen Sie, welchen Wert A(u) für u gegen unendlich annimmt.
f) Die Punkte $P(0|f_1(0))$, $Q(u|0)$ und $R(u|f_1(u))$ bilden für u > 0 ein Dreieck. Berechnen Sie, für welchen Wert von u der Inhalt dieses Dreiecks maximal wird.

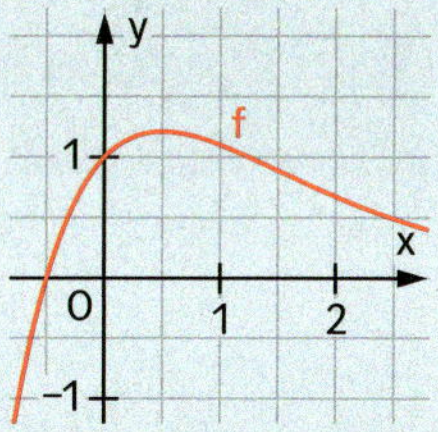

Lösungen auf Seite 263–264.

Abiturvorbereitung Analysis

8 Um die Funktion der Bauchspeicheldrüse zu testen, wird ein bestimmter Farbstoff in sie eingespritzt und dessen Ausscheiden gemessen. Eine gesunde Bauchspeicheldrüse scheidet pro Minute 4% des jeweils noch vorhandenen Farbstoffs aus.
Bei einer Untersuchung wird einem Patienten 0,2 Gramm des Farbstoffs injiziert. Nach 30 Minuten sind noch 0,09 Gramm des Farbstoffs in seiner Bauchspeicheldrüse vorhanden.
a) Weisen Sie nach, dass die Masse des noch im Körper befindlichen Farbstoffs bei einer gesunden Bauchspeicheldrüse durch die Funktion g mit $g(t) = 0{,}2 e^{-0{,}04t}$ und bei der des

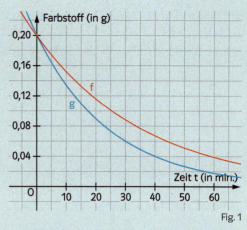

Fig. 1

untersuchten Patienten durch die Funktion f mit $f(t) = 0{,}2 e^{-0{,}027t}$ beschrieben wird (t in Minuten).
b) Fig. 1 zeigt die Funktionsgraphen von f und g. Beschreiben Sie den Verlauf der beiden Graphen im Sachzusammenhang.
Untersuchen Sie wie viel Farbstoff nach diesem Modell langfristig im Körper vorhanden sein wird und nehmen Sie kritisch Stellung dazu.
c) Berechnen Sie den Zeitpunkt, zu dem die Bauchspeicheldrüse des untersuchten Patienten den Farbstoff genauso schnell abbaut, wie die eines Gesunden. Geben Sie an, wie viel Farbstoff dann jeweils noch in den beiden Bauspeicheldrüsen vorhanden ist.
d) Die im Zeitraum $a < t < b$ durchschnittlich im Körper vorhandene Masse h des Farbstoffs wird durch die Funktion $\frac{1}{b-a}\int_a^b h(t)\,dt$ angegeben.
Berechnen Sie, wie viel Farbstoff während der ersten Stunde von beiden Bauchspeicheldrüsen durchschnittlich abgebaut wird.

9 Der Pegelstand des Rheins in Köln vom sechsten bis zum zwölften Januar 2011 soll modelliert werden durch die Funktion h mit $h(t) = 2{,}5 t^2 \cdot e^{-\frac{1}{2}t} + 3{,}5$. Dabei wird t in Tagen angegeben, t = 0 entspricht dem sechsten Januar 0 Uhr, h(t) wird in Metern K.P. (Kölner Pegel) gemessen.
a) Berechnen Sie den Pegelstand am achten Januar um 0 Uhr.
b) Bestimmen Sie den Wert der ersten Ableitungsfunktion h' an der Stelle $t = 5{,}5$ und interpretieren Sie das Ergebnis im Sachzusammenhang.
c) Berechnen Sie den Zeitpunkt, an dem das Hochwasser seinen höchsten Stand erreicht, sowie den Pegelstand zu diesem Zeitpunkt.
d) Berechnen Sie die Zeitpunkte, zu denen der Pegel am stärksten steigt bzw. sinkt.

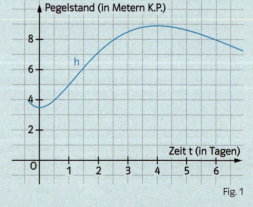

Fig. 1

e) Der statistische 10 Jahres-Mittelwert aller Wasserstände, das so genannte Mittelwasser beträgt 3,48 m K.P.
Berechnen Sie, um wie viel Meter K.P. der durchschnittliche Pegelstand vom sechsten bis zum zwölften Januar 2011 von diesem Wert abweicht.
Zeigen Sie dazu zunächst durch Ableiten, dass $H(t) = (-5 t^2 - 20 t - 40) e^{-\frac{1}{2}t} + 3{,}5 t$ eine Stammfunktion von h ist.

Lösungen

Kapitel I, Zeit zu überprüfen, Seite 10

5
a) $D_f = \mathbb{R}$; $D_g = \mathbb{R} \setminus \{-3\}$
b) $f(9) = 38{,}5$ $\qquad f(0{,}25) = -1{,}96875$
   $g(9) = \frac{1}{12}$ $\qquad g(0{,}25) = 0{,}308$
c) $W_f = \mathbb{R}$ $\qquad W_g = \mathbb{R} \setminus \{0\}$

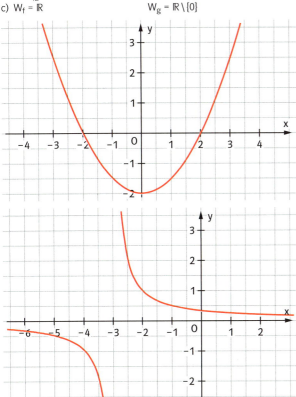

6
a) Länge x (in m)
Breite $(1000 - x) \cdot \frac{1}{2} = 500 - \frac{1}{2}x$ (in m)
$A(x) = x \cdot \left(500 - \frac{1}{2}x\right) = 500x - \frac{1}{2}x^2$
b) $A(200) = 80\,000$
$A(400) = 120\,000$
$A(600) = 120\,000$
c) $D_f = \{x \mid 0 < x < 1000\}$

Kapitel I, Zeit zu überprüfen, Seite 14

5
Im Intervall $[1; 2]$: $\frac{\frac{1}{4} - \frac{1}{2}}{1} = -\frac{1}{4}$. Im Intervall $[1; 1{,}5]$: $\frac{\frac{1}{3} - \frac{1}{2}}{\frac{1}{2}} = -\frac{1}{3}$

6
a) Im Intervall $[2; 4]$: $\frac{1-(-1)}{2} = 1$. Im Intervall $[0; 2]$: $\frac{-1-1}{2} = -1$
b) Zum Beispiel $[0; 4]$

Kapitel I, Zeit zu wiederholen, Seite 14

9
a) $2x - \sqrt{x}$ $\qquad$ b) 0 $\qquad$ c) $a + b$ $\qquad$ d) $x + 2$

10
a) $3(a+b) - 5(a-b) = -2a + 8b$
b) $(x+y)^2 - (x-y)^2 = 4xy$

Kapitel I, Zeit zu überprüfen, Seite 18

7
a) Bei 40 km betrug der Verbrauch ca. $0{,}029\,\frac{l}{km}$, bei 100 km $0{,}018\,\frac{l}{km}$.
b) Bei 60 km war der Verbrauch mit ca. $0{,}080\,\frac{l}{km}$ am höchsten. Der geringste Verbrauch war gegen Ende der Fahrt mit ca. $0{,}018\,\frac{l}{km}$.

8
$f'(3) = -\frac{1}{3}$

Kapitel I, Zeit zu überprüfen, Seite 21

6
a) $f'(-3) = -6$ $\qquad$ b) $f'(2) = 1{,}2$

7
a) $f'(1) = 1$; $y = x - 0{,}5$ $\qquad$ b) $f'(2) = -0{,}5$; $y = -0{,}5x + 2$

Kapitel I, Zeit zu überprüfen, Seite 24

3

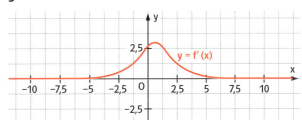

4
$f'(x) = \frac{1}{2}x$

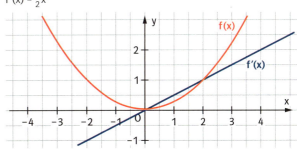

237

Kapitel I, Zeit zu überprüfen, Seite 26

5
a) $f'(x) = 30x$ b) $f'(x) = 6x^2 + 2x$ c) $f'(x) = 12x + 3x^2$
d) $f'(x) = 2(x-3)$ e) $f'(x) = -\frac{2}{x^2}$ f) $f'(x) = -\frac{24}{x^3}$
g) $f'(x) = 3ax^2 + c$ h) $f'(x) = \frac{-2a}{x^4}$ i) $f'(x) = m$

Kapitel I, Zeit zu wiederholen, Seite 27

12
a) 1, −1 b) 0, 16

13
a) $2x^2 - 2x - 1{,}5 = 0$ $x_1 = 1{,}5; \ x_2 = -0{,}5$
b) $-6x^2 + x + 1 = 0$ $x_1 = \frac{1}{2}; \ x_2 = -\frac{1}{3}$
c) $x^2 + 5x + 6 = 0$ $x_1 = -2; \ x_2 = -3$

Kapitel I, Zeit zu wiederholen, Seite 32

12
a) Wahr. b) Falsch. c) Wahr. d) Falsch. e) Wahr.

13
a) 1,8 m b) 2,8 m

Kapitel I, Prüfungsvorbereitung ohne Hilfsmittel, Seite 34

1
a) $f'(x) = 14x$ b) $f'(x) = 8x - 5$ c) $f'(x) = -\frac{1}{x^2} - 4$

2
a) Die Aussage ist wahr. b) Die Aussage ist falsch.
c) Die Aussage ist wahr.

3
a) Die Funktionswerte an den Stellen $x_1 = 5$ und $x_2 = 3$ werden durch Ablesen ermittelt: $f(5) \approx 2{,}2$ und $f(3) \approx 1{,}7$.
b) Die Differenz ist $f(5) - f(3) \approx 0{,}5$; das entspricht der kleineren Seite des Steigungsdreiecks (siehe Abbildung).

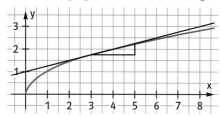

c) $\frac{f(5) - f(3)}{5 - 3} \approx 0{,}25$; das ist die Steigung der Geraden durch die Punkte $P_1(5|2{,}2)$ und $P_2(3|1{,}7)$.
d) $f'(5) \approx 0{,}2$; das ist die Steigung der Tangente in $P_1(5|2{,}2)$.

4
Folgende Paare gehören zusammen: A3; B4; C2; D1.

5
$P(2|1); \ f'(x) = 2x; \ f'(2) = 4;$ Tangente: $y = 4x - 7$

Kapitel I, Prüfungsvorbereitung mit Hilfsmitteln, Seite 35

1

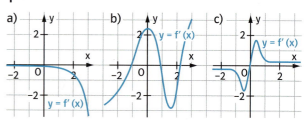

2
a) $y = -\frac{11}{2}x - 9$ b) $y = \frac{3}{4}x + 3$

3
$G'(t)$ gibt an, wie schnell sich das Gewicht des Papierstücks pro Zeit verändert. Da das Gewicht des Papierstücks während des Abbrennens geringer wird, ist $G'(t)$ während dieser Zeit negativ. Sobald das Papierstück abgebrannt ist, ist $G(t)$ konstant und $G'(t)$ null.

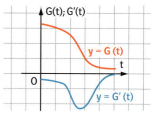

4
a) $f'(x) = 12x^3 - 36x^2 + 2$
b) $f(x) = 9x^2 + 12x + 4; \ f'(x) = 18x + 12$
c) $f'(t) = 4t^3 - 6t^{-4} + \frac{15}{2}t^{-6}$

5
a) $P(1|4)$ b) $P_1(2|10); \ P_2\left(-\frac{2}{3} \bigg| 2\frac{8}{9}\right)$

6
a) $f'(x) = 0{,}5x; \ P(4|4)$
b) $f'(x) = x^2; \ P_1\left(-\sqrt{2} \bigg| -\frac{2}{3}\sqrt{2}\right); \ P_2\left(\sqrt{2} \bigg| \frac{2}{3}\sqrt{2}\right)$
c) $f'(x) = -\frac{4}{x^2};$ keine Punkte
d) $f'(x) = -\frac{2}{x^3}; \ P(-1|1)$

7
a) $f(x)$ ist am größten an der Stelle x_1.
b) $f(x)$ ist am kleinsten an der Stelle x_2.
c) $f'(x)$ ist am größten an der Stelle x_3.
d) $f'(x)$ ist am kleinsten an der Stelle x_4.

8
a) $f(5) = 82{,}0$ bedeutet, dass es im Jahr 2000 (1995 + 5) 82 Mio. Einwohner gab.
$f'(6) \approx -0{,}1$ bedeutet, dass bei gleich bleibender Änderung wie im Jahr 2001 die Bevölkerung um 0,1 Mio. Einwohner pro Jahr abnehmen wird.

b) v(5) = 25 bedeutet, dass der Körper nach 5 Sekunden eine Geschwindigkeit von $25\frac{m}{s}$ hat. v'(8) = 16 bedeutet, dass die momentane Änderung der Geschwindigkeit, die Beschleunigung g, nach 8 Sekunden $16\frac{m}{s}$ beträgt. v'(t) gibt die Beschleunigung zum Zeitpunkt t an.

9
a) Zum Beispiel f(x) = 2x.   b) Zum Beispiel f(x) = x^2.

Kapitel II, Zeit zu überprüfen, Seite 40

8
a) f(x) = (x − 2) · (x^2 − x − 2)   x = −1; x = 2
b) f(x) = x^4 − 7x^3 + 12x^2 x = 0; x = 3; x = 4
c) f(x) = −x^5 + 6x^3 − 9x   x = −$\sqrt{3}$; x = 0; x = $\sqrt{3}$

9
Die angegebenen Lösungen sind nur Beispiele.
a) f(x) = (x + 4) · (x − 1) · (x − 5)
b) f(x) = (x + 3) · x · (x − 3)

Kapitel II, Zeit zu überprüfen, Seite 43

7
a) f ist im Intervall [0; ∞) streng monoton wachsend und im Intervall (−∞; 0] streng monoton fallend.
b) f ist im Intervall [−3; 3] streng monoton fallend und in den Intervallen (−∞; −3] und [3; ∞) streng monoton wachsend.
c) f ist im Intervall I = ℝ streng monoton wachsend.
d) f ist im Intervall [0; ∞) streng monoton wachsend und im Intervall (−∞; 0] streng monoton fallend.

8
Aussage A ist wahr, da f' im Intervall [2; 3] negativ ist und f aufgrund des Monotoniesatzes auf diesem Intervall streng monoton fallend ist.
Aussage B ist wahr, da f' im Intervall [−3; −2] positiv ist und f aufgrund des Monotoniesatzes auf diesem Intervall streng monoton wachsend ist.
Aussage C ist wahr, da f' im Intervall [−1; 1] negativ ist und f aufgrund des Monotoniesatzes auf diesem Intervall streng monoton fallend ist.

Kapitel II, Zeit zu überprüfen, Seite 46

6
a) f'(x) = 2x + 2
f' besitzt einen VZW von − nach + bei x = −1.
Der Graph von f hat den Tiefpunkt T(−1|−1).

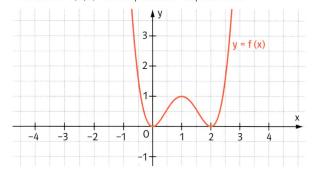

b) f'(x) = 4x^3 − 12x^2 + 8x
f' besitzt einen VZW von − nach + bei x_1 = 0.
Deshalb ist T(0|0) ein Tiefpunkt des Graphen von f.
f' besitzt einen VZW von + nach − bei x_2 = 1.
Deshalb ist H(1|1) ein Hochpunkt des Graphen von f.
f' besitzt einen VZW von − nach + bei x_3 = 2.
Deshalb ist T(2|0) ein Tiefpunkt des Graphen von f.

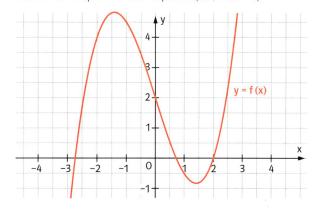

c) f'(x) = $\frac{3}{2}x^2$ − 3
f' hat einen VZW von + nach − bei x_1 = −$\sqrt{2}$.
Also hat der Graph von f den Hochpunkt H(−$\sqrt{2}$|2$\sqrt{2}$ + 2).
f' hat einen VZW von − nach + bei x_2 = $\sqrt{2}$.
Also hat der Graph von f den Tiefpunkt T($\sqrt{2}$|−2$\sqrt{2}$ + 2).

Kapitel II, Zeit zu wiederholen, Seite 46

11
2,50 €

Kapitel II, Zeit zu überprüfen, Seite 49

9
a) Aus der Zeichnung entnimmt man:
Rechtskurve für $x < 1$; Linkskurve für $x > 1$.
b) $f''(x) = 2x - 2$. $f''(x) > 0$ für $x > 1$; der Graph von f ist eine Linkskurve; $f''(x) < 0$ für $x < 1$; der Graph von f ist eine Rechtskurve.

10
a) $f''(x) = 6x$; $f''(x) > 0$ für $x > 0$; der Graph von f ist eine Linkskurve; $f''(x) < 0$ für $x < 0$; der Graph von f ist eine Rechtskurve.
b) $f''(x) = 6(x - 2)$; $f''(x) > 0$ für $x > 2$; der Graph von f ist eine Linkskurve; $f''(x) < 0$ für $x < 2$; der Graph von f ist eine Rechtskurve.
c) $f''(x) = 12x^2 - 12$; $f''(x) > 0$ für $x < -1$ oder $x > 1$; der Graph von f ist eine Linkskurve; $f''(x) < 0$ für $-1 < x < 1$; der Graph von f ist eine Rechtskurve.

Kapitel II, Zeit zu überprüfen, Seite 53

6
a) $x_1 = 0$; $x_2 = 1$ b) $x_1 = 1$; $x_2 = 2$ c) $x_1 = 2$

7
a) Für $x < -2$ und $x > 2$ ist f streng monoton wachsend; für $-2 < x < 0$ und $0 < x < 2$ ist f streng monoton fallend. An der Stelle $x = -2$ hat f ein lokales Maximum, an der Stelle $x = 2$ ein lokales Minimum und an der Stelle $x = 0$ ist $f'(0) = 0$ ohne VZW, hat also keine Extremstelle.
b)

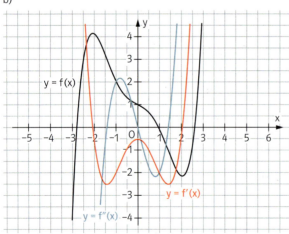

Kapitel II, Zeit zu überpüfen, Seite 56

6
a) $W(0|0)$; $t: y = 0$
b) $W_1(-0,8165|1,111)$; $t_1: y = -2,177x - 0,667$
$W_2(0,8165|1,111)$; $t_2: y = 2,177x - 0,667$
c) $W_1(-0,949|0,844)$; $t_1: y = -3,05x - 2,05$
$W_2(0,949|-0,844)$; $t_2: y = -3,05x + 2,05$
$W_3(0|0)$; $t_3: y = x$

7
a) Bei $x \approx -1,4$ hat f ein lokales Maximum und bei $x \approx 1,4$ ein lokales Minimum. f hat eine Wendestelle bei $x = 0$.
b)

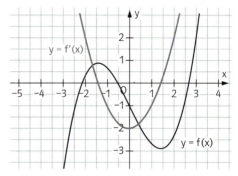

Kapitel II, Zeit zu überprüfen, Seite 60

6
a) globales Minimum $f(-0,56) = -2,83$;
globales Maximum $f(3) = 26,5$
b) globales Minimum $f(0) = -2$;
globales Maximum: $f(0,63) = -1,28$
c) globales Minimum $f(-0,56) = -2,83$;
globales Maximum: $f(0,63) = -1,28$
d) globales Minimum $f(-0,56) = -2,83$;
globales Maximum: $f(-3) = 122,5$

7
a) $\overline{AB} = |-u| + u = 2u$; $\overline{BC} = f(u) = -u^2 + 9$
$A(u) = \overline{AB} \cdot \overline{BC} = 2u(-u^2 + 9) = -2u^3 + 18u$
b) Der Flächeninhalt wird maximal für $u = \sqrt{3}$. Fläche: 20,78 FE.
c) Der Umfang wird maximal für $u = 1$. Umfang: 20 LE.

Kapitel II, Zeit zu wiederholen, Seite 62

9
a) $\beta = 64°$, $\alpha = 52°$ b) $\alpha = 30°$
c) $\alpha = 60°$, $\gamma = 60°$ d) $\gamma = 50°$, $\alpha = \beta = 65°$

Kapitel II, Prüfungsvorbereitung ohne Hilfsmittel, Seite 64

1
a) $f'(x) = 9x^2 - 0{,}5$; $f''(x) = 18x$; $f'''(x) = 18$
b) $f(x) = 2x^{-1}$; $f'(x) = -\frac{2}{x^2}$; $f''(x) = \frac{4}{x^3}$; $f'''(x) = -\frac{12}{x^4}$
c) $f(x) = x^2 - 5x$; $f'(x) = 2x - 5$; $f''(x) = 2$; $f'''(x) = 0$

2
a) Nullstellen: Zu lösen ist die Gleichung $x^4 - 4x^2 + 3 = 0$.
Substitution (z für x^2): $z^2 - 4z + 3 = 0$;
Lösungen: $z_1 = 1$ und $z_2 = 3$.
Rücksubstitution ergibt die Nullstellen: $x_1 = -1$; $x_2 = 1$; $x_3 = -\sqrt{3}$ und $x_4 = \sqrt{3}$.
Hoch- und Tiefpunkte: $f'(x) = 4x^3 - 8x = 4x \cdot (x^2 - 2) = 0$ hat die Lösungen $x_5 = 0$; $x_6 = -\sqrt{2}$ und $x_7 = \sqrt{2}$. Bei x_5 hat f' einen VZW von + nach −, also hat der Graph von f den Hochpunkt $H(0|3)$. Bei x_6 und x_7 hat f' einen VZW von − nach +, also hat der Graph von f die Tiefpunkte $T_1(-\sqrt{2}|-1)$ und $T_2(\sqrt{2}|-1)$.
b) Die Monotoniebereiche sind begrenzt durch die Nullstellen von f'. Im Intervall $(-\infty; -\sqrt{2}]$ und im Intervall $[0; \sqrt{2}]$ ist f streng monoton fallend, weil im Innern der Intervalle $f'(x) < 0$ gilt. Im Intervall $[-\sqrt{2}; 0]$ und im Intervall $[\sqrt{2}; \infty)$ ist f streng monoton wachsend, weil im Innern der Intervalle $f'(x) > 0$ gilt.
c)

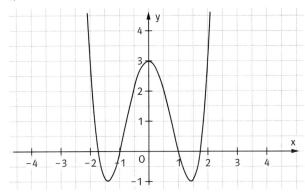

3
A: Wahr, weil f'(x) im Intervall $(-1; 1)$ positiv ist.
B: Falsch, weil f' dort keine Nullstelle hat.
C: Wahr, weil $f'(-1) = 0$ und bei $x = -1$ ein VZW von − nach + ist.
D: Wahr, denn f ist für $x > -1$ monoton wachsend, weil dort $f'(x) \geq 0$ gilt und für $x < -1$ monoton fallend, weil dort $f'(x) < 0$ gilt. Also ist bei $x = -1$ ein globales Minimum. Wenn $f(-1) > 0$ gilt, sind alle Funktionswerte von f größer als 0, und dann kann es keine Nullstelle geben.

4
a) Falsch. $f'(-2) > 0$; f kann an der Stelle $x = -2$ kein Maximum haben (f hat eine Wendestelle).
b) Wahr. An den Stellen $x_1 = -2$ und $x_2 = 1$ hat f' Extrema und somit f genau an diesen Stellen zwei Wendepunkte.
c) Falsch. Für $0 < x < 4$ ist $f'(x) < 0$, also ist f monoton fallend, es gilt: $f(0) > f(4)$.
d) Wahr. Im gezeichneten Bereich ist $f'(x) > 0$ für $x > 4$.

5
$f(x) = \frac{3}{x} + 3$ $(x \neq 0)$, $f'(x) = -\frac{3}{x^2}$
a) $P(1|6)$; $f'(1) = -3$. $t: y = f'(u)(x - u) + f(u) = -3(x - 1) + 6$; $t: y = -3x + 9$.
b) Schnitt mit der x-Achse $y = 0$: $-3x + 9 = 0$, somit $x = 1$.
In $S(3|0)$ schneidet t die x-Achse.

6
Jede ganzrationale Funktion 2. Grades hat als erste Ableitung eine ganzrationale Funktion ersten Grades und als zweite Ableitung eine konstante Funktion. Somit ist die Nullstelle der ersten Ableitung die einzige Stelle für einen Extremwert.

7
a) $f(x) = x^4 - 4x^3$; $f'(x) = 4x^3 - 12x^2$; $f''(x) = 12x^2 - 24x$; $f'''(x) = 24x - 24$.
$f'(x) = 0$ liefert: $4x^2(x - 3) = 0$ und somit $x_1 = 0$ und $x_2 = 3$.
An den Stellen $x_1 = 0$ mit $P_1(0|0)$ und $x_2 = 3$ hat der Graph f Punkte mit waagerechter Tangente, also insbesondere auch im Ursprung.
$f''(x) = 0$: $12x(x - 2) = 0$ liefert $x_1 = 0$ und $x_2 = 2$. Aus $f'''(0) = -12 \neq 0$ folgt, dass der Graph von f an der Stelle $x_1 = 0$ auch einen Wendepunkt hat.
b) $g(x) = x^4 - 4x^3 + 2x$; $g'(x) = 4x^3 - 12x^2 + 2$; $g''(x) = 12x^2 - 24x$; $g'''(x) = 24x - 24$.
Es ist $g''(x) = f''(x)$, somit hat g die gleiche Wendestelle wie f. Die Wendetangente an den Graphen von g im Wendepunkt $W(0|0)$ hat die Steigung $g'(0) = 2$.

8
$f(x) = -\frac{1}{2}x^4 + 3x^2$; $f'(x) = -2x^3 + 6x$; $f''(x) = -6x^2 + 6$; $f'''(x) = -12x$
a) Nullstellen: $f(x) = 0$ liefert $x^2\left(-\frac{1}{2}x^2 + 3\right) = 0$ und $x_1 = 0$; $x_2 = \sqrt{6}$; $x_3 = -\sqrt{6}$.
Lokale Extremstellen: $f'(x) = 0$ liefert: $x(-2x^2 + 6) = 0$ und $x_1 = 0$; $x_4 = \sqrt{3}$ und $x_5 = -\sqrt{3}$.
Es ist $f''(0) = 6 > 0$; $f''(\sqrt{3}) = -12 < 0$ und $f''(-\sqrt{3}) = -12 < 0$. Somit Minimum bei $f(0) = 0$, Maximum bei $f(\sqrt{3}) = 4{,}5$ und $f(-\sqrt{3}) = 4{,}5$.
b) $t_1: y = 4(x - 1) + \frac{5}{2}$; $t_2: y = -4(x + 1) + \frac{5}{2}$; $S(0|0)$

Kapitel II, Prüfungsvorbereitung mit Hilfsmitteln, Seite 65

1
a) $W(2|4)$; $t: y = -12x + 28$
b) $W_1(0|0{,}5)$; $t_1: y = 0{,}5$; $W_2(1|0)$; $t_2: y = -x + 1$
c) $W(0|1)$; $t: y = -x + 1$

2
Es ist $A(x) = 2xy + \frac{1}{2}\pi x^2$ und $U(x) = 2y + 2x + \pi x$.
Da der Umfang 28 m beträgt, gilt (ohne Einheiten):
$2y + 2x + \pi x = 28$ bzw. $y = \frac{28 - 2x - \pi x}{2} = 14 - x - \frac{\pi}{2}x$.

241

Diese Gleichung in A(x) eingesetzt liefert:
A(x) = $2x(14 - x - \frac{\pi}{2}x) + \frac{1}{2}\pi x^2 = -x^2(2 + \frac{1}{2}\pi) + 28x$.
A(x) = $-(\frac{1}{2}\pi + 2)x^2 + 28x$.

3

a) s'(t) = $0{,}15t^2 - 0{,}8t = t \cdot (0{,}15t - 0{,}8) = 0$ hat die Lösungen
$t_1 = 0$ und $t_2 = \frac{16}{3}$. t_1 liegt am Rand der Definitionsmenge. Bei t_2
hat s' einen VZW von – nach +, also ist bei t_2 ein (lokales) Minimum; $s(t_2) = 4{,}2$ (gerundet). Weitere Minima oder Maxima liegen am Rand des Definitionsintervalls: $s(0) = 8$ und $s(8) = 8$. Also ist bei t_2 der Abstand am kleinsten, bei t = 0 und bei t = 8 am größten.
b) Das Fahrzeug bewegt sich auf P zu, wenn s'(t) < 0, also für
$0 \leq t \leq t_2$ und entfernt sich anschließend wieder von P, da dann s'(t) > 0.

4

a) Man wählt einen Punkt auf dem Rand: $P(u | f(u) = 4 - u^2)$ mit
0 < u < 4. Es ergibt sich für den Flächeninhalt des Rechtecks A(u):
A(u) = $(4 - u)(6 - (4 - u^2)) = (4 - u)(2 + u^2) = -u^3 + 4u^2 - 2u + 8$.
b) Maximum bei u ≈ 2,4. Dieses u liegt aber außerhalb des Definitionsbereichs.
Die Untersuchung der Ränder ergibt für u = 0: A(0) = 8; für
u = 4: A(2) = 12. Damit ist es am sinnvollsten, so zu schneiden, dass man einen Punkt auf dem Rand P(2|0) wählt.

5

a) Bei maximalem Pegel ist die Wasseroberfläche 10 Meter breit.
b) Die Tangente an den Graphen von f im Punkt Q(u|1,6) mit
u > 0 muss für x = 10 einen kleineren y-Wert als 5 besitzen:
Mit f(u) = 1,6 folgt: u = 3,56.
Gleichung der Tangente in Q(3,56|1,6):
t: y = 0,3125x + 0,4875. Für x = 10 ist y = 3,6 < 5, somit ist die gesamte Breite einsehbar.
c) Steigung der Tangente: m = tan(180° – 165°) ≈ 0,268.
Es muss f'(x) = 0,268 sein: $\frac{1}{2} \cdot \frac{1}{\sqrt{x-1}} = 0{,}268$ liefert x ≈ 4,48.
Ansatz für kritischen Pegel: f(4,48) ≈ 1,87. Der kritischer Pegel liegt bei h ≈ 1,9 m.

6

a) K'(x) = $6x^2 - 90x + 380$. Es handelt sich um eine nach oben geöffnete Parabel mit Scheitel in P(7,5|42,5). K hat somit keine Extremstellen, dies ist zu erwarten, da die Kosten typischerweise pro produzierter Einheit steigen.
U(x) = 150x; mit x ∈ [0; 25]; U(x) in 1000 €.
b) Mit dem GTR wird das Intervall bestimmt, für das G(x) > 0
gilt: 8,52 < x < 14,27. Die Gewinnzone liegt zwischen 9 und 14 hergestellten Mengeneinheiten.
c) Das Maximum der Funktion G liegt bei x = 11,7. Am sinnvollsten ist es also, 12 Mengeneinheiten herzustellen. Der Gewinn beträgt dann 194 000 €.

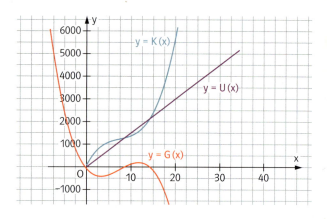

Kapitel III, Zeit zu überprüfen, Seite 70

7

Lösungsvorschläge:
a) f(x) = x(x – 2)(x – 5); g(x) = 3x(x – 2)(x – 5)
b) f(x) = $(x - 3)^3$; g(x) = $(x^2 + 4)(x - 3)$
c) f(x) = $x(x^2 + 1)$; g(x) = x^3

8

a) $x_1 = \frac{1}{2}$; $x_2 = -2$; $x_3 = -3$ b) x = 0
c) $x_1 = 0$; $x_2 = -3$; $x_3 = 3$

9

a) Polynomdivision: $(x^3 - 3x^2 + x + 1) : (x - 1) = x^2 - 2x - 1$
weitere Nullstellen: $1 + \sqrt{2}$; $1 - \sqrt{2}$
b) Ausklammern von x liefert Nullstelle $x_1 = 0$
Polynomdivision: $(x^3 - 3x^2 - 5x - 1) : (x + 1) = x^2 - 4x - 1$
weitere Nullstellen: $2 + \sqrt{5}$; $2 - \sqrt{5}$

Kapitel III, Zeit zu überprüfen, Seite 72

3

f(x) = $x^3 - 2x^2$
Für x → +∞ gilt f(x) → +∞; für x → –∞ gilt f(x) → –∞.
g(x) = $-x^3 + 2x^2$
Für x → +∞ gilt f(x) → –∞; für x → –∞ gilt f(x) → +∞.
h(x) = $x^4 - 2x^3$
Für x → +∞ gilt h(x) → +∞; für x → –∞ gilt f(x) → +∞.
Aufgrund des Verhaltens für x → ±∞ folgt:
(A) gehört zu g; (B) gehört zu f; (C) gehört zu h.

Kapitel III, Zeit zu überprüfen, Seite 75

5

a) f ist eine ganzrationale Funktion und die Hochzahlen der x-Potenzen sind alle gerade. Also ist der Graph von f achsensymmetrisch zur y-Achse.
b) f(x) = $-x^4 - x^3$ ist eine ganzrationale Funktion und die Hochzahlen der x-Potenzen sind weder alle gerade noch alle ungerade. Also ist der Graph von f weder achsensymmetrisch zur y-Achse noch punktsymmetrisch zum Ursprung

c) $f(x) = x^5 + x^3 - 5x$ ist eine ganzrationale Funktion und die Hochzahlen der x-Potenzen sind alle ungerade. Also ist der Graph von f punktsymmetrisch zum Ursprung.

6
a) Symmetrisch zum Ursprung.
Für $x \to +\infty$ gilt $f(x) \to +\infty$; für $x \to -\infty$ gilt $f(x) \to -\infty$.
Nullstellen $x_1 = -2$; $x_2 = 0$; $x_3 = 1$.
b) Symmetrisch zur y-Achse.
Für $x \to +\infty$ gilt: $f(x) \to -\infty$. Nullstellen $x_1 = -2$; $x_2 = 0$; $x_3 = 2$.

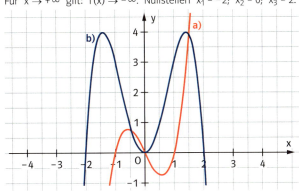

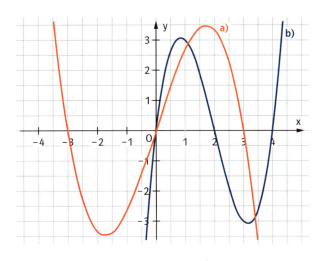

Kapitel III, Zeit zu wiederholen, Seite 75

10
$f_2(x)$

Kapitel III, Zeit zu überprüfen, Seite 78

4
a) Punktsymmetrie zum Ursprung.
Für $x \to +\infty$ gilt $f(x) \to -\infty$; für $x \to -\infty$ gilt $f(x) \to +\infty$.
Nullpunkte $N_1(0|0)$; $N_2(3|0)$; $N_3(-3|0)$.
Hochpunkt $H(\sqrt{3}\,|\,2\sqrt{3})$; Tiefpunkt $T(-\sqrt{3}\,|\,-2\sqrt{3})$;
Wendepunkt $W(0|0)$.
b) Keine Symmetrie zur y-Achse oder zum Ursprung.
Für $x \to +\infty$ gilt $f(x) \to +\infty$; für $x \to -\infty$ gilt $f(x) \to -\infty$.
Nullpunkte $N_1(0|0)$; $N_2(2|0)$; $N_3(4|0)$.
Hochpunkt $H\left(2 - \frac{2}{3}\sqrt{3}\,\middle|\,\frac{16}{9}\sqrt{3}\right) \approx H(0{,}845\,|\,3{,}079)$;
Tiefpunkt $T\left(2 + \frac{2}{3}\sqrt{3}\,\middle|\,-\frac{16}{9}\sqrt{3}\right) \approx T(3{,}155\,|\,-3{,}079)$
Wendepunkt $W(2|0)$.

Kapitel III, Zeit zu überprüfen, Seite 80

5
a) t: $y = -5x - 4$; n: $y = \frac{1}{5}x + 6{,}4$
b) t: $y = -\frac{1}{4}x + 4$; n: $y = 4x - 13$

6
t: $y = 4ux - 2u^2 - 3$
a) $A(2|-3)$ ergibt $0 = 8u - 2u^2$ mit $u_1 = 0$ und $u_2 = 4$ und den Tangenten t_1: $y = -3$ und t_2: $y = 16x - 35$.
b) $A\left(2\,\middle|\,-\frac{9}{8}\right)$ ergibt $0 = 2u^2 - 8u + 1{,}875$ mit $u_1 = 3{,}75$ und $u_2 = 0{,}25$ und den Tangenten t_1: $y = 15x - 31{,}125$ und t_2: $y = x - 3{,}125$.
c) $A(1|1)$ ergibt $2u^2 - 4u + 4 = 0$. Da diese Gleichung keine Lösungen besitzt, existiert die gesuchte Tangente nicht.

Kapitel III, Zeit zu überprüfen, Seite 84

4
a) $v(0) = 0$; $v(10) = 20$ mit $v'(t) > 0$ für $0 \leq t \leq 10$
b) $v'(t) < 0$ für $30 \leq t \leq 35$ (v' entspricht der Beschleunigung)
c) $v''(15) = 0$ und $v'(15) > 0$. Die Zunahme (bzw. Änderung) der Geschwindigkeit entspricht der Beschleunigung $\left(\text{Einheit } \frac{m}{s^2}\right)$.

5
a) Mit $O'(t) = -\frac{1}{100}(t^2 - 24t + 108)$ und $O''(t) = \frac{1}{50}(12 - t)$ erhält man $H(18|19)$ und $T(6|16{,}12)$.
b) Die Steigung gibt die Größe der Veränderung der Temperatur zu diesem Zeitpunkt an $(O'(12) = 0{,}36)$.

Kapitel III, Zeit zu wiederholen, Seite 86

14
$V = 15{,}625\,m^3$
$O = 43{,}75\,m^2$

Kapitel III, Prüfungsvorbereitung ohne Hilfsmittel, Seite 90

1
f und C; g und A; h und B

2
a) $a > 0$; $d = 0$ b) $a < 0$; $d = 0$ c) $a < 0$; $d = 1$

3
a) Nullstellen: Zu lösen ist die Gleichung $2 + 3x - x^3 = 0$.
Nullstellen: $x_1 = -1$; $x_2 = 2$
Hoch- und Tiefpunkte: $H(1|4)$, $T(-1|0)$
b) Für $x \to \pm\infty$ ist das Verhalten der Funktion wie bei g mit $g(x) = -x^3$. Also: Für $x \to -\infty$ gilt $f(x) \to \infty$. Für $x \to \infty$ gilt $f(x) \to -\infty$.
c)

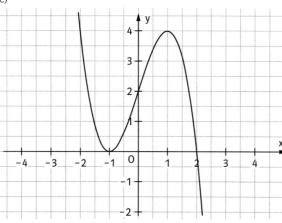

4
a) Der Graph ist achsensymmetrisch.
Nullstellen: $x_1 = \sqrt{2}$; $x_2 = -\sqrt{2}$.
Schnittpunkte mit der x-Achse: $S_1(\sqrt{2}|0)$ und $S_2(-\sqrt{2}|0)$.
b) Hochpunkt: $H(0|4)$; Tiefpunkte: $T_1(\sqrt{2}|0)$ und $T_2(-\sqrt{2}|0)$;
Wendepunkte: $W_1\left(\frac{1}{6}\sqrt{33}\,\middle|\,\frac{169}{144}\right)$ und $W_2\left(-\frac{1}{6}\sqrt{33}\,\middle|\,\frac{169}{144}\right)$

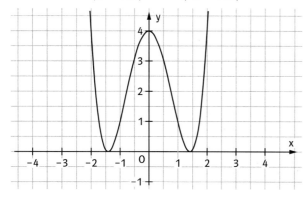

c) Ansatz: $g(x) = ax^2 + bx + c$.
Aus $g(1) = f(1)$; $g'(1) = -\frac{1}{f'(1)}$ und $g(-1) = f(-1)$ folgt $g(x) = \frac{1}{8}x^2 + \frac{7}{8}$.
Schnittpunkte der beiden Geraden:
$S_1(1|1)$; $S_2(-1|1)$; $S_3\left(\frac{5}{4}\sqrt{2}\,\middle|\,\frac{81}{64}\right)$; $S_4\left(-\frac{5}{4}\sqrt{2}\,\middle|\,\frac{81}{64}\right)$.

5
a) $f'(x) = -8x^3 + 12x^2$
$f''(x) = -24x^2 + 24x$
$f'''(x) = -48x + 24$
$N_1(0|0)$; $N_2(2|0)$; $H(1,5|3,375)$; $W_1(0|0)$; $W_2(1|2)$;
W_1 ist ein Wendepunkt mit waagerechter Tangente.

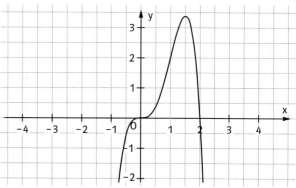

b) Da nur gerade Hochzahlen vorkommen, ist der Graph von f achsensymmetrisch zur y-Achse.
$f'(x) = 2x^3 - 2x$; $f''(x) = 6x^2 - 2$; $f'''(x) = 12x$
$N_1(-2|0)$; $N_2(2|0)$; $T_1(-1|-4,5)$; $T_2(1|-4,5)$; $H(0|-4)$;
$W_1\left(-\sqrt{\frac{1}{3}}\,\middle|\,-\frac{77}{18}\right)$; $W_2\left(+\sqrt{\frac{1}{3}}\,\middle|\,+\frac{77}{18}\right)$

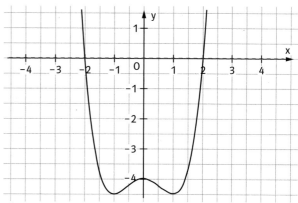

6
a) Zum Beispiel:

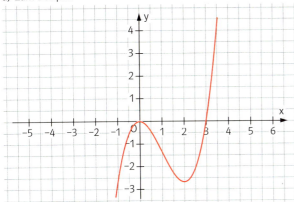

Weitere Eigenschaften: Maximum an der Stelle $x_1 = 0$; zwei Nullstellen: $x_1 = 0$ und $x_2 = 3$; eine Wendestelle ($x_3 = 1$).
b) Zum Beispiel:
f Funktion vierten Grades, zwei Wendestellen und hier drei Nullstellen.

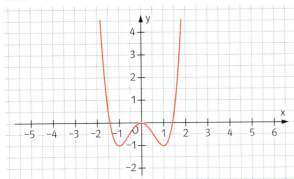

7
a) Wahr, siehe Definition.
b) Falsch. Es gibt nur ein globales Maximum.
c) Wahr. Die Funktion ist mindestens 4. Grades.
d) Falsch. Es kann nicht gelten $f(x) = -f(x) = f(-x)$.
e) Falsch. $f(x) = x^2 + 4$ hat keine Nullstelle.

Kapitel III, Prüfungsvorbereitung mit Hilfsmitteln, Seite 91

1
a) Nullstellen: $x_1 = 0$; $x_2 = \frac{3}{2} + \frac{1}{2}\sqrt{105}$; $x_3 = \frac{3}{2} - \frac{1}{2}\sqrt{105}$
Lokale Extremstellen sind $x_4 = -2$ und $x_5 = 4$.
$f(-2) = 1{,}75$ ist ein lokales Maximum, $f(4) = -5$ ist ein lokales Maximum.
b) $f(-4) = -1$ ist ein lokales Minimum. Das globale Maximum wird an den Stellen -2 und 7 angenommen: $f(-2) = f(7) = 1{,}75$. Bei 4 liegt das globale Minimum $f(4) = -5$.
c) t_1: $y = 3x - 20{,}25$; t_2: $y = 3x + 11$

2
a) Für $x \to +\infty$ folgt $f(x) \to -\infty$, für $x \to -\infty$ folgt $f(x) \to +\infty$.
b) Schnittpunkt mit der y-Achse: $(0 \mid 3)$
Schnittstellen mit der x-Achse (Nullstellen):
$f(x) = -\frac{1}{3}x^3 + x^2 - x + 3 = 0$; Lösung: 3 (geraten)
(Aus der durch Abspalten des Linearfaktors $(x - 3)$ entstehenden quadratischen Gleichung $-\frac{1}{3}x^2 - 1 = 0$ ergibt sich keine weitere Lösung.)
Schnittpunkt mit der x-Achse: $(3 \mid 0)$
Extrempunkte und Wendepunkte:
$f'(x) = -x^2 + 2x - 1 = -(x-1)^2 = 0$; Lösung: 1
$f''(x) = -2x + 2 = 0$; Lösung: 1
$f'''(x) = -2$ und damit $f'''(1) = -2 \neq 0$
Der Graph von f hat an der Stelle 1 einen Wendepunkt mit waagerechter Tangente (Sattelpunkt).
Wegen $f(1) = -\frac{1}{3} \cdot 1^3 + 1^2 - 1 + 3 = \frac{8}{3}$ liegt dieser Sattelpunkt bei $S\left(1 \mid \frac{8}{3}\right)$.
c) Wegen $f'(x) = -(x-1)^2 < 0$ für alle $x \neq 1$ und $f'(1) = 0$, ist die Funktion f für alle $x \in \mathbb{R}$ streng monoton abnehmend.
Die 2. Ableitung ist für $x < 1$ positiv, für $x > 1$ negativ. Also verläuft der Graph von f für $x < 1$ linksgekrümmt, für $x > 1$ rechtsgekrümmt.

3
a) $f'(x) = \frac{1}{2} - \frac{2}{x^2}$ hat (für $x > 0$) die Lösung $x = 2$.
Für $0 < x < 2$ ist $f'(x) < 0$, für $x > 2$ ist $f'(x) > 0$, also liegt bei $x = 2$ ein VZW von $-$ nach $+$ vor. Daher ist dort ein Minimum. Die Extremstelle ist $x = 2$, das Minimum $f(2) = 2$.
b) Für $x \to \infty$ verhält sich f wie g mit $g(x) = \frac{x}{2}$. Daher gilt $f(x) \to \infty$ für $x \to \infty$.

4
Der Ansatz $f(x) = ax^3 + bx$ liefert mit der Bedingung $f(3) = 3$
z.B. $f_a(x) = ax^3 + (1 - 9a) \cdot x$; $a \neq 0$.
a) Die notwendige Bedingung $f'_a(x) = 0$ für Extremstellen liefert
(1): $|x| = \frac{1}{3}\sqrt{3} \cdot \sqrt{a \cdot (9a - 1)}$.
Die notwendige Bedingung $f''_a(x) = 0$ für Wendepunktstellen liefert (2): $6ax = 0$ bzw. $x = 0$, da $a \neq 0$ ist.
(1) und (2) sind erfüllt für $a(9a - 1) = 0$ bzw. $a = \frac{1}{9}$ ($a \neq 0$).
b) Es gibt jeweils 2 Extremstellen, falls in Gleichung (1) der Radikand > 0 ist.
Aus $a \cdot (9a - 1) > 0$ folgt $a < 0$ oder $a > \frac{1}{9}$.

5
a) Für die Maßzahl des Flächeninhalts des gefärbten Dreiecks gilt in Abhängigkeit von x:
$A(x) = a^2 - \frac{1}{2}x^2 - 2 \cdot \frac{1}{2}a \cdot (a - x)$ bzw.
$A(x) = -\frac{1}{2}x^2 + ax$; $0 < x \leq a$. A wird maximal für $x = a$ (Randmaximum).
b) Es gilt: $V = r^2\pi h$; $O = r^2\pi + 2r\pi h$ (Formeln für den Zylinder).
Daraus folgt: $O(r) = r^2\pi + 2r\pi \frac{V}{r^2\pi} = r^2\pi + \frac{600}{r}$.
$O'(r) = 0$ liefert $r_0 = \sqrt[3]{\frac{300}{\pi}} \approx 4{,}57$ (dm);
$h_0 = \sqrt[3]{\frac{300}{\pi}}$ mit $O''(r_0) > 0$.

6

Der Ansatz $f(x) = ax^2 + b$ mit den Bedingungen $f(0) = 40$ und $f(50) = 0$ liefert $f(x) = -\frac{2}{125}x^2 + 40$; $-50 \leq x \leq 50$.
a) $f'(-50) = \frac{8}{5}$ ergibt $\alpha = 57,99°$.
b)

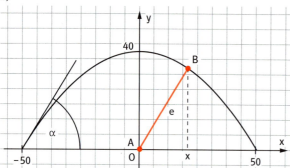

Für die Entfernung e von $A(0|2)$ zu
$B(x|f(x))$ gilt $e = \sqrt{x^2 + (f(x) - 2)^2} = \sqrt{\frac{4}{15625}x^4 - \frac{27}{125}x^2 + 1444}$.
Die Ersatzfunktion e^2 hat ein lokales Maximum bei $x_0 = \frac{15}{4}\sqrt{30} \approx 20,53$ (m) mit $f(x_0) = 33,25$.
Es gilt: $B\left(\frac{15}{4}\sqrt{30} \mid 33,25\right)$.

7

a) $f(x) = g(x)$ ergibt $x^3 - 0,5x^2 + 3x + 1 = 0$.
Der Startwert $x_0 = -0,5$ liefert die Näherungswerte
$x_1 = -0,3235$; $x_2 = -0,3079$; $x_3 = -0,3078$; also $x^* \approx -0,308$.
b) $f(x) = g(x)$ ergibt $3x^3 + x^2 - 5x + 5 = 0$.
Der Startwert $x_0 = -2$ liefert die Näherungswerte
$x_1 = -1,8148$; $x_2 = -1,7879$; $x_3 = -1,7874$; also $x^* \approx -1,787$.

8
a)

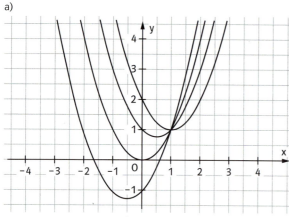

b) Das globale Minimum $-\frac{1}{4}k^2 - k$ wird an der Stelle $-\frac{k}{2}$ angenommen.
c) Es gilt: $-\frac{1}{4}k^2 - k = 0$ für $k = 0$ oder $k = -4$.
d) Die Graphen der Funktionen f_k sind nach oben geöffnete Parabeln. Es gibt 2 verschiedene Nullstellen, wenn das globale Minimum < 0 ist, und keine Nullstellen im Fall > 0.
Aus $-\frac{1}{4}k^2 - k < 0$ ergeben sich 2 Nullstellen für $k < -4$ oder $k > 0$. Für $-4 < k < 0$ gibt es keine Nullstellen.

e) C_0 und C_1 schneiden sich im Punkt $S(1|1)$. Für alle k gilt $f_k(1) = 1$. Somit gehen alle C_k durch S.

9

a) $N_1(0|0)$; $N_2(\sqrt{t}|0)$; $N_3(-\sqrt{t}|0)$; $H\left(\frac{1}{3}\sqrt{3t} \mid \frac{2}{9}t\sqrt{3t}\right)$;
$T\left(-\frac{1}{3}\sqrt{3t} \mid -\frac{2}{9}t\sqrt{3t}\right)$; $W(0|0)$
b)

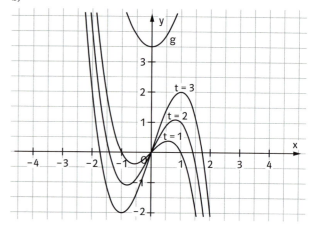

c) $f_t(u) = g(u)$: $tu - u^3 = 0,5(3u^2 + 7)$
$f'_t(u) = g'(u)$: $t - 3u^2 = 3u$ liefert $4u^3 + 3u^2 - 7 = 0$.
$(u - 1)(4u^2 + 7u + 7) = 0$; $u = 1$ und $t = 6$; $B(1|5)$
K_6: $f_6(x) = 6x - x^3$

Kapitel IV, Zeit zu überprüfen, Seite 96

5

a) $f'(x) = 3,5e^x$ \hspace{2em} b) $f'(x) = -e^x + 4x^3$
c) $f'(x) = 0,5e^x + \frac{1}{2}x$

6

Tangentengleichung: $y = e^2 x - e^2$, Schnittpunkt: $S(1|0)$

Kapitel IV, Zeit zu wiederholen, Seite 96

12

a) NS: $(-2|0)$, $(0|0)$, $(2|0)$ HP: $(0|0)$ TP: $(-\sqrt{2}|-4)$, $(\sqrt{2}|-4)$
WP: $\left(-\sqrt{\frac{2}{3}} \mid -\frac{20}{9}\right)$, $\left(\sqrt{\frac{2}{3}} \mid -\frac{20}{9}\right)$.
b) Symmetrie zur y-Achse, wenn gilt: $f(-x) = f(x)$:
$f(-x) = (-x)^4 - 4(-x)^2 = x^4 - 4x^2 = f(x)$
Funktionsgraph: siehe Funktionsplotter

Kapitel IV, Zeit zu überprüfen, Seite 98

5

a) $\ln(e^2) = 2$ \hspace{2em} b) $e^{\ln(3)} = 3$
c) $3 \cdot \ln(e^{-1}) = -3$ \hspace{2em} d) $\ln(e^{4,5} \cdot e^2) = 6,5$

6

a) $x = \ln(12) \approx 2,485$ \hspace{2em} b) $x = 3$
c) $x = \frac{1}{2}\ln(4,5) \approx 0,752$ \hspace{2em} d) $x = 2 \cdot (\ln(4) + 3) \approx 8,773$

Kapitel IV, Zeit zu überprüfen, Seite 102

7
a) $u(v(x)) = (2x + 7)^3$;
$v(u(x)) = 2(x + 7)^3$
$u(x) \cdot w(x) = (x + 7)^3 e^x$
$u(w(x)) = (e^x + 7)^3$
$w(v(x)) = e^{2x}$
b) Verkettung: $u(x) = f(g(x))$; z.B. $f(x) = x^3$; $g(x) = x + 7$
Produkt: $u(x) = f(x) \cdot g(x)$; z.B. $f(x) = (x + 7)^2$; $g(x) = x + 7$
Summe: $u(x) = f(x) + g(x)$; z.B. $f(x) = (x + 7)^2 \cdot x$; $g(x) = 7 \cdot (x + 7)^2$

Kapitel IV, Zeit zu überprüfen, Seite 105

7
a) $f'(x) = \frac{1}{2}x + 5$
b) $f'(x) = \frac{-2}{(2x - 3)^2}$
c) $f'(x) = -20x e^{-10x^2}$
d) $f'(x) = -\frac{1}{\sqrt{1 - 2x}}$

8
a) $P(1|1)$, $f'(1) = 6$
b) $Q(2|1)$
c) Ja, im Punkt $R(0|1)$ ist $f'(0) = 0$.

Kapitel IV, Zeit zu überprüfen, Seite 108

8
a) $f'(x) = e^x \cdot (2x - 3) + 2 \cdot e^x = e^x(2x - 1)$
$g'(x) = (1 - x)^2 - 2x \cdot (1 - x) = (1 - x) \cdot (1 - 3x)$
$h'(x) = 18x \cdot (2x - 3)^2 + 3 \cdot (2x - 3)^3 = (2x - 3)^2 \cdot (24x - 9)$
$i'(x) = e^x \cdot \frac{1}{x} - \frac{1}{x^2} \cdot e^x = \frac{1}{x} e^x \cdot \left(1 - \frac{1}{x}\right)$
b) $P\left(\frac{1}{2} \middle| -2 \cdot e^{\frac{1}{2}}\right)$, $Q_1\left(\frac{1}{3} \middle| \frac{4}{27}\right)$, $Q_2(1|0)$
c) $R\left(\frac{3}{2} \middle| 0\right)$, $h'\left(\frac{3}{2}\right) = 0$, $S(0|0)$, $h'(0) = -81$

Kapitel IV, Zeit zu überprüfen, Seite 110

7
$f'(x) = \frac{3}{(4x + 1)^2}$; $g'(x) = \frac{2}{(2 - x)^3}$; $h'(x) = \frac{0{,}75x e^x + 0{,}25 \cdot e^x}{(0{,}75x + 1)^2}$; $k'(x) = \frac{9 - 4x}{2x^4}$

8
a) $f'(x) = \frac{x \cdot (0{,}5x + 1)}{(x + 1)^2}$
$f'(x) = 0$ für $x_1 = 0$, $x_2 = -2$, also $P(0|0)$, $Q(-2|-2)$
b) $g'(x) = \frac{-2}{(x - 1)^2}$; $P(2|4)$, $g'(2) = -2$
Tangente in P: $y = -2x + 8$
c) $h(x) = \frac{1}{x} - x$, $h'(x) = -\frac{1}{x^2} - 1$
$h'(x) = -5$ für $x_1 = \frac{1}{2}$, $x_2 = -\frac{1}{2}$

Kapitel IV, Prüfungsvorbereitung ohne Hilfsmittel, Seite 114

1
a) $f'(x) = x \cdot e^{-3x} \cdot (2 - 3x)$
b) $f'(x) = x \cdot e^{-3{,}5x}(2 - 3{,}5x)$
c) $f'(x) = 2 \cdot (x + e^x) \cdot (1 + e^x)$
d) $f'(x) = -x \cdot e^{-x}$

2
$(u \cdot v)(x) = \frac{2}{\sqrt{x}}$; $(u \cdot v)'(x) = -\frac{1}{x^{\frac{3}{2}}}$
$(v \cdot u)(x) = \frac{2}{\sqrt{x}}$; $(u \cdot v)'(x) = -\frac{1}{x^{\frac{3}{2}}}$
$(u \cdot w)(x) = \sqrt{x} \cdot (4 - 7e^x)$; $(u \cdot w)'(x) = \frac{4 - 7e^x}{2\sqrt{x}} - 7e^x \cdot \sqrt{x}$
$\left(\frac{u}{w}\right)(x) = \frac{\sqrt{x}}{4 - 7e^x}$; $\left(\frac{u}{w}\right)'(x) = \frac{7e^x \cdot \sqrt{x}}{(4 - 7e^x)^2} + \frac{1}{2\sqrt{x}(4 - 7e^x)}$
$\left(\frac{w}{u}\right)(x) = \frac{4 - 7e^x}{\sqrt{x}}$; $\left(\frac{w}{u}\right)'(x) = -\frac{4 - 7e^x}{2x^{\frac{3}{2}}} - \frac{7e^x}{\sqrt{x}}$
$(u \circ v)(x) = \sqrt{\frac{2}{x}}$; $(u \circ v)'(x) = -\frac{1}{x^{\frac{3}{2}} \cdot \sqrt{2}}$
$(v \circ w)(x) = v(w(x)) = \frac{2}{4 - 7e^x}$
$(v \circ w)'(x) = \frac{14 e^x}{(4 - 7e^x)^2}$

3
a) $x_1 = 0$, $x_2 = \frac{3 + \sqrt{5}}{2}$, $x_3 = \frac{3 - \sqrt{5}}{2}$
b) $x = \frac{1}{2} \cdot \ln(5)$
c) $x = \ln(5)$
d) $x = -2$

4
a) $x = 3$ b) $x = 0$ c) $x = 1$ d) $x = \frac{1}{2}\ln(2)$
e) $x_1 = 0$; $x_2 = 4$; $x_3 = -3$ f) $x_1 = \frac{1}{3}\ln(2)$; $x_2 = -2$

5
a) f ist streng monoton fallend auf den Intervallen $(-\infty; -2)$, $(-2; +2)$ und $(+2; +\infty)$.
b) $f'(x) = -\frac{16 + 4x^2}{(x^2 - 4)^2}$; $f''(x) = \frac{8x \cdot (x^2 + 12)}{(x^2 - 4)^3}$; $f''(x) = 0$ hat nur 0 als Lösung. f'' hat bei 0 einen Vorzeichenwechsel von – nach +. Also ist $W(0|0)$ Wendepunkt.
c) $y = -x$

6
a) $T(-1|-e^{-1})$ b) $y = -x$ c) $W(-2|-2 \cdot e^{-2})$

7
a) $y = -2x + 6$ b) $y = -x + 0{,}5$ c) $y = -4e \cdot x - 2e$

8
a) G gehört zu f, da $f(0) = 0$.
b) Zu C: $g(x) = 3 \cdot (x + 2) \cdot e^{-(x + 2)^2}$.
Zu K: $h(x) = 3 \cdot (x - 1) \cdot e^{-(x - 1)^2}$.

c)

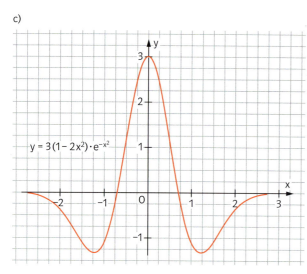

$y = 3(1 - 2x^2) \cdot e^{-x^2}$

d) $f_t(x) = 3 \cdot (x + t) \cdot e^{-(x+t)^2}$

9
(A) ist falsch: f' hat an den beiden Extremstellen von f eine Nullstelle.
(B) ist falsch: f hat drei Wendestellen: ca. −2,5; 0 und ca. +2,5.
(C) ist richtig: Bei x = 0 geht der Graph von f von einer Linkskurve in eine Rechtskurve über. Also ist 0 eine Maximumstelle von f'.
(D) ist falsch: Der Graph von f' ist in diesem Bereich achsensymmetrisch zur y-Achse.

10
a) $f'(x) = e^x$, $f'(2) = e^2$
Tangente: $y = e^2(x - 1)$
Normale: $y = -e^{-2}(x - 2) + e^2$
b) $g(x) = -e^{-x}$

Kapitel IV, Prüfungsvorbereitung mit Hilfsmitteln, Seite 115

1
a) $v(x) = 2x - 5$; $u(x) = x^3$; $f'(x) = 6 \cdot (2x - 5)^2$
b) $v(x) = x + 1$; $u(x) = -2 \cdot x^{-4}$; $f'(x) = \frac{8}{(x+1)^5}$
c) $v(x) = 2x^2 + 1$; $u(x) = 3 \cdot \sqrt{x}$; $f'(x) = \frac{6x}{\sqrt{2x^2+1}}$
d) $v(x) = 3 \cdot e^x$; $u(x) = \frac{1}{x}$; $f'(x) = -\frac{1}{3 \cdot e^x}$

2
a) $f(1) = \frac{1}{2}$; $f'(x) = \frac{1}{(x+1)^2}$; $f'(1) = \frac{1}{4}$
t: $y = \frac{1}{4}x + \frac{1}{4}$; n: $y = -4x + \frac{9}{2}$
b) $B_1(0|0)$; $B_2(-2|2)$
c) $B\left(1|\frac{1}{2}\right)$; t: $y = \frac{1}{4}x + \frac{1}{4}$; n: $y = -4x + \frac{9}{2}$

3
a) Der Graph von g hat eine doppelte Nullstelle bei x = 0, verläuft ansonsten aber oberhalb der x-Achse. An dem Funktionsterm von g kann man erkennen, dass die Funktionswerte nie negativ werden, da x^2 nicht negativ wird und e^{2-x} stets positiv ist.
b) Ja, H(2|4) und W(2|4) sind identisch.

4
a) Zwischen dem 25. und 392. Tag nach Einführung des neuen Modells, also in einem Zeitraum von 366 Tagen, wird ein Gewinn erwirtschaftet.
b) Die tägliche Verkaufszahl erreicht ein Maximum nach 115 Tagen. Die zugehörige maximale Verkaufszahl beträgt ca. 9332.
c) $f'_k(t) = k \cdot e^{-0,01t} \cdot (1,15 - 0,01t)$, f'_k wird nur 0 für t = 115. Bei t = 115 hat f'_k einen Vorzeichenwechsel von „+" zu „−", also liegt immer bei 115 ein Maximum der Verkaufszahl vor, unabhängig von k.
d) Für t > 115 ist $f'_k(t) < 0$, also sinken die täglichen Verkaufszahlen. $f''_k(t) = k \cdot e^{-0,01t} \cdot 0,01 \cdot (0,01t - 2,15)$. f''_k wird nur 0 für t = 215. Bei t = 215 hat f''_k einen Vorzeichenwechsel von − zu +, also sinken die Verkaufszahlen bei 215 am stärksten.

5
a) Nach 2,31h ist die Konzentration maximal mit ca. $11,81 \frac{mg}{l}$.
b) Das Medikament wirkt ca. 5,6 Stunden.

Kapitel V, Zeit zu überprüfen, Seite 120

4
a) 1 Karo entspricht einer Höhe von 5 m. 1 FE entspricht einer Höhe von 1 m.

Zeitpunkt	10s	20s	30s	40s
Höhe	410 m	430 m	440 m	435 m

b) Nach insgesamt 90 s.

Kapitel V, Zeit zu überprüfen, Seite 124

4
a) $\int_0^6 \frac{1}{2}x \, dx = 9$

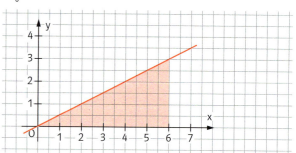

248

b) $\int_{-1}^{2}(2x-1)\,dx = 0$

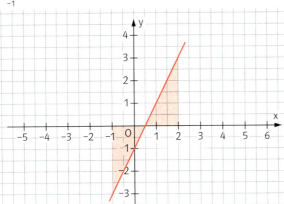

c) $\int_{-10}^{0} -0{,}5\,dt = -5$

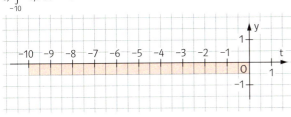

5

$A_1 = \int_{-1}^{0} 3x(x-1)(x+1)\,dx = 0{,}75;\quad A_2 = -\int_{0}^{1} 3x(x-1)(x+1)\,dx = 0{,}75;$

$A_3 = \int_{1}^{1{,}2} 3x(x-1)(x+1)\,dx = 0{,}145$

Kapitel V, Zeit zu überprüfen, Seite 128

7

$F'(x) = 0{,}4x^3 = \frac{2}{5}x^3 = h(x);\ $ F ist eine Stammfunktion von h.

$G'(x) = \frac{8}{20}x^3 = \frac{2}{5}x^3 = h(x);\ $ G ist eine Stammfunktion von h.

8

a) $\int_{-2}^{5} x^2\,dx = \left[\frac{1}{3}x^3\right]_{-2}^{5} = \frac{1}{3}\cdot 5^3 - \left(\frac{1}{3}\cdot(-2)^3\right) = \frac{125}{3} + \frac{8}{3} = \frac{133}{3} = 44\frac{1}{3}$

b) $\int_{-2}^{-1} -\frac{1}{2}x^4\,dx = \left[-\frac{1}{10}x^5\right]_{-2}^{-1} = -\frac{1}{10}(-1)^5 - \left(-\frac{1}{10}\cdot(-2)^5\right) = \frac{1}{10} - \frac{32}{10}$

$\qquad = -\frac{31}{10} = -3{,}1$

Kapitel V, Zeit zu wiederholen, Seite 128

14

a) $x_1 = 2;\ x_2 = -1$ \qquad b) $x = -\frac{3}{2}$

c) $x = -1$ \qquad d) $x_1 = 0;\ x_2 = \frac{1}{2}$

e) $x = \ln(3) \approx 1{,}099$ \qquad f) $x_1 = 2;\ x_2 = -2;\ x_3 = 3;$

$\qquad\qquad\qquad\qquad\qquad\qquad\qquad x_4 = -3$

g) $x_1 = 0;\ x_2 = -1;\ x_3 = -9$ \qquad h) $x = \ln(1) = 0$

15

a) $x_1 = 2 - \frac{\sqrt{18}}{2} \approx -0{,}121;\ x_2 = 2 + \frac{\sqrt{18}}{2} \approx 4{,}121$

b) $x_1 = -3;\ x_2 = -1$

c) $x_1 = 0;\ x_2 = 3;\ x_3 = -3$ \qquad d) $x_1 = 1{,}5;\ x_2 = -0{,}5$

e) $x = 2$ \qquad f) $x = \frac{1}{2}\ln(5) \approx 0{,}805$

Kapitel V, Zeit zu überprüfen, Seite 132

8

a) $F(x) = \frac{1}{30}x^3 + \frac{2}{x}$ \qquad b) $F(x) = \ln|x-2|$

c) $F(x) = \frac{-1}{2x+1}$

9

a) $\int_{-1}^{1} \frac{1}{2}(x+1)^3\,dx = \left[\frac{1}{8}(x+1)^4\right]_{-1}^{1} = \frac{1}{8}\cdot 2^4 - \frac{1}{8}\cdot 0^4 = 2$

b) $\int_{0}^{1} \frac{1}{2}e^{2x}\,dx = \left[\frac{1}{4}e^{2x}\right]_{0}^{1} = \frac{1}{4}e^2 - \frac{1}{4} \approx 1{,}597$

c) $\int_{-1}^{0} \frac{1}{(2x-1)^2}\,dx = \left[\frac{-1}{2(2x-1)}\right]_{-1}^{0} = \frac{1}{2} - \frac{1}{6} = \frac{1}{3}$

10

A ist wahr, da $F'(x) = f(x)$ für $0 < x < 2$ negativ ist.

B ist falsch.

C ist wahr, da $F'(-1) = f(-1) = 0$ ist und $F' = f$ an der Stelle $x = -1$ einen Vorzeichenwechsel von − nach + hat.

D ist falsch. (Es kann zwar eine Stammfunktion F geben, für die D zutrifft, aber für eine beliebige Stammfunktion ist D falsch.)

E ist wahr, da $F''(1{,}2) = f'(1{,}2) = 0$ ist und $F'' = f'$ an der Stelle $x = 1{,}2$ einen Vorzeichenwechsel hat.

Kapitel V, Zeit zu überprüfen, Seite 136

6

$A = \int_{0}^{4}(-x^2 + 4x)\,dx = \left[-\frac{1}{3}x^3 + 2x^2\right]_{0}^{4} = 10\frac{2}{3}$

7

a) $A = \int_{0}^{2}(f(x) - g(x))\,dx = 1\frac{1}{3}$

b) $A = \int_{2}^{4} f(x)\,dx - \int_{2}^{3} g(x)\,dx = 5\frac{1}{4} - 2\frac{3}{4} \approx 2{,}58$

c) $A = 8 - \int_{0}^{2} f(x)\,dx = 8 - 5\frac{1}{3} = 2\frac{2}{3}$

Kapitel V, Zeit zu wiederholen, Seite 136

12

a) D muss der Graph von g sein, da g als einzige eine ganzrationale Funktion vierten Grades ist und somit drei Extremstellen haben kann. Die anderen Funktionen sind Funktionen dritten Grades und können höchstens zwei Extremstellen haben.
f hat die Nullstellen $x_1 = 0$; $x_2 = 1$; $x_3 = -1$.
h hat die Nullstellen $x_1 = 0$; $x_2 = 2$ und $h(x) \to +\infty$ für $x \to +\infty$.
i hat die Nullstellen $x_1 = 0$; $x_2 = 2$ und $i(x) \to -\infty$ für $x \to +\infty$.
Demnach gehört A zu f; C zu h; B zu i.

b) $j(0) = -2$; der Punkt $P(0|-2)$ gehört zu keinem der abgebildeten Graphen.

Kapitel V, Zeit zu überprüfen, Seite 139

4

$A(z) = \int_{0,5}^{z} \frac{4}{x^3} dx = \left[-\frac{2}{x^2}\right]_{0,5}^{z} = \frac{-2}{z^2} + 8$

$A(z) \to 8$ für $z \to +\infty$.
Die Fläche hat den endlichen Inhalt $A = 8$.

Kapitel V, Zeit zu überprüfen, Seite 141

5

a) Man zeichnet eine Parallele zur x-Achse so, dass die gefärbten Flächen denselben Inhalt haben. $\bar{v} \approx 19 \frac{m}{s}$

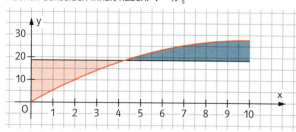

b) $\bar{v} = \frac{1}{10} \int_0^{10} v(t) dt \approx 18{,}52 \frac{m}{s}$

c) $s = \int_0^{10} v(t) dt \approx 185{,}2\,m$; oder $s \approx 10 \cdot 18{,}52 = 185{,}2\,m$

Kapitel V, Zeit zu wiederholen, Seite 146

13

a); b); c) Skizze: siehe Funktionsplotter

d)

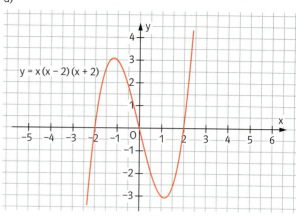

14

a) Wahr. Dieser Koeffizient der Potenz mit dem höchsten Exponenten 4 ist negativ, also gilt: $f(x) \to -\infty$ für $x \to +\infty$ und für $x \to -\infty$.

b) Wahr. Entweder gilt $f(x) \to +\infty$ für $x \to +\infty$ und $f(x) \to -\infty$ für $x \to -\infty$ oder $f(x) \to -\infty$ für $x \to +\infty$ und $f(x) \to +\infty$ für $x \to -\infty$. Wegen der Differenzierbarkeit von f muss f mindestens eine Nullstelle haben.

c) Falsch. Gegenbeispiel: f mit $f(x) = x^3 + 3x$ hat den Grad $n = 3$ und keine Extremstelle.

Kapitel V, Prüfungsvorbereitung ohne Hilfsmittel, Seite 148

1

a) $\int_{-2}^{2} x(x-1) dx = \int_{-2}^{2} (x^2 - x) dx = \left[\frac{1}{3}x^3 - \frac{1}{2}x^2\right]_{-2}^{2} = \frac{8}{3} - 2 - \left(-\frac{8}{3} - 2\right) = \frac{16}{3} = 5\frac{1}{3}$

b) $\int_{1}^{10} x^{-1} dx = \int_{1}^{10} \frac{1}{x} dx = [\ln|x|]_1^{10} = \ln(10) - \ln(1) = \ln(10) \approx 2{,}30$

c) $\int_0^{\ln(4)} e^{\frac{1}{2}x} dx = \left[2 e^{\frac{1}{2}x}\right]_0^{\ln(4)} = 2 \cdot 2 - 2 = 2$

2

a) $f(x) = \frac{1}{4} e^{0,1x+1}$; $F(x) = \frac{5}{2} e^{0,1x+1}$;

b) $f(x) = 2(5x-1)^{-2}$; $F(x) = -\frac{2}{5}(5x-1)^{-1} = \frac{-2}{5(5x-1)} = \frac{2}{5(1-5x)}$

3

Nullstellen von $f(x) = x(x^2 - 1)$ sind $x_1 = 0$; $x_2 = 1$; $x_3 = -1$. Im Intervall $[-1; 0]$ ist f positiv, im Intervall $]0; 1[$ negativ.

$A = \int_{-1}^{0} (x^3 - x) dx - \int_{0}^{1} (x^3 - x) dx = \left[\frac{1}{4}x^4 - \frac{1}{2}x^2\right]_{-1}^{0} - \left[\frac{1}{4}x^4 - \frac{1}{2}x^2\right]_{0}^{1} =$
$-\left(\frac{1}{4} - \frac{1}{2}\right) - \left(\frac{1}{4} - \frac{1}{2}\right) = \frac{1}{2}$

4

Für $z \geq 1$ gilt: $A(z) = \int_1^z \frac{10}{x^4} dx = \left[-\frac{10}{3}x^{-3}\right]_1^z = -\frac{10}{3}z^{-3} + \frac{10}{3}$;
$\lim_{z \to \infty} A(z) = \frac{10}{3}$.
Die Fläche hat den endlichen Inhalt $A = \frac{10}{3}$.

5

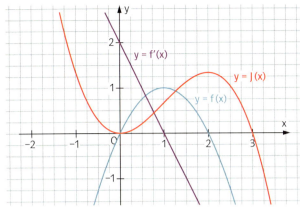

Die Integralfunktion zu c) ist mit J bezeichnet. J ist gleichzeitig eine Stammfunktion von f (Teilaufgabe b)).

6
a) g(2) entspricht der Steigung des Graphen von G an der Stelle 2; g(2) ≈ −0,5.
b) Nach dem Hauptsatz gilt:
$\int_1^4 g(x)\,dx = G(4) - G(1) \approx 0{,}5 - 1{,}5 = -1$.

7
A ist falsch. Es ist $f(x) \geq 0$ für $x \in [-1; 0]$, also ist F streng monoton steigend.
B ist richtig. Es ist $f(0) = F'(0) = 0$ und $f = F'$ hat an der Stelle 0 einen VZW von + nach −. An der Stelle 0 hat der Graph von F einen Hochpunkt.
C ist falsch. F kann an der Stelle 0 eine Nullstelle haben.
D ist richtig. Es ist $f'(1) = F''(1) = 0$ und $f' = F''$ hat an der Stelle 1 einen VZW von − nach +.

8
f_a hat die Nullstellen $x_1 = -1$ und $x_2 = 1$. $f_a(x) \geq 0$ für $-1 \leq x \leq 1$, die gesuchte Fläche liegt also oberhalb der x-Achse.

$A = \int_{-1}^{1} f(x)\,dx = \left[-\frac{1}{3}ax^3 + ax\right]_{-1}^{1} = -\frac{1}{3}a + a - \left(\frac{1}{3}a - a\right) = \frac{4}{3}a$

Aus $\frac{4}{3}a = 4$ folgt $a = 3$.

9
a) Der Ballon ist im Steigen und seine Steiggeschwindigkeit ist maximal mit ca. 44 m/min.
b) Nach 25 Minuten. Die erreichte Höhe entspricht einem orientierten Flächeninhalt; $H = \int_0^{15} v(t)\,dt$.
c) Der Landepunkt liegt höher als der Startpunkt, da der orientierte Flächeninhalt im Intervall [0; 40] positiv ist.

Kapitel V, Prüfungsvorbereitung mit Hilfsmitteln, Seite 149

1
a) Nullstellen von f: $x_1 = -2$; $x_2 = 2$; $x_3 = 0$.
$A_1 = -\int_{-2}^{2} (0{,}5x^2(x^2-4))\,dx \approx 4{,}27$

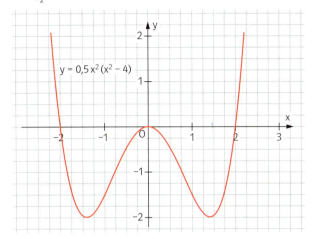

b) Schnittpunkte des Graphen von f und der Geraden $y = -2$ sind $(-\sqrt{2}\,|\,-2)$ und $(\sqrt{2}\,|\,-2)$.

$A = \int_{-\sqrt{2}}^{\sqrt{2}} (0{,}5x^2(x^2-4) - (-2))\,dx = \int_{-\sqrt{2}}^{\sqrt{2}} (0{,}5x^4 - 2x^2 + 2)\,dx$

$= \left[\frac{1}{10}x^5 - \frac{2}{3}x^3 + 2x\right]_{-\sqrt{2}}^{\sqrt{2}} = \frac{32}{15}\sqrt{2} \approx 3{,}02$

c) Wegen $\int_a^b k \cdot f(x)\,dx = k \cdot \int_a^b f(x)\,dx$ gilt für den Flächeninhalt A_k zur Funktion g: $A_k = k \cdot A$

2
a) $f(x) = 1 - \frac{e^2}{e^x} = \frac{e^x - e^2}{e^x}$; einziger Schnittpunkt mit der x-Achse $N(2\,|\,0)$. Schnittpunkt mit der y-Achse $Y(0\,|\,1-e^2)$.
$f'(x) = e^{2-x} = \frac{e^2}{e^x} > 0$ für $x \in \mathbb{R}$, da $e^x > 0$ für $x \in \mathbb{R}$; also ist f streng monoton steigend.

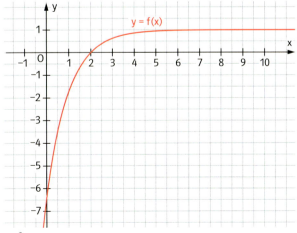

b) $\int_0^2 (1 - e^{2-x})\,dx = [x + e^{2-x}]_0^2 = 2 + 1 - e^2 = 3 - e^2 \approx -4{,}4$; $A \approx 4{,}4$.

c) $A(z) = \int_2^z 1-(1-e^{2-x})dx = \int_2^z e^{2-x}dx = [-e^{2-x}]_2^z = -e^{2-z}+1$.
Für $z \to +\infty$ strebt $A(z) \to 1$.

3

a) Es gilt: $f(t) = 0{,}1e^{-0{,}1t} > 0$ für $t > 0$, also ist die momentane Zuflussrate positiv, die Ölmenge nimmt zu.
b) Ölmenge $g(T)$ im Behälter zur Zeit T:
$g(T) = 2 + \int_0^T 0{,}1e^{-0{,}1t}dt = 2 + [-e^{-0{,}1t}]_0^T = 2 - e^{-0{,}1T} + 1 = 3 - e^{-0{,}1T}$.
Es gilt: $\lim_{T \to \infty} g(T) = 3$. Die Ölmenge kann maximal $3\,cm^3$ betragen.
c) $\overline{m} = \frac{1}{10}\int_0^{10} g(t)dt \approx 2{,}368\,cm^3$

4

a) Um 18 Uhr.
b) Zwischen 0 Uhr und 6 Uhr: $\int_0^6 g(t)dt = 28{,}8$.
Zufluss $V_1 = 28\,800\,m^3$.
Zwischen 6 Uhr und 18 Uhr: $\int_6^{18} g(t)dt = -28{,}8$.
Abfluss $V_2 = 28\,800\,m^3$.
Zwischen 0 Uhr und 6 Uhr: $\int_{18}^{24} g(t)dt = 28{,}8$. Zufluss $V_3 = 28\,800\,m^3$.

5

a) Der Querschnitt des Kanals lässt sich beschreiben durch f mit $f(x) = \frac{1}{8}x^2$. Inhalt der Querschnittsfläche $A = 16 - \int_{-4}^4 \frac{1}{8}x^2 dx = 10\frac{2}{3}$.
b) $V = 10\frac{2}{3} \cdot 2000 = 21333\frac{1}{3} \approx 21333$
c) Querschnittsfläche zur halben Höhe
$A^* = 2\sqrt{8} - \int_{-\sqrt{8}}^{\sqrt{8}} \frac{1}{8}x^2 dx = \frac{8}{3}\sqrt{2} \approx 3{,}771$
$V^* = \frac{8}{3}\sqrt{2} \cdot 2000 \approx 7542$.
Im bis zur halben Höhe gefüllten Kanal befinden sich etwa 35% der Wassermenge des gefüllten Kanals.

Kapitel VI, Zeit zu überprüfen, Seite 154

7

a) $TP_t(2t|-16t^3)$; $HP_t(-2t|16t^3)$
Skizze: $y = x^3 - 3x$; siehe Funktionsplotter
b) $y = -2x^3$
c) Alle Graphen verlaufen durch den Punkt $(0|0)$.
d) $\int_0^{2t\sqrt{3}} (x^3 - 12t^2 \cdot x)dx = [\frac{1}{4}x^4 - 6t^2 \cdot x^2]_0^{2t\sqrt{3}} = -36t^4$; $A = 36t^4$
da $t > 0$ und Fläche unterhalb der x-Achse
e) $36t^4 = 2{,}25 \Rightarrow t = \frac{1}{2}$
f) Steigung im Ursprung ergibt: $f'_t(0) = 3 \cdot 0^2 - 12t^2 = -12t^2$
Wert von t bei Steigung -1:
$-12t^2 = -1$
$t^2 = \frac{1}{12}$
$\Rightarrow t = \sqrt{\frac{1}{12}}$ da $t > 0$

Kapitel VI, Zeit zu überprüfen, Seite 160

6

a) $f(60) = 600 \cdot e^{-3} \approx 29{,}87$
Es kommen nach einer Stunde etwa 30 Personen pro Minute hinzu.
b) $F'(t) = -12\,000 \cdot (-0{,}05)e^{-0{,}05t}$
$= 600 e^{-0{,}05t}$
c) $\int_0^{100} f(t)dt = -12\,000 e^{-5} + 12\,000 \approx 11\,919$
d) $\frac{1}{100} \cdot \int_0^{100} f(t)dt \approx 119{,}19$

7

a) Ansatz für die Bevölkerungszahl $f(x)$ in Milliarden Einwohner im Jahre x (1950 $\triangleq x = 0$): $f(x) = f(0) \cdot e^{kx}$ mit $f(0) = 2{,}5$; $f(30) = 4{,}5$ ergibt $2{,}5 e^{30k} = 4{,}5$ mit der Lösung $k = 0{,}01959$ (alle Werte gerundet). Damit erhält man: $f(x) = 2{,}5 e^{0{,}01959x}$. Eine Regression mit dem Rechner für die zwei Datenpunkte $(0|2{,}5)$ und $(30|4{,}5)$ liefert dasselbe Ergebnis.
Verdopplungszeit $T_V = \frac{\ln(2)}{k} \approx 35$ Jahre. Unter der Annahme exponentiellen Wachstums auf der Basis der Jahre 1950 und 1980 verdoppelt sich die Weltbevölkerung alle 35 Jahre.
b) 2005 $\triangleq x = 55$; $f(55) = 7{,}3$; der Wert ist etwas zu hoch im Vergleich zum wahren Wert; 1920 $\triangleq x = -30$; $f(-30) \approx 1{,}4$; der Wert ist etwas zu gering im Vergleich zum wahren Wert.
c) 2050 $\triangleq x = 100$; $f(100) \approx 17{,}7$; die Prognose auf der Basis der Entwicklung von 1950 bis 1980 ist also viel höher als die der Experten der Vereinten Nationen.
d) Mit der Funktionsdarstellung $f(x) = 2{,}5 e^{0{,}01959x}$ ergibt sich $f'(x) = 0{,}048975 e^{0{,}01959x}$; $f'(50) \approx 0{,}130$. Im Jahr 2000 betrug nach dem Modell aus Teilaufgabe a) die Wachstumsgeschwindigkeit etwa 130 Millionen Einwohner pro Jahr.

Kapitel VI, Zeit zu wiederholen, Seite 160

11

a) $x = 1$, $y = 3$
b) $x = 2$, $y = 2$
c) $x = 0$, $y = -2$
d) $x = -\frac{1}{2}$, $y = -\frac{5}{4}$

Kapitel VI, Zeit zu überprüfen, Seite 163

6

a) Für $x \to \infty$ gilt: $f(x) \to 0$; Für $x \to -\infty$ gilt: $f(x) \to \infty$
b) Nullstelle:
$(-x-1) \cdot e^{-x} = 0 \quad |:e^{-x} (\neq 0)$
$-x = 1 \to x = -1 \to NS(-1|0)$
Wendestelle:
$f(x) = (-x-1) \cdot e^{-x}$
$f'(x) = -e^{-x}(-x-1) - e^{-x} = x \cdot e^{-x}$
$f''(x) = -e^{-x}(x-1)$
$f'''(x) = e^{-x}(x-2)$
$f''(x) = 0 \Rightarrow x = 1$
Da die zweite Ableitung nur eine Nullstelle besitzt, gibt es folglich auch nur eine Wendestelle, da die dritte Ableitung an dieser Stelle ungleich Null ist.

Extremstelle:
Da nur eine Nullstelle der ersten Ableitung existiert, gibt es auch nur eine Extremstelle. In diesem Fall ein Minimum an der Stelle $(0|-1)$.

c) $F'(x) = e^{-x} - e^{-x}(x + 2) = e^{-x}(-x - 1) = f(x)$

d) $\int_{-1}^{0}(e^{-x}(-x - 1))dx = [e^{-x}(x + 2)]_{-1}^{0} = 2 - e \approx -0{,}7183$

e) $\int_{-1}^{\infty}(e^{-x}(-x - 1))dx = [e^{-x}(x + 2)]_{-1}^{\infty} = -e \Rightarrow A = e$

Kapitel VI, Zeit zu überprüfen, Seite 167

4

a) $f'(x) = (-1000x^2 + 2000x)e^{-x}$
$f''(x) = (1000x^2 - 4000x + 2000)e^{-x}$
Absolutes Maximum für $x = 2$
Die Einwohnerzahl nimmt also 2002 am meisten zu.

b) $F'(x) = (-2000x - 2000)e^{-x} - (-1000x^2 - 2000x - 2000)e^{-x}$
$\qquad = 1000x^2 \cdot e^{-x} = f(x)$

c) $\int_{0}^{8} f(x)dx = [(-1000x^2 - 2000x - 2000)e^{-x}]_{0}^{8}$
$\qquad = -82000e^{-8} + 2000$
$\qquad \approx 1972{,}5$

d) $\frac{1}{8}\int_{0}^{8} f(x)dx \approx 246{,}56$

Kapitel VI, Zeit zu überprüfen, Seite 170

8

a) $F_\Delta = \frac{1}{2} \cdot 3 \cdot f(3); \; A(3|0); \; B(3|f(3)); \; C(0|0)$
$F_\Delta = \frac{1}{2} \cdot 15 \cdot e^{-6} \approx 0{,}056$

b) Zielfunktion:
$F_{\Delta_a}(a) = \frac{1}{2} \cdot a \cdot f(a)$
$F_{\Delta_a}(a) = \frac{5}{2} \cdot a^2 \cdot e^{-2a}$
Maximum bestimmen:
$F'_{\Delta_a}(a) = (5a - 5a^2) \cdot e^{-2a} = 0$
$F''_{\Delta_a}(1) < 0$
Für $a = 1$ wird der Inhalt des Dreiecks maximal.

Kapitel VI, Zeit zu wiederholen, Seite 172

10

a) g: $y = 0{,}5x + 2{,}5$
b) h: $y = \frac{1}{3}x - 3$
c) k: $y = 0{,}5x$
d) l: $y = -0{,}5x + 2{,}5$
Funktionsgraphen: siehe Funktionsplotter

e) m: $y = -\frac{1}{3}x + 3$

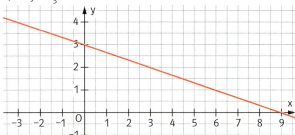

f) n: $y = \frac{1}{3}x + \frac{8}{3}$

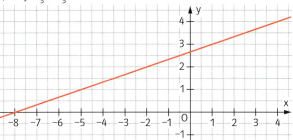

Kapitel VI, Prüfungsvorbereitung ohne Hilfsmittel, Seite 176

1

a) Punktsymmetrie zu $P(0|3)$ wenn gilt: $f(x) - 3 = -(f(-x) - 3)$;
d.h. wenn $6 - f(-x) = f(x)$
$6 - f(-x) = 6 - (-x^3 + t^2x + 3) = x^3 - t^2x + 3 = f(x)$.

b) $HP_t\left(-t\sqrt{\frac{1}{3}} \middle| \frac{2}{3}t^3 \cdot \sqrt{\frac{1}{3}} + 3\right)$, zugehörige Ortskurve: $y = -2x^3 + 3$

c) $\int_{-1}^{0}(x^3 - t^2x + 3)dx = \left[\frac{1}{4}x^4 - \frac{1}{2}t^2x^2 + 3x\right]_{-1}^{0} = \frac{11}{4} + \frac{1}{2}t^2$

d) $\frac{11}{4} + \frac{1}{2}t^2 > 2$; da $\frac{1}{2}t^2 > 0$ ist, ist auch die Fläche stets größer 2.

e) $\frac{11}{4} + \frac{1}{2}t^2 = 3 \Leftrightarrow t^2 = \frac{1}{2} \Rightarrow t = \sqrt{\frac{1}{2}}$ da $t > 0$
Für $t = \sqrt{\frac{1}{2}}$ ist die Fläche genau 3.

2

a) Am Schnittpunkt (für $x = 5$) ist der Umsatz genauso hoch wie die Kosten.

b) Wenn p größer wird, wird die Gerade steiler, der Umsatz pro verkaufter Mengeneinheit ist größer.

c) Die Aussage stimmt, falls der Absatz trotz Preiserhöhung gleich bleibt. Das ist aber fraglich.

d) $G(x) = -x^3 + 15x^2 + 25x - 375$; $G'(x) = -3x^2 + 30x + 25$;
$G''(x) = -6x$
G hat ein Maximum für $x = 5 + \frac{10}{\sqrt{3}} \approx 10{,}8$

3

a)

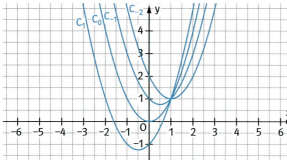

b) Das globale Minimum $-\frac{1}{4}k^2 - k$ wird an der Stelle $-\frac{k}{2}$ angenommen.

c) Es gilt $-\frac{1}{4}k^2 - k = 0$ für $k = 0$ oder $k = -4$.

d) Die Graphen der Funktion f_k sind nach oben geöffnete Parabeln. Es gibt 2 verschiedene Nullstellen, wenn das globale Minimum < 0 ist, und keine Nullstellen im Fall > 0.
Aus $-\frac{1}{4}k^2 - k < 0$ ergeben sich 2 Nullstellen für $k < -4$ oder $k > 0$.
Für $-4 < k < 0$ gibt es keine Nullstellen.

e) C_0 und C_1 schneiden sich im Punkt $S(1|1)$. Für alle k gilt $f_k(1) = 1$. Somit gehen alle C_k durch S.

4

Zu A gehört I: $f(x) = \frac{4}{3} \cdot e^{-0,5x}$, denn der Graph ist streng monoton fallend und verläuft durch $P\left(0 \mid \frac{4}{3}\right)$.

Zu B gehören II: $f(x) = 5 - 4 \cdot e^{\ln(0,7)x}$ und IV: $f(x) = 5 - 4 \cdot 0,7^x$, denn die Graphen nähern sich für $x \to \infty$ dem Wert 5 an und verlaufen durch den Punkt $P(0|1)$.

Zu C gehört VI: $f(x) = e^{0,25x}$, denn der Graph ist streng monoton steigend und verläuft durch $P(0|1)$.

5

a) In der zweiten Woche wurden in der Bäckerei die meisten Brötchen verkauft.

b) Auf lange Sicht kann die Bäckerei mit 2500 verkauften Brötchen pro Woche rechnen.

c) $F'(x) = f(x)$.

d) In den ersten acht Wochen wurden näherungsweise 27267 Brötchen verkauft.

Kapitel VI, Prüfungsvorbereitung mit Hilfsmitteln, Seite 177

1

Mögliche Lösung:
Da die Funktionswerte von g und i nicht negativ werden können, gehören zu diesen beiden Funktionen die Graphen K_1 und K_2; die Graphen K_3 und K_4 müssen entsprechend zu den Funktionen f und h gehören. Da der Faktor x^4 im Funktionsterm von i für $x < -1$ größer als der Faktor x^2 von g ist, gehört K_1 zu i und K_2 zu g. In gleicher Weise erhält man, dass K_3 zu f und K_4 zu h gehören.

2

Mögliche Lösung:

a) Da f_t die Nullstelle t hat, gehört K_d zu f_0 und K_e zu f_2.

b) Hochpunkt von f_0: $H_0(1|e^{-1})$; Hochpunkt von f_2: $H_2(3|e^{-3})$
$g(1) = e^{-1}$ und $g(3) = e^{-3}$, daher liegen die Hochpunkte beide auf dem Graphen von g.

c) $e^{-x}(x - 0) = e^{-x}(x - 2) \Leftrightarrow x = x - 2 \Leftrightarrow 0 = -2$. Da die Gleichung keine Lösung hat, gibt es keine Schnittpunkte.

3

a) $S_x(0|0)$; $S_y(0|0)$

b) $f(-x) = -x \cdot e^{-(-x)^2}$
$= -x \cdot e^{-x^2} = -f(x)$
Somit ist der Graph von f punktsymmetrisch zum Ursprung.
Für $x \to \infty$ gilt $f(x) \to 0$; für $x \to -\infty$ gilt $f(x) \to 0$

c) $H\left(\frac{1}{\sqrt{2}} \mid \frac{1}{\sqrt{2}} \cdot e^{-\frac{1}{2}}\right)$; $T\left(-\frac{1}{\sqrt{2}} \mid -\frac{1}{\sqrt{2}} \cdot e^{-\frac{1}{2}}\right)$

d) $F'(x) = -\frac{1}{2} \cdot (-2x) \cdot e^{-x^2} = x \cdot e^{-x^2} = f(x)$

e) $\int_0^5 f(x)\,dx = \left[-0,5e^{-x^2}\right]_0^5 = -0,5e^{-25} - (-0,5) = 0,5 - 0,5e^{-25} \approx 0,5$

f) $A(a) = \int_0^a f(x)\,dx = \left[-0,5e^{-x^2}\right]_0^a = -0,5e^{-a^2} - (-0,5)$
$= 0,5 - 0,5e^{-a^2} \xrightarrow{a \to \infty} 0,5$

g) Schnittpunkte: $S_1\left(-1 \mid -\frac{1}{e}\right)$; $S_2(0|0)$; $S_3\left(1 \mid \frac{1}{e}\right)$
$\int_0^1 (f(x) - g(x))\,dx = \left[-0,5e^{-x^2} - \frac{1}{2e}x^2\right]_0^1 = -0,5e^{-1} - \frac{1}{2e} - (-0,5 - 0)$
$= -0,5e^{-1} - 0,5e^{-1} + 0,5 = 0,5 - e^{-1} \approx 0,132$

h) Zielfunktion: $A(a) = \frac{1}{2}a \cdot f(a) = \frac{1}{2}a^2 \cdot e^{-a^2}$
Mit $A'(a) = (-a^3 + a) \cdot e^{-a^2}$ und $A''(a) = (2a^4 - 5a^2 + 1) \cdot e^{-a^2}$ erhält man den maximalen Flächeninhalt für $a = 1$.
Aufgrund der Symmetrie sind beide von den Graphen eingeschlossenen Flächen gleich groß, nämlich 0,132 FE.

4

a) Es gilt $g(t) < 0$ für alle t, d.h., dass der Kaffee abkühlt.
Da $g'(t) = 1,008 e^{-\frac{3}{25}t} > 0$, ist g streng monoton steigend.
Die Abkühlung geht daher immer langsamer vor sich, denn $g(t) < 0$.

b) $G(t) = 70 \cdot e^{-\frac{3}{25}t}$; $G'(t) = g(t)$.

c) $\int_0^z g(t)\,dt = G(z) - G(0) = 70 e^{-\frac{3}{25}z} - 70$, da G eine Stammfunktion von g ist. Daher gilt: $\lim_{z \to \infty} \int_0^z g(t)\,dt = \lim_{z \to \infty} (G(z) - h(0)) = -70$.
Der Kaffee kühlt insgesamt um 70 °C ab.

5
a)
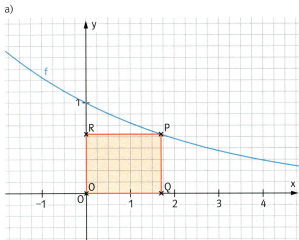

b) Der Punkt P hat die Koordinaten P(a|f(a)).
Für den Flächeninhalt des Rechtecks gilt dann
$A(a) = a \cdot f(a) = a \cdot e^{-0,25a}$. Mit $A'(a) = (1 - 0,25a)e^{-0,25a}$ und
$A''(a) = \left(\frac{1}{16}a - \frac{1}{2}\right)e^{-0,25a}$ erhält man den maximalen Flächeninhalt
für $a = 4$.

Kapitel VII, Zeit zu überprüfen, Seite 182

7
a) 270°; 67,5°; 450°; 70°   b) $\frac{1}{20}\pi$; $\frac{8}{45}\pi$; $\frac{13}{9}\pi$; $\frac{161}{90}\pi$

8
a) $x_1 \approx 0{,}682$; $x_2 \approx 2{,}46$; $x_k = x_1 + 2k\pi$; $x_t = x_2 + 2t\pi$ (k, t ∈ ℤ)
b) $x_1 \approx 2{,}153$; $x_2 \approx 4{,}13$; $x_k = x_1 + 2k\pi$; $x_t = x_2 + 2t\pi$ (k, t ∈ ℤ)
c) $x_1 = -\frac{\pi}{6}$; $x_2 = \frac{7\pi}{6}$; $x_k = x_1 + 2k\pi$; $x_t = x_2 + 2t\pi$ (k, t ∈ ℤ)
d) $x_1 = \frac{3\pi}{4}$; $x_2 = \frac{5\pi}{4}$; $x_k = x_1 + 2k\pi$; $x_t = x_2 + 2t\pi$ (k, t ∈ ℤ)

Kapitel VII, Zeit zu überprüfen, Seite 184

5
a) $f'(x) = -8 \cdot \cos(x)$, $f''(x) = 8 \cdot \sin(x)$
b) $f'(x) = -\frac{2}{3} \cdot \sin(x)$, $f''(x) = -\frac{2}{3} \cdot \cos(x)$
c) $f'(x) = -\frac{1}{2x^3} - \cos(x)$; $f''(x) = -\frac{1}{6x^4} + \sin(x)$

6
a) $P\left(\frac{\pi}{4} \mid \frac{1}{\sqrt{2}}\right)$, $f'\left(\frac{\pi}{4}\right) = -\frac{1}{\sqrt{2}}$,
Tangente in P: $y = -\frac{1}{\sqrt{2}}x + 1{,}263$
b) $P\left(\frac{-3\pi}{2} \mid 0\right)$, $f'\left(-\frac{3\pi}{2}\right) = -1$, Tangente in P: $y = -x - \frac{3\pi}{2}$
c) $P(6{,}5 \mid 0{,}977)$, $f'(6{,}5) = -0{,}215$,
Tangente in P: $y = -0{,}215x + 2{,}375$
d) $P(-9 \mid -0{,}911)$, $f'(-9) = 0{,}412$, Tangente in P:
$y = -0{,}412x + 2{,}797$

Kapitel VII, Zeit zu überprüfen, Seite 187

5
a) Amplitude: 3; Periode: 4π
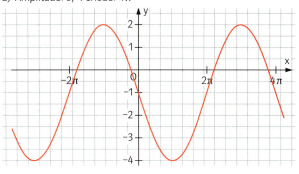

b) Amplitude: 1; Periode: π
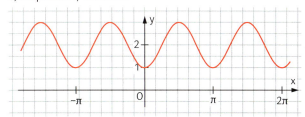

c) Amplitude: 2; Periode: $\frac{2\pi}{3}$
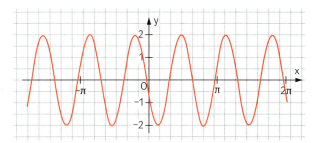

Kapitel VII, Zeit zu wiederholen, Seite 192

11
$4\sqrt{2}$

12
a) a = 6,8 m   b) h = 5,2 m

Kapitel VII, Prüfungsvorbereitung ohne Hilfsmittel, Seite 194

1
a) $L = \left\{\frac{\pi}{6}; \frac{5\pi}{6}\right\}$ b) $L = \{\pi\}$ c) $L = \left\{\frac{\pi}{4}; \frac{3\pi}{4}\right\}$
d) $L = \{\}$ e) $L = \{0; \pi; 2\pi\}$ f) $L = \left\{\frac{\pi}{4}; \frac{5\pi}{4}\right\}$
g) $L = \left\{\frac{3\pi}{4}; \frac{7\pi}{4}\right\}$ h) $L = \left\{x \in \mathbb{R} \mid \frac{\pi}{6} < x < \frac{5\pi}{6}\right\}$

2
a) $y = \frac{1}{2}\sqrt{3}x + \frac{1}{2} - \frac{\pi}{12}\sqrt{3}$ b) $y = -x + \pi$
c) $y = \frac{1}{2}\sqrt{2}x - \frac{1}{2\sqrt{2}} - \frac{\pi}{8}\sqrt{2}$

3
a) $x = 0; 2\pi$ b) $x = 0; \pi; 2\pi$

4
a) Periode $p = \pi$; $H\left(\frac{\pi}{4}\big|2\right)$; $T\left(\frac{3\pi}{4}\big|-2\right)$
b) Periode $p = 2\pi$; $H\left(\frac{3\pi}{2}\big|3\right)$; $T\left(\frac{\pi}{2}\big|1\right)$
c) Periode $p = 2$; $H\left(\frac{3}{2}\big|2\right)$; $T\left(\frac{1}{2}\big|0\right)$
d) Periode $p = 2\pi$; $H\left(\frac{\pi}{2}\big|\frac{3}{2}\right)$; $T\left(\frac{3\pi}{2}\big|-\frac{3}{2}\right)$

5
a) Amplitude: 1; Periode 2π
$f(x) = \sin(x) + 1$
b) Amplitude: 1,5; Periode: π
$f(x) = 1{,}5\sin(2x)$
c) Amplitude: 2; Periode 4π
$f(x) = 2\sin\left(\frac{1}{2}x\right)$

6
a) Der Graph der Kosinusfunktion ist symmetrisch zur Geraden $y = \pi$.
b) Der Graph der Sinusfunktion ist symmetrisch zur Geraden $y = \frac{\pi}{2}$.
c) Wenn man den Graphen der Sinusfunktion um $\frac{\pi}{2}$ in negative x-Richtung verschiebt, erhält man den Graph der Kosinusfunktion.

7
a) $f(x) = 2\sin(2x)$ b) $f(x) = \sin\left(\pi\left(x + \frac{1}{2}\right)\right)$
c) $y = 3\sin\left(\frac{2}{5}\pi\left(x - \frac{3}{4}\right)\right) + 1$ d) $f(x) = 1{,}5\sin\left(\frac{\pi}{3}\left(x + \frac{1}{2}\right)\right) + \frac{5}{2}$

8
a) Einheit: 2 Kästchen = 1 LE, $a = 1$; $b = 1$
b) Einheit: 1 Kästchen = 2 LE, $a = -6$; $b = \frac{\pi}{8}$

Kapitel VII, Prüfungsvorbereitung mit Hilfsmitteln, Seite 195

1
a) $p = 4\pi$
b) $f(-x) = 3 \cdot \sin(0{,}5(-x - \pi)) - 1 = 3 \cdot \sin(-0{,}5x - 0{,}5\pi) - 1$
$= 3 \cdot \cos(-0{,}5x) - 1 = 3 \cdot \cos(0{,}5x) - 1$
$= 3 \cdot \sin(0{,}5x - 0{,}5\pi) - 1 = 3 \cdot \sin(0{,}5(x - \pi)) - 1$
$= f(x)$
c) Der Flächeninhalt beträgt etwa 9,48 (LE)^2.

2
a) $H(2|3)$, $g: y = \frac{3}{2}x$
b) $\int_0^2 \left(3 \cdot \sin\left(\frac{\pi}{4}x\right) - \frac{3}{2}x\right)dx = \left[-3 \cdot \frac{4}{\pi} \cdot \cos\left(\frac{\pi}{4}x\right) - \frac{3}{4}x^2\right]_2^0 = \frac{12}{\pi} - 3 \approx 0{,}82$

3
a) Graph

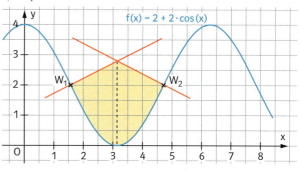

b) $W_1\left(\frac{\pi}{2}\big|2\right)$; $W_2\left(\frac{3}{2}\pi\big|2\right)$
Gleichung der Normalen in W_1: $y = \frac{1}{2}x + 2 - \frac{\pi}{4}$
Gleichung der Normalen in W_2: $y = -\frac{1}{2}x + 2 + \frac{3}{4}\pi$
Die zwei Normalen schneiden sich an der Stelle $x = \pi$. Also gilt:
c) $A = 2 \cdot \int_{\frac{\pi}{2}}^{\pi}\left(\frac{1}{2}x - \frac{\pi}{4} - 2 \cdot \cos(x)\right)dx = 2 \cdot \left[\frac{1}{4}x^2 - \frac{\pi}{4} \cdot x - 2 \cdot \sin(x)\right]_{\frac{\pi}{2}}^{\pi}$
$= 2\left(2 + \frac{\pi^2}{16}\right) \approx 5{,}2$

4
a) 6.00 Uhr: 5,10 m; 14.00 Uhr: 2,40 m; 20.00 Uhr: 6,32 m
b) Niedrigwasser von 2,30 m um 2.14 Uhr und um 14.37 Uhr; höchster Wasserstand von 6,50 m um 8.26 Uhr und um 20.49 Uhr.
c) Größte Abnahme des Wasserstands um 11.32 Uhr und um 23.55 Uhr. Hier kann am meisten Energie erzeugt werden.

5
a) Amplitude $a = \frac{30 - 16}{2} = 7$.
Verschiebung in t-Richtung: Maximum bei $t = 16$, also Verschiebung des Graphen um 10 in positive t-Richtung, also $c = 10$.
Verschiebung in y-Richtung: $d = 16 - (-7) = 23$.
$f(t) = 7 \cdot \sin\left(\frac{1}{12}\pi(t - 10)\right) + 23$
b) Die Temperaturänderung ist jeweils in der Mitte zwischen den beiden Extremstellen maximal, also für $t = 10$ (größter Temperaturanstieg) und für $t = 22$ (größter Temperaturabfall).

6
a) Ansatz: $f(t) = a \cdot \sin(b(t - c)) + d$
längster Tag entspricht $t = 171$, kürzester Tag entspricht $t = 351$, Periode $p = 360$, also $b = \frac{2\pi}{360} = \frac{\pi}{180}$
Oslo: 18 h 49 min entspricht 18,8 h, 5 h 55 min entspricht 5,9 h.
$a = \frac{18{,}8 - 5{,}9}{2} = 6{,}45$.
Das Maximum befindet sich an der Stelle $t = 171$, also Verschiebung um $171 - 90 = 81$ in positive t-Richtung, $c = 81$.
$d = 5{,}9 + a = 5{,}9 + 6{,}45 = 12{,}35$.
$f(t) = 6{,}45\sin\left(\frac{\pi}{180}(t - 81)\right) + 12{,}35$.
Rom: 15 h 14 min entspricht 15,2 h, 9 h 08 min entspricht 9,1 h.
$a = \frac{15{,}2 - 9{,}1}{2} = 3{,}05$.
$c = 81$ (siehe Oslo).

d = 9,1 + a = 9,1 + 3,05 = 12,15.
f(t) = 3,05 sin$\left(\frac{\pi}{180}(t - 81)\right)$ + 12,15.
b) Rom: f(61) = 11,11; 11h 16min entspricht 11,27h
prozentuale Abweichung: $\frac{11,27 - 11,11}{11,27} \cdot 100\%$ ≈ 1,42%
Oslo: f(61) = 10,14; 10h 31min entspricht 10,52h
prozentuale Abweichung: $\frac{10,52 - 10,14}{10,52} \cdot 100\%$ ≈ 3,61%

7
a) $\int_0^{60} (0,4 \cdot \sin(6\pi t) + 5,6) dt = 336$.
Der Läufer legt in einer Minute (60 Sekunden) eine Strecke von 336 Metern zurück.
b) $\frac{42\,200}{336}$ = 125,60. Er benötigt 125,6 min bzw. 2h 5min 36s
c) Ansatz: f(t) = a · sin(b · t) + d
1 Schritt entspricht einem Periodendurchgang. Also p = $\frac{60}{192}$ bzw.
b = $\frac{2\pi \cdot 192}{60}$ = 6,4π.
21,6 km/h = 6 m/s, 19,44 km/h = 5,4 m/s
a = $\frac{6 - 5,4}{2}$ = 0,3.
d = 5,4 + 0,3 = 5,7.
f(t) = 0,3 sin(6,4π · t) + 5,7.
d) Man sieht an den Funktionstermen, dass die durchschnittliche Geschwindigkeit des ersten Läufers 5,6 m/s beträgt und die des 2. Läufers 5,7 m/s. Also ist der zweite Läufer schneller.
Pro Sekunde wächst der Vorsprung des 2. Läufers also um 0,1m. Nach 1000s beträgt der Vorsprung 100m.

Kapitel VIII, Zeit zu überprüfen, Seite 200

4
a) $a_1 = 1$; $a_2 = \frac{4}{3}$; $a_3 = \frac{6}{4}$; $a_4 = \frac{8}{5}$; $a_5 = \frac{10}{6}$
b) $a_1 = 0$; $a_2 = -2$; $a_3 = -6$; $a_4 = -14$; $a_5 = -30$
c) $a_1 = 2$; $a_2 = 2$; $a_3 = 2$; $a_4 = 2$; $a_5 = 2$

5
Es ist W_1 = 200 000; W_2 = 0,98 · 200 000; W_3 = $0,98^2$ · 200 000.
Also W_n = $0,98^n$ · 200 000.

Kapitel VIII, Zeit zu überprüfen, Seite 202

3
a) $a_1 = \frac{5}{4}$ = 1,25; $a_2 = \frac{25}{16}$ ≈ 1,56; $a_3 = \frac{125}{64}$ ≈ 1,95;
$a_4 = \frac{625}{256}$ ≈ 2,44; $a_5 = \frac{3125}{1024}$ = 3,05
(a_n) ist streng monoton steigend, nach unten beschränkt (s = 1,25) und nach oben nicht beschränkt.
b) $a_1 = -1$; $a_2 = \frac{1}{2}$; $a_3 = -\frac{1}{3}$; $a_4 = \frac{1}{4}$; $a_5 = -\frac{1}{5}$
(a_n) ist nicht monoton, nach unten beschränkt (s = −1) und nach oben beschränkt (S = 0,5).
c) $a_1 = \frac{3}{2}$ = 1,5; $a_2 = \frac{5}{3}$ ≈ 1,67; $a_3 = \frac{7}{4}$ = 1,75; $a_4 = \frac{9}{5}$ = 1,8;
$a_5 = \frac{11}{6}$ ≈ 0,83
(a_n) ist streng monoton steigend, nach unten beschränkt (s = 1,5) und nach oben beschränkt (S = 2).

d) $a_1 = 2$; $a_2 = \frac{5}{4}$ = 1,25; $a_3 = \frac{10}{9}$ ≈ 1,11; $a_4 = \frac{17}{6}$ ≈ 1,06; $a_5 = \frac{26}{25}$ = 1,04
(a_n) ist streng monoton fallend, nach unten beschränkt (s = 1) und nach oben beschränkt (S = 2).

Kapitel VIII, Zeit zu überprüfen, Seite 206

5
a) Vermutung g = 0,5.
b) Aus $\frac{n+4}{2n} - \frac{1}{2} < \frac{1}{1000}$ ergibt sich n > 2000.
c) Aus $\left|\frac{n+4}{2n} - \frac{1}{2}\right| < \varepsilon$ ergibt sich n > $\frac{2}{\varepsilon}$.

Kapitel VIII, Zeit zu überprüfen, Seite 208

4
a) $\lim_{n \to \infty} a_n = \frac{1}{4}$ b) $\lim_{n \to \infty} a_n = \frac{1}{4}$ c) $\lim_{n \to \infty} a_n = 1$ d) $\lim_{n \to \infty} a_n = 1$

Kapitel VIII, Zeit zu überprüfen, Seite 210

4
a) g = 1,5   b) g = 0   c) g = 0,5   d) g = −1

Kapitel VIII, Zeit zu überprüfen, Seite 212

10
a) g = −0,5
b) Kein Grenzwert; f(x) strebt gegen unendlich
c) g = 3

Kapitel VIII, Prüfungsvorbereitung ohne Hilfsmittel, Seite 218

1
a) Eine Folge mit dem Grenzwert 0 nennt man Nullfolge.
Beispiel: Folge (a_n) mit $a_n = \frac{1}{n}$.
b) $a_n = \frac{1}{n+4}$; es ist $\left|\frac{1}{n+4} - 0\right| = \frac{1}{n+4}$.
Man wählt zu beliebig gegebenem ε > 0 die Zahl $n_0 \in \mathbb{N}$ so, dass $n_0 > \frac{1}{\varepsilon} - 4$. Für alle n ∈ ℕ mit n ≥ n_0 gilt dann:
$\left|\frac{1}{n+4} - 0\right| = \frac{1}{n+4} \leq \frac{1}{n_0 + 4} < \frac{1}{\frac{1}{\varepsilon} - 4 + 4} = \varepsilon$.

2
a) $\lim_{n \to \infty} b_n = \lim_{n \to \infty} (2 + a_n) = \lim_{n \to \infty} 2 + \lim_{n \to \infty} a_n$ = 2 + 0 = 2; g = 2
b) $\lim_{n \to \infty} b_n = \lim_{n \to \infty} 2 \cdot a_n = \lim_{n \to \infty} 2 \cdot \lim_{n \to \infty} a_n$ = 2 · 0 = 0; g = 0
c) Die Folge (b_n) ist divergent.
d) $\lim_{n \to \infty} b_n = \lim_{n \to \infty} \frac{2}{2 + a_n} = \frac{\lim_{n \to \infty} 2}{\lim_{n \to \infty} 2 + \lim_{n \to \infty} a_n} = \frac{2}{2 + 0}$ = 1; g = 1

3
a) Monotonie; Beschränktheit; Konvergenz
b) Da $1 - \left(\frac{5}{9}\right)^{n+1} > 1 - \left(\frac{5}{9}\right)^n$ ist für alle n ∈ ℕ, ist (a_n) streng monoton steigend. (a_n) ist nach unten beschränkt z.B. durch s = 0 und nach oben z.B. durch S = 1; damit ist (a_n) beschränkt. Damit ist die Folge konvergent; es ist g = 1.

4
a)

n	1	2	3	4	5	6
a_n	3	2,5	$\frac{7}{3}$	2,25	2,2	$\frac{13}{6}$

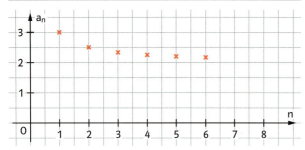

b) $a_n = \frac{2 + \frac{1}{n}}{1}$; $\lim\limits_{n \to \infty} a_n = 2$

c) $\left|\frac{2n+1}{n} - 2\right| < 0{,}001$; $\left|\frac{2n+1-2n}{n}\right| < 0{,}001$; $n > 1000$

5
Zum Beispiel: $a_1 = 1$; $a_n = \frac{1}{2}a_{n-1} + 1$; $a_2 = 1{,}5$; $a_3 = 1{,}75$; $a_4 = 1{,}875$

6
a) (a_n) mit $a_n = \frac{3n^2 + 1}{n^2}$ b) (a_n) mit $a_n = n^2$

c) (a_n) mit $a_n = 2 + (-1)^n \cdot \frac{1}{n}$ d) (a_n) mit $a_n = \frac{4}{n+1}$

e) (a_n) mit $a_n = \frac{3n-1}{n+1}$

7
a) Falsch. Gegenbeispiel: (a_n) mit $a_n = \frac{1}{n}$.

b) Wahr. Wäre nämlich $a > 0$ der Grenzwert, so weichen bei Wahl von $\varepsilon = a$ alle Folgenglieder um mehr als ε von a ab.

c) Falsch. Eine Folge kann keine zwei Grenzwerte haben.

d) Wahr. (a_n) mit $a_n = \left(-\frac{1}{n}\right)^n$ ist beschränkt $-1 \leq a_n < 1$ und konvergent: (a_n) ist eine Nullfolge.

8
a) $\lim\limits_{n \to \infty}\left(2 - \frac{1}{\sqrt{n}}\right) = \lim\limits_{n \to \infty} 2 - \lim\limits_{n \to \infty} \frac{1}{\sqrt{n}} = 2 - 0 = 2$

b) $\lim\limits_{n \to \infty} \frac{6n+9}{2n+1} = \lim\limits_{n \to \infty} \frac{6+\frac{9}{n}}{2+\frac{1}{n}} = \frac{\lim\limits_{n \to \infty}\left(6+\frac{9}{n}\right)}{\lim\limits_{n \to \infty}\left(2+\frac{1}{n}\right)} = \frac{6+0}{2+0} = 3$

c) $\lim\limits_{n \to \infty} \frac{5n+9}{2n^2-5} = \lim\limits_{n \to \infty} \frac{\frac{5}{n}+\frac{9}{n^2}}{2-\frac{5}{n^2}} = \frac{\lim\limits_{n \to \infty}\left(\frac{5}{n}+\frac{9}{n^2}\right)}{\lim\limits_{n \to \infty}\left(2-\frac{5}{n^2}\right)} = \frac{0+0}{2-0} = 0$

d) $\lim\limits_{n \to \infty} \frac{0{,}5^n + 9}{0{,}9^n + 1} = \lim\limits_{n \to \infty} \frac{\left(\frac{1}{2}\right)^n + 9}{\left(\frac{9}{10}\right)^n + 1} = \frac{\lim\limits_{n \to \infty}\left(\left(\frac{1}{2}\right)^n + 9\right)}{\lim\limits_{n \to \infty}\left(\left(\frac{9}{10}\right)^n + 1\right)} = \frac{0+9}{0+1} = 9$

9
a) $2500 \cdot 1{,}052^5$

b) $u(0) = 2500$;
$u(n) = u(n-1) + 0{,}052 \cdot u(n-1) - 200 = 1{,}052 \cdot u(n-1) - 200$

10
Explizite Darstellung: $a_n = \sqrt{n}$
rekursive Darstellung: $a_1 = 1$; $a_n = \sqrt{a_{n-1}^2 + 1}$

11
a) $\lim\limits_{x \to 0} \frac{6x - 4x^2}{4x + 3x^2} = \lim\limits_{x_n \to 0} \frac{6 - 4x_n}{4 + 3x_n} = \frac{6-0}{4-0} = \frac{3}{2}$

b) $\lim\limits_{h \to 0} \frac{(4+h)^2 - 16}{h} = \lim\limits_{h \to 0} \frac{8h + h^2}{h} = \lim\limits_{h_n \to 0}(8 + h_n) = 8$

c) $\lim\limits_{x \to 2} \frac{(x-2)^2}{x^2 - 4} = \lim\limits_{x \to 2} \frac{(x-2)^2}{(x-2)(x+2)} = \lim\limits_{x_n \to 2} \frac{x_n - 2}{x_n + 2} = 0$

d) $\lim\limits_{x \to -3} \frac{x^2 + 2x - 3}{2x^2 + 2x - 12} = \lim\limits_{x \to -3} \frac{(x-1)(x+3)}{2(x+3)(x-2)}$
$= \lim\limits_{x_n \to -3} \frac{x_n - 1}{2(x_n - 2)} = \frac{-3-1}{2 \cdot (-3-2)} = \frac{-4}{-10} = \frac{2}{5}$

12
a) $\lim\limits_{x \to \infty}\left(4 + \frac{1}{x}\right) = \lim\limits_{x_n \to \infty} 4 + \lim\limits_{x_n \to \infty} \frac{1}{x_n} = 4 + 0 = 4$

b) $\lim\limits_{x \to \infty} \frac{x^2 + \sqrt{3}}{2x^2} = \lim\limits_{x_n \to \infty} \frac{1 + \frac{\sqrt{3}}{x_n^2}}{2} = \frac{1+0}{2} = \frac{1}{2}$

c) $\lim\limits_{x \to \infty} \frac{x^2 + 2x}{2x^3 + 1} = \lim\limits_{x_n \to \infty} \frac{\frac{1}{x_n} + \frac{2}{x_n^2}}{2 + \frac{1}{x_n^3}} = \frac{0+0}{2} = 0$

d) $\lim\limits_{x \to \infty} \frac{2 + \sqrt{x}}{2\sqrt{x}} = \lim\limits_{x_n \to \infty} \frac{\frac{2}{\sqrt{x_n}} + 1}{2} = \frac{0+1}{2} = \frac{1}{2}$

Kapitel VIII, Prüfungsvorbereitung mit Hilfsmitteln, Seite 219

1
Es ist $s_n = \frac{1}{2}\pi \cdot \left(\frac{2}{3}\right)^{n-1} \cdot d_0$. Aus $\frac{1}{2}\pi \cdot \left(\frac{2}{3}\right)^{n-1} \cdot d_0 = 0{,}000\,001 \cdot d_0$ folgt
$n = 1 + \frac{\log\left(\frac{0{,}000\,002}{\pi}\right)}{\log\left(\frac{2}{3}\right)} \approx 36{,}2$.

Ab dem 37. Halbkreisbogen ist dessen Länge kleiner als 1 Millionstel der Länge des Anfangsbogens.

2
a) $K_1 = 103{,}50\,€$; $K_2 = 107{,}12\,€$; $K_3 = 110{,}87\,€$; $K_4 = 114{,}75\,€$; $K_5 = 118{,}77\,€$

b) $K_n = 100 \cdot 1{,}035^n$; $K_{10} = 141{,}06\,€$; $K_{20} = 198{,}98\,€$

c) Ansatz: $200 = 100 \cdot 1{,}035^n$; $n = \frac{\lg(2)}{\lg(1{,}035)} \approx 20{,}15$.
Nach 21 Jahren.

3
a) $K_1 = 1000 \cdot 1{,}03 + 200 = 1230\,€$;
$K_2 = 1230 \cdot 1{,}03 + 200 = 1466{,}90\,€$;
$K_3 = 1466{,}90 \cdot 1{,}03 + 200 = 1710{,}91\,€$

b) $K_1 = 1000$ und $K_{n+1} = K_n \cdot 1{,}03 + 200$

4
$u(0) = 5$ Millionen
$u(n) = 1{,}01 \cdot u(n-1) + 1000$;
$u(10) \approx 5\,533\,573$; $u(20) \approx 6\,122\,969$

5

a) SLE-Kraftstoff noch im Tank
nach dem 1. Tanken: $\frac{1}{3} \cdot 60 = 20$ Liter
nach dem 2. Tanken: $\frac{1}{3} \cdot 20 = \frac{60}{3^2}$ Liter
nach dem 3. Tanken: $\frac{1}{3} \cdot \frac{60}{3^2} = \frac{60}{3^3}$ Liter
nach dem n-ten Tanken: $\frac{1}{3} \cdot \frac{60}{3^{n-1}} = \frac{60}{3^n}$ Liter.

Damit befinden sich nach dem 3. Tanken noch $\frac{20}{9} \approx 2{,}22$ Liter SLE im Tank, nach dem 5. Tanken nur noch ungefähr 0,25 Liter.

b)

n	1	2	3	4	5	6	7	8
u(n)	20	6,67	2,22	0,74	0,25	0,08	0,03	0,009

$\frac{60}{3^n} \leq 0{,}01$

$\frac{3^n}{60} \geq 100$

$3^n \geq 6000$

$n \geq \frac{\lg(6000)}{\lg(3)} \approx 7{,}9$

Nach 8-maligem Tanken beträgt der SLE-Kraftstoff im Tank weniger als 0,01 Liter.

6

Folge (a_n) (Fig.)
explizit: $a_n = 2 + \left(\frac{1}{4}\right)^{n-1}$
rekursiv: $a_1 = 3$ und
$a_{n+1} = a_n - 3\left(\frac{1}{4}\right)^n$

Folge (b_n)
explizit:
$b_n = 4\left(3 - \left(\frac{1}{2}\right)^{n-1}\right) = 12 - 2^{3-n}$;
rekursiv: $b_0 = 8$ und
$b_{n+1} = b_n + 4\left(\frac{1}{2}\right)^n = b_n + 2^{2-n}$.

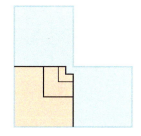

7

a) Eine Zahl g heißt Grenzwert der Zahlenfolge (a_n), wenn bei Vorgabe irgendeiner positiven Zahl ε fast alle Folgenglieder die Ungleichung $|a_n - g| < \varepsilon$ erfüllen.

b) Vermutung: $g = -3$
Beweis: $\left|\frac{5-3n}{n+1} - (-3)\right| < \varepsilon$ wird nach n aufgelöst:

$\left|\frac{5-3n}{n+1} + 3\right| < \varepsilon$; $\left|\frac{5-3n+3(n+1)}{n+1}\right| < \varepsilon$; $\left|\frac{8}{n+1}\right| < \varepsilon$; $\frac{n+1}{8} > \frac{1}{\varepsilon}$;

$n > \frac{8}{\varepsilon} - 1$.

Damit erfüllen alle Folgenglieder a_n mit Nummern größer als $\frac{8}{\varepsilon} - 1$ die Bedingung $\left|\frac{5-3n}{n+1} + 3\right| < \varepsilon$.

8

a) $a_1 = 2$; $a_2 = 3$; $a_3 = 5$; $a_4 = 9$; $a_5 = 17$; $a_6 = 33$; $a_7 = 65$
b) $a_n = 2^{n-1} + 1$

Lösungen zu den Check-in-Aufgaben

Kapitel I, Check-in, Seite 220

1
a) $f(x) = \frac{2}{3}x + 1$
b) $f(x) = -3x - 6$
c) $f(x) = \frac{2}{3}x + 1$
d) $f(x) = \frac{1}{2}x + 2$

2
a) $m = 2$
b) $m = -\frac{1}{3}$
c) $m = \frac{1}{4}$
d) $m = -\frac{6}{7}$

3
a) $y = 2x + 2$
b) $y = x$
c) $y = \frac{1}{3}x$
d) $y = \frac{2}{5}x + \frac{39}{5}$

4
a) $(2 + x)^2 = 4 + 4x + x^2$
b) $(y - 5)^2 = y^2 - 10y + 25$
c) $(2x + 3)^2 = 4x^2 + 12x + 9$
d) $(3 - 5b)^2 = 9 - 30b + 25b^2$

5
a) $\frac{2\sqrt{2} + 2\sqrt{2}}{5\sqrt{2}} = \frac{4\sqrt{2}}{5\sqrt{2}} = \frac{4}{5}$
b) $\frac{27\sqrt{7} - 5\sqrt{7}}{11} = \frac{22\sqrt{7}}{11} = 2\sqrt{7}$
c) $\frac{7h - h^2 + h^4}{h} = h^3 - h + 7$
d) $\frac{4b^3 + 4b + b^2}{b} = 4b^2 + 4 + b$

Kapitel II, Check-in, Seite 222

1
a) $x_1 = 3;\ x_2 = -1$
b) $x_1 = 0;\ x_2 = 4$
c) $x_1 = 1;\ x_2 = 3$
d) $x_1 = -3;\ x_2 = 1$
e) $x_1 = 0;\ x_2 = 2$
f) $x_1 = -\sqrt{5};\ x_2 = \sqrt{5}$
g) keine Lösungen
h) $x = -5$

2
a) $f'(x) = 12x^2 - 10x$
b) $f'(x) = -75x^4 + 12x^3 - 60x^2$
c) $f'(x) = -\frac{1}{x^2}$
d) $f'(x) = -\frac{2}{x^3}$
e) $f'_t(x) = 2tx - 2$
f) $f'(x) = 4\sqrt{5}\,x^3 - \pi$

3
a) I: $(-3;\ 1{,}5]$ II: $[0;\ 4{,}5]$
b) I: richtig
II: falsch, da $-1{,}5 > -4$ ist.
III: falsch, da $4 > 2$ ist.
IV: falsch, ist kein Intervall.

4
a) $h(x) = x^4$
b) $f(x) = x^2$
c) $g(x) = x^3$

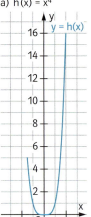
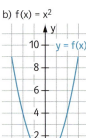
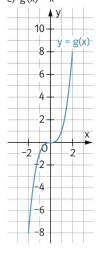

5
Zur Funktion $f(x) = \frac{2}{x}$ gehört der Graph C,
zur Funktion $g(x) = -\frac{1}{x^2}$ gehört der Graph B,
und zur Funktion $h(x) = -\frac{1}{x}$ gehört der Graph A.

6

a)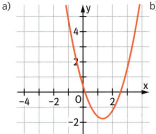
b)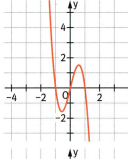

c)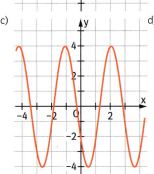
d)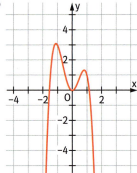

7
a) $x > -4$
b) $x < 3$
c) $x > 1{,}5$
d) $-4 < x < 2$
e) $x \in \mathbb{R}$
f) $x < -8$

Kapitel III, Check-in, Seite 224

1
a) $x_1 = 0$; $x_2 = 4$ b) $x_1 = 0$; $x_2 = 1$ c) $x_1 = 0$; $x_2 = -7$

2
a) $f'(x) = -4x + 4$ b) $f'(x) = 3x^2 - 6x$ c) $f'(x) = x^3$

3
a) $H(0|4)$ b) $T(-2|-11)$ c) $H(0|0)$; $T\left(2\left|-\frac{4}{3}\right.\right)$

4
a) $W(0|0)$
b) $W(0|0)$
c) $W_1(-1|-5)$; $W_2(1|-5)$

5
a) $h^2 = a^2 - \left(\frac{a}{2}\right)^2$; $h = \frac{\sqrt{3}}{2} \cdot a$
b) $d^2 = (2a)^2 + a^2$; $d = \sqrt{5} \cdot a$

Kapitel IV, Check-in, Seite 225

1
a) $3^5 \cdot 3^8 = 3^{5+8} = 3^{13}$ b) $3^{2x} \cdot 3^{x+1} = 3^{2x+x+1} = 3^{3x+1}$
c) $(3^5)^8 = 3^{5 \cdot 8} = 3^{40}$ d) $\frac{3^5}{3^8} = 3^{5-8} = 3^{-3}$
e) $\frac{x^5}{x^7} = x^{5-7} = x^{-2}$ f) $\frac{a^3 \cdot a^2}{a^8} = \frac{a^{3+2}}{a^8} = \frac{a^5}{a^8} = a^{-3}$

2

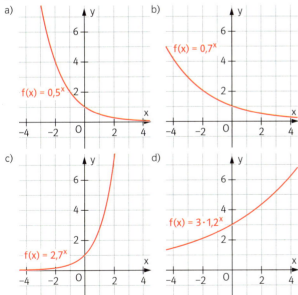

3
a) $\log_{10}(100) = \log_{10}(10^2) = 2$ b) $\log_{10}\left(\frac{1}{10}\right) = \log_{10}(10^{-1}) = -1$
c) $\log_{10}\left(\frac{1}{10^5}\right) = \log_{10}(10^{-5}) = -5$ d) $\log_{10}(0{,}001) = \log_{10}(10^{-3}) = -3$
e) $\log_{10}(x^2) - \log_{10}(x) = 2\log_{10}(x) - \log_{10}(x) = \log_{10}(x)$
f) $\log_{10}(a^3) : \log_{10}(a^2) = 3\log_{10}(a) : 2\log_{10}(a) = 1{,}5$

4
a) $x = 3$ b) $x = \log_{10}(7)$
c) $x = \log_{10}(7) - 3$ d) $x = \log_{10}(2) - 3$

5
a) $f'(x) = 40x^7$ b) $f'(x) = -6x^2 + 8$
c) $f'(t) = 1{,}5t^2 + 10t - 3$ d) $f'(x) = -\frac{2}{x^2}$
e) $f'(x) = \frac{3}{2\sqrt{x}} - x$ f) $f'_a(x) = 3ax^2 + 4x$

6
a) $f(x) = x^3 + 2x$; $f'(x) = 3x^2 + 2$; $f(1) = 3$, also $P(1|3)$; $f'(1) = 5$;
Tangentengleichung in P: $y = 5(x - 1) + 3 = 5x - 2$
b) $f(x) = 0{,}25x^4 - 2x^3$; $f'(x) = x^3 - 6x^2 = x^2 \cdot (x - 6)$;
$f'(x) = 0$ liefert $x_1 = 0$, $x_2 = 6$ mit $f(0) = 0$ bzw. $f(6) = -108$;
Punkte mit waagerechter Tangente sind somit $P(0|0)$ und $Q(6|-108)$
Tangentengleichung in P: $y = 0$,
Tangentengleichung in Q: $y = -108$

Kapitel V, Check-in, Seite 226

1
a) Mittlere Änderungsrate im Intervall $[2;\,5]$:
$\frac{f(5) - f(2)}{5 - 2} = \frac{0{,}1 \cdot 5^2 - 0{,}1 \cdot 2^2}{5 - 2} = 0{,}7$.
Momentane Änderungsrate zum Zeitpunkt $t = 2$:
$f'(t) = 0{,}2t$; $f'(2) = 0{,}4$.
b) Die mittlere Änderungsrate entspricht der mittleren Geschwindigkeit (oder Durchschnittsgeschwindigkeit) von $0{,}7\frac{m}{s}$ des Schlittens im Zeitraum von 2s bis 5s. Der Schlitten hat in diesem Zeitraum eine Strecke von $0{,}7\,m \cdot 3 = 2{,}1\,m$ zurückgelegt.
Die momentane Änderungsrate entspricht der Momentangeschwindigkeit des Schlittens zum Zeitpunkt $t = 2s$.
Das bedeutet z.B.: Wenn der Schlitten mit dieser Geschwindigkeit eine Sekunde weitergefahren wäre, dann wäre er $0{,}4\,m$ weit gekommen.

2
a) $f'(x) = 9x^2 - x$
b) $f(x) = 4 \cdot x^{-1}$; $f'(x) = -4 \cdot x^{-2} = \frac{-4}{x^2}$
c) $f'(x) = -0{,}5 \cdot e^x$
d) Mit der Produktregel: $f'(x) = 1 \cdot e^x + (x + 1) \cdot e^x = (x + 2) \cdot e^x$
e) Mit der Kettenregel: $f'(x) = 40 \cdot 0{,}2 \cdot e^{0{,}2x - 1} = 8 \cdot e^{0{,}2x - 1}$
f) Mit der Quotientenregel und der Kettenregel:
$f'(x) = \frac{2(x-1)^2 - 2x \cdot 2(x-1)}{(x-1)^4} = \frac{2(x-1) - 4x}{(x-1)^3} = \frac{-2(x+1)}{(x-1)^3}$

3

a)

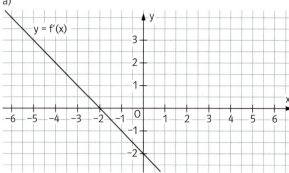

b)

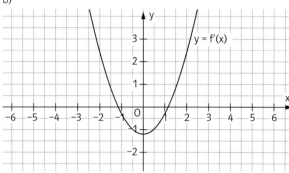

4

a) Falsch. Dazu müsste für eine Stelle a aus $[-2; -1]$ gelten: $f'(a) = 0$. Dies ist nicht der Fall.
b) Wahr. Da $f'(x) > 0$ für x aus $[-2; -1]$, ist f auf diesem Intervall streng monoton steigend.
c) Wahr. An der Stelle $x_1 \approx -2{,}5$ gilt: $f'(x_1) = 0$ und f' hat an der Stelle x_1 einen VZW von $-$ nach $+$. Die Kriterien für einen Tiefpunkt des Graphen von f sind damit erfüllt.
d) Falsch. Da die erste Winkelhalbierende $y = x$ die Steigung 1 hat, müsste es im Intervall $[-3; 1]$ eine Stelle a mit $f'(a) = 1$ geben. Das ist nicht der Fall.

Kapitel VI, Check-in, Seite 227

1
a) $N_1(1|0); N_2(2|0)$ b) $N_1(-1|0); N_2(0|0); N_3(1|0)$
c) $N(1|0)$

2
a) $f'(x) = (-x^2 + 4x - 3) \cdot e^{-x}$
b) $f'(x) = (x^3 - 4x^2 - 2x + 4) \cdot e^{-\frac{1}{2}x^2}$
c) $f'_t(x) = (-t^2 x^2 - 2tx + t) \cdot e^{tx}$

3
a) $H\left(-\sqrt{\frac{1}{3}} \mid \frac{2}{3}\sqrt{\frac{1}{3}}\right); T\left(\sqrt{\frac{1}{3}} \mid -\frac{2}{3}\sqrt{\frac{1}{3}}\right)$
b) $T(-1|4); H(0|5); T(1|4)$
c) Sattelpunkt $S(1|3)$; keine Hoch- und Tiefpunkte

4

a) $W\left(\frac{2}{3} \mid \frac{74}{27}\right)$ b) $W_1\left(-\sqrt{\frac{2}{3}} \mid \frac{29}{9}\right); W_2\left(\sqrt{\frac{2}{3}} \mid \frac{29}{9}\right)$
c) $W_1(-2|-16); W_2(0|0); W_2$ ist ein Sattelpunkt.

5

a) $10\frac{2}{3}$ Flächeneinheiten   b) $\frac{1}{12}$ Flächeneinheiten
c) 2 Flächen mit je 0,5 Flächeneinheiten, also insgesamt 1 Flächeneinheit.

Kapitel VII, Check-in, Seite 228

1
$\sin(45°) = \frac{1}{2}\sqrt{2}; \cos(45°) = \frac{1}{2}\sqrt{2}$
$\sin(120°) = \frac{1}{2}\sqrt{3}; \cos(120°) = -\frac{1}{2}$
$\sin(300°) = -\frac{1}{2}\sqrt{3}; \cos(300°) = \frac{1}{2}$

Kapitel VIII, Check-in, Seite 229

1

	0	1	2	3	10	100
a)	Nicht definiert	1	$\frac{3}{4}$	$\frac{4}{6}$	$\frac{11}{20}$	$\frac{101}{200}$
b)	0	Nicht definiert	$\frac{2}{3}$	$\frac{3}{8}$	$\frac{10}{99}$	$\frac{100}{9999}$
c)	Nicht definiert	1	0	$-\frac{1}{3}$	$-\frac{8}{10}$	$-\frac{98}{100}$
d)	Nicht definiert	0	$\frac{3}{2}$	$\frac{8}{3}$	$\frac{99}{10}$	$\frac{9999}{100}$

2
a) 18   b) $\frac{1}{3}$ c) -32 d) 64

3
a) mit 0,2   b) mit 0,04   c) mit 1,03   d) mit 0,93

4
a) Ist n die Nummer der Figur, dann beträgt die Anzahl der Streichhölzer $3 + 2 \cdot (n - 1)$ oder $2n + 1$.
b) Ist n die Nummer der Figur, dann beträgt die Anzahl der Kekse $(n + 1)^2 - 2$.

Lösungen zu den Aufgaben zur Abiturvorbereitung

Abiturvorbereitung Analysis, Seite 234

1

a) Für $t \approx 2,1$ hat die Funktion ein lokales Maximum. Die höchste Herzfrequenz liegt aber am Rand des Definitionsbereichs, nämlich für $t = 11$ vor.

b) Nach etwa 5 Minuten hat die Herzfrequenz am stärksten abgenommen.

c) $\int_0^{11} f(t)\,dt = \left[0,1t^4 - 2t^3 + 10t^2 + 100t\right]_0^{11} = 1112,1$

Das Integral $\int_0^{11} f(t)\,dt$ entspricht der Gesamtzahl an Herzschlägen innerhalb der ersten 11 Minuten der Trainingseinheit.

2

a) Der Graph der Funktion hat für $x = 60 + \sqrt{1200} \approx 94,64$ einen Tiefpunkt und für $x = 60 - \sqrt{1200} \approx 25,36$ einen Hochpunkt. Diese x-Koordinaten hängen nicht von k ab.

b) Die Funktion f_k hat bei $x = 60$ eine Nullstelle. Bis zur Nullstelle ist $f_k(x) > 0$, anschließend ist $f_k(x) < 0$. Somit wird die Schlange bis 11 Uhr länger und nach 11 Uhr kürzer. Für $x = 60$ (um 11 Uhr) ist die Schlange am längsten.

c) $\int_0^{120} f_k(x)\,dx = \left[0,000025\,k x^4 - 0,006\,k x^3 + 0,36\,k x^2\right]_0^{120}$
$= k \cdot [5184 - 10368 + 5184] = 0$

d) $g(x) = 0,000025\,k x^4 - 0,006\,k x^3 + 0,36\,k x^2 + 100$

e) Eine Vergrößerung von k führt dazu, dass der Graph gestreckt wird. Je größer k wird, desto mehr nimmt die Länge der Schlange zu und ab, es kommen dann insgesamt mehr Personen ins Museum. Die Uhrzeiten, zu denen die Schlange am längsten oder so lang wie am Anfang ist, ändert sich aber nicht, wenn k vergrößert wird.

f) $\int_0^{60} f_k(x)\,dx + 100$
$= \left[0,000025\,k x^4 - 0,006\,k x^3 + 0,36\,k x^2\right]_0^{60} + 100 = 500$
$\Leftrightarrow 324k + 100 = 500$
$\Leftrightarrow k = \frac{100}{81} \approx 1,23$

3

a) Nullstellen bei $x_1 = 0$ und $x_2 = 5$. Der Graben ist folglich 5 m breit. Tiefpunkt in $T(\approx 1,6 \mid \approx -3,2)$. Der Graben ist etwa 3,2 m tief.

b) Die Ableitung erreicht für $x \approx 3,6$ ein Maximum. Es gilt $f'(3,6) \approx 1,17$. Der Vergleich mit den Definitionsrändern ergibt, dass der Graben im Ursprung am steilsten ist, denn $f'(0) = -5$.

c) $F'(x) = (-6x - 3) \cdot e^{-\frac{x}{3}} + (-3x^2 - 3x - 9) \cdot \left(-\frac{1}{3}\right) \cdot e^{-\frac{x}{3}}$
$= (-6x - 3 + x^2 + x + 3) \cdot e^{-\frac{x}{3}}$
$= (x^2 - 5x) \cdot e^{-\frac{x}{3}} = f(x)$

d) $\int_0^5 f(x)\,dx = (-3 \cdot 5^2 - 3 \cdot 5 - 9) \cdot e^{-\frac{5}{3}} - (-9) \cdot e^0 \approx -9,7$
$V \approx 9,7 \cdot 100 = 970$

Das Volumen beträgt etwa 970 m³.

4

a) $f'(t) = (-10t + 20) \cdot e^{-0,5t}$
$f''(t) = (5t - 20) \cdot e^{-0,5t}$
$f'(t) = 0 \Leftrightarrow t = 2$
$f''(2) = -10 \cdot e^{-1} < 0$

Die Konzentration ist zwei Stunden nach Einnahme des Medikaments am größten.

b) $f'''(t) = (-2,5t + 15) \cdot e^{-0,5t}$
$f''(t) = 0 \Leftrightarrow t = 4$
$f'''(4) = 5 \cdot e^{-2} > 0$

Die Konzentration fällt vier Stunden nach der Einnahme am stärksten ab.

c) $F'(t) = -40 \cdot e^{-0,5t} + (-40t - 80) \cdot (-0,5) \cdot e^{-0,5t}$
$= (-40 + 20t + 40) \cdot e^{-0,5t}$
$= 20t \cdot e^{-0,5t} = f(t)$

d) $\frac{1}{10}\int_0^{10} f(t)\,dt = \frac{1}{10} \cdot \left[(-40t - 80) \cdot e^{-0,5t}\right]_0^{10}$
$= \frac{1}{10} \cdot [-480 \cdot e^{-5} - (-80) \cdot e^0]$
$\approx 7,68$

Die mittlere Konzentration beträgt ca. 7,7 mg/l.

e) $f(12) = 240 \cdot e^{-6} \approx -0,595$
$f'(12) = -100 \cdot e^{-6} \approx -0,248$
$y = -100 \cdot e^{-6} x + n$
$240 \cdot e^{-6} = -100 \cdot e^{-6} \cdot 12 + n$
$n = 240 \cdot e^{-6} + 100 \cdot e^{-6} \cdot 12 = 1440 \cdot e^{-6} \approx 3,569$
Tangente: $y = -0,248x + 3,569$
$-0,248x + 3,569 = 0$
$x = \frac{-3,569}{-0,248} \approx 14,39$

Nach etwa 14,4 Stunden ist das Medikament vollständig abgebaut.

Abiturvorbereitung Analysis, Seite 235

5

a) $T(3) = 20 + 30e^{-3} \approx 21,49$
Nach 3 Minuten: ca. 21,5 °C

b) $20 + 30e^{-t} = 21$
$e^{-t} = \frac{1}{30}$
$t = -\ln\left(\frac{1}{30}\right) \approx 3,4$
Nach etwa 3,4 Minuten beträgt die Temperatur 21 °C.

c) $T'(t) = -30e^{-t}$
Die Ableitung beschreibt die Abkühlgeschwindigkeit in °C pro Minute.

d) $T'(t) = -0,1$
$-30 \cdot e^{-t} = -0,1$
$t = -\ln\left(\frac{1}{300}\right) \approx 5,7$
Nach ca. 5,7 Minuten fällt die Temperatur um 0,1 °C pro Minute.

e) $\lim_{t \to \infty} T(t) = 20$

Die Temperatur des Körpers nähert sich immer mehr an die Raumtemperatur an.

f) Stammfunktion $F(t) = 20t - 30e^{-t}$

g) $\frac{1}{5}\int_0^5 T(t)\,dt = \frac{1}{5}\cdot[20t - 30e^{-t}]_0^5 =$
$\frac{1}{5}\cdot[100 - 30\cdot e^{-5} - (0 - 30\cdot e^0)] \approx 25{,}96$

Die mittlere Temperatur innerhalb der ersten 5 Sekunden beträgt ca. 26 °C.

h) Der Graph von T ist links gekrümmt, d.h. die Temperaturen nehmen anfangs stärker ab als am Ende. Somit ist die mittlere Temperatur niedriger als der Mittelwert von Anfangs- und Endwert.

6

a) $f(x) = 2x\,e^{-0{,}5x}$ hat eine Nullstelle bei $x = 0$, verläuft dann oberhalb der x-Achse und nähert sich für x gegen unendlich von oben der x-Achse an. Daher muss A zu f gehören. Der Graph B verläuft bis zum Hochpunkt von A oberhalb der x-Achse und dann unterhalb der x-Achse, denn nach dem Hochpunkt ist f streng monoton abnehmend.

b) $H(2\,|\,4e^{-1})$

c) $F'(x) = -4\cdot e^{-0{,}5x} + (-4x - 8)\cdot(-0{,}5)\cdot e^{-0{,}5x}$
$= (-4 + 2x + 4)\cdot e^{-0{,}5x}$
$= 2x\,e^{-0{,}5x} = f(x)$

d) $\int_0^{10} f(x)\,dx = [(-4x - 8)e^{-0{,}5x}]_0^{10} = -48e^{-5} - (-8e^0) = -48e^{-5} + 8 \approx 7{,}68$

e) $\int_0^a f(x)\,dx = [(-4x - 8)e^{-0{,}5x}]_0^a = (-4a - 8)e^{-0{,}5a} + 8e^0 \xrightarrow[a\to\infty]{} 8$

f) $2x\cdot e^{-0{,}5x} = (-x + 2)e^{-0{,}5x}$
$2x = -x + 2$
$x = \frac{2}{3}$
$y = \frac{4}{3}e^{-\frac{1}{3}} \Rightarrow S\left(\frac{2}{3}\,\Big|\,\frac{4}{3}e^{-\frac{1}{3}}\right)$

g) Zu maximieren ist
$d(x) = 2x\cdot e^{-0{,}5x} - (-x + 2)e^{-0{,}5x}$
$= (3x - 2)e^{-0{,}5x}$
$d'(x) = (-1{,}5x + 4)e^{-0{,}5x}$
$d''(x) = (0{,}75x - 3{,}5)e^{-0{,}5x}$
Wegen $d'\left(\frac{8}{3}\right) = 0$ und $d''\left(\frac{8}{3}\right) < 0$ ist die Strecke für $x = \frac{8}{3}$ am größten.

7

a) $S_x\left(-\frac{1}{2}\,\Big|\,0\right)$; $S_y(0\,|\,1)$

b) $f'(x) = (-2x + 1)e^{-x}$
$f'(0) = 1$
Tangente: $y = x + 1$

c) $H\left(\frac{1}{2}\,\Big|\,2e^{-\frac{1}{2}}\right)$; $W\left(\frac{3}{2}\,\Big|\,4e^{-\frac{3}{2}}\right)$

d) $F'(x) = -2\cdot e^{-x} + (-1)\cdot(-2x - 3)e^{-x}$
$= (-2 + 2x + 3)e^{-x}$
$= (2x + 1)e^{-x} = f(x)$

e) $A(4) = \int_{-\frac{1}{2}}^{4} f(x)\,dx = [(-2x - 3)e^{-x}]_{-\frac{1}{2}}^{4} = -11e^{-4} - \left(-2e^{\frac{1}{2}}\right)$
$= -11e^{-4} + 2e^{\frac{1}{2}} \approx 3{,}096$

$A(u) = \int_{-\frac{1}{2}}^{u} f(x)\,dx = [(-2x - 3)e^{-x}]_{-\frac{1}{2}}^{u} = (-2u - 3)e^{-u} + 2e^{\frac{1}{2}} \xrightarrow[u\to\infty]{} 2e^{\frac{1}{2}}$
$\approx 3{,}29$

f) zu maximierende Zielfunktion: $A(u) = (u^2 + 0{,}5u)e^{-u}$
Der Flächeninhalt des Dreiecks wird für $u = \frac{3 + \sqrt{17}}{4} \approx 1{,}78$ am größten.

Abiturvorbereitung Analysis, Seite 236

8

a) Die Funktion ist exponentiell der Form $c\cdot e^{kt}$.
Patient: $f(0) = 0{,}2 \Rightarrow c = 0{,}2$
$f(30) = 0{,}2\cdot e^{k\cdot 30} = 0{,}09$, also $e^{k\cdot 30} = 0{,}45$. Logarithmieren ergibt $k = \frac{\ln(0{,}45)}{30} \approx -0{,}027$.
Die Abbaufunktion für die Bauchspeicheldrüse des untersuchten Patienten lautet also $f(t) = 0{,}2\,e^{-0{,}027t}$.
Gesunde Bauchspeicheldrüse:
$g(t) = a\cdot 0{,}96^t = a\cdot e^{\ln(0{,}96t)} \approx a\cdot e^{-0{,}04t}$ für ein $a \in \mathbb{R}$.
Zum Vergleich sei hier $a = 0{,}2$. Die Funktion für die gesunde Bauchspeicheldrüse lautet also $g(t) = 0{,}2\cdot e^{-0{,}04t}$.

b) Beide Bauchspeicheldrüsen bauen den injizierten Farbstoff ab. Dabei arbeitet die gesunde Bauchspeicheldrüse schneller als die des untersuchten Patienten.
Langfristig wird der Farbstoff zwar immer weiter abgebaut, laut Modell wird aber immer ein kleiner Rest vorhanden sein (da f und g für $t \to \infty$ nur gegen null streben, aber nicht gleich null werden). Das ist nicht realistisch.

c) $f'(t) = -0{,}005\cdot e^{-0{,}027t}$ und $g'(t) = -0{,}008\cdot e^{-0{,}04t}$.
$-0{,}005\cdot e^{-0{,}027t} = -0{,}008\cdot e^{-0{,}04t}$ bzw. $e^{(-0{,}027 + 0{,}04)t} = 1{,}6$
Logarithmieren ergibt $t = \frac{\ln(1{,}6)}{0{,}013} \approx 36{,}15$.
$f(36{,}15) \approx 0{,}075$; $g(36{,}15) \approx 0{,}047$.
Bei der Bauchspeicheldrüse des untersuchten Patienten sind noch ca. 0,075 g Farbstoff vorhanden, bei der gesunden Bauchspeicheldrüse noch ca. 0,047 g.

d) $F(t) \approx -7{,}5\cdot e^{-0{,}027t}$; $G(t) \approx -5\cdot e^{-0{,}04t}$ sind Stammfunktionen der Funktionen f und g.
$\frac{1}{60}\int_0^{60} f(t)\,dt = \frac{1}{60}[-7{,}5\cdot e^{-0{,}027t}]_0^{60} = \frac{1}{60}\cdot(-7{,}5\cdot e^{-1{,}63} - (-7{,}5)) \approx 0{,}1$
$0{,}2 - 0{,}1 = 0{,}1$
$\frac{1}{60}\int_0^{60} g(t)\,dt = \frac{1}{60}[-5\cdot e^{-0{,}04t}]_0^{60} = \frac{1}{60}\cdot(-5\cdot e^{-2{,}4} + 5) \approx 0{,}076$
$0{,}2 - 0{,}076 = 0{,}124$

Durchschnittlich wird während der ersten Stunde in der Bauchspeicheldrüse des untersuchten Patienten 0,1 g Farbstoff abgebaut, in der gesunden Bauchspeicheldrüse dagegen 0,124 g.

9

a) $h(2) \approx 7{,}179$. Der Pegelstand um 0 Uhr des 8. Januars 2011 betrug 7,179 m K.P.

b) $h'(t) = (5t - 1{,}25t^2)\cdot e^{-0{,}5t}$; $h'(5{,}5) \approx -0{,}659$.
Die Momentangeschwindigkeit der Abnahme des Pegels in Köln betrug am 11. Januar um 12 Uhr $0{,}659\,\frac{m}{d} \approx 2{,}75\,\frac{cm}{h}$. Zu diesem Zeitpunkt sank der Pegel des Rheins in Köln also knapp 3 cm pro Stunde.

c) Notwendige Bedingung:
h'(t) = 0, also $(5t - 1{,}25t^2) \cdot e^{-0{,}5t} = 0$. Da $e^{-0{,}5t} \neq 0$ muss gelten $5t - 1{,}25t^2 = t(5 - 1{,}25t) = 0$. Dies ist der Fall für t = 0 und für t = 4.
Hinreichende Bedingung: h''(t) = $(5 - 5t + 0{,}625t^2) \cdot e^{-0{,}5t}$
h''(0) = 5 > 0, also hat h bei t = 5 ein lokales Minimum.
h''(4) = $(5 - 20 + 10) \cdot e^{-2} \approx -0{,}677 < 0$, also hat h bei t = 4 ein lokales Maximum.
h(4) = $40 \cdot e^{-2} + 3{,}5 \approx 8{,}9$.
Der Pegel des Rheins in Köln hat am 10. Januar um 0 Uhr seinen höchsten Stand von ca. 8,9 m K.P. erreicht.

d) Notwendige Bedingung:
h''(t) = 0, also $(5 - 5t + 0{,}625t^2) \cdot e^{-0{,}5t} = 0$. Da $e^{-0{,}5t} \neq 0$ muss gelten $5 - 5t + 0{,}625t^2 = 0$. Dies ist der Fall für $t = 4 + \sqrt{8} \approx 6{,}828$ oder für $t = 4 - \sqrt{8} \approx 1{,}172$.
Hinreichende Bedingung:
h'''(t) = $(-7{,}5 + 3{,}75t - 0{,}3125t^2) \cdot e^{-0{,}5t}$.
h'''(6,828) ≈ 0,116 > 0, also hat die erste Ableitungsfunktion h' an der Stelle t = 6,828 ein lokales Minimum. Der Pegel sinkt also nach 6 Tagen und ca. 20 Stunden, d.h. am 12. Januar um ca. 20 Uhr am stärksten.
h'''(1,172) ≈ −1,968 < 0, also hat die erste Ableitungsfunktion h' an der Stelle t = 1,172 ein lokales Maximum. Der Pegel steigt also nach einem Tag und ca. 4 Stunden, d.h. am 7. Januar um ca. 4 Uhr am stärksten.

e) H'(t) = $(-10t - 20) \cdot e^{-0{,}5t} + (-5t^2 - 20t - 40) \cdot (-0{,}5) \cdot e^{-0{,}5t} + 3{,}5$
$= 2{,}5t^2 \cdot e^{-0{,}5t} + 3{,}5 = h(t)$
$\frac{1}{6} \int_0^6 h(t)\,dt = \frac{1}{6} \left[(-5t^2 - 20t - 40) \cdot e^{-0{,}5t} + 3{,}5t \right]_0^6$
$= \frac{1}{6} \cdot [(-340 \cdot e^{-3} + 21) - 40] \approx 7{,}35$.
Der durchschnittliche Pegelstand des Rheins in Köln beträgt ca. 7,35 m K.P.
Er weicht damit ca. 3,87 m vom Mittelwasser ab − der durchschnittliche Pegelstand im betrachteten Zeitraum ist mehr als doppelt so hoch als der statistische 10-Jahres-Mittelwert.

Register

A

Ableitung einer Funktion 15, 33
Ableitung, erste 47
Ableitungsfunktion 22, 33
Ableitungsregeln 25, 33
Ableitung, zweite 47
Achsensymmetrie 73
achsensymmetrisch 73
allgemeine Tangenten-
   gleichung 79
Amplitude 185
Änderungsrate, mittlere 12, 33
Änderungsrate, momentane 16
Anfangswert 201
äußere Ableitung 103

B

Bedinung
   – hinreichende 50
   – notwendige 50
Bestimmung von
   Stammfunktionen 130
Berechnung von Integralen 122
Betriebsoptimum 62
Bogenmaß 180

D

Darstellung
   – explizite 201
   – rekursive 201
Definitionsbereich 8
Definitionsmenge 8
Differenzenquotient 12, 33
differenzierbar 16, 41
Durchschnittssteuersatz 32

E

e 94
Eigenschaften von Folgen 202
erste Ableitung 47
Euler'sche Zahl e 94
explizite Darstellung 201
Exponentialfunktion,
   natürliche 94, 157
Exponentialgleichung 97
exponentielles Wachstum 157
Extremstelle 44, 65
   – globale 65, 82
   – lokale 65, 82

Extremwert 44
Extremwertproblem 168

F

Faktorregel 26, 33
Fassregel von Kepler 143
fixe Kosten 62
Fläche, unbegrenzte 137
Flächeninhalt 118
Folge
   –, beschränkte 201
   –, divergente 203
   –, explizite Beschreibung
      einer 201
   –, geometrische 205
   –, Grenzwert einer 203
   –, konvergente 204
   –, monoton fallende 201
   –, monoton steigende 201
   –, nach oben beschränkte 201
   –, nach unten beschränkte 201
   –, rekursive Beschreibung
      einer 198
   –, streng monoton fallende 201
   –, streng monoton
      steigende 201
Folgenglied 201
Funktion 8
   –, Ableitung einer 25
   –, äußere 103
   –, differenzierbare 55
   –, ganzrationale 68, 93
   –, innere 103
Funktionen mit Parametern 61
Funktionenschar 152
Funktionsgleichung 8
Funktionsuntersuchung,
   vollständige 76
Funktionsterm 8
Funktionsvorschrift 8
Funktionswert 8

G

ganzrationale Funktion 68
ganzrationale Funktion,
   Grad einer 68
Gesamtänderung einer Größe 118
Gleichung einer Tangente 19

globale Extremstelle 65
globales Maximum 58
globales Minimum 58
Grad einer ganzrationalen
   Funktion 79
Gradmaß 102
Graph 8
Grenzwert 137, 210
   –, des Differenzquotienten
      19
   –, einer Funktion 210, 217
   –, einer Zahlenfolge 217
Grenzkosten 62
Grenzsteuersatz 32
Grenzwertsätze 207, 217

H

Hauptsatz der Differential-
   und Integralrechnung 126
Hinreichende Bedingung 50
Hochpunkt 44

I

Induktion
   – vollständige 215
Induktionsanfang 215
Induktionsschritt 215
innere Ableitung 103
innere Funktion 103
Integral 122
Integralen
   –, Berechnung von 121
Integral, unbestimmtes 137
Integral, uneigentliches 137
Integrand 122
Integrationsgrenze 122
Integrationsvariable 122

K

Kalte Progression 32
Kettenregel 103
Kosinusfunktion 181
Kosinusfunktion,
   Ableitung der 183
Krümmungsverhalten 47

L

Leibniz, Gottfried Wilhelm 126
Linearfaktor 68
Linearfaktorzerlegung 68, 69
Linkskurve 47, 65
Logarithmengesetze 98
Logarithmus, natürlicher 97
lokale Extremstelle 65
lokales Maximum 44
lokales Minimum 44

M

Maximum
  –, globales 58
  –, lokales 44, 58
Minimum
  –, globales 58, 82
  –, lokales 44, 58, 82
Mittelwert einer Funktion 140
mittlere Änderungsrate 12, 35
momentane Änderungsrate 16, 35
monoton abnehmend 41
monoton fallend 41
monoton steigend 41
monoton wachsend 41
monoton zunehmend 41
Monotonie 41, 65
Monotoniesatz 42, 65

N

Nebenbedingung 85, 168
Negativwachstum 82
Newton, Isaac 126
Newton-Verfahren 87
Normale 93
Notwendige Bedingung 50
Nullfolge 203
Nullstelle 38, 65, 93
Nullwachstum 82
numerische Integration 144

O

Obersumme 121

P

Parameter 152
Periode 185
periodische Funktion 185
Polynomdivision 69

Potenzen
  – rechnen mit 97
Potenzregel 26, 33, 131
Produktdarstellung 38
Produktregel 106 113
Punktprobe 9
Punktsymmetrie 73
punktsymmetrisch 73

Q

Quotientenregel 109, 113
Quotient von Funktionen 100

R

Randmaximum 58
Randminimum 58
Rechnen mit Potenzen 97
Rechtskurve 47, 65
rekursive Darstellung 198

S

Sattelpunkt 45
Sehnentrapezregel 142
Sekante 12
Sinusfunktion 181
Sinusfunktion, Ableitung der 183
Stammfunktion 125
  – Bestimmung einer 148
Substituieren 38
Substitution 38
Summe 100
Summenregel 26, 33, 113
Summe von Funktionen 100
Symmetrie 73
Symmetrie eines Graphen 93

T

Tangensfunktion 181
Tangente 16, 33, 97
Tangentengleichung 20
  –, allgemeine 79
Tangente im Wendepunkt 80
Tangententrapezregel 142
Tiefpunkt 44
Trigonometrische Funktion 180

U

unbegrenzte Flächen 137, 147
uneigentliches Integral 137, 147
Untersumme 121

V

variable Kosten 62
Verhalten ganzrationaler
  Funktionen 71
Verkettung 100
vollständige
  Funktionsuntersuchung 76
vollständige Induktion 215
Vollständigkeitsaxiom 204
Vorzeichenwechsel 46
VZW 44, 50

W

Wendepunkt 54
Wendestelle 54, 65
Wendetangente 54
Wertemenge 8

Z

Zahlenfolge 198, 205
Zielfunktion 85
zweite Ableitung 47

Textquellen

82.1: „Der Begriff Nullwachstum …" aus: www.wikipedia.de, Stichwort: Nullwachstum, 04.01.2009 – **82.2:** „Euphemismus bezeichnet Wörter …" aus: www.wikipedia.de, Stichwort: Euphemismus, 01.03.2009 – **145:** From: D. Hughes-Hallet et al.: Calculus, Single Variable © 1998 John Wiley & Sons Inc.This material is reproduced with permission of John Wiley & Sons, Inc.

Bildquellen

U1.1 Getty Images (Nacivet), München; **U1.2** plainpicture GmbH & Co. KG (Wildcard), Hamburg; **6** f1 online digitale Bildagentur (Score. by Aflo), Frankfurt; **7** Corbis (Schlegelmilch), Düsseldorf; **8** MEV Verlag GmbH, Augsburg; **11** YOUR PHOTO TODAY, Taufkirchen; **13** Klett-Archiv (Aribert Jung), Stuttgart; **15.1** Mauritius Images (imagebroker), Mittenwald; **15.2** Imago (Manfred Segerer), Berlin; **18** iStockphoto (mattjeacock), Calgary, Alberta; **21** Avenue Images GmbH (Corbis RF), Hamburg; **27** Okapia (Manfred P. Kage), Frankfurt; **36** Alamy Images (UKraft), Abingdon, Oxon; **37.1** Picture-Alliance (J. Groder/EXPA), Frankfurt; **37.2** Getty Images (Iconica/Grant V. Faint), München; **41** Google Inc., Mountain View, CA 94043; **54.1** Tack, Jochen, Essen; **54.2** Corbis (David Le Bon), Düsseldorf; **67.1** Corbis (Van der Wal), Düsseldorf; **67.2** Alamy Images (Image Source Black), Abingdon, Oxon; **67.3** VISUM Foto GmbH (Thies Raetzke), Hamburg; **67.4** Getty Images (Alexander Hassenstein), München; **78** Picture-Alliance (Udo Bernhart), Frankfurt; **79** Corbis (Kate Ybarra/New Sport), Düsseldorf; **80** VISUM Foto GmbH (Aufwind-Luftbilder), Hamburg; **82** laif (Hans-Christian Plambeck), Köln; **83** Das Luftbild-Archiv, Wenningsen; **84** Statistisches Bundesamt - DESTATIS, Wiesbaden; **93.1** Alamy Images (David R.), Abingdon, Oxon; **93.2** Fotolia.com (Ricky_68fr), New York; **94** pd; **97.1** Picture-Alliance (Patrick Seeger), Frankfurt; **99.1** Blickwinkel (allover), Witten; **99.2** Wikimedia Deutschland, Berlin; **100.1** Picture-Alliance (Jerzy Dabrowski), Frankfurt; **100.2** Getty Images, München; **111** Thinkstock (Hemera), München; **116** Corbis (Matthias Kulka), Düsseldorf; **117.1** shutterstock (Luchschen), New York, NY; **117.2** Artur Images (Paul Raftery), Stuttgart; **120** Picture-Alliance, Frankfurt; **126.1** Corbis (Bettmann), Düsseldorf; **126.2** BPK (RMN/Popvitch), Berlin; **139** NASA, Washington, D.C.; **144** akg-images, Berlin; **150.1** Getty Images (Natphotos), München; **150.2** The tables first appeared in the Global Environment Outlook 4, published by the United Nations Environment Programme in 2007; **151.1** UNEP (Andreas Staiger), Nairobi; **151.2** Klett-Archiv (Andreas Staiger), Stuttgart; **151.3** The tables first appeared in the Global Environment Outlook 4, published by the United Nations Environment Programme in 2007; **152.1** Harald Lange Naturbild, Bad Lausick; **152.2** Fotolia.com (Bronwyn), New York; **156** YOUR PHOTO TODAY, Taufkirchen; **157** Keystone, Hamburg; **158** Fotosearch Stock Photography, Waukesha, WI; **160** Statistisches Bundesamt - DESTATIS, Wiesbaden; **165** Alamy Images (FLPA), Abingdon, Oxon; **166** Corel Corporation Deutschland, Unterschleissheim; **167** Ullstein Bild GmbH (Imagebroker.net), Berlin; **171** iStockphoto (Tan Kian Khoon), Calgary, Alberta; **173** Picture-Alliance (maxppp), Frankfurt; **174** Deutsches Museum, München; **177** Mauritius Images, Mittenwald; **178.1** Biosphoto (Gunther Michel), Berlin; **178.2** Biosphoto (Gunther Michel), Berlin; **179.1** Fotolia.com (Jean-Marc Angelini), New York; **179.2** PhotoDisc; **179.3** Imago (J-B. Autissier/Panoramic), Berlin; **180** Mauritius Images (Alamy), Mittenwald; **185** Getty Images RF (Arrnulf Husmo), München; **188** Imago (Camera 4), Berlin; **190** Action Press GmbH (HONK-PRESS), Hamburg; **196** Klett-Archiv (Aribert Jung), Stuttgart; **197** f1 online digitale Bildagentur, Frankfurt; **215** Corbis (Matthias Kulka/zefa), Düsseldorf; **238** Imago (Revierfoto), Berlin

Sollte es in einem Einzelfall nicht gelungen sein, den korrekten Rechteinhaber ausfindig zu machen, so werden berechtigte Ansprüche selbstverständlich im Rahmen der üblichen Regelungen abgegolten.